高等学校物联网专业规划教材

网络安全概论

（修订本）

何小东　　陈伟宏　　彭智朝　**编著**

清华大学出版社

北京交通大学出版社

·北京·

内 容 简 介

本书是作者在多次讲授研究生课程"网络与信息安全"的基础上，参考国内外相关文献，经过重新整理，编写而成的。本书概念叙述清晰，重点突出，注重知识更新和知识点的相互融合，体现了"问题驱动"和"案例教学"，每章附有实例；同时还讨论了云计算、移动互联网、物联网和大数据等新型网络技术及平台的安全性。

本书详细介绍了计算机网络安全的基本理论、相关技术和实现方法，主要内容包括：网络安全引论、密码学基础、安全认证与信息加密、网络协议的安全、网络攻防与黑客技术、网络安全扫描、恶意代码与网络病毒防治、防火墙、入侵检测系统、新型网络安全技术、网络安全系统实例、网络安全管理与风险评估等。

本书可作为高等院校计算机应用、软件工程、信息安全、电子信息及林业信息工程等专业研究生或高年级本科生相关课程教学用书，也可作为相关网络安全工程技术人员、网络安全管理人员的参考用书。

图书在版编目(CIP)数据

网络安全概论/何小东，陈伟宏，彭智朝编著. —北京：北京交通大学出版社：清华大学出版社，2014.7（2019.7 重印）

（高等学校物联网专业规划教材）

ISBN 978-7-5121-2019-8

Ⅰ. ① 网…　Ⅱ. ①何…②陈…③彭…　Ⅲ. ①计算机网络-安全技术　Ⅳ. ①TP393.08

中国版本图书馆 CIP 数据核字（2014）第 172667 号

责任编辑：郭东青　　特邀编辑：张诗铭

出版发行：清 华 大 学 出 版 社　邮编：100084　电话：010-62776969　http://www.tup.com.cn
　　　　　北京交通大学出版社　邮编：100044　电话：010-51686414　http://www.bjtup.com.cn

印 刷 者：北京鑫海金澳胶印有限公司

经　　销：全国新华书店

开　　本：185×260　印张：21.25　字数：530 千字

版　　次：2014 年 8 月第 1 版　2019 年 7 月第 1 次修订　2019 年 7 月第 2 次印刷

书　　号：ISBN 978-7-5121-2019-8/TP·792

印　　数：2501～3500 册　定价：56.00 元

本书如有质量问题，请向北京交通大学出版社质监组反映。对您的意见和批评，我们表示欢迎和感谢。

投诉电话：010-51686043，51686008；传真：010-62225406；E-mail：press@bjtu.edu.cn。

前　言

随着计算机网络应用的激增，尤其是电子商务、移动互联网、物联网和各类社交网络的出现，人们的生存活动已经不只是依赖于网络，而是离不开网络了。然而，网络的安全却一直面临严峻挑战，黑客攻击、病毒传播及形形色色的网络攻击日益增加，网络安全防线脆弱，安全漏洞不断增长。在这种形势下，作者根据近几年从事计算机网络安全科研和教学的实践，编写了此书，以飨读者。

本书在编写过程中，力求做到讲清概念，突出重点，注重知识更新，把握知识点的相互融合，强调基本技术和基本应用，并在主要章节配有实例，体现问题驱动、案例教学。同时还讨论了云计算、移动互联网、物联网和大数据等新型网络及平台的安全性。本书共 14 章。每章开头有导引，列出本章的主要知识点和学习目的，每章最后有小结并附有习题，能帮助读者复习。

第 1 章对网络安全的基本概念、属性、体系结构和安全服务等进行了概括性介绍。通过本章的学习，使读者对本课程有一个初步了解，激发学习兴趣。第 2 章重点介绍了对称密钥密码和非对称密钥密码机制，具体分析了典型的对称密码算法 DES 和典型的非对称密码算法 RSA，最后简要介绍了量子密码技术。第 3 章详细介绍了认证的概念，介绍了报文认证、身份认证、接入认证和安全认证协议，讲叙了数字签名和数字摘要机制，分析了 MD5 算法，最后介绍了 CA、数字证书的组成和 PKI 协议。第 4 章主要讨论 IPSec 协议的安全问题，介绍了 IPSec 安全协议 AH、ESP 和安全联盟 SA，还讨论了 SSL 和 TSL 协议，使读者对安全协议有一个较深入的了解。第 5 章先叙述了网络攻击的分类和攻击过程，然后介绍了缓冲区溢出、拒绝服务攻击和网站的攻击与防范，最后介绍了蜜罐技术。第 6 章首先分析黑客的动机、群体和攻击流程，然后对黑客常用的攻击方法做了详细分析，并作为实例介绍了黑客对无线网络和网络设备的攻击。第 7 章介绍了防火墙的基本知识，重点介绍了包过滤、代理服务和状态检测技术，并介绍了防火墙的结构及管理的新发展；最后以 TD-W89741N 增强型防火墙为实例，介绍了防火墙的配置。第 8 章首先分析了网络产生安全漏洞的原因，重点介绍了安全扫描的原理、过程和扫描器的构成，最后作为实例介绍了一些扫描工具如：Ping 系列扫描命令、X-Scan 扫描器和 Nmap 扫描器的使用。第 9 章则介绍了入侵检测的基本概念、分类、结构和检测过程，重点介绍了入侵检测的检测技术，讲解了 IDS 系统的部署、报警策略和局限性，最后介绍了 Snort 系统和入侵检测产品等实例。第 10 章讲解了恶意代码的概念、隐藏、攻击、传播和防治机制，介绍了网络蠕虫的工作机理、检测与防治方法，使读者增强对恶意代码的认识和掌握防治软件的使用。第 11 章先介绍了信息隐藏及其检测技术，讨论了物联网、移动网及其大数据的安全问题，简介了云计算与云安全，并分析了移动互联网应用行为案例。第 12 章介绍了网络安全管理概念和安全审计，详细介绍了网络安全管理原则、评估准则、相关法律法规、灾难恢复及容灾技术等。第 13 章作为前面所学知识的综合应用实例，详解了林业信息网络和银行信息网络安全系统的安全策略、基本架构和安全设计。

　　本书可作为高等院校计算机应用、软件工程、信息安全、电子信息、林业信息工程、物联网等专业研究生或高年级本科生相关课程教学使用，也可作为相关网络安全工程技术人员、网络安全管理人员的参考书。

　　本书由何小东、陈伟宏、彭智朝编著，何小东负责全书大纲编写及全书统稿，廖桂平负责审阅。另外，参加本书编写、插图及校对工作的还有刘军万、黄华军、李建军、陈越洲、梁小丽、彭银香、彭楚舒、何军山、刘素芝、宋霞萍、陈鹏飞、曾哲敏等。在此一并表示感谢！另北京交通大学出版社的郭东青对本书出版给予的大力支持表示感谢！

　　网络安全理论与技术发展迅速，编写人员水平有限，很难全面、准确地将其全貌反映出来，疏漏甚至错误之处在所难免，恳请广大读者不吝指正。

　　本书另配有 PPT 电子教案，有需要的老师可从出版社网站（http：//www.bjtup.com.cn）下载，或与责任编辑联系，电子邮箱：guodongqing2009@126.com。

编者

2014 年 6 月

目　录

第1章 网络安全引论

随着计算机网络技术的发展和互联网的广泛应用，网络安全问题日益突出，已成为当今的研究焦点和社会热点而被人们所关注。那么，什么是网络安全？从广义上来讲，凡是涉及网络信息的机密性、完整性、可用性、真实性和可控性的相关技术和理论问题都属于网络安全领域，但从本质上讲，网络安全就是指网络上的设备及信息安全。

本章将学习计算机网络安全的基本概念、体系结构、属性、内容、P2DR 模型、相关协议及标准等。主要包括以下知识点：

◇ 网络安全的概念与属性；

◇ 网络安全的内容与 P2DR 模型；

◇ 网络安全体系结构及实例；

◇ 网络安全协议；

◇ 网络安全服务。

通过本章内容的学习，读者对网络安全结构及其现状有一个较全面的了解，并且掌握网络安全的基本概念和常用的网络安全协议与服务。

1.1 概 述

计算机网络是地理上分散的多台自主计算机利用通信线路互联的集合。这些独立的计算机遵循事先约定的通信协议，通过通信设备、通信链路及网络软件实现信息交互、资源共享、协调工作及在线处理等强大功能。随着计算机网络技术的进步和互联网应用的飞速发展，确保计算机网络系统正常运行，正常存储、处理和传输数据的安全问题就显得尤为突出。

1.1.1 网络安全的概念

网络安全是指网络系统的安全运行和对在网络系统中的信息进行安全保护的统称，即网络安全包括系统运行安全和系统信息安全两个方面，它是一项动态的、整体的系统工程。从技术上来说，网络安全由安全的操作系统、应用系统、防病毒、防火墙、入侵检测、网络监控、信息审计、通信加密、灾难恢复、安全扫描等多个安全组件组成。

从资源上来讲，网络安全是指网络软硬件资源和信息资源的安全。硬件资源指计算机网络系统中的主机、通信设备（如：交换机、路由器等）和通信线路等硬件设施，要实现信息快速、安全地在网络中传输和交换，可靠的物理网络（硬件）部分是必不可少的。软件资源是指维持网络服务运行的各类系统软件和应用软件，而信息资源则是指在网络中存储和传输的各种数据等。

从用户角度来看，网络安全是指保障个人数据或企业信息在网络中的保密性、完整性、不可否认性，防止信息的泄露和破坏，防止信息资源的非授权访问。而从网管角度来看，网络安全是指保障合法用户正常使用网络资源，避免计算机病毒、拒绝服务、远程控制、非授权访问等安全威胁，及时发现安全漏洞，制止攻击行为。

综上所述，网络安全是指保护网络系统中的软硬件资源及信息资源，使之免受偶然或恶意的破坏、篡改和泄露，保证网络系统正常运行、网络服务不中断。这也是网络安全的一个通用定义。

1.1.2 网络安全的属性

所谓网络安全的属性，是指网络系统的可用性（availability）、可控性（controllability）、完整性（integrity）、机密性（confidentiality）和不可抵赖性（non-repudiation）这五个方面的性能，一个网络系统只有具备这五个方面的属性，才能说是安全的。

1. 可用性（availability）

所谓可用性是指网络系统能保证信息和系统不间断地为授权者提供服务，而不会出现非授权者滥用和对授权者拒绝或中断服务的情况。这在许多银行、企业等客服网络系统中非常重要，系统服务往往每天 24 小时不能中断。

2. 可控性（controllability）

所谓可控性是指网络系统能始终被合法管理者所有效、安全地监控和管理，防止被非法利用。如：网络系统中的服务器就必须被管理员所控制，而不能被非法者所控制。

3. 完整性（integrity）

所谓完整性是指网络系统保证信息从真实的发送者通过网络传送到真实的接收者手中，网络传送过程中没有被他人添加、删除、修改和替换，信息是真实和完整的。

4. 机密性（confidentiality）

所谓机密性是指网络系统保证信息为授权者享用，而不泄漏给未经授权者。

5. 不可抵赖性（non-repudiation）

所谓不可抵赖性是指信息的行为人要为自己的行为负责，提供保证社会依法管理需要的公证、仲裁信息证据。不可抵赖性又称不可否认性，在一些商业活动（如：电子商务）中尤为重要。

1.1.3 网络安全的内容

网络安全的内容包括：物理安全、安全控制、安全服务和安全机制等。

1. 物理安全

指自然灾难（如：雷电、地震、火灾等）、物理损坏（如：硬盘损坏、设备使用寿命到期等）、设备故障（如：停电、电磁干扰等）、意外事故等。另外，物理安全还包括：电磁泄漏、信息泄漏、操纵失误、意外疏漏等。

2. 安全控制

安全控制包括操纵系统、网络接口模块和网络互联设备的安全控制。如用户开机输入的口令（某些微机主板有"万能口令"），对文件的读写存取的控制（如：UNIX 系统的文件属性控制机制）。安全控制主要用于保护存储在硬盘上的信息和数据。另外，在网络环境下要对来自其他机器的网络通信进程进行安全控制。包括：身份认证、客户权限设置与判别、审计日志等。另外，通过网管软件或路由器配置，对整个子网内的所有主机的传输信息和运行状态，进行安全监测和控制。

3. 安全服务

现行计算机网络系统提供包括：实体认证服务、访问控制服务、数据保密服务、数据完整性服务和不可否认服务等在内的多种安全服务。有关这些安全服务的具体内容将在后面加以介绍。

4. 安全机制

计算机网络系统实施包括：加密机制、数字签名机制、访问控制机制、数据完整性机制、认证机制、信息流填充机制、路由控制机制和公证机制等在内的多种安全机制。有关这些安全机制的具体内容将陆续在后面章节进行介绍。

1.1.4　网络安全模型

网络安全是指系统的安全，需要构建一个理论上的框架，这个框架就是网络安全模型。所谓安全模型是指在整体安全策略的控制和指导下，在综合运用防护工具（如：防火墙、操作系统身份认证、加密等手段）的同时，利用检测工具（如：漏洞评估、入侵检测等系统）了解和评估系统的安全状况，将系统调整到"最安全"和"风险最低"的状态。目前最常用的网络安全模型是 P2DR 模型，即 Policy（安全策略）、Protection（防护）、Detection（检测）和 Response（响应）模型。这是一个完整的、动态的安全循环模型，在安全策略的指导下，保证网络系统的安全。

按照 P2DR 模型，安全策略是整个网络安全的依据，不同的网络需要不同的安全策略。在制定策略以前需要全面考虑，如局域网如何在网络层实现安全性？如何控制远程用户的访问？在广域网上的数据传输如何实现安全加密传输？以及如何进行用户的认证等问题。对这些问题做出详细回答，并确定相应的防护手段和实施办法，就是一份完整的网络安全策略，策略一旦制定，应作为整个网络安全行为的准则。

P2DR 模型是基于时间的一种安全理论（Time Based Security），它认为：与信息安全相关的所有活动，不管是攻击行为、防护行为、检测行为还是响应行为都要消耗时间，因此可以用时间来衡量一个体系的安全性和安全能力。攻击成功花费的时间就是安全体系提供的防护时间，设为 P_t；在入侵发生的同时，检测系统也在发挥作用，检测到入侵行为也要花费时间，即检测时间，设为 D_t；在检测到入侵后，系统会做出应有的响应动作，这也要花费时间，即响应时间，设为 R_t。

于是，P2DR 模型用数学公式表示为：

$$P_t > D_t + R_t \tag{1}$$

式中：P_t——系统为了保护安全目标，设置各种保护后的防护时间；或者理解为在这样的保护方式下，黑客（入侵者）攻击安全目标所花费的时间；

D_t——从入侵者开始发动入侵开始，系统能够检测到入侵行为所花费的时间；

R_t——从发现入侵行为开始，系统能够做出足够的响应，将系统调整到正常状态的时间。

针对需要保护的安全目标，当上述数学公式满足防护时间大于检测时间加上响应时间时，也就是在入侵者危害安全目标之前，就能够被检测到并及时得到处理。假设防护时间 $P_t=0$，那么：

$$D_t + R_t = E_t \tag{2}$$

式中：D_t——从入侵者破坏了安全目标系统开始，系统能够检测到破坏行为所花费的时间；

R_t——从发现遭到破坏开始，系统能够做出足够的响应，将系统调整到正常状态的时间。如：对 Web Server 被破坏的页面进行恢复。

E_t——D_t 与 R_t 之和，也就是该安全目标系统的暴露时间。针对需要保护的安全目标，如果 E_t 越小，表明系统越安全。

通过上面两个公式的描述，可以得到"安全"的定义。即："及时的检测和响应就是安全"或"及时的检测和恢复就是安全"。该定义给出了解决安全问题的方法，即提高系统的防护时间 P_t，降低检测时间 D_t 和响应时间 R_t。当然，在实际当中，安全不能依靠单纯的静态防护，也不能依靠单纯的技术来解决，还需要动态的技术和规范的管理。未来的网络安全理论和管理呈现出以下发展趋势。

1. 高度灵活和自动化的网络安全管理

网络安全的管理更加灵活和自动化，人们借助相关辅助工具管理相当庞大的网络；通过对安全数据进行自动的多维分析和汇总，使人们从海量的安全数据中解脱出来；根据所提交的决策报告，进行安全策略的制定和安全决策。

2. 安全管理与网络管理集成

由于网络安全问题的复杂性，网络安全管理将与已经较成熟的网络管理集成，在统一的平台上实现网络管理和安全管理。

3. 检测技术更加细化

将产生针对各种新的应用程序漏洞的评估和入侵监控技术及新的攻击追踪技术等，这些技术将逐步应用到网络安全管理的各个环节中。

总之，以 P2DR 模型为主导的安全理论，将随着技术的发展而不断得到完善。

 ## 1.2 网络安全体系结构

网络安全体系结构是对网络安全的抽象描述，是从系统的角度理解网络安全问题，对研究、实现和管理网络安全具有全局性的指导作用。网络安全体系结构可描述为：①为满足用户需求而必须提供的一套安全服务；②要求所有系统元素都要实现的服务；③为应对环境威胁而要求系统元素达到的安全级别。在学习网络安全体系结构知识之前，应先了解什么是计算机网络体系结构。本节将讲述网络安全体系结构的基本概念和内容，并以 OSI 和 TCP/IP 两种常用的网络安全体系结构为实例，最后介绍部分网络安全协议和标准。

1.2.1 网络分层体系结构

网络安全体系结构应包括：管理安全、通信安全、计算机安全、网络安全、人员安全和物理安全等。它既需要对付恶意威胁，也要对付意外的威胁。计算机网络体系结构从功能的角度对系统进行描述，并对所完成功能有精确的定义，是一个层次和协议的集合。

1. 网络的层次结构

计算机网络系统是一个复杂的系统，将一个复杂的系统分解为若干容易处理的子系统，逐个加以解决，是网络工程设计中常用的结构化设计方法，其中分层是系统分解的最好办法之一。为了减少协议设计的复杂性，网络按层的方式进行组织，每一层都建立在它的下层之上。不同的网络其层次的数量、名称、内容和功能不尽相同，每一层都向它的下一层提供服务，而把如何实现这一服务的细节对上一层加以屏蔽。层次结构的好处在于使得每一层不必知道下一层是如何实现的，只要知道下层通过层间接口提供的服务是什么，以及本层向上一层提供什么样的服务，就能独立设计。图 1-1 说明了一个 n 层的协议。主机 1 的第 n 层只能与网络上的主机 2 的第 n 层进行通信。通信的规则就是第 n 层协议。在某层上进行通信所使用的规则、标准或约定的集合称为协议。协议是通信双方关于通信如何进行的一致规则，各层协议按层次顺序排列而成的协议序列称为协议栈。协议通常包含以下三个要素。

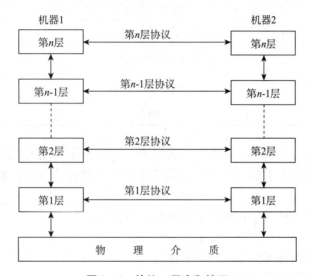

图 1-1 协议、层次和接口

（1）语法（syntax）。以二进制形式表示的命令和相应的结构。

（2）语义（semantics）。由发出的命令请求、完成的动作和回送的响应组成的集合。

（3）定时关系（timing）。有关事件顺序的说明。

2. 实体、接口与服务

每一层的活动元素通常被称为实体。实体既可以是软件实体（如：一个进程），也可以是硬件实体（如只能输入/输出芯片）。不同系统上的同一层的实体称为对等实体，不同系统的通信依靠对等实体来实现。n 层实体实现的服务为 $n+1$ 层所利用，n 层实体称为服务提供者，$n+1$ 层为服务用户。服务是在服务接入点提供给上一层使用的，服务接入点也称为接口。n 层接口是 $n+1$ 层访问 n 层服务的地方。相邻层之间要交换信息，对接口必须有一致同意的规则。

下层能向上层提供两种不同形式的服务，既面向连接的服务和无连接的服务。面向连接的服务以电话系统为模型，在使用面向连接的服务时，用户首先要建立连接，然后使用连

网络安全概论

接，最后释放连接。相反，无连接的服务以邮政系统为模型，每个报文（信件）带有完整的目的地址，每个报文都独立于其他的报文，经由系统选定的线路传递。在正常的情况下，当两个报文发往同一目的地时，先发的先收到。但是，也有可能先发的报文因在途中延误，后发的报文反而先到。服务质量用来评价每种服务的特性，不可靠无连接的服务称为数据报服务。为了发一个短报文，既希望免除建立连接的麻烦，又要求确保信息可靠时，可采用有确认的数据报服务。另外，还有一种服务即问答服务。使用这种服务时，发送者传送一个询问数据报，应答数据报则包含回答。表1-1总结了上述服务的6种类型。

表1-1　6种不同类型的服务

连接类型	服务类型	应用例子
面向连接的服务	可靠的消息流	页码序列
	可靠的字节流	远程登录
	不可靠的连接	数字化声音
无连接的服务	不可靠的数据报	电子方式操作
	有确认的数据报	挂号邮件
	问答	数据查询

服务在形式上由一组原语（或操作）来描述。这些原语供用户或其他实体访问该服务。这些原语通知服务提供者采取某些行为或报告某个对等实体的活动。服务原语划分为以下4类。

（1）请求。一个实体希望得到完成某些操作的服务。

（2）指示。通知某一个实体，有某个事件发生。

（3）响应。一个实体希望响应一个事件。

（4）证实。返回对先前请求的响应。

服务分为"有证实"和"无证实"两种。有证实服务包括：请求、指示、响应和证实4个原语。而无证实服务则只有请求和指示两个原语。注意服务和协议是完全不同的概念，两者常会混淆。服务是各层向它上层提供的一组原语（操作），尽管服务定义该层能够代表它上层完成的操作，但丝毫未涉及这些操作是如何实现的。服务定义了两层之间的接口，上层是服务用户，下层是服务提供者。与之相对比，协议是定义同层对等实体之间交换的帧、分组和报文的格式及意义的一组规则，实体通过协议实现服务定义。

1.2.2　网络安全需求

网络安全是指网络系统不存在任何受威胁状态。实际上，所有的网络应用环境包括：银行、电子交易、政府（无密级）、公用电信载体和互联、专用网络等都有网络安全的需求。关于这些典型应用环境的安全需求可参见表1-2。

表 1 - 2 典型应用环境的网络安全需求

应用环境	安全需求
所有网络	阻止外部的入侵
银行	避免欺诈或交易的意外修改； 识别零售的交易客户； 保护个人识别号（PIN），以免泄漏； 确保客户的秘密
电子交易	确保交易的起源和完整性，保护共同的秘密。为交易提供合法的电子签名
政府	避免无密级而敏感的信息未授权泄漏或修改，为政府文件提供电子签名
公共电信载体	对授权的个人限制访问管理功能，避免服务中断，保护用户的秘密
互联/专用网络	保护团体/个人的秘密，确保消息的真实性

根据计算机网络的分层体系结构和实际应用环境的网络安全需求，设计合理的网络安全体系结构。

1.2.3 网络安全体系结构

网络安全体系结构是网络分层体系结构安全问题的抽象描述。在大规模的网络工程建设、管理及基于网络安全系统的设计与开发过程中，从全局网络体系结构的角度，考虑网络安全体系结构（即网络安全问题的整体解决方案）是十分必要的。只有这样才能确保网络安全功能的完备性和一致性，降低安全代价和管理开销。网络安全体系结构对于网络安全解决方案的设计、实现和管理都有指导意义。

网络安全体系结构划分为物理层安全、系统层安全、网络层安全、应用层安全和安全管理等层次。

1. 物理环境的安全性（物理层安全）

该层次的安全包括：通信线路的安全、物理设备的安全、机房的安全等。物理层的安全主要体现在通信线路的可靠性（线路备份、网管软件、传输介质），软硬件设备的安全性（替换设备、拆卸设备、增加设备），设备的备份，防灾害能力，防干扰能力，设备的运行环境（温度、湿度、烟尘），不间断电源保障等。

2. 操作系统的安全性（系统层安全）

该层次的安全问题来自网络内使用的操作系统的安全，如：Linux、Windows XP 等。主要表现在三方面：一是操作系统本身的缺陷带来的不安全因素，主要包括：身份认证、访问控制、系统漏洞等；二是对操作系统的安全配置问题；三是病毒对操作系统的攻击。

3. 网络的安全性（网络层安全）

该层次的安全问题主要体现在网络方面的安全性，包括：网络层身份认证、网络资源的

访问控制、数据传输的保密与完整性、远程接入的安全、域名系统的安全、路由系统的安全、入侵检测的手段、网络设施防病毒等。

4. 应用的安全性（应用层安全）

该层次的安全问题由提供服务所采用的应用软件和数据的安全性产生，包括：Web 服务、电子邮件系统、DNS 服务等。此外，还包括病毒对服务软件和数据的攻击。

5. 管理的安全性（管理层安全）

管理安全包括安全技术和设备的管理、安全管理制度、部门与人员的组织等。管理的制度化最大限度地影响整个网络的安全，严格的安全管理制度、明确的部门安全职责划分、合理的人员角色配置，都能在很大程度上减少各层次的安全漏洞。

1.3　网络安全体系结构实例

前面详细讲叙了计算机网络的分层体系结构和安全体系结构，下面作为实例，介绍 OSI 安全体系结构和基于 TCP/IP 的分层体系结构两个实际的网络安全体系结构。

1.3.1　OSI 安全体系结构

国际标准化组织（ISO）于 1989 年 2 月公布的 ISO 7498 - 2 "网络安全体系结构"文件，给出了 OSI（Open System Interconnection）开放系统互联参考安全体系结构。这是一个普适的安全体系结构，对具体的网络安全体系结构有指导意义，其核心内容是保证异构计算机系统之间远距离交换信息的安全。

1. OSI 参考模型及各层的主要功能

开放系统互联参考模型（Open System Interconnection Reference Model）是由国际标准化组织（ISO）制定的，标准化、开放式计算机网络层次结构模型。OSI 包括体系结构、服务定义和协议规范三级抽象。OSI 体系结构定义了一个七层模型，用以进程间的通信，并作为一个框架协调各层标准的制定。OSI 服务定义描述了各层能够提供的服务，以及层与层之间的抽象接口和交互用的服务原语；OSI 各层的协议规范，精确地定义了应当发送何种控制信息，以及用何种过程解释该控制信息。

凡是遵守这一标准的系统之间都可以相互连接使用。OSI 参考模型采用分层结构，把整个通信网络自下而上划分为七层，依次为：物理层、数据链路层、网络层、传输层、会话层、表示层和应用层，如图 1 -2 所示。

1）物理层（Physical Layer）

规定通信设备的机械的、电气的、功能的和规程的特性，用以建立、维护和拆除物理链路连接。具体地讲，机械特性规定了网络连接时所需接插件的规格尺寸、引脚数量和排列情况等；电气特性规定了在物理连接上传输比特流时线路上信号电平的大小、阻抗匹配、传输速率距离限制等；功能特性是指对各个信号先分配确切的信号含义；规程特性定义了利用信号线进行比特流传输的一组操作规程。

2）数据链路层（Data Link Layer）

在物理层提供比特流服务的基础上，建立相邻节点之间的数据链路，通过差错控制提供

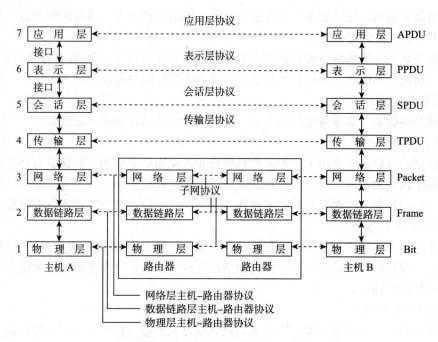

图1-2 OSI七层参考模型

数据帧（Frame）在信道上无差错的传输，并进行各电路上的动作系列。

数据链路层在不可靠的物理介质上提供可靠的传输。该层的作用包括：物理地址寻址、数据的成帧、流量控制、数据的检错、重发等。

3）网络层（Network Layer）

在计算机网络中通信的两台计算机之间会经过很多个数据链路，也可能还要经过很多通信子网。网络层的任务就是选择合适的网间路由和交换节点，确保数据及时传送。网络层将数据链路层提供的帧组成数据包，包中封装有网络层包头，其中含有逻辑地址信息，如源站点和目的站点地址的网络地址。

4）传输层（Transport Layer）

传输层负责实现端到端的数据报文的传递。传输层提供两个端点之间可靠、透明的数据传输、执行端到端的差错控制、流量控制及管理多路复用。

5）会话层（Session Layer）

在会话层及以上的高层次中，数据传送的单位统称为报文。会话层不参与具体的传输，它提供包括访问验证和会话管理在内的建立，以及维护应用之间通信的机制。如：服务器验证用户登录由会话层完成。

6）表示层（Presentation Layer）

这一层将准备交换的数据从适合于某一用户的抽象语法，转换为适合于OSI系统内部使用的传送语法。即提供格式化的表示和转换数据服务，数据的压缩和解压缩、加密和解密等都由表示层负责。如：图像格式的显示就是由位于表示层的协议支持的。

7）应用层（Application Layer）

应用层是用户与网络的接口，它直接为网络用户或应用程序提供各种网络服务。应用层提供的网络服务包括：文件服务、事务管理服务、网络管理服务、数据库服务等。

2. OSI 模型的安全服务

安全服务是指计算机网络提供的安全防护措施。ISO 定义了 5 种基本的网络安全服务：认证服务、访问控制服务、数据机密性服务、数据完整性服务和抗否认服务。

1）认证（鉴别）服务

认证就是确保某个实体身份的真实性，分为对等实体认证和数据源认证。

2）访问控制服务

访问控制的目标是防止用于防治未授权用户非法使用系统资源，确保只有经过授权的实体才能访问受保护的资源。所谓未授权访问包括：未经授权的使用、泄露、修改、销毁及发出指令等。访问控制对于保障系统的机密性、完整性、可用性及合法使用具有重要作用。

3）数据机密性服务

为防止网络各系统之间交换的数据被截获或被非法存取而泄密，提供机密保护。同时，对有可能通过观察信息流就能推导出信息的情况进行防范，这种服务就是保护信息不泄露给那些没有授权的实体。

4）数据完整性服务

这种服务对付主动威胁，保障数据从起点到终点的传输过程中，不因机器故障或人为的原因而造成数据的丢失和篡改，接收端能够知道或恢复这些改变，从而保证接收端的数据真实性。

5）抗否认性服务

抗否认服务用于防止发送方在发送数据后否认发送，接收方在收到数据后否认收到或伪造数据的行为。

3. OSI 模型的安全机制

在 ISO 7498 - 2 "网络安全体系结构" 文件中规定的网络安全机制有 8 种：加密、数字签名、访问控制、数据完整性、鉴别交换、业务流填充、路由控制和公证。OSI 安全体系结构、OSI 安全服务、安全机制及 OSI 层次之间的关系分别如图 1 - 3、表 1 - 3 和表 1 - 4 所示。

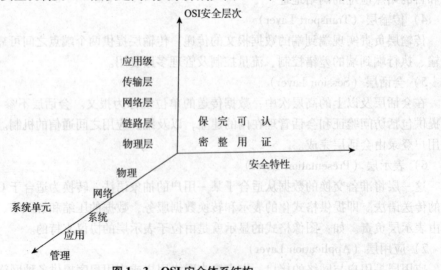

图 1 - 3　OSI 安全体系结构

表1-3 OSI各层的网络安全服务

安全服务		OSI层次						
		物理	链路	网络	传输	会话	表示	应用
鉴别服务	同等实体鉴别	×	×	√	√	×	×	√
	数据源鉴别	×	×	√	√	×	×	√
访问控制	访问控制	×	×	×	×	×	×	√
数据完整性	带恢复功能的连接完整性	√	×	×	√	×	×	√
	不带恢复功能的连接完整性	×	×	√	√	×	×	√
	选择字段连接完整性	×	×	×	×	×	×	√
	选择字段无连接完整性	×	×	×	×	×	×	√
	无连接完整性	×	×	√	√	×	×	√
数据机密性	连接保密性	√	√	√	√	×	√	√
	无连接保密性	×	√	√	√	×	√	√
	信息流保密性	√	×	√	×	×	×	√
抗否认	发送抗否认	×	×	×	×	×	×	√
	接收抗否认	×	×	×	×	×	×	√

注:"√"表示提供安全服务,"×"表示不提供安全服务。

表1-4 OSI安全服务与安全机制的关系

安全服务		OSI安全机制							
		加密	数字签名	访问控制	数据完整性	交换鉴别	信息流填充	路由控制	公证
鉴别服务	同等实体鉴别	√	√	×	×	√	×	×	×
	数据源鉴别	√	√	×	×	×	×	×	×
访问控制	访问控制	×	×	√	×	×	×	×	×
数据完整性	带恢复功能的连接完整性	√	×	×	√	×	×	×	×
	不带恢复功能的连接完整性	√	×	×	√	×	×	×	×
	选择字段连接完整性	√	×	×	√	×	×	×	×
	选择字段无连接完整性	√	×	×	√	×	×	×	×
	无连接完整性	√	×	×	√	×	×	×	×
数据机密性	连接保密性	√	×	×	×	×	×	×	×
	无连接保密性	√	×	×	×	×	×	√	×
	信息流保密性	√	×	×	×	×	√	√	×
抗否认	发送抗否认	×	√	×	√	×	×	×	√
	接收抗否认	×	√	×	√	×	×	×	√

注:"√"表示提供安全服务,"×"表示不提供安全服务。

1）加密机制

加密是确保数据安全的基本方法，可用于数据存储和传输的保密性。此外，加密技术与其他技术结合还可以保证数据的完整性。

2）数字签名机制

数字签名可解决传统手工签名中存在的安全缺陷，是确保数据真实性的基本方法，利用数字签名技术可进行用户的身份认证和消息认证。它具有解决收、发双方纠纷的能力，在电子商务中使用较为广泛。数字签名主要是解决否认问题（发送方否认发送了信息）、伪造问题（某方伪造了文件却不承认）、冒充问题（冒充合法用户在网上发送文件）和篡改问题（接收方私自篡改文件内容）。

3）访问控制机制

访问控制机制可以控制哪些用户可以访问哪些资源，对这些资源可以访问到什么程度，如非法用户企图访问资源，该机制就会加以拒绝，并将这一非法事件记录在审计报告中。访问控制可以直接支持数据的保密性、完整性、可用性。

4）数据完整性机制

致使数据完整性遭受破坏的主要因素有：数据在信道中传输时受信道干扰影响而产生错误，数据在传输和存储过程中被非法入侵者篡改，计算机病毒对程序和数据的传染等。数据完整性机制保护网络系统中存储和传输的信息及软件不被非法篡改，如：纠错编码和差错控制编码可有效对付信道干扰，而对付计算机病毒则有各种病毒检测、杀毒和免疫方法。

5）交换鉴别机制

交换鉴别机制是通过相互交换信息来确定彼此的身份。在计算机网络中，鉴别主要有站点鉴别、报文鉴别、用户和进程的认证等，通常采用口令、密码技术、实体的特征或所有权等手段进行鉴别。在计算机网络中认证主要有用户认证、消息认证、站点认证和进程认证等，可用于认证的方法有已知信息（如：口令）、共享密钥、数字签名、生物特征（如：指纹）等。

6）业务流填充机制

攻击者通过分析网络中某一路径上的信息流量和流向来判断某些事件的发生，为了对付这种攻击，一些关键站点间再无正常信息传送时，持续传递一些随机数据，使攻击者不知道哪些数据是有用的，哪些数据是无用的，阻止攻击者对信息流的分析。

7）路由控制机制

在大型计算机网络中，从源点到目的地往往存在多条路径，其中有些路径是安全的，有些路径是不安全的，路由控制机制可根据信息发送者的申请选择安全路径，以确保数据安全。

8）公正机制

在大型计算机网络中，并不是所有的用户都是诚实可信的，同时也可能由于设备故障等技术原因造成信息丢失、延迟等，用户之间很可能引起责任纠纷，为此，用一个各方都认可的第三方提供公证仲裁，而仲裁数字签名可提供公正机制的技术。

1.3.2　基于 TCP/IP 的安全体系结构

1. TCP/IP 分层体系结构

前面已介绍，OSI 模型最基本的技术就是分层，TCP/IP 也采用分层体系结构，每一层提供特定的功能，层与层之间相对独立，因此改变某一层的功能就不会影响其他层。这种分层技术简化了系统的设计和实现，提高了系统的可靠性及灵活性。

TCP/IP 体系结构共分 4 层，从上往下依次为应用层、传输层、网络层和网络接口层。每一层提供特定功能，层与层之间相对独立，与 OSI 七层模型相比，TCP/IP 没有表示层和会话层，这两层的功能由应用层提供，OSI 的物理层和数据链路层功能由网络接口层完成。TCP/IP 参考模型及协议簇如图 1－4 所示。

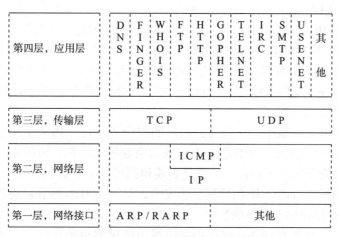

图 1－4　TCP/IP 模型层次及协议簇

1）应用层

应用层大致对应 OSI 的表示层、会话层、应用层，是 TCP/IP 模型的最上层。应用层负责面向用户的各种应用软件，是用户访问网络的界面，包括一些向用户提供的常用应用程序，如：电子邮件、Web 浏览器、文件传输、远程登录等，也包括用户在传输层上建立的自己的应用程序。应用层包括许多协议，如：支持 Web 的 HTTP、支持电子邮件的 SMTP 和支持文件传送的 FTP、域名服务等。

2）传输层

传输层提供了在应用程序的客户机和服务器之间，传输应用层报文的服务。在互联网中有 TCP 和 UDP 两个传输协议，利用其中的任意一个协议都能传输应用层报文。TCP 提供一种可靠的、面向连接的服务，这种服务包括了应用层报文向目的地的确保传递和流量控制（即发送方/接收方速率匹配），同时 TCP 将长报文划分为短报文，并提供拥塞控制机制。UDP 协议向它的应用程序提供无连接服务，是一种非常基本的服务。

3）网络层

网络层负责为数据报从一台主机传输到另一台主机选择路径，它具有定义 IP 数据报各个域，以及端系统和路由器如何作用于这些域的协议，这就是著名的 IP 协议。IP 协议仅有一个，所有具有网络层的互联网部件必须运行 IP 协议。网络层也包括决定路由的选路协议，它使得数据报根据该路由从源传输到目的地。

4）网络接口层

网络接口层是 TCP/IP 模型的最低层。它负责接收 IP 数据包并通过网络传输介质发送数据包。

2. TCP/IP 的安全体系结构

1）网络接口层安全性

网络接口层是 TCP/IP 的最低层，包括 OSI 的物理层、数据链路层。网络接口层有两种类型：第一种是设备驱动程序（如局域网的网络接口）；第二种是含自身数据链路协议的复杂子系统（如 X. 25 中的网络接口）。为保证通过网络链路传送的数据不被窃听，主要采用划分 VLAN、加密通信（远程网）等手段进行加密。

2）网络层安全性

网络层安全即 IP 层安全。IP 层一般对属于不同进程的包不作区别。对所有去往同一地址的包，它将按照同样的加密密钥和访问控制策略来处理，这将使得网络安全性能下降。针对面向主机密钥分配的这些问题，最好使用面向用户的密钥分配，这样不同的连接会得到不同的加密密钥。但是，面向用户的密钥分配需要对相应的操作系统内核作比较大的改动。

IP 层适合提供基于主机的安全服务，相应的安全协议可以用来在互联网上建立安全的 IP 通道和虚拟专用网。例如，利用它对 IP 包的加密和解密功能，可以强化防火墙系统的防卫能力。网络层的安全问题主要在于网络是否能得到控制，目标网站通过对来源 IP 进行分析，便能够初步判断来自这个 IP 的数据是否安全，是否会对本网络系统造成危害，来自这一 IP 的用户是否有权使用本网络的数据。网络层主要的安全技术如下。

（1）防火墙。防火墙是建立在内外网络边界上的过滤封锁机制。内部网络被认为是安全和可信赖的，而外部网络（通常是互联网）被认为是不安全和不可信赖的。防火墙的作用是防止不希望的、未经授权的通信进入被保护的内部网络，通过边界控制强化内部网络的安全策略。

（2）IP 安全协议（IPSec）。IP 安全协议（IPSec）是一组提供数据保密性、数据完整性和对 IP 层的参与各方进行身份验证的公开标准。IPSec 已经获得行业的认可，客户也要求所购买的互联网产品中包含对它的支持。IPSec 使用认证头部（AH）和安全内容封装（ESP）两种机制，前者提供认证和数据完整性，后者实现通信保密。

（3）入侵检测技术。传统的操作系统加固技术和防火墙隔离技术等都是静态防御技术，对网络环境下的攻击缺乏主动的反应。入侵检测作为一种主动安全防护技术，能对网络进行监测，提供了对内部攻击、外部攻击和误操作的实时保护，在网络系统受到危害之前拦截入侵。

3）传输层安全性

传输层的安全性是脆弱的，已经成为网络协议攻击的主要突破口之一，主要存在以下几个问题。

（1）TCP 连接的建立与终止。TCP 连接的建立与断开机制保证了传输的可靠性与速度，但是在连接建立过程完成之后，服务器端不再验证连接的另一方是不是合法的用户，这种脆弱性的直接后果是连接可能被窃取。

（2）TCP 连接请求对队列的处理方法适用于连接的实际情况，但是易出现以下现象：如果某一用户不断地向服务器某一端口发送申请 TCP 连接的 SYN 请求包，但不对服务器的 SYN 包发回 ACK 确认信息，则无法完成连接。当未完成的连接填满传输层的队列时，它不再接受任何连接请求，包括合法的连接请求，这样就可能使服务器端口服务挂起。

（3）TCP 连接的坚持。TCP 连接仍旧能保持的特性，会造成当 TCP 连接上很长时间内，无数据被传送时，TCP 连接资源的浪费。毕竟服务器某个端口的最大连接数有限，保持着大量不传输数据的连接，将极大地降低服务器性能，而且在服务器的两次探测之间，可能导致 TCP 连接被窃取，使得原来与服务器连接的机器死机或重启。

TCP/IP 协议本身没有加密、身份认证等安全特性，要向上层应用提供安全通信的机制，须在 TCP 之上建立一个安全通信层次。传输层网关就是在两个通信节点之间代为传递 TCP 连接并进行控制，这个层次一般称作传输层安全。最常见的传输层安全技术有 SSL（安全套接层协议）、SOCKS 和安全 RPC 等。

4）应用层安全性

要区分一个具体文件的不同的安全性要求，必须借助于应用层的安全性。提供应用层的安全服务是灵活处理单个文件安全性的手段。如：电子邮件系统需要对要发出的信件个别段落进行数据签名。较低层的协议提供的安全功能不知道任何要发出的信件的段落结构，从而不知道该对哪一部分进行签名，只有应用层唯一能提供这种安全服务。

S-HTTP 是 Web 上使用的超文本传输协议（HTTP）的安全增强版本，属于应用层上的安全协议，提供文件级的安全机制。因此，文件都可设成私人/签字状态，加密及签名算法由参与通信的收发双方协商。S-HTTP 一是提供了对多种单向散列（Hash）函数的支持，如：MD2、MD5 及 SHA；二是提供了对多种单钥体制的支持，如：DES、三重 DES、RC2、RC4 及 CDMF；三是提供了对数字签名体制的支持，如：RSA 和 DSS。

1.3.3　网络安全标准

1. DGSA 计划

1993 年，美国国防部在 TAFIM（Technical Architecture for Information Management）计划中推出新的安全体系结构 DGSA（DoD Goal Security Architecture）。国防部的 TAFIM 计划为信息管理制定了一套技术上的体系结构框架，DGSA 是该体系结构框架的一个组成部分。在制定 DGSA 之前，国防部总结出了一组信息系统的安全需求，这组需求规定如下。

（1）国防部的信息系统必须支持多种安全政策下的信息处理，这些安全政策具有任意的复杂性和任意的类型，它们涉及对非密级的敏感信息的处理和对多种类别的密级信息的处理。

（2）国防部的信息系统必须受到充分的保护，以便能够在符合开放系统体系结构的多个网络的多个主机上，进行分布式信息处理，包括进行分布式信息系统管理。

（3）国防部的信息系统必须支持在拥有不同的安全属性、按照不同的安全保护程度使用资源的用户之间进行信息处理，这些用户包括那些使用非安全资源的用户。

（4）国防部的信息系统必须受到充分的保护，以便借助公共的（非军用的）通信系统进行连接。

上述规定是制定 DGSA 安全需求的基础。DGSA 的安全需求是一定层次上的抽象需求，这些需求包括：对多种信息安全政策的支持、开放系统的采用、充分的安全保护和共同的安全管理。为了支持在一组用户间进行对信息对象的共享，同时，在一个共享信息的处理和通信环境中对这些信息对象进行充分的保护，DGSA 定义了信息域的概念。即信息域由一些信息对象、一些用户和一个信息安全政策构成。

2. JTA 标准

JTA（Joint Technical Architecture）是美国国防部联合技术体系结构的英文缩写，是美国国防部为了实现信息系统互操作，组织制定的一套强制执行的技术标准和指南。它是美国国防部信息系统综合体系结构框架（C^4ISR）组成体系结构之一。到目前为止，JTA 的发展经历了两个阶段，共发布了 6 个正式版本。

第一阶段是 JTA 的 5.0 及其以前的版本。这些版本包括了商业和军事技术标准，这些标准反应了过去已有的或未来将要有的相关系统的商业安全性和国家安全性。

JTA 的 1.0 版本于 1996 年 8 月 22 日发布。JTA 的 1.0 版以"陆军技术体系结构"为蓝本，有负责采办与技术的国防部副部长和负责指挥、控制、通信和情报的国防部部长助理下令，立即在国防部所有新的和升级的 C^4I 系统中强制执行。

JTA 的 2.0 版本与 1997 年 3 月开始研制，1998 年 3 月 26 日发布。JTA 2.0 版的适应性和范围扩大到包括国防部所有系统的信息技术。

JTA 3.0 版于 1998 年 6 月研制，1999 年 11 月 15 日发布。JTA 3.0 版包括补充的子域及新开发的国防部技术参考模型（DoD TRM）。JTA 的 3.1 版补充了千兆位以太网标准作为强制标准。

JTA 4.0 版于 1999 年 11 月研制，2001 年 4 月 14 日发布。JTA 去掉了"黄皮书"式指令，代之以强制性的通用准则。

JTA 的 5.0 版与 2001 年开始研制，2002 年发布。JTA 的 5.0 版取消了核武器司令和控制子域，同时 Linux 成为强制执行的三个操作系统服务之一。

第二阶段是 JTA 6.0 版本和以后的版本。关注的是为了实现网络中心设想和对国防部已有新的信息技术基础设施和系统的转型。

JTA 的 6.0 版从 2003 年 3 月开始研制，于 2003 年 10 月 3 日发布。改版本分为两卷，第一卷列出了强制标准和指导；第二卷列出了新生标准。JTA 6.0 版和未来版本都将致力于让 DoD 现存的 IT 基础设施和系统在转型的基础之上，达到其网络中心版本。

JTA 分层模型由核心、域和子域组成。各军兵种、各部门均适用的标准集中在核心部分，可分为以下几部分。

（1）信息处理标准。包括软件工程、用户接口、数据管理、数据交换、图形、通信、操作系统、国际化、安全、分布式计算服务等标准。

（2）信息传输标准。包括端系统、网络等标准。

（3）信息建模，数据元及信息交换标准。包括活动模型、数据模型及信息交换等标准。

（4）人 – 计算机接口标准。包括字符、图形、会议等标准。

（5）信息系统安全标准。包括应用软件实体、应用平台实体、网络、人机接口标准等。

其中，信息安全标准框架如图 1 – 5 所示。

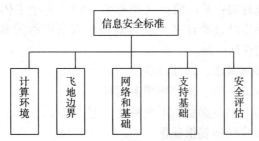

图1-5 JTA信息安全标准框架

这些强制性标准适用于国防部所有信息技术系统，并与已公布的"美国国防部信息保证"（2002.2）和"DoD CIO指导和政策备忘录No.6-8510-DoD全球信息栅格信息保障"一致。信息安全的内容，从整个结构上已经发生了很大变化，主要是因为JTA 6.0中的信息安全，已经采取了深层防御的安全体系结构。在JTA 6.0中，已经按照深层防御体系结构进行了调整，分类为：本地计算环境、飞地边界、网络和基础设施、支持性基础设施及"评估准则"。这部分标准主要有以下变化。

（1）万维网安全标准中部分内容已经转变成Web浏览安全的内容。

（2）万维网安全标准中部分内容和安全协议变成了消息安全标准。

（3）增加了网络鉴定访问标准。

（4）增加了密钥算法和密码模块标准。

（5）安全算法中的内容变成了散列算法和签名算法的内容。

（6）应用软件实体安全性标准变成了密码API标准。

（7）增加了网络层安全标准。

（8）基础设施安全协议变成PKI证书标准；安全协议变为密钥管理基础设施标准。

（9）评估标准中强制性标准变成了公共评估标准。

现在很多网络信息系统仍在沿用JTA的强制性评估标准，不过在JTA 6.0以后，JTA又有了新的调整。

1.4 网络安全服务

网络安全服务是指为了维护网络系统自身和其中信息资源的安全，针对各种网络安全威胁，用以对抗攻击的一些基本安全服务。在计算机网络系统中，主要提供5种通用的安全服务，分别是：认证服务、访问控制服务、机密性服务、完整性服务和抗否认性服务。本节将介绍这些服务的范围、内容、原理及实现这些安全服务的方法。

1.4.1 认证服务

认证是重要的安全服务之一，因为所有其他的安全服务都依赖于该服务。认证可以用来对抗假冒攻击和验证身份，它是获得对某人或对某事信任的一种方法。身份的合法拥有者称为实体。

认证通常与以下环境有关：某一成员（声称者）提交一个主体的身份并声称它是那个主体。认证可以使得别的成员（验证者）获得对声称者所声称的事实的信任，其认证方法可以是基于下列原理中的任何一种。

（1）声称者证明他知道某事，例如口令。

（2）声称者证明他拥有某物，例如物理密钥或卡。

（3）声称者展示他具有某些必备的不变特性，例如指纹。

（4）声称者在某一特定场所提供证据。

（5）验证者认可某一已经通过认证的可信方。

在实际中仅使用上述原理中的任何一种进行认证是不够的，通常要综合应用这些原理来建立认证系统。

在实体认证中，身份由参加通信连接或会话的远程参与方提交。在数据来源认证中，身份和数据项一起被提交，并且声称数据项来源于身份所代表的那个主体。实体认证可以是单向的也可以是双向的。单向认证是指通信双方中只有一方向另一方认证；而双向认证是指通信双方相互进行认证。目前常用的认证机制有：非密码认证机制和基于密码的认证机制。

1. 非密码认证机制

非密码的认证机制包括以下内容。

1）口令机制

在某种程度上，口令或个人识别号（PIN）机制是最实用的一种认证机制。口令系统有许多脆弱性，最严重的是外部泄漏或口令猜测，除此之外还有线路窃听和重放等。

2）一次性口令机制

一次性口令机制的主要目的是确保在每次认证中所使用的口令不同，以防止重放攻击。

3）询问－应答机制

使用询问－应答机制中的双方不仅不需要保持同步，还能够提高对抗重放攻击的能力，但通信的代价很高，因为询问－应答机制对一个事先给定的认证，企图由验证者给声称者发送一个确定的 nrv 值（nrv 值称为询问消息），产生非重复值 nrv 的能力完全掌握在验证者手中。图 1-6 给出了询问－应答机制的工作原理。

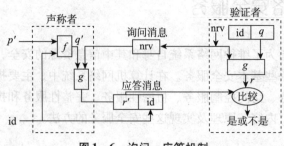

图 1-6　询问－应答机制

4）基于个人特征机制

当对一个人进行认证时，有许多技术可为认证提供依据，主要有：①指纹识别；②视网膜识别；③声音识别；④手迹识别；⑤手形。

2. 基于密码的认证机制

这种认证机制基于声称者知道某一秘密密钥这一事实，使验证者信服声称是声称者所声称的。包括：基于对称密码的认证和基于公钥密码的认证两种。

1）基于对称密码的认证

所谓基于对称密码的认证机制，就是声称者和验证者共享一个对称密钥。声称者使用该密钥加密或封装某一消息，如果验证者能够成功地解密消息或验证封装消息是正确的，那么验证者相信消息来自声称者。加密或封装的消息的内容通常包括一个非重复值易抵抗重放攻击。可以使用一个询问－应答协议，在这种情况下，验证者首先给声称者发送一个包含非重复值的口令消息，该非重复值也包含在返回给验证者的加密或封装消息之中。

2）基于公钥密码的认证

所谓基于公钥密码的认证机制，就是声称者使用他的秘密密钥签署某一消息，而验证者使用声称者的公钥检查签名。如果签名能够被正确地检查，那么验证者相信声称者是声称者本人。

另外，消息也包含一个非重复值以抵抗重放攻击。基于密码技术的认证原理如图1－7所示。

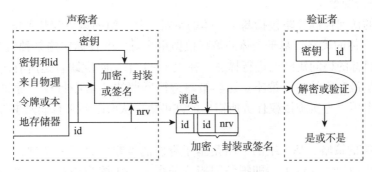

图1－7　基于密码技术的认证原理

1.4.2　访问控制服务

访问控制是网络安全保护和防范的核心策略之一。访问控制的主要目的是确保网络资源不被非法访问和非法利用。访问控制服务主要限制对关键资源的访问，访问一种资源意味着从这个资源中得到信息、修改信息，或者使它完成某种功能，为此，应防止非法用户进入系统及合法用户对系统资源的非法使用。资源包含信息资源、处理资源、通信资源和物理资源，通常采取两种方法阻止未授权用户访问目标资源：①访问请求过滤器，当一个发起者试图访问一个目标时，需要检查发起者是否被准予以请求的方式访问目标；②分离，防止未授权用户有机会去访问敏感的目标。

1. 访问控制策略

授权是指准予某个用户为了某种目的访问某个目标的权利，访问控制策略在系统安全策略级上表示授权。任何访问控制策略最终均可写成一个访问矩阵，行对应于用户，列对应于目标，每个矩阵元素规定了用户对应于相应目标被准予的访问许可，矩阵元素确定了用户可以对目标实施的行为。

表 1 – 5 给出了一个实例，实例中有四个用户，它们能访问三个存储目标资源中的任何一个。可能的行为有读、修改、管理等。

表 1 – 5　访问矩阵实例表

目标 用户	目标 x	目标 y	目标 z
用户 a	读、修改、管理	读、修改	读、修改、管理
用户 b	–	读、修改、管理	–
用户 c1	读	读、修改	读、修改、管理
用户 c2	读	读、修改	读、修改、管理

从实际应用来看，访问控制策略分为基于身份的策略（又称自主式策略）和基于规则的策略（又称强制式策略）。

1）基于身份的策略

基于身份的访问控制策略包括基于个体的策略、基于组的策略和基于角色的策略。

（1）基于个体的策略。基于个体的策略根据用户对一个目标实施某种行为的列表表示，这等于用一个目标的访问矩阵列进行描述。在表 1 – 1 中，假定缺省是所有用户被所有的许可否定，这也是最常用的缺省策略。这类策略遵循所谓的"最小特权"原则，即要求最大限度地限制每个用户为实施授权任务所需要的许可集，从而限制来自偶然事件、错误或非授权用户的危险。

（2）基于组的策略。基于组的策略是基于身份的策略的另一种类型，一些用户被允许对一个目标有相同的访问许可，即把访问矩阵的多个行压缩为一行。例如，在表 1 – 1 中，假定用户 c1 和 c2 形成一个组，那么对目标 x 的访问控制策略可表达为：用户组 c 由用户 c1 和 c2 组成；对目标 x，用户 a 被允许读、修改和管理，而用户组 c 被允许读。

（3）基于角色的策略。对系统操作的各种权限不是直接授予具体的用户，而是在用户集合与权限集合之间建立一个角色集合。每一种角色对应一组相应的权限。一旦用户被分配了适当的角色后，该用户就拥有此角色的所有操作权限。这样做的好处是，不必在每次创建用户时都进行分配权限的操作，只要分配给用户相应的角色即可，而且角色的权限变更比用户的权限变更要少得多，这样将简化用户的权限管理，减少系统的开销。

2）基于规则的策略

这种安全策略的基础是强加于全体用户的总体规则。这些规则往往依赖于把被访问资源的敏感性与用户、用户群或代表用户活动的实体的相应属性进行比较。

2. 访问控制列表

访问控制列表是指目标对象的属性表，也就是实体及其对资源的访问权限的列表，该表给出了每个用户对给定目标的访问权限。访问控制列表反映了一个目标对应于访问矩阵列中的内容。因此，基于身份的访问控制策略可简单地通过访问控制列表实现。基本的访问控制列表能为选择的用户登录加入上下文控制，表 1 – 6 给出了一个访问控制列表结构。

表 1 - 6　访问控制列表结构

身份	类型	认可的允许	拒绝的允许	时间限制	位置限制
Wang	个人	读、修改、管理	–	–	–
组员	组	读	–	8：30 - 19：00	本地终端
审计	角色	读	修改、管理	–	–

访问控制列表最适合于需要被区分的用户相对较少的情况，并且这些用户中的绝大多数是稳定的。如果访问控制列表太大或经常改变，维护访问控制列表就会成为问题。

3. 访问控制技术

目前访问控制技术有：自主访问控制（DAC）、强制访问控制（MAC）和基于角色的访问控制（RBAC）。访问控制技术所涉及的内容较为广泛，包括网络登录控制、网络使用权限控制、目录级安全控制，以及属性安全控制等多种手段。

自主访问控制 DAC 和强制访问控制 MAC，都是由主体和访问权限直接发生关系，主要针对用户个人授予权限。基于角色的访问控制 RBAC 引入角色做中介，将权限和角色相关联，通过给用户分配适当的角色以授予用户权限，实现用户和访问权限的逻辑分离，这样的授权管理与针对个体的授权相比，可操作性和可管理性更强，适合大型多用户管理信息系统的授权管理。

1）网络登录控制

网络登录控制是网络访问控制的第一道防线。通过网络登录控制可以限制用户对网络服务器的访问，或限制用户登录到指定的服务器上，或限制用户只能在指定的时间登录网络等。

网络登录控制一般需要经过三个环节，一是验证用户身份，识别用户名；二是验证用户口令，确认用户身份；三是核查该用户账户的默认权限。在这三个环节中，只要其中一个环节出现异常，该用户就不能登录网络。其中，前两个环节是用户的身份认证过程，是较为重要的环节。网络登录控制是由网络管理员依据网络安全策略实施的。网络管理员负责建立或删除普通用户账户，控制和限制普通用户账户的活动范围、访问网络的时间和访问方式，并对登录过程进行必要的审计。

2）网络使用权限控制

当用户成功登录网络后，使用其所拥有的权限对网络资源（如：目录、文件和相应设备等）进行访问。如果网络对用户的使用权限不能进行有效的控制，则可能导致用户的非法操作或误操作。网络使用权限控制就是针对可能出现的非法操作或误操作，提出来的一种安全保护措施。通过网络使用权限控制，规范和限制用户对网络资源的访问，允许用户访问的资源就开放给用户，不允许用户访问的资源一律加以控制和保护。

网络使用权限控制通过访问控制表来实现。在这个访问控制表中，规定了用户能够访问的网络资源，以及能够对这些资源进行的操作。根据网络使用权限，将网络用户分为三大类：一是系统管理员用户，负责网络系统的配置和管理；二是审计用户，负责网络系统的安全控制和资源使用情况的审计；三是普通用户，这是由系统管理员创建的用户，其网络使用权限由系统管理员根据他们的实际需要授予。系统管理员可更改普通用户的权限或将其删除。

3）目录级安全控制

用户获得网络使用权限后，即可对相应的目录、文件或设备进行规定的访问。系统管理员为用户在目录级指定的权限对该目录下的所有文件、所有子目录及其子目录下的所有文件均有效。如果用户滥用权限，则会对这些目录、文件或设备等网络资源构成严重威胁。目录级安全控制和属性安全控制用于防止用户滥用权限。

一般情况下，对目录和文件的访问权限包括系统管理员权限、读权限、写权限、创建权限、删除权限、修改权限、文件查找权限和访问控制权限。目录级安全控制限制用户对目录和文件的访问权限，保护目录和文件的安全，防止权限滥用。

4）属性安全控制

属性安全控制通过给网络资源设置安全属性标记来实现。当系统管理员给文件、目录和网络设备等资源设置访问属性后，用户对这些资源的访问将会受到一定的限制。通常，属性安全控制限制用户对指定文件进行读、写、删除和执行等操作，限制用户查看目录或文件，将目录或文件隐藏、共享和设置成系统特性等。

5）服务器安全控制

网络允许在服务器控制台上执行一系列操作。用户使用控制台装载和卸载模块，安装和删除软件等。网络服务器的安全控制包括：一是设置口令、锁定服务器控制台等，以防止非法用户修改、删除重要信息或破坏数据；二是设定服务器登录时间限制及非法访问者检测和关闭的时间间隔。

1.4.3 机密性服务

机密性服务提供对信息的保密，通过该项服务防止非授权用户对信息的非法访问。机密性的目的是保护数据，以免泄漏或暴露给未被授权者。而信息存储和传递的形式及渠道很多，机密性服务就是保护那些泄漏信息的渠道。

1. 提供机密性服务的方法

有两种基本方法可提供机密性服务。

1）访问控制方法

防止入侵者观察敏感信息的表示。访问控制方法包括：过滤每个寻找读访问信息资源的请求；防止信息流从一个敏感的环境流动到另一个保护级别低的环境；防止物理上侵入一个有敏感信息的环境中；防止电磁场振动的发射，以免敏感信息被析出；通过多个独立的通道传输不同的数据项分量。

2）隐藏信息方法

允许一个入侵者观察信息的表示，但使入侵者从表示中无法推出所表示信息的内容或提炼出有用的信息。

2. 机密性服务

1）加密服务

加密和解密提供从明文到密文的一种变换，其关键是加密和解密所用到的密钥，这是在隐藏信息中提供机密性的一种主要方法。

2）数据填充

数据填充技术用于防止通过监视传送数据的长度获取信息。如：通过观察用户 A 到用户 B 当天传送的数据比往常长，就有可能推出某些信息，即使不知道密钥。数据填充和加密机制往往结合使用，保护数据不被泄露。

3）业务流填充

业务流的机密性防止通过观察网络业务流而使敏感信息泄漏。业务流填充是提供业务流机密性的一个基本机制，它包含生成伪造的通信实例、伪造的数据单元或伪造的数据单元中的数据。这个机制与加密有关，因为有必要隐藏真实数据和伪造数据之间的差别。另外还有一些其他方法，如：路由控制、数据分割、扩频和跳频技术等。

1.4.4 完整性服务

所谓完整性是指数据的完整性，即保护数据不被未授权的用户修改、删除和替换。完整性服务是指数据不受无意或有意的损坏，如：修改、丢失、重排序或替换等。完整性服务需要保护数据不被修改，保证在连接中传输的数据单元的重放。

1. 保证数据完整性

保证数据的完整性常用以下两种方法，即：访问控制方法和损害－检测方法。损害－检测法承认数据会有意或无意损坏，但能确保这些损坏能被检测出来，并能够被纠正或向接收者提出警告。访问控制方法保证数据的完整性类似于机密性的情况，然而，需要注意的是，访问控制不能保护无意的数据破坏。

2. 数据完整性服务

1）测试字服务

发送者通过一个双方认同的算法将信息转化成一个字符串，称为"测试字"。该字符串附加在交易数据中，接收者收到交易数据后，按照同样的算法，解密接受到的信息，从而验证交易的完整性。银行系统常用这种检测－损坏完整性方法，以保护在不受保护的电报/电话网上进行的金融交易。

2）封装和签名服务

该服务用加密方法产生一个作为明文的附加传送值，把该附件作为完整性校验值。目前几种加密算法，如：DES 和 RAS 等都适用于封装和签名。

3）加密

加密机制既可用于保证数据的完整性，又可用于保证数据的机密性。假定被保护的数据项拥有一些冗余，加密传输冗余能保证数据的完整性。入侵者不知道加密的密钥而修改了密文的一部分，解密过程就会产生不正确的信息，从而知道有入侵者中途修改了数据。

4）序列完整性

序列完整性可检测数据项的重放、重排或丢失。通过以下两种方法可提供序列完整性：一是在封装、签名或加密等保护之前，给数据项附加一个完整性序列号（ISN）；二是在封装、签名或加密等过程中利用数据项序列上的扩展链产生一个加密链。

5）复制和恢复

通过复制在多个存储区域的存储信息，或通过在不同的路径中，传输数据的多个备份也可保证数据完整性，原始数据可从未被危及的备份中恢复。支持完整性恢复需要一个标准通信恢复机制，即在检测到发生破坏和重新发送那个位置之后的所有数据之前，重新同步检测到位置。

1.4.5 抗否认性服务

抗否认性服务又称不可抵赖性服务。该服务为一个通信用户提供保护，以避免另一个用户后来否认发生过的一些通信交换。当不能防止一个用户否认另一个用户所声称发生某事时，该服务以无可辩驳的证据，支持任何类似纠纷的解决。这样的证据必须能说服第三方仲裁者。在网络环境中根据两种不同的否认情况，抗否认性服务分为有起源的否认和传递的否认两种。其中有起源的否认指存在着是否某方产生了某个特定数据项的纠纷或产生时间的纠纷；而传递的否认指存在着是否某个特定数据项传递给了某方的纠纷或传递发生时间的纠纷。

1. 起源的抗否认性服务

起源的抗否认性服务关系到是否某一特定方，"产生"了一个特定数据项潜在的争执或关于产生时间的争执。证据产生者包括发送者和一个或几个可信第三方，服务请求者包括数据潜在的接收者，而证据验证则包括数据接收或可信第三方。

2. 传递的抗否认性服务

传递的抗否认关系到是否某一特定方接收到一个特定数据项潜在的争执或关于传递发生时间的争执。在这种抗否认中，证据产生者包括接收者，某些情况下，还包括一个或多个可信第三方。服务请求者包括数据产生者或代表了产生利益的实体，而证据验证者则包括：发起者和可信第三方，证据能将各种信息片断联系在一起。

 ## 本章小结

本章主要介绍了网络安全的概念、属性、机制和 P2DR 模型，网络安全属性是指网络系统的可用性、可控性、完整性、机密性和不可抵赖性这五个方面的性能。目前最常用的网络安全模型是 P2DR 模型。本章还介绍了网络安全体系结构和基本的网络安全服务。

根据 ISO 7498-2 中描述了开放系统互联安全的体系结构，详细介绍了 OSI 安全体系结构和基于 TCP/IP 的安全体系结构，并以美国国防部信息安全体系结构为例进行了适当说明。在网络安全协议方面上，重点介绍了 SSH 协议、SSL 协议、PKI 协议和 SET 协议。

通过本章的学习，读者应重点掌握网络安全的概念、属性和机制，理解基本的计算机网络安全服务和分层安全体系结构，为后续有关知识的学习打下良好基础。

 ## 本章习题

1. 网络安全与信息安全有什么不同？
2. 对网络系统的攻击源主要有哪些？

3. 网络安全体系结构为何以计算机网络体系结构为基础？

4. 请问在 OSI 安全体系结构中，定义了哪些安全服务和安全机制？

5. 请说明 TCP/IP 的网络层安全和应用层安全如何实现？

6. 分别简述网络安全协议 SSH、SSL 及 SET 的主要安全功能。

7. 你认为网络安全问题可以最终得到解决吗？

8. 对目前开放式的、移动式的互联网，你认为有必要加以管理和约束吗？为什么？

第2章　密码学基础

密码学（Cryptography）一词最早来自于希腊语中的短语"Secret Writing"，往前可追溯几千年。但密码技术的重大发展是在近代，特别是在20世纪70年代后期，由于Diffie和Hellmann的开创性工作，奠定了现代密码学的基础。现代密码学在计算机网络、电子通信等方面有着及其广泛的应用。

本章将介绍密码学的基本原理、经典加密方法、对称密钥密码技术和非对称密钥（公钥）密码技术等，主要包括以下知识点：

◇ 密码学的基本原理；

◇ 对称密钥密码；

◇ 非对称密钥（公钥）密码；

◇ 密码技术的发展。

通过学习本章内容，读者可以了解密码学的基本原理和经典加密方法，理解加密技术的基本原理，掌握对称密钥密码技术和公钥密码技术及其应用。

2.1　密码学原理

网络数据信息受到的攻击主要有两种形式：一种称为被动攻击，就是攻击者非法地从传输信道上截取信息；另一种称为主动攻击，就是攻击者对传输或存储的数据进行中断、篡改或伪造等攻击。从技术上讲，就应采用数据加密技术，而加密技术是以密码学为基础的。本章介绍密码学基本原理。

2.1.1　基本概念

消息的发送者通常称为信源，消息的目的地称为信宿。没有加密的消息称为明文，加密过的消息称为密文，用来传送消息的通道称为信道。通信过程中，信源为了要和信宿通信，首先要选择适当的密钥 k，并把它通过安全的信道送给信宿。通信时，把明文 P 通过加密方法（变换）E_k 加密成密文 $C = E_k(P)$，通过普通（不安全）信道发送给信宿，信宿应用信源从安全信道送来的密钥 k，通过解密变换 D_k 解密密文 C，恢复出明文 $P = D_k(C) = D_k(E_k(P))$。

这里假定加密密钥和解密密钥相同，但实际上它们可能不同（即使不同，这两个密钥也必然存在某种相关性）。密钥通常是由密钥中心提供，图2-1就是一个简单的加密模型，它涉及密码体制的各个基本概念。密码体制包括以下部分。

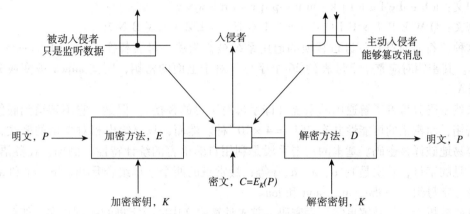

图2-1 经典加密通信模型

（1）可能的明文的集合 P，称为明文空间。

（2）可能的密文的集合 C，称为密文空间。

（3）可能的密钥的集合 K，称为密钥空间。

（4）一组加密变换 E_k：$C = E_k(P)$，一组解密变换 D_k：$P = D_k(C)$。

五元组（P，C，K，E，D）称为一个密码体制。一个实用的密码体制至少需要满足以下两点：

（1）对所有密钥，加密算法必须迅速有效，通常需要实时使用；

（2）体制的安全性不依赖于算法的保密性，仅依赖于密钥的保密性。

密码编码学（cryptography）是密码体制的设计学，密码分析学（cryptanalysis）则是在未知密钥的情况下，从密文推演出明文或密钥的技术，也就是破解密码的技术。密码编码学和密码分析学统称为密码学。

不论截取者获得了多少密文，但在密文中没有足够的信息唯一确定出对应的明文，则这一密码体制称为无条件安全的，或称理论上是不可破的。在无任何限制的条件下，几乎所有实用的密码体制均是可破的。因此，人们关心的是在计算上（而不是理论上）不可破的密码体制。一个密码体制中的密码，如不能在一定时间内被计算资源所破译，则这一密码体制称为是安全的。

下面先简要介绍传统加密方法中的替换密码和换位密码。

2.1.2 替换密码

替换密码（或置换密钥）是用密文字母来替换明文字母，但字母位置不变。替换密码的例子包括循环移动字母表、单字母替换、多字母替换等。最古老的密码之一是凯撒密码（Caesar cipher）。在这种方法中，a 变成 D，b 变成 E，c 变成 F，……，z 变成 C。例如：attack 变成 DWWDFN。在例子中，明文以小写字母给出，密文则使用大写字母。

凯撒密码的另一种通用方案是：允许明文字母表被移动 k 个字母，而并不总是移动 3 个字母。在此种情况下，k 变成了这种循环移动字母表的通用加密方法的一个密钥。接下来的改进是：让明文中的每个符号（这里假设为 26 个字母）都映射到其他某一个字母上。例如：

明文：a b c d e f g h i j k l m n o p q r s t u v w x y z

密文：Q W E R T Y U I O P A S D F G H J K L Z X C V B N M

这种"符号对符号"进行替换的通用系统被称为单字母表替换（monoalphabetic substi-
tution）。其密钥对应整个字母表的 26 个字母。对于上面的密钥，明文 attack 被变换成密文
QZZQEA。

虽然密码分析者了解通用的系统（即字母对字母的替换），但是，它不知道到底使用哪
一个密钥，而密钥的可能性共有 26! $= 4 \times 10^{26}$ 种。然而，只要给出相对少量的密文，就可
以很容易地破译该密码。基本的攻击手段是利用自然语言的统计特性。例如，在英语中，e
是最常见的字母，其次是 t、o、a、n、i 等；最常见的两个字母组合是 th、in、er 和 an；最
常见的三字母组合是 the、ing、and 和 ion。

密码分析者为了破解单字母表密码，首先计算密文中所有字母的相对频率，然后，试探
性地将最常见的字母分配给 e，次常见的字母分配给 t。接下来查看三字母连字，找到比较
常见的，如：tXe 三字母的组合，这强烈地暗示着其中的 X 是 h。另一种方法是猜测可能的
单词或者短语，如：在会计事务所的消息中，一个可能的单词是 financial。因此，利用英语
文本的频率统计规律，很容易地推出密钥。

2.1.3 换位密码

换位密码（或转置密码）是保留明文字母不变，但改变字母的位置，也就是说，按照
某种特定的规则重新排列明文。例如：

明文：STRIKE WHILE THE IRON IS HOT

密文：TOH SI NORI EHT ELIHW EKIRTS

这里用到的换位规则是将明文以相反的顺序重写。图 2 - 2 给出了一个常见的换位密
码——柱形换位。该方案用一个不包含任何重复字母的单词或短语作为密钥。在这个例子
中，密钥是 MEGABUCK。密钥的用途是对列进行编号，第 1 列是指在密钥的字母中，最靠
近字母表起始的那个字母的下面，依次类推。明文按水平方向的行书写，密文按列读出，从
编号最低的密钥字母开始逐列读出。

```
M E G A B U C K
7 4 5 1 2 8 3 6       Plaintext
p l e a s e t r
a n s f e r o n       pleasetransferonemilliondollarsto
e m i l l i o n       myswissbankaccountsixtwotwo
d o l l a r s t
o m y s w i s s       Ciphertext
b a n k a c c o
u n t s i x t w       AFLLSKSOSELAWAIATOOSSCTCLNMOMANT
o t w o a b c d       ESILYNTWRNNTSOWDPAEDOBUOERIRICXB
```

图 2 - 2 换位密码

密码分析者在破解换位密码时，首先要明白自己是在破解一个换位密码。每个字母代表
的是自己，从而不改变字母的频率分布。接下来是猜测密钥长度，即共有多少列。实际上，

对于每一个密钥长度，在密文中都会出现一组不相同的两字母组合。通过检查每一种可能性，密码分析者能够确定密钥的长度，最后是确定密钥的顺序。当列数（假设用 k 表示）比较小时，则总共有 k（$k-1$）种可能的列队。对每一个列队进行检查，看它的两字母组合的频率是否与英语文本的两字母组合频率相匹配。

所有加密系统都必须遵循两条基本的加密原则：一是所有加密消息都必须包含冗余信息，目的是防止主动入侵者使用假消息欺骗接收者；二是必须防止主动入侵者用旧的消息进行重放攻击，因此消息中必须包含序号、时间戳等信息。

2.2　对称密钥密码

现代密码学也使用传统密码学的一些基本思想，如：替换和换位，但侧重点不同。传统密码学中的算法很简单，主要依靠算法保密或长密钥保证密码的安全性。而现代密码学的目标是使得算法异常复杂，再加上使用长密钥，使得破译密码从时效性来看，几乎是不可能的。

对称密钥算法是指加密密钥和解密密钥相同的密码算法，常用的有 DES、AES 等算法。下面重点讨论 DES、AES 密码算法。

2.2.1　DES——数据加密标准

1. DES 简介

为了建立适用于计算机系统的商用密码，美国商业部的国家标准局 NBS 于 1973 年 5 月和 1974 年 8 月两次发布通告，向社会征求密码算法。在征得的算法中，由 IBM 公司提出的算法 lucifer 中选。1975 年 3 月，NBS 向社会公布了此算法，以求得公众的评论。于 1976 年 11 月被美国政府采用，DES 随后被美国国家标准局和美国国家标准协会（American National Standard Institute，ANSI）承认。1977 年 1 月以数据加密标准 DES（Data Encryption Standard）的名称正式向社会公布。

随着攻击技术的发展，DES 本身又有发展，如：衍生出可抗差分分析攻击的变形 DES、密钥长度为 128 比特的三重 DES 等。DES 是一个分组加密算法，它以 64 位为分组对数据加密。64 位一组的明文从算法的一端输入，64 位的密文从另一段输出。它是一个对称算法，加密和解密用的是同一个算法。

密钥通常表示为 64 位的数，但每个第 8 位都用作奇偶校验，可以忽略，所以密钥长度为 56 位。密钥是任意的 56 位的数，且可在任意的时候改变。DES 算法只不过是加密的两个基本技术——混乱和扩散的组合，即先代替后置换，它基于密钥作用于明文，这是一轮（round），DES 在明文分组上实施 16 轮相同的组合技术。图 2-3 给出了 DES 加密算法的运算过程。

2. 算法概要

DES 对 64 位明文分组进行操作。通过一个初始置换，将明文分组分成左半部分和右半部分，各 32 位长。然后进行 16 轮完全相同的运算，这些运算被称为函数 f，在运算过程中数据与密钥结合。经过 16 轮后，左、右半部分合在一起经过一个末置换（初始置换的逆置

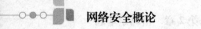

换），完成算法。

在每一轮中，密钥位移位，然后再从密钥的 56 位中选出 48 位。通过一个扩展置换将数据的右半部分扩展成 48 位，并通过一个异或操作与 48 位密钥结合，通过 8 个 S 盒将这 48 位替代成新的 32 位数据，再将其置换一次。这四步运算构成了函数 f。然后，通过另一个异或运算，函数 f 的输出与左半部分结合，其结果即成为新的左半部分。将该操作重复 16 次，便实现了 DES 的 16 轮运算。一轮 DES 如图 2-3 所示。

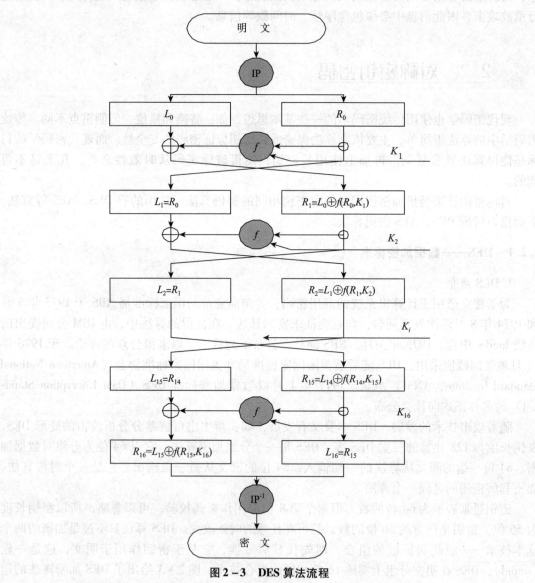

图 2-3 DES 算法流程

假设 B_i 是第 i 次迭代的结果，L_i 和 R_i 是 B_i 的左半部分和右半部分，K_i 是第 i 轮的 48 位密钥，且 f 是实现代替、置换及密钥异或等运算的函数，那么每一轮就是：

$$L_i = R_i - 1$$
$$R_i = L_i - 1 \oplus f(R_i - 1, K_i)$$

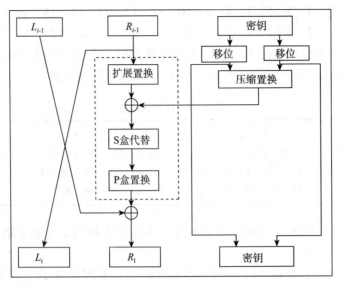

图 2 - 4　DES 算法一轮的运算过程

（1）初始置换。初始置换在第一轮运算之前进行，对输入分组实施如表 2 - 1 所示的变换。初始置换把明文的第 58 位换到第 1 位的位置，把第 50 位换到第 2 位的位置，把第 42 位换到第 3 位的位置，依此类推，如表 2 - 1 所示。

表 2 - 1　初始置换表

58, 50, 42, 34, 26, 18, 10, 2, 60, 52, 44, 36, 28, 20, 12, 4
62, 54, 46, 38, 30, 22, 14, 6, 64, 56, 48, 40, 32, 24, 16, 8
57, 49, 41, 33, 25, 17, 9, 1, 59, 51, 43, 35, 27, 19, 11, 3
61, 53, 45, 37, 29, 21, 13, 5, 63, 55, 47, 39, 31, 23, 15, 7

初始置换和对应的末置换并不影响 DES 的安全性，目的是为了更容易地将明文和密文数据以字节大小放入 DES 芯片中。

（2）密钥置换。不考虑每个字节的第 8 位，DES 的密钥由 64 位减至 56 位，每个字节第 8 位作为奇偶校验以确保密钥不发生错误。如表 2 - 2 所示。

表 2 - 2　密钥置换表

57, 49, 41, 33, 25, 17, 9, 1, 58, 50, 42, 34, 26, 18
10, 2, 59, 51, 43, 35, 27, 19, 11, 3, 60, 52, 44, 36
63, 55, 47, 39, 31, 23, 15, 7, 62, 54, 46, 38, 30, 22
14, 6, 61, 53, 45, 37, 29, 21, 13, 5, 28, 20, 12, 4

在 DES 的每一轮中，从 56 位密钥产生出不同的 48 位子密钥（subkey），这些子密钥是这样确定的：首先，56 位密钥被分成两部分，每部分 28 位。然后，根据轮数，这两部分分别循环左移 1 位或 2 位。每轮移动的位数如下：

轮	1	2	3	4	5	6	7	8	9	10	11	12	13	14	15	16
位数	1	1	2	2	2	2	2	2	1	2	2	2	2	2	2	1

移动后，就从56位中选出48位。这个运算既置换了每位的顺序，也选择了子密钥，被称为压缩置换（compression permutation），表2-3定义了压缩置换。

表2-3 压缩置换表

14, 17, 11, 24, 1, 5, 3, 28, 15, 6, 21, 10
23, 19, 12, 4, 26, 8, 16, 7, 27, 20, 13, 2
41, 52, 31, 37, 47, 55, 30, 40, 51, 45, 33, 48
44, 49, 39, 56, 34, 53, 46, 42, 50, 36, 29, 32

从表2-3看出，第33位的那一位在输出时移到了第35位，而处于第18位的那一位被忽略。

（3）扩展置换。这个运算将数据的右半部分从32位扩展到48位，产生了与密钥同长度的数据以进行异或运算；同时它提供了更长的结果，使得在替代运算中能进行压缩，如图2-5所示。

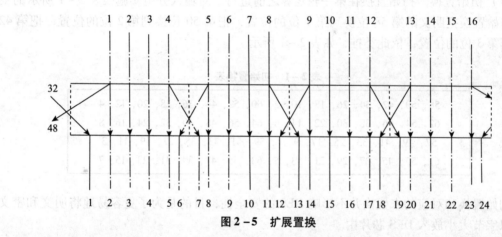

图2-5 扩展置换

对每个4位输入分组，第1位和第4位分别表示输出分组中的两位，而第2位和第3位分别表示输出分组中的一位，表2-4给出了哪一输出位对应哪一输入位。

表2-4 扩展置换表

32, 1, 2, 3, 4, 5, 4, 5, 6, 7, 8, 9
8, 9, 10, 11, 12, 13, 12, 13, 14, 15, 16, 17
16, 17, 18, 19, 20, 21, 20, 21, 22, 23, 24, 25
24, 25, 26, 27, 28, 29, 28, 29, 30, 31, 32, 1

处于输入分组中第3位的位置移到了输出分组中的第4位，而输入分组的第21位则移到了输出分组的第30位和第32位。尽管输出分组大于输入分组，但每一个输入分组产生唯一的输出分组。

（4）S 盒代替。压缩后的密钥与扩展分组异或以后，将 48 位的结果送入，进行代替运算。替代由 8 个 S 盒完成，每一个 S 盒都有 6 位输入，4 位输出，且这 8 个 S 盒是不同的。48 位的输入被分为 8 个 6 位的分组，每一个分组对应一个 S 盒代替操作：分组 1 由 S 盒 1 操作，分组 2 由 S 盒 2 操作，等等。如图 2-6 所示。

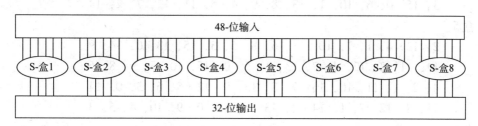

图 2-6　S 盒替换

假定将 S 盒的 6 位输入标记为 b1、b2、b3、b4、b5、b6。则 b1 和 b6 组合构成了一个 2 位数，从 0 到 3，它对应着表的一行。从 b2 到 b5 构成了一个 4 位数，从 0 到 15，对应着表中的一列。

例如，假设第 6 个 S 盒的输入为 110011，第 1 位和第 6 位组合形成了 11，对应着第 6 个 S 盒的第三行，中间 4 位组合形成了 1001，对应着同一个 S 盒的第 9 列，S 盒 6 在第三行第 9 列的数是 14，则用值 1110 来代替 110011。

这是 DES 算法的关键步骤，所有其他的运算都是线性的，易于分析。而 S 盒是非线性的，它比 DES 的其他任何一步提供了更好的安全性。这个代替过程的结果是 8 个 4 位的分组，它们重新合在一起形成了一个 32 位的分组。

每一个 S 盒是一个 4 行、16 列的表。盒中的每一项都是一个 4 位的数。S 盒的 6 个位输入确定了其对应的输出在哪一行哪一列。下面列出所有 8 个 S 盒：

S 盒 1：

14, 4, 13, 1, 2, 15, 11, 8, 3, 10, 6, 12, 5, 9, 0, 7
0, 15, 7, 4, 14, 2, 13, 1, 10, 6, 12, 11, 9, 5, 3, 8
4, 1, 14, 8, 13, 6, 2, 11, 15, 12, 9, 7, 3, 10, 5, 0
15, 12, 8, 2, 4, 9, 1, 7, 5, 11, 3, 14, 10, 0, 6, 13

S 盒 2：

15, 1, 8, 14, 6, 11, 3, 4, 9, 7, 2, 13, 12, 0, 5, 10
3, 13, 4, 7, 15, 2, 8, 14, 12, 0, 1, 10, 6, 9, 11, 5
0, 14, 7, 11, 10, 4, 13, 1, 5, 8, 12, 6, 9, 3, 2, 15
13, 8, 10, 1, 3, 15, 4, 2, 11, 6, 7, 12, 0, 5, 14, 9

S 盒 3：

10, 0, 9, 14, 6, 3, 15, 5, 1, 13, 12, 7, 11, 4, 2, 8
13, 7, 0, 9, 3, 4, 6, 10, 2, 8, 5, 14, 12, 11, 15, 1
13, 6, 4, 9, 8, 15, 3, 0, 11, 1, 2, 12, 5, 10, 14, 7
1, 10, 13, 0, 6, 9, 8, 7, 4, 15, 14, 3, 11, 5, 2, 12

S 盒 4：

7, 13, 14, 3, 0, 6, 9, 10, 1, 2, 8, 5, 11, 12, 4, 15

13, 8, 11, 5, 6, 15, 0, 3, 4, 7, 2, 12, 1, 10, 14, 9

10, 6, 9, 0, 12, 11, 7, 13, 15, 1, 3, 14, 5, 2, 8, 4

3, 15, 0, 6, 10, 1, 13, 8, 9, 4, 5, 11, 12, 7, 2, 14

S 盒 5：

2, 12, 4, 1, 7, 10, 11, 6, 8, 5, 3, 15, 13, 0, 14, 9

14, 11, 2, 12, 4, 7, 13, 1, 5, 0, 15, 10, 3, 9, 8, 6

4, 2, 1, 11, 10, 13, 7, 8, 15, 9, 12, 5, 6, 3, 0, 14

11, 8, 12, 7, 1, 14, 2, 13, 6, 15, 0, 9, 10, 4, 5, 3

S 盒 6：

12, 1, 10, 15, 9, 2, 6, 8, 0, 13, 3, 4, 14, 7, 5, 11

10, 15, 4, 2, 7, 12, 9, 5, 6, 1, 13, 14, 0, 11, 3, 8

9, 14, 15, 5, 2, 8, 12, 3, 7, 0, 4, 10, 1, 13, 11, 6

4, 3, 2, 12, 9, 5, 15, 10, 11, 14, 1, 7, 6, 0, 8, 13

S 盒 7：

4, 11, 2, 14, 15, 0, 8, 13, 3, 12, 9, 7, 5, 10, 6, 1

13, 0, 11, 7, 4, 9, 1, 10, 14, 3, 5, 12, 2, 15, 8, 6

1, 4, 11, 13, 12, 3, 7, 14, 10, 15, 6, 8, 0, 5, 9, 2

6, 11, 13, 8, 1, 4, 10, 7, 9, 5, 0, 15, 14, 2, 3, 12

S 盒 8：

13, 2, 8, 4, 6, 15, 11, 1, 10, 9, 3, 14, 5, 0, 12, 7

1, 15, 13, 8, 10, 3, 7, 4, 12, 5, 6, 11, 0, 14, 9, 2

7, 11, 4, 1, 9, 12, 14, 2, 0, 6, 10, 13, 15, 3, 5, 8

2, 1, 14, 7, 4, 10, 8, 13, 15, 12, 9, 0, 3, 5, 6, 11

（5）P 盒置换。S 盒代替运算的 32 位输出依照 P 盒进行置换。该置换把每输入位映射到输出位，任一位不能被映射两次，也不能被略去，表 2 - 5 给出了每位移至的位置。

表 2 - 5 P 盒置换表

16, 7, 20, 21, 29, 12, 28, 17, 1, 15, 23, 26, 5, 18, 31, 10
2, 8, 24, 14, 32, 27, 3, 9, 19, 13, 30, 6, 22, 11, 4, 25

第 21 位移到第 4 位，同时第 4 位移到第 31 位。最后，将 P 盒置换的结果与最初的 64 位分组的左半部分异或，然后左右半部分交换，接着开始另一轮。

（6）末置换。末置换是初始置换的逆过程。DES 在最后一轮后，左半部分和右半部分并未交换，而是将两部分并在一起形成一个分组作为末置换的输入，该置换如表 2 - 6 如示。

表 2 - 6　末置换表

40,	8,	48,	16,	56,	24,	64,	32,	39,	7,	47,	15,	55,	23,	63,	31
38,	6,	46,	14,	54,	22,	62,	30,	37,	5,	45,	13,	53,	21,	61,	29
36,	4,	44,	12,	52,	20,	60,	28,	35,	3,	43,	11,	51,	19,	59,	27
34,	2,	42,	10,	50,	18,	58,	26,	33,	1,	41,	9,	49,	17,	57,	25

3. DES 的解密

DES 是一种对称密钥密码，其解密密钥和加密密钥相同，且解密过程就是加密过程的逆过程。DES 解密算法的数学公式表达如下：

R16L16←IP（16 位密文）

对于 $i = 16$，15，…，1，

$R_i - 1 ← Li$

$L_i - 1 ← R_i \oplus f$（L_i，K_i）（64 位明文）！$IP - 1$（$R_0 L_0$）

DES 算法的解密算法与加密算法相同，只是各子密钥的顺序相反，即为 K_{16}，K_{15}，…，K_1。

4. DES 算法特点及安全性

自 DES 产生的二十多年里，对它最有效的攻击仍然是穷举攻击，所以 DES 仍然是一个安全的算法。DES 算法具有以下特点。

（1）DES 的保密性仅仅取决于对密钥的保密，算法公开。

（2）在目前水平下，不知道密钥而在一定的时间内要破译（即解析出密钥 K 或明文）是不太可能的，至少要建立 256 或 264 个项的表，这使现有硬件与软件资源难以实现有效攻击。

（3）明文或密钥的微小改变将对密文产生很大的影响，即 DES 显示出很强的"雪崩效应"，使攻击者无法分而破之，明文或密钥一位的变化将引起密文若干位同时变化。

综上所述，由 DES 算法构建的安全机制是可靠的，采用穷举方式攻击是不现实的。通过穷尽搜索空间，可获得总共 256（大约 $7.2 \times 1\ 016$）个可能的密钥。如果每秒能检测 100 万个，需要 2000 年完成检测，实际上难以实现。而 DES 也有不足之处，强密钥长度有为 56 个，不够长；其次，S 盒的设置变化小。此时可采用一种称为漂白（whitening）的技术增加 DES 的强度，即：在将明文输入 DES 设备之前与一个随机的 64 比特密钥进行异或，密文输出后再与一个 64 比特的密钥进行异或，然后再发送。"漂白"增加了密钥的长度，它使得穷尽密钥空间所用的时间更长。

2.2.2　三重 DES

DES 的问题是密钥太短，迭代次数也太少，仍然存在着破译的可能，为此可采用三重 DES 的方法增加 DES 的强度，如图 2 - 7 所示。它使用两个密钥进行三重 DES。第一阶段使用密钥 K_1 对明文 P 进行加密；第二阶段使 DES 设备工作于解码模式，使用密钥 K_2 对第一阶段的输出进行变换；第三阶段又使 DES 工作于加密模式，使用 K_1 对第二阶段的输出再进行一次加密，最后输出密文。

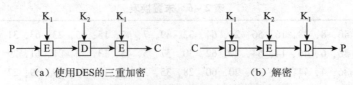

（a）使用DES的三重加密   （b）解密

图2-7 使用 DES 的三重加密与解密

这里使用两个密钥即可，因为 112 比特的密钥已经足够长，没必要用三个密钥增加密钥管理和传输的开销。那么为什么不使用两重 DES（即 EE 模式）呢？这是为了避免中途攻击。假定攻击者已经拥有了一个匹配的明文密文对 (P_1, C_1)，则 $C_1 = \mathrm{EK}_2(\mathrm{EK}_1(P_1))$，令 $X = \mathrm{EK}_1(P_1) = \mathrm{DK}_2(C_1)$。攻击者首先用所有 256 个可能的密钥值 K_1 加密 P_1，把这些结果存在一个表中并按照 X 的值对表进行排序；然后用所有 256 个可能的密钥值 K_2 对 C_1 进行解密，在每次做完解密后都用结果在表中寻找匹配。如果发生一个匹配，就用一个新的已知的明文密文对 (P_2, C_2) 对找到的两个密钥进行检验，如果两个密钥产生正确的密文，就把它们接受为正确的密钥。

采用中途攻击，破译 112 比特密钥的双重 DES，其攻击的工作量（256）和单次 DES（255）差不多。为了同单次 DES 兼容，三重 DES 用户解密单次 DES 用户加密的数据，此时令 $K_1 = K_2$ 即可，该特性使得三重 DES 逐步分阶段地应用到实际系统中。

2.2.3 AES——高级加密标准

多年来，对数据的加密基本上采用数据加密标准 DES。DES 的 56 位密钥太短，虽然三重 DES 可以解决密钥的长度问题，但 DES 设计主要是针对硬件实现。而今，在许多领域，需要针对软件实现相对有效的算法。为此，1997 年 4 月美国国家标准和技术研究所（NIST）发起征集高级密钥标准（Advanced Encryption Standard，AES）算法活动，并成立了 AES 工作组。活动规则如下：

（1）必须是一个对称的块密码算法；

（2）必须公开所有的设计；

（3）必须支持 128、192 和 256 位密钥长度；

（4）软件实现和硬件实现都必须是有可能的；

（5）算法必须是公有的，或者毫无歧视地授权给大家使用。

1998 年 8 月 NIST 公布了 15 个候选算法。1999 年 4 月从 15 个算法中再选出 5 个候选算法。2000 年 10 月，NIST 宣布"Rijndael 数据加密算法"为新世纪的美国高级加密标准推荐算法。

Rijndael 算法是由比利时的两个学者 Joan Daemen 和 Vincent Rijmen 提出的。该算法的原形是 Square 算法，设计策略是宽轨迹策略。Rijndael 假定密钥长度和块长度从 128 位一直到 256 位。密钥长度和块长度单独选择，它们没有必然的关系。AES 设计有三个密钥长度：128、192、256 位，相对而言，AES 的 128 密钥比 DES 的 56 密钥强 1 021 倍。AES 算法主要包括三个方面：轮变化、圈数和密钥扩展。

Rijndael 算法的优点是能在微机上快速实现，算法设计简单，分组长度可变以及分组长度和密钥长度都易于扩充。当然，Rijndael 算法也有一定的局限性：逆密码的实现相对比较复杂，它需要占用较多的代码和转数，不能在智能卡上实现；在软件实现中，该密码及其逆密码使用不同的代码和表。AES 算法的公布标志着 DES 算法已完成了它的使命。因此，Rijndael 算法迅速在全世界得到广泛推广和使用。

 ## 2.3　非对称密钥密码技术

非对称密钥密码技术又称公开密钥密码技术或公钥密码技术，是用一对密钥（一个是用户私有，一个公开）对信息进行加密解密的密码体制。公钥算法是一种新的加密系统，该系统使用不同的加密密钥和解密密钥，并且解密密钥不能从加密密钥中推导出来。因此完全可以公开加密密钥，只要妥善保存好解密密钥即可。

2.3.1　非对称密钥体制原理

在非对称密码体制中，加密密钥 PK（Public Key，公钥）是向公众公开的，而解密密钥 SK（Secret Key）则是需要保密的。加密算法 E 和解密算法 D 都是公开的。

公钥算法的工作过程如下所述：若 A 希望别人向他发送加密的报文，他首先设计一个加密算法 EA 和一个解密算法 DA（当然包括选择的一对加密密钥和解密密钥），然后，将加密算法和加密密钥 EA，放在一个公开可访问的文件中。若 B 想向 A 发送一个加密的报文 P，B 首先查询公开文件找到 EA，然后用 EA 加密报文 P，将密文 C = EA（P）发送给 A。A 使用解密算法和解密密钥 DA 解开 C 获得 P，P = DA（EA（P））。由于 EA 是公开的，所以谁都可以向 A 发送加密的报文；又由于只有 A 知道 DA，且其他人不能从 EA 推导出 DA，所以只有 A 能够解开加密的报文。

公钥算法要求每个使用者有两个密钥，一个是公开密钥（即加密密钥），是由其他人用来向该用户发送加密消息的，另一个是私有密钥（即解密密钥），是由用户用来解密消息的。由于加密密钥是公开的，而解密密钥只需要用户自己保存，因此，不存在传递密钥的问题，因而即使在一对陌生的用户之间，也可以建立一条安全的通道。

2.3.2　RSA 算法

RSA 公钥加密算法是 1977 年由 Ron Rivest、Adi Shamirh 和 LenAdleman 在（美国麻省理工学院）开发的。RSA 取名来自开发他们三者的名字。RSA 是目前最有影响力的公钥加密算法，它能够抵抗目前为止已知的所有密码攻击，已被 ISO 推荐为公钥数据加密标准。它的数学基础是数论。RSA 算法基于一个简单的数论事实：将两个大素数相乘十分容易，但那时想要对其乘积进行因式分解却极其困难，因此，可将乘积公开作为加密密钥。

RSA 属公开密钥密码体制。所谓的公开密钥密码体制就是使用不同的加密密钥与解密密钥，是一种"由已知加密密钥推导出解密密钥在计算上是不可行的"密码体制。在公开密钥密码体制中，加密密钥（即公开密钥）PK 是公开信息，而解密密钥（即秘密密钥）SK 是需要保密的。加密算法 E 和解密算法 D 也都是公开的。虽然秘密密钥 SK 是由公开密钥 PK 决定的，但却不能根据 PK 计算出 SK。正是基于这种理论，1978 年出现了著名的 RSA 算法，它通常是先生成一对 RSA 密钥，其中之一是保密密钥，由用户保存；另一个为公开密钥，可对外公开，甚至可在网络服务器中注册。

1. 什么是 RSA

RSA 算法是一种非对称密码算法，所谓非对称是指该算法需要一对密钥，使用其中一个加密，则需要用另一个才能解密。RSA 的算法涉及三个参数，n、e_1、e_2。其中，n 是两个大质数 p、q 的积，n 的二进制表示时所占用的位数，就是所谓的密钥长度。e_1 和 e_2 是一对相关的值，e_1 可以取任意值，但要求 e_1 与 $(p-1) * (q-1)$ 互质；再选择 e_2，要求 $(e_2 * e_1)$ mod $((p-1) * (q-1))$ =1。$(n$ 及 $e_1)$，$(n$ 及 $e_2)$ 就是密钥对。RSA 加解密的算法完全相同，设 A 为明文，B 为密文，则：A = B^e_1 mod n；B = A^e_2 mod n；e_1 和 e_2 可以互换使用，即：A = B^e_2 mod n；B = A^e_1 mod n。

RSA 加密算法的过程如下。

(1) 取两个随机大素数 p 和 q（保密）。

(2) 计算公开的模数 $n = p * q$（公开）。

(3) 计算秘密的欧拉函数 $((n)) = (p-1) * (q-1)$（保密），丢弃 p 和 q，不要让任何人知道。

(4) 随机选取整数 e_1，满足 gcd $(e_1，((n))) = 1$（公开 e_1 加密密钥）。

(5) 计算 e_2，满足 $e_2 e_1 \equiv 1 (\bmod ((n)))$（保密 e_2 解密密钥）。

(6) 加密：将明文 A 按模为 n 自乘 e_1 次幂以完成加密操作，从而产生密文 B（A、B 值在 0 到 $n-1$ 范围内），即：B = A^e_1 mod n。

(7) 解密：将密文 B 按模为 n 自乘 e_2 次幂，即：A = B^e_2 mod n。

RSA 加密解密的方法如图 2-8 所示。RSA 的安全性是建立在难于对大数提取因子的基础上的，至少到目前为止数学上还没有找到有效的解决办法。RSA 处理的都是大数，计算开销大，所以仅用来加密少量的数据，如：加密身份认证信息、进行数字签名或者传递会话密钥等，大量数据的传输仍然使用对称加密法。

明文 (P)				密文 (C)	解密之后	
符号	数值	P^3	$P^3 (\bmod 33)$	C^7	$C^7 (\bmod 33)$	符号
S	19	6859	28	13492928512	19	S
U	21	9261	21	1801088541	21	U
Z	26	17576	20	1280000000	26	Z
A	01	1	1	1	01	A
N	14	2744	5	78125	14	N
N	14	2744	5	78125	14	N
E	05	125	26	8031810176	05	E

发送方的计算　　　　　接收方的计算

图 2-8　RSA 算法的一个例子

为提高保密强度，RSA 密钥至少为 500 位长，一般推荐使用 1 024 位。这就使加密的计算量很大。为减少计算量，在传送信息时，常采用传统密钥加密方法与公开密钥加密方法相结合的方式，即信息采用改进的 DES 或 IDEA 对话密钥加密，然后使用 RSA 密钥加密对话密钥和信息摘要。对方收到信息后，用不同的密钥解密并可核对信息摘要。RSA 算法是第一个能同时用于加密和数字签名的算法，也易于理解和操作。RSA 是被研究得最广泛的公钥算法，从提出到现在的三十多年里，经历了各种攻击的考验，逐渐为人们接受，普遍认为是目前最优秀的公钥方案之一。

2. RSA 的缺点

（1）产生密钥很麻烦，受到素数产生技术的限制，难以做到一次一密。

（2）安全性问题。RSA 的安全性依赖于大数的因子分解，但并没有从理论上证明破译 RSA 的难度与大数分解难度等价，而且密码学界多数人倾向于因子分解不是 NPC 问题。

目前，人们已能分解 140 多个十进制位的大素数，正在积极寻找攻击 RSA 的方法。如：选择密文攻击，攻击者将某一信息做一下伪装，让拥有私钥的实体签署。然后，经过计算就可得到它所想要的信息。实际上，攻击利用的都是同一个弱点，即存在这样一个事实：乘幂保留了输入的乘法结构：

$$(XM)^{\hat{}}d = X^{\hat{}}d * M^{\hat{}}d \bmod n$$

这个固有的问题来自于公钥密码系统的最有用的特征——每个人都能使用公钥。但从算法上无法解决这一问题，主要措施有两条：一条是采用好的公钥协议，保证工作过程中实体不对其他实体任意产生的信息解密，不对自己一无所知的信息签名；另一条是绝不对陌生人送来的随机文档签名，签名时首先使用 One-Way Hash Function 对文档作 HASH 处理，或同时使用不同的签名算法。

（3）速度太慢。RSA 的分组长度太大，为保证安全性，n 至少也要 600 bit 以上，使运算代价很高，速度变慢，较对称密码算法慢几个数量级。且随着大数分解技术的发展，这个长度还在增加，不利于数据格式的标准化。

目前，SET 协议要求 CA 采用 2 048 bit 长的密钥，其他实体使用 1024 比特的密钥。为解决速度问题，人们采用单、公钥密码结合使用的方法，优缺点互补。单钥密码加密速度快，用它加密较长的文件，然后用 RSA 给文件密钥加密，很好地解决了单钥密码的密钥分发问题。RSA 密钥的长度随着保密级别提高，增加很快。表 2 - 7 列出了同一安全级别所对应的密钥长度。

表 2 - 7　同一安全级别所对应的密钥长度

保密级别	对称密钥长度/bit	RSA 密钥长度/bit	ECC 密钥长度/bit	保密年限
80	80	1 024	160	2010
112	112	2 048	224	2030
128	128	3 072	256	2040
192	192	7 680	384	2080
256	256	15 360	512	2120

3. RSA 的安全性

RSA 的安全性依赖于大数分解，但是否等同于大数分解一直未能得到理论上的证明，因为没有证明破解 RSA 就一定需要作大数分解。假设存在一种无须分解大数的算法，那它肯定可以修改成为大数分解算法。目前，RSA 的一些变种算法已被证明等价于大数分解。

不管怎样，分解 n 是最显然的攻击方法。目前，人们已能分解出多个十进制位的大素数。因此，模数 n 必须选大一些，因具体适用情况而定。

4. RSA 的速度

由于进行的都是大数计算，使得 RSA 最快的情况也比 DES 慢上好几倍，无论是软件还是硬件实现。速度一直是 RSA 的缺陷。一般来说只用于少量数据加密。RSA 的速度比对应同样安全级别的对称密码算法要慢 1 000 倍左右。

5. RSA 的公共模数攻击

若系统中共有一个模数，只是不同的人拥有不同的 e 和 d，系统将是危险的。最普遍的情况是同一信息用不同的公钥加密，这些公钥共模而且互质，那么该信息无需私钥就可得到恢复。设 P 为信息明文，两个加密密钥为 e_1 和 e_2，公共模数是 n，则：

$$C_1 = P \hat{\ } e_1 \bmod n$$
$$C_2 = P \hat{\ } e_2 \bmod n$$

密码分析者知道 n、e_1、e_2、C_1 和 C_2，就能得到 P。因为 e_1 和 e_2 互质，故用 Euclidean 算法能找到 r 和 s，满足：$r * e_1 + s * e_2 = 1$；假设 r 为负数，需再用 Euclidean 算法计算 $C_1 \hat{\ } (-1)$，则：

$$(C_1 \hat{\ } (-1)) \hat{\ } (-r) * C_2 \hat{\ } s = P \bmod n$$

另外，还有其他几种利用公共模数攻击的方法。如：RSA 的小指数攻击。公钥 e 取较小的值可提高 RSA 速度，使加密变得易于实现。但这是不安全的，最好是 e 和 d 都取较大的值。总之，如果知道给定模数的一对 e 和 d，一是有利于攻击者分解模数，二是有利于攻击者计算出其他成对的 e 和 d，而无需分解模数。解决方法是不要共享模数 n。

6. 已公开的攻击方法

针对 RSA 最流行的攻击一般是基于大数因数分解。1999 年，RSA － 155（512 位）被成功分解，花了五个月时间和 224 CPU 时，在一台有 3.2GB 内存的 Cray C916 计算机上完成。2002 年，RSA － 158 也被成功因数分解。2009 年 12 月 12 日，编号为 RSA － 768（768 位，232 digits）的数也被成功分解。

由美国独立密码学家 James P. Hughes 和荷兰数学家 Arjen K. Lenstra 合作所做的报告称，目前公钥加密算法 RSA 存在漏洞。他们发现，在 700 万个实验样本中有 2.7 万个公钥并不是按理论随机产生的。也就是说，有人可能会找出产生公钥的秘密质数，他们的报告称："我们发现绝大多数公钥都是按理论产生的，但是每一千个公钥中会有两个存在安全隐患。"为此，为防止该漏洞被人利用，人们已从公众访问的数据库中移除有问题的公钥。

 ## 2.4　密码技术的发展

在密码分析和攻击手段不断进步，以及密码应用需求不断增长的情况下，迫切需要发展密码理论和创新密码算法。近年来，密码学的发展出现了更多的新技术和新的研究方向。

2.4.1　量子密码技术

1. 简介

量子密码学（Quantum Cryptography）是量子力学与现代密码学相结合的产物。1970 年，美国科学家威斯纳（Wiesner）首先将量子力学用于密码学，指出可以利用单量子状态制造不可伪造的"电子钞票"。1984 年，IBM 公司的贝内特（Bennett）和 Montreal 大学的布拉萨德（Brassard）在基于威斯纳思想的基础上研究发现，单量子态虽然不便于保存但可用于传输信息，提出了第一个量子密码学方案，即基于量子理论的编码方案及密钥分配协议，称为 BB84 协议。BB84 协议提供了密钥交换安全协议，称为量子密钥交换或分发协议。随后英国牛津大学的 Ekert 提出基于 EPR 的量子密钥分配协议（E91），该协议利用量子系统的纠缠特性，通过纠缠量子系统的非定域性来传递量子信息，取代了 BB84 协议中用来传递量子位的量子信道，可灵活地实现密钥分配。1992 年，贝内特指出只用两个非正交态即可实现量子密码通信并提出 B92 协议。至此，量子密码通信三大主流协议已基本形成。

我国量子通信的研究起步较晚，但在量子密码实现方面也做了大量的工作。1995 年中科院物理研究所在国内首次用 BB84 协议做了演示实验，2000 年中科院物理研究所和中科院研究生院合作完成了国内第一个 850 nm 波长全光纤量子密码通信实验，通信距离大于 1.1 km。2007 年 1 月，由清华大学、中国科学技术大学等组成的联合研究团队在远距离量子通信研究上取得了重大突破，在我国率先实现了以弱激光为光源、绝对安全距离大于 100 km 的量子密钥分发。2007 年 4 月，中国科学院量子信息重点实验室利用自主创新的量子路由器，在北京网通公司商用通信网络上，率先完成了 4 用户量子密码通信网络测试运行，并确保了网络通信的安全。

量子密码学是现代密码学领域的一个很有前途的新方向，其安全性是基于量子力学的测不准性和不可克隆性，特点是对外界任何扰动的可检测性和易于实现的无条件安全性。量子密码通信不仅是绝对安全的、不可破译的，而且任何窃取量子的动作都会改变量子的状态，所以一旦存在窃听者，会立刻被量子密码的使用者所知。因此，量子密码可能成为光通信网络中数据保护的强有力工具，而且要对付未来具有量子计算能力的攻击者，量子密码可能是唯一的选择。

2. 基本原理

量子密码学利用了量子的不确定性，使任何在通信信道上能够实现的窃听行为不可能不对通信本身产生影响，从而达到发现窃听者的目的，保证通信的安全。量子密码学的量子密钥分配原理来源于光子偏振的原理：光子在传播时，不断地振动。光子振动的方向是任意的，既可能沿水平方向振动，也可能沿垂直方向振动，更多的是沿某一倾斜的方向振动。一大批光子沿着同样的方向振动则称为偏振光，而沿着各种不同方向振动的光称为非偏振光。日常生活中的日光、照明灯光等都是非偏振光。

3. 未来发展

当前，量子密码学作为现代密码学的扩展和升级，不是用来取代现代密码学，而是要将量子密码学的优势和现代密码体制（如公钥密码体制）的优势结合起来，寻找新的应用领域。如何进一步将量子密码通信在当前的 Internet 中推广应用，并实现量子密码通信的网络化，也是未来研究的问题。在光纤和大气环境中如何实现更长距离、更快速度、更低的误码率的量子密钥的分发，使点对点的量子密码通信进入实用阶段，也是值得进一步研究的问题。

2.4.2 DNA 密码

我们知道，人体里各种组织的每一个细胞都有一套基因密码。基因密码储存在细胞核里脱氧核糖核酸（简称 DNA）的分子中。基因密码通过（转录）合成出核糖核酸（简称 RNA），RBA 再合成出蛋白质，所合成出的蛋白质可以是催化细胞里新陈代谢过程的酶类，或者是多肽激素等具有生理活性的蛋白质，从而由这些活性蛋白质进一步调控细胞的生命活动过程。

基因密码是以三联体形式存在于 DNA 分子中，以 DNA 分子中相邻的三个碱基代表一个密码子。碱一共有四种，它们是腺嘌呤、乌漂呤、胞嘧啶和胸腺嘧啶，用英文字母 A、G、C 和 T 来表示。任何三个碱基相邻排列在 DNA 分子中，就形成一个三联体密码，一系列的三联体密码构成基因密码。每一个三联体密码都具有一定意义，有的代表转录的起始，有的代表转录的终止，但是大多数三联体密码分别代表一种氨基酸的密码。所以说，在 DNA 分子中有序排列的三联体密码子形成的基因密码，是人类进化过程中，长期积累的生命活动进化的信息结晶。

DNA 密码是由美国的分子生物学家卡特尔·邦克罗夫发明的，它将密码信息藏在人体的 DNA 中。由于人体的 DNA 由 A、T、C、G 四种碱基组成，每段 DNA 中包含上亿对碱基对，这四种碱基对的排列方式有无穷多种，于是，人们利用 DNA 巨大的复杂性来隐藏信息。在卡特尔·邦克罗夫的实验室里，取下一个人体细胞分离出里面的 DNA，然后将其上的大约 100 个碱基对的顺序重新排列，将信息隐藏在其中。例如，三个 A 排在一起即"AAA"表示"你好"……。由于 DNA 上的碱基对数量巨大，隐藏在里面的 100 个碱基对很难发现，而要破译这种密码，不仅要有传统的密码破译技术，而且要有生物化学方面的专业知识。

DNA 所具有的超大规模并行性、超高密度的信息存储能力及超低的能量消耗被人们开发用于分子计算、数据储存及密码学等领域，这些方面的研究有可能最终导致新型计算机、新型数据存储器和新型密码系统的诞生。1994 年，Adleman 等科学家进行了世界上首次DNA 计算，解决了一个 7 节点有向汉密尔顿回路问题。此后，DNA 计算研究不断深入，获得的计算能力不断增强，已成为国际密码学研究的前沿领域。

DNA 密码以 DNA 为信息载体，以现代生物技术为实现工具，挖掘 DNA 固有的高存储密度和工作并行性等优点，为网络信息安全实现加密、认证及签名等功能。DNA 密码、传统密码和量子密码这三大密码技术，各自以不同的方式，实现着共同的目标——网络安全。

 ## 本章小结

本章首先介绍了密码学的基本原理，阐述了传统的加密技术——替换和换位，然后介绍了对称密码技术和非对称密码（公钥密码）技术，最后探讨了密码技术发展的新方向。在了解数据加密基本原理的基础上，介绍了对称密码中典型的 DES 算法、AES 算法、典型的公钥密码算法 RSA，最后简要介绍了量子密码学和 DNA 密码。

读者应重点掌握数据加密的基本原理，以及对称密钥和非对称密钥技术的典型加密方法。如：DES 算法和 RSA 算法。

 ## 本章习题

1. 传统的加密技术有哪几种？其基本加密原理是什么？

2. 简述对称密钥密码技术的基本原理。

3. 简述非对称公钥密码技术的基本原理。

4. 私钥与公钥有什么不同？分别应用于哪些方面？

5. 利用 RSA 算法做下列运算：

（1）如果 $p=7$，$q=11$，试求出可选用的 5 个 d 值；

（2）如果 $p=13$，$q=31$，$d=7$，试求 e 值；

（3）已知 $p=5$，$q=11$，$d=27$，试求 e 值；并对明文 abdcefg 加密。设 $a=01$，$b=02$，$c=03$，$\cdots$，$z=26$。

6. 什么是量子密码学？什么是 DNA 密码？

第3章 安全认证与信息加密

随着互联网的不断发展，越来越多的人在进行网络在线交易。然而计算机病毒、黑客、钓鱼网站及网页仿冒诈骗等恶意威胁，给在线交易的安全性带来了极大挑战。层出不穷的网络犯罪，引起人们对网络身份的信任危机，如何证明"我是谁?"、如何防止身份冒用等问题，日益成为人们关注的焦点，为此，基于计算机科学、生物学和网络技术的信息与安全认证技术应运而生。

本章将对安全认证技术的概念、原理和应用，以及数字签名、数字摘要和数字认证中心等信息加密机制进行介绍。主要包括以下知识点：

◇ 报文认证；

◇ 身份认证；

◇ 认证协议；

◇ 数字签名；

◇ 数字摘要；

◇ 数字认证中心 CA。

通过学习本章内容，读者可以对信息与安全认证的原理、认证协议、认证技术的应用、信息加密机制等有较全面的了解，并且掌握几种常用的安全认证与信息加密技术。

在网络与信息安全领域中，一方面要保证信息的保密性，防止网络通信中的机密信息被窃取和破译，防止对系统进行被动攻击；另一方面是保证信息的完整性、有效性，即要确认与之通信的对方身份的真实性，信息在传输过程中是否被篡改、伪装和抵赖，防止对网络系统进行主动攻击，这就需要认证（Authentication）。

 ## 3.1 认证技术

认证（Authentication）的基本思想是通过验证称谓者（人或事）的一个或多个参数的真实性和有效性，以验证称谓者是否名副其实，如图 3-1 所示。这就要求验证的参数和被认证对象之间存在严格的对应关系，理想情况下这种对应关系应是唯一的。

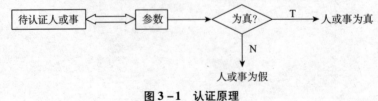

图 3-1 认证原理

认证技术是防止主动攻击（如：伪造、篡改信息等）的重要手段，对于保证开放环境中各种的安全性有重要作用。认证的目的有两个：一是验证信息发送者是合法的，而不是冒充的，即实体验证，包括信源、信宿等的认证和识别；二是验证信息的完整性以及数据在传输或存储过程中是否被篡改、重放或延迟等。许多应用信息系统中的第一道安全防线就是要通过认证，所以极为重要。

在认证系统中常用的参数有：口令、标识符、密钥、信物、智能卡、指纹、视网膜等。对于能在长时间保持不变的参数（也称非时变参数），通常采用在保密条件下，预先产生并存储的模式进行认证。一般来讲，利用人的生理特征参数进行认证的安全性较高，但技术要求方面也较高，至今尚未普及。

3.2 报文认证

目前广泛应用的是基于密钥的认证技术。密钥是一种读取、修改或验证保护数据的保密代码或数字。密钥与算法（一个数学过程）结合在一起，保护计算机网络系统中的数据。Windows XP 自动处理密钥生成并执行密钥属性，以求得最大化的安全保护。

报文认证必须使通信方能够验证每份报文的发送方、接收方、内容和时间性的真实性和完整性。也就是说，通信方能够确定：①报文是由意定的发送方发出的；②报文传送给意定的接收方；③报文内容有无篡改或发生错误；④报文按确定的次序接收。

3.2.1 报文源的认证

若采用传统密码，报文源的认证通过收发双方共享的数据加密密钥实现。设 A 为报文的发送方，简称为源；B 为报文的接收方，简称为宿。A 和 B 共享保密的密钥 K_s。A 的标识为 IDA，要发送的报文为 M，那么 B 认证 A 的过程如下：

$$A \rightarrow B: E\ (IDA \parallel M,\ K_s)$$

为了使 B 能认证 A，A 在发送给 B 的每份报文中都增加表示 IDA，然后用 K_s 加密并发送给 B。如果采用公开密钥密码，报文源的认证将十分简单。只要发送方对每一份报文进行数字签名，接收方验证签名即可。

3.2.2 报文宿的认证

只要将报文源的认证方法稍加修改，便可使报文的接收方能够认证自己是否是已定的接收方。这只要在以密钥为基础的认证方案的每份报文中，加入接收方标识符 ID_B：

$$A \rightarrow B: E\ (ID_B \parallel M,\ K_s)$$

若采用公开密钥密码，报文宿的认证也将变得十分简单。只要发送方对每份报文用 B 的公开密钥 K_B 加密即可。只有 B 才能用其保密的私有密钥进行报文解密，因此，若还原的的报文是正确的，则 B 能确认自己是已定的接收方：

$$A \rightarrow B: E\ (ID_B \parallel M,\ K_{dB})$$

3.2.3 报文内容的认证

报文内容认证使接收方能够确认报文内容的真实性。这通过验证认证码（Authentication Code）的正确性实现。产生认证码的常用方法有报文加密、消息认证码和 Hash 函数三种。

1. 报文加密

在这种方法中，整个报文的密文作为认证码。在传统密码中，发送方 A 要发送报文给接收方 B，则 A 用他们共享的秘密密钥 K 对发送的报名 M 加密后发送给 B：

$$A \rightarrow B: E(M, K)$$

该方法提供以下特性。

（1）报文秘密性。如果只有 A 和 B 知道密钥 K，那么其他任何人均不能恢复出报文明文。

（2）报文源认证。除 B 外只有 A 拥有 K，也就只有 A 可产生出 B 能解密的密文，所以 B 可相信该报文发自 A。

（3）报文认证。因为攻击者不知道密钥 K，所以也就不知道如何改变密文中的信息位使得在明文中产生预期的改变。因此，若 B 可以恢复出明文，则 B 可以认为 M 中的每一位都未被改变。

可见，传统密码既可提供保密性又可提供认证。但是，给定解密算法 D 和秘密密钥 K，接收方可对接收到的任何报文 X 执行解密运输从而产生输出 $Y = D(X, K)$。因此要求接收方能对解密所得明文的合法性进行判断，但是这却十分困难。例如，若明文是二进制文件，则很难确定解密后的报文是否是真实的明文，因此攻击者可以冒充合法用户发表报文，进行干扰和破坏。解决上述问题的方法之一，是在每个报文后附加错误检测码，也称帧校验序列（FCS）或检验和：

$$FCS = F(M)$$

如果 A 要发送报文 M 给 B，则 A 将 $F(M)$ 附于报文 M 之后：

$$A \rightarrow B: E(M \parallel F(M), K)$$

发送方 A 把 M 和 FCS 一起加密后发送给 B。接收方 B 解密出其接收到的报文和附加的 FCS，并用相同的函数 F 重新计算 FCS。若计算得到的 FCS 和接收到的 FCS 相等，则 B 认为报文是真实的。其过程如图 3-2 所示。

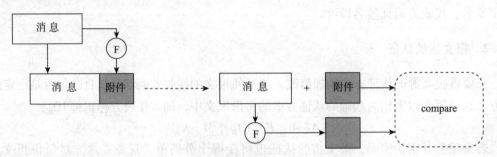

图 3-2 基于 FCS 的报文内容认证过程

若利用公钥加密，则可提供认证和签名：

$$A \rightarrow B: D(M \parallel F(M), K_{dA})$$

因为接收方 B 可用发送方的公钥 K_{eA} 恢复出 M 和 F (M)，并将计算得出的 F (M) 与恢复出的 F (M) 比较。若相等，则认为报文是真实的。另外，A 通过其私钥对报文签名，可见该方法可提供认证和签名的功能。但是由于任何人均可用 A 的公钥恢复报文，所以该方法不能提供保密性。

如果要提供保密性，A 可用 B 的公钥对上述签名加密：

$$A{\rightarrow}B：E\ (D\ (M\ \|\ F\ (M)，K_{dA})，K_{eB})$$

该方法中，每次通信发送方和接收方各需执行两次复杂的公钥密码算法。

2. 消息认证码

消息认证码（Message Authentication Code，MAC）是消息内容和秘密密钥的公开函数，其输出是固定长度的短数据块：

$$MAC = C\ (M，K)$$

假定通信双方共享密码密钥 K。若发送方 A 向接收方 B 发送报文 M，则 A 计算 MAC，并将报文 M 和 MAC 发送给接收方：

$$A{\rightarrow}B：M\ \|\ MAC$$

接收方收到报文后，用相同的秘密密钥 K 进行相同的计算得出新的 MAC，并将其与收到的 MAC 进行比较，若二者相同，则有如下结论。

（1）接收方可以相信报文未被修改。如果攻击者改变了报文，因为已假定攻击者不知道秘密密钥，所以他不知道如何对 MAC 做相应修改，这将使接收方计算出的 MAC 不等于接收到的 MAC。

（2）接收方可以相信报文来自意定的发送方。因为其他各方均不知道秘密密钥，因此不能产生具有正确 MAC 的报文。

上述方法中，报文是以明文形式发送的，所以该方法可以提供认证，却不能提供保密性。若要获得保密性，可使用下面两种方法。一种是在使用 MAC 算法后对报文加密：

$$A{\rightarrow}B：E\ (M\ \|\ C\ (M，K_1)，K_2)$$

因为只有 A 和 B 共享 K_1，所以该方法可以提供认证；同时，也只有 A 和 B 共享 K_2，所以也能够提供保密性。另一种是在使用 MAC 算法之前对报文加密获得保密性：

$$A{\rightarrow}B：E\ (M，K_2)\ \|\ C\ (E\ (M，K_2)，K_1)$$

上述两种方法都需要两个独立的密钥，并且收发双方共享这两个密钥。第一种是先将报文作为输入，计算 MAC，并将 MAC 附加在报文后，然后对整个信息块加密形成待发送的信息块；第二种是先将报文加密，然后将此密文作为输入，计算 MAC，并将 MAC 附加在上述密文之后形成待发送的信息块。

从理论上讲，对不同的 M，产生的报文认证码 MAC 也不同。若 $M_1 \neq M_2$，而 $MAC_1 \neq C(M_1) \neq C$ $(M_2) = MAC_2$，则攻击者可将 M_1 篡改为 M_2，而接收方不能发现。换言之，C 应与 M 的每一位相关。否则，若 C 与 M 中的某位无关，则攻击者可篡改该位而不被发现，但是要使函数 C 具备上述性质，将要求报文认证码 MAC 至少和报文一样长。实际应用时要求函数 C 具有以下性质。

（1）对已知 M_1 和 C $(M_1，K)$，构造满足 C $(M_1，K)$ － C $(M_1，K)$ 的报文 M_2，在计算上是不可行的。

（2）$C(M, K)$ 是均匀分布的，即对任何随机选择的报文 M_1 和 M_2，$C(M_1, K) = C(M_2, K)$ 的概率是 2^{-n}，其中 n 是 MAC 的位数。

（3）设 M_2 是 M_1 de 某个已知变换，即 $M_2 = f(M_1)$，如果 f 逆转 M_1 的一位或多位，那么 $C(M_1, K) = C(M_2, K)$ 的概率是 2^{-n}。

性质（1）是为了阻止攻击者构造出与给定的 MAC 匹配的新报文。性质（2）是为了阻止基于选择明文的穷举攻击。也就是说，攻击者可以访问 MAC 函数，对报文产生 MAC，这样攻击就可以针对各种报文技术的 MAC，直至找到与给定 MAC 相同的报文为止。如果 MAC 函数具有均匀分布的特征，那么用穷举攻击方法平均需要 2^{n-1} 步才能找到具有给定 MAC 的报文。性质（3）要求认证算法对报文各部分的依赖性是相同的，否则，攻击者在已知 M 和 $C(M, K)$ 时，对 M 的某些已知的弱点进行修改，然后计算 MAC，这样得出具有给定 MAC 的新报文。

基于 DES 的 MAC 算法是使用最广泛的 eMAC 算法之一，可以满足上面提出的要求。图 3-3 是使用 DES 对称密钥体制产生消息认证码。发送者把消息 m 分成若干个分组（m_1，m_2，…，m_i），利用分组密码算法来产生 MAC。

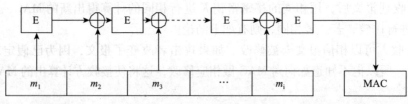

图 3-3 利用分组密码产生 MAC

使用散列函数来产生 MAC 码是另一种常用的方法。散列函数可以将任意长度的输入串转化成固定长度的输出串，用定长的输出串来做报文的认证码。这种产生的消息认证码在实际中也较普遍，散列函数将在后面进一步讨论。

3.2.4 报文时间性认证

报文的时间性即指报文的顺序性。报文时间性的认证是接收方在收到一份报文后能确认报文是否保持正确的顺序、有无断漏和重复。实现报文时间性的认证简单的方法有以下两种。

1. 序列号

发送方在每条报文后附加序列号，接收方只有在序列号正确时才接收报文。但这种方法要求每一通信方必须记录与其他各方通信的最后序列号。

2. 时间戳

发送方在第 i 分报文中加入时间参数 T_i，接收方只需验证 T_i 的顺序是否合理，便可确认报文的顺序是否正确。仅当报文包含时间戳并且在接收方看来这个时间戳与其所认为的当前时间足够接近时，接收方才认为收到的报文是新报文。在简单情况下，时间戳可以是日期时间值 TOD_1，TOD_2，…，TOD_n。日期时间值取年、月、日、时、分、秒即可，TOD_i 为发送第 i 份报文的时间。这种方法要求通信各方的时钟必须保持同步，因此它需要某种协议保持通信双方的时钟同步。为了能够处理网络错误，该协议必须能够容错，并且还应能抗恶意攻击；另外，如果通信一方时钟机制出错，而使同步失效，那么攻击者攻击成功的可能性就会增大。因此任何基于时间戳的程序，应有足够短的时限使攻击的可能性最新。同时由于各种不可预知的网络延时，不可能保持各分布时钟精确同步，任何基于时间戳的程序都应有足够长的时限，以适应网络延时。

3. 随机数/响应

每当 A 要发报文给 B 时，A 先通知 B，B 动态地产生一个随机数 R_B，并发送给 A。A 将 R_B 加入报文中，加密后发给 B。B 收到报文后解密 R_B，若解密所得 R_B 正确，便确认报文的顺序是正确的。显然这种方法适合于全双工通信，但不适合于无连接的应用，因为它要求在传输之前必须先握手。

 # 3.3　身份认证

在网络安全中，用户的身份认证是许多应用系统的第一道防线，其目的在于识别用户的合法性，从而阻止非法用户访问系统。身份识别对确保系统和数据的安全保密极其重要，通过验证用户知道什么、用户拥有什么或用户的生理特征等方法，可进行用户身份认证。可靠的身份认证技术可以确保信息只被正确的"人"所访问。身份认证技术提供了关于某个人或某个事物身份的保证，这意味着当某人（或某事）声称具有一个特别的身份时，认证技术将证实这一声明是正确的。

3.3.1　身份认证概述

身份认证分为用户与系统之间的认证和系统与系统之间的认证。身份认证必须准确无误地将对方辨认出来，同时还应该提供双向的认证。目前使用比较多的是用户与系统间的身份认证，它需单向进行，只由系统对用户进行身份验证。随着计算机网络化的发展，大量的组织机构涌入国际互联网，加上电子商务与电子政务的大量兴起，系统与系统之间的身份认证也变得越来越重要。

身份认证的基本方式基于下述一个或几个因素的组合。

（1）所知（knowledge）。即用户所知道的或所掌握的知识，如：口令。

（2）所有（possesses）。用户所拥有的某个秘密信息，如：智能卡中存储的用户个人化参数，访问系统资源时必须要有智能卡。

（3）特征（characteristics）。用户所具有的生物及动作特征，如：指纹、声音、视网膜扫描等。

根据在认证中采用因素的多少，分为单因素认证、双因素认证、多因素认证等方法。身份认证系统所采用的方法考虑因素越多，认证的可靠性就越高。

用于用户身份认证的技术分为两类：简单认证机制和强认证机制。简单的认证中认证方只对被认证方的名字和口令进行一致性的验证。由于明文的密码在网上传输极容易被窃听，一般解决办法是使用一次性口令（One-Time Password，OTP）机制。这种机制的最大优势是无需在网上传输用户的真实口令，并且由于具有一次性的特点，可以有效防止重放攻击。RADIUS 协议就是属于这种类型的认证协议。强认证机制一般将运用多种加密手段来保护认

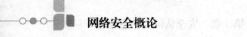

证过程中相互交换的信息，其中，Kerberos 协议是此类认证协议中比较完善、较具优势的协议，得到了广泛的应用。下面介绍一些常用的认证机制与协议。

3.3.2 口令身份认证

用户名/口令是最简单也是最常用的身份认证方法，每个用户的口令由用户自己设定，只有用户自己才知道。只要能够正确输入口令，计算机就认为操作者就是合法用户。口令验证可分为静态口令验证和动态口令验证两种。

1. 静态口令

许多用户为了防止忘记口令，经常采用诸如生日、电话号码等容易被猜测的字符串作为密码，或者把密码抄在纸上放在一个自认为安全的地方，这样很容易造成口令泄漏。即使能保证用户口令不被泄漏，对于静态口令其数据是静态的，在验证过程中需要在计算机内存中和网络中传输，而每次验证使用的验证信息都是相同的，很容易被驻留在计算机内存中的木马程序或网络中的监听设备截获。因此，这种单因素的认证，其安全性依赖于口令，从安全性上讲，用户名/口令方式被认为是不安全的一种认证方式。

2. 动态口令

针对静态口令认证的缺陷，在 20 世纪 80 年代初，美国科学家 Leslie Lamport 提出了利用散列函数产生一次性口令的方法，即用户每次登录系统时所使用的口令是不同的，且一次有效。1991 年贝尔通信研究中心（Bell core）用 DES 加密算法，研制出了基于一次性口令的挑战/应答式身份认证系统——S/KEY。之后，更安全的基于 MD4 和 MD5 散列算法的认证系统也开发出来。相对静态口令，动态口令（Dynamic Password）也叫一次性口令（One-time Password）。动态口令即变动的口令，其变动来源于产生口令的运算因子是变化的。动态口令的产生因子一般都采用双运算因子（two factor）：其一为用户的私有密钥，它是代表用户身份的识别码，是固定不变的；其二为变动因子。正是变动因子的不断变化，才产生了不断变动的动态口令。

密钥加密存放在服务器和口令卡中，并不在网络中传输。所以，动态口令不易破解，不易被人窃取和被网络"黑客"窃听，能防止"重放攻击"，具有强身份认证的特征，有较高的安全性。在动态口令身份认证系统中，用户持有口令卡，只有自己知道的 PIN 码；加上口令卡产生的新口令，不可预测，并只能使用一次。

我国中科院信息安全国家重点实验室（DCS 中心），研制成功了具有我国知识产权的动态口令身份认证系统。之后，网泰金安、北京捷安世纪等公司也开发出不同型号的动态口令身份认证系统。近年来，动态口令身份认证系统越来越受到青睐。目前，动态口令卡使企业员工、合作伙伴和客户可以安全地访问内网，方便地进行网上银行交易、电子政务等业务。

不同的变动因子，可产生不同的动态口令认证技术，它们分别是基于时间同步（Time Synchronous）认证技术、基于事件同步（Event Synchronous）认证技术和挑战/应答方式的非同步（Challenge/Response Asynchronous）认证技术，下面分别对这三种技术进行介绍。

1）时间同步认证技术

基于时间的同步认证技术是把时间作为变动因子，一般以 60 秒作为变化单位。所谓"同步"是指用户口令卡和认证服务器所产生的口令在时间上必须同步。这里的时间同步方法不是用"时统"技术，而是用"滑动窗口"技术。

2）事件同步认证技术

基于事件的同步认证技术是把变动的数字序列（事件序列）作为口令产生器的一个运算因子，与用户的私有密钥共同产生动态口令。这里的同步是指每次认证时，认证服务器与口令卡保持相同的事件序列。如果用户使用时，因操作失误多产生了几组口令出现不同步，服务器会自动同步到目前使用的口令，一旦一个口令使用过后，在口令序列中所有这个口令之前的口令都会失效，其认证过程与时间同步认证相同。

3）挑战/应答认证技术

基于挑战/应答方式的身份认证技术就是每次认证时认证服务器端都给客户端发送一个不同的"挑战"码，客户端程序收到这个"挑战"码，根据客户端和服务器之间共享的密钥信息，以及服务器端发送的"挑战"码做出相应的"应答"。服务器根据应答的结果确定是否接受客户端的身份声明。从本质上讲，这种机制实际上也是一次性口令的一种。

在上述三种技术中，应用较多的是时间同步认证技术，该技术既能在大型电子商务系统中应用，也能在内部网中应用，保证了认证服务器"时钟"的稳定、可靠、动态口令算法的安全，不被人恶意修改。一个典型的认证过程如图 3-4 所示。

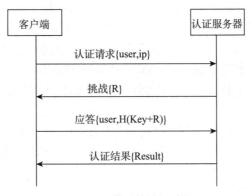

图 3-4　典型的认证过程

认证过程为：

（1）客户向认证服务器发出请求，要求进行身份认证；

（2）认证服务器从用户数据库中查询用户是否是合法的用户，若不是，则不做进一步处理；

（3）认证服务器内部产生一个随机数，作为"挑战"码，发送给客户；

（4）客户将用户名字和随机数合并，使用单向散列函数（如：MD5 算法）生成一个字节串作为应答；

（5）认证服务器将应答串与自己的计算结果比较，若二者相同，则通过一次认证；否则，认证失败；

（6）认证服务器通知客户认证成功或失败。

3.3.3　利用信物的身份认证

1. 智能卡认证

智能卡是一种内置集成电路的芯片，芯片中存有与用户身份相关的数据，智能卡由专门的厂商通过专门的设备生产，是不可复制的硬件。智能卡由合法用户随身携带，登录时必须将智能卡插入专用的读卡器读取其中的信息，以验证用户的身份。智能卡认证是基于"what you have"的手段，通过智能卡硬件不可复制来保证用户身份不会被仿冒。然而，由于每次从智能卡中读取的数据是静态的，通过内存扫描或网络监听等技术，还是很容易截取到用户的身份验证信息，因此，仍存在安全隐患。

2. USB Key 认证

基于 USB Key 的身份认证方式是近几年发展起来的一种方便、安全的身份认证技术。它采用软硬件相结合、一次一密的强双因子认证模式，很好地解决了安全性与易用性之间的矛盾。USB Key 是一种 USB 接口的硬件设备，它内置有单片机或智能卡芯片，存储用户的密钥或数字证书，利用 USB Key 内置的密码算法实现对用户身份的认证。基于 USB Key 的身份认证系统主要有两种应用模式：一是基于冲击/响应的认证模式，二是基于 PKI 体系的认证模式。

3.3.4　利用人类特征的身份认证

利用人类特征主要是采用生物识别技术，通过计算机与光学、声学、生物传感器和生物统计学原理等高科技手段密切结合，利用人体固有的生理特性，（如：指纹、脸象、红膜等）和行为特征（如：笔迹、声音、步态等）进行个人身份的鉴定。传统的身份鉴定方法包括身份标识物品（如：钥匙、证件、ATM 卡等）和身份标识知识（如：用户名和密码），但由于主要借助体外物，一旦证明身份的标识物品和标识知识被盗或遗忘，其身份就容易被他人冒充或取代。

生物识别技术是利用人体生物特征进行身份认证的一种技术，生物特征是一个人与他人不同的唯一表征，它是可以测量、自动识别和验证的。生物识别系统对生物特征进行取样，提取其唯一的特征进行数字化处理，转换成数字代码，并进一步将这些代码组成特征模板存于数据库中，人们同识别系统交互进行身份认证时，识别系统获取其特征并与数据库中的特征模板进行比对，以确定是否匹配，从而决定确定或否认此人。

生物识别技术主要有以下几种。

1. 指纹识别技术

每个人的指纹皮肤纹路是唯一的，并且终身不变。依靠这种唯一性和稳定性，把一个人与其指纹对应起来，通过将其指纹和预先保存在数据库中的指纹，用指纹识别算法进行比对，验证他的真实身份。在完成身份识别后，将一份纸质公文或数据电文按手印签名或放于IC 卡中签名。但这种签名需要有大容量的数据库支持，适用于本地面对面的处理，不适宜网上传输。

2. 视网膜识别技术

视网膜识别技术是利用激光照射眼球的背面，扫描摄取几百个视网膜的特征点，经数字化处理后形成记忆模板存储于数据库中，供以后的比对验证。视网膜是一种极其稳定的生物特征，作为身份认证是精确度较高的识别技术。但使用困难，不适用于直接数字签名和网络传输。

3. 声音识别技术

声音识别技术是一种行为识别技术，用声音录入设备反复不断地测量、记录声音的波形和变化，并进行频谱分析，经数字化处理之后做成声音模板加以存储。使用时将现场采集到的声音同登记过的声音模板进行精确的匹配，以识别该人的身份。这种技术精确度较差，使用困难，不适用于直接数字签名和网络传输。

与传统身份认证技术相比，生物识别技术具有以下特点。

（1）随身性。生物特征是人体固有的特征，与人体是唯一绑定的，具有随身性。

（2）安全性。人体特征本身就是个人身份的最好证明，满足更高的安全需求。

（3）唯一性。每个人拥有的生物特征各不相同。

（4）稳定性。生物特征如指纹、虹膜等人体特征不会随时间等条件的变化而变化。

（5）广泛性。每个人都具有这种特征。

（6）方便性。生物识别技术不需记忆密码与携带使用特殊工具（如：钥匙），不会遗失。

（7）可采集性。选择的生物特征易于测量。

（8）可接受性。使用者对所选择的个人生物特征及其应用愿意接受。

因此，生物识别技术具有传统的身份认证手段无法比拟的优点。采用生物识别技术，可不必再记忆和设置密码，使用更加方便，进行身份认定更加安全、可靠、准确。而常见的口令、IC 卡、条纹码、磁卡或钥匙则存在着丢失、遗忘、复制及被盗用等不利因素。因此，生物识别技术广泛应用于政府、军队、银行、电子商务等领域。

3.3.5 EAP 认证

EAP（Extensible Authentication Protocol）全称扩展认证协议，由 RFC2248 定义，是一个普遍使用的认证机制，它常被用于无线网络或点到点的连接中。EAP 可用于无线局域网和有线局域网，但它在无线局域网中用得更多。EAP 实际是一个认证框架，不是一个特殊的认证机制。EAP 提供一些公共的功能，并且允许协商所希望的认证机制。这些机制被称为 EAP 方法。EAP 方法除了 IETF 定义了一部分外，厂商也可以自定义方法，EAP 具有很强的扩展性。

ETF 的 RFC 中定义的方法包括 EAP-MD5、EAP-OTP、EAP-AKA 等。无线网络中常用的方法包括 EAP-TLS、EAP-SIM 等。目前 EAP 在 802.1X 的网络中使用广泛，可扩展的 EAP 方法为接入网络提供了一个安全认证机制。

3.3.6 非对称密钥认证

随着网络应用的普及，对系统外用户进行身份认证的需求不断增加，即某个用户没有在一个系统中注册，但也要求能够对其身份进行认证，尤其是在分布式系统中，这种要求格外突出。这种情况下，非对称密钥认证机制就显示出它独特的优越性。

非对称密钥认证机制中每个用户被分配一对密钥，称之为公钥和私钥，其中私钥由用户保管，而公钥则向所有人公开。用户如果能够向验证方证实自己持有私钥，就证明了自己的身份。当它用作身份认证时，验证方需要用户方对某种信息进行数字签名，即用户方以用户私钥作为加密密钥，对某种信息进行加密，传给验证方，而验证方根据用户方预先提供的公钥作为解密密钥，就可以将用户方的数字签名进行解密，以确认该信息是否是该用户所发，进而认证该用户的身份。

非对称密钥认证机制中要验证用户的身份，必须拥有用户的公钥，而用户公钥是否正确，是否是所声称拥有人的真实公钥，在认证体系中是一个关键问题。常用的办法是找一个值得信赖而且独立的第三方认证机构充当认证中心 CA，来确认声称拥有公开密钥的人的真正身份。要建立安全的公钥认证系统，必须先建立一个稳固、健全的 CA 体系，尤其是公认的权威机构，即"Root CA"，这也是当前公钥基础设施（PKI）建设的重点。

3.4 认证协议

许多协议在向用户或设备授权访问和访问权限之前需要认证校验，通常要用到认证相关的机制，前面讨论了常用的认证机制，本节介绍使用这些认证机制的协议，这些协议包括 RADIUS、TACACS、Kerberos、LDAP 等。RADIUS 和 TACACS 通常用在拨号环境中，Kerberos 是在校园网使用较多的协议。LDAP 提供一种轻量级的目录服务，严格地讲不是一种认证协议，而对用户进行认证授权只是 LDAP 的一种应用。

3.4.1 RADIUS 与 TACACS 认证

RADIUS 协议（Remote Authentication Dial In User Service）是由 Livingston 公司提出的，主要为拨号用户进行认证和计费。后来经过多次改进，构成一个通用的 AAA 协议。RADIUS 协议认证机制灵活，能够支持各种认证方法对用户进行认证。RADIUS 是一种可扩展的协议，它进行的全部工作都是基于属性进行的。由于属性的可扩展性，因此，支持不同的认证方式。

RADIUS 协议通过 UDP 协议进行通信，RADIUS 服务器的 1812 端口负责认证，1813 端口负责计费工作。采用 UDP 的基本考虑是因为 NAS 和 RADIUS 服务器大多在同一个局域网中，使用 UDP 更加快捷方便。

TACACS 协议（Terminal Access Controller Access Control System）是为 MILNET 开发的、基于 UDP 的一种访问控制协议。后来对协议进行了扩展，最终构成了一种新的 AAA 协议。其中 CISCO 公司对 TACACS 协议多次进行增强扩展，目前成为 TACACS + 协议，H3C 在 TACACS（RFC1492）基础上进行了功能增强，构成 H3C 扩展的 TACACS 协议。无论 TACACS、TACACS + 还是 H3C 扩展 TACACS 协议，其认证、授权和计费是分离的，并且与原始 TACACS 协议相比，TACACS + 和 HWTACACS 使用 TCP 作为传输层协议，端口号为 49。

TACACS + 允许任意长度和内容的认证交换，与 RADIUS 一样，具有很强的扩展性，并且客户端可以使用任何认证机制。由于 TACACS + 的认证与其他服务是分开的，所以认证不是强制的，这点与 RADIUS 是不同的。

3.4.2 Kerberos 与 LDAP 认证

在一个分布式环境中，采用上述两种认证协议时，如果发生账户改动的情况，每台机器都要进行相应的账户修改，工作量非常大。Kerberos 协议是 MIT 为解决分布式网络认证而设计的可信第三方认证协议。Kerberos 基于对称密码技术，网络上的每个实体持有不同的密钥，是否知道该密钥便是身份的证明。网络上的 Kerberos 服务起着可信仲裁者的作用，可提供安全的网络认证。Kerberos 有两个版本：第 4 版和第 5 版，目前使用的标准版本是 Ver5。

Kerberos 属于受托的第三方认证服务协议，它建立在 Needham 和 Schroeder 认证协议基础上，要求信任第三方，即 Kerberos 认证服务器（AS）。AS 为客户和服务器提供证明自己身份的票据及双方安全通信的会话密钥。Kerberos 中还有一个票据授予服务器（TGS），TGS 向 AS 的可靠用户发出票据。除客户第一次获得的初始票据是由 Kerberos 认证服务器签发之外，其他票据都是由 TGS 签发的，一个票据可以使用多次直至期限。客户方请求服务方提供一个服务时，不仅要向服务方发送从票据授予服务器领来的票据，同时还要自己生成一个鉴别码（Authenticator，Ac）一同发送，该认证是一次性的。

LDAP 协议（Lightweight Directory Access Protocol）是基于 X. 500 标准的，但是比 X. 500 简单，并且可以根据需要定制。与 X. 500 不同，LDAP 支持 TCP/IP，这对访问 Internet 是必须的。LDAP 是一个目录服务协议，目前存在众多版本的 LDAP，而最常见的则是 V2 和 V3 两个版本。一般在分布式、跨平台认证的场景下，LDAP 比前面介绍的认证协议具有一定优势。

LDAP 协议严格来讲，并不属于单纯认证协议，对用户进行授权认证是 LDAP 协议的一种典型应用。如：Microsoft 的 Windows 操作系统，就使用 Active Directory Server 保存操作系统的用户、用户组等信息，用于用户登录 Windows 时的认证和授权。目录服务是一种树形结构的数据库系统，而不是关系型数据库。目录服务与关系数据库的主要区别是：二者都允许对存储数据进行访问，只是目录主要用于读取，其查询的效率很高，而关系数据库则是为读写而设计的。所以，LDAP 协议非常适合数据库相对稳定，而查询速度要求比较高的认证场合。

 ## 3.5　接入认证技术

以上介绍了常见的认证技术，这些认证技术与不同的局域网接入技术结合，可以实现对接入用户的认证授权，从而实现对局域网接入用户的访问控制。在局域网中对接入用户的认证控制，已成为网络安全的重要组成部分。目前在局域网中常见的接入认证技术包括 802. 1X、Portal、MAC 地址认证等。本节介绍这些常用的局域网接入认证技术。

3.5.1　IEEE 802.1X 与 Portal 接入认证

IEEE 802.1X 协议是为解决无线局域网网络安全问题而提出来的。但是随着该技术的广泛应用，目前 802. 1X 协议作为局域网接入控制机制在以太网中被广泛应用，主要解决以太网内认证和安全方面的问题。802. 1X 协议是一种基于端口的网络接入控制协议。"基于端口的网络接入控制"是指，在局域网接入设备的端口这一级，对所接入的用户设备通过认证来控制对网络资源的访问。802. 1X 可以与不同的认证协议结合实现对接入用户的认证，目前在使用 802. 1X 接入时常与 RADIUS 配合实现对接入用户的认证与授权。

802. 1X 技术可以扩展到基于 MAC 地址对用户接入进行控制，即对共用同一个物理端口的多个用户分别进行认证控制。另外 H3C 对 802. 1X 接入协议进行了扩展，与 EAD 解决方案结合，加强了对用户的集中管理，提升了网络的整体防御能力。

Portal 技术通常也称为 Web 认证技术，一般将 Portal 认证网站称为门户网站。Portal 认证是一种三层网络接入认证，在认证之前用户首先要获取地址，这点与 802.1X 不同。未认证用户上网时，设备强制用户登录到特定站点，用户可以免费访问其中的服务。当用户需要使用互联网中的其他信息时，必须在门户网站进行认证，只有认证通过后才可以使用互联网资源。

不同组网方式下，采用的 Portal 认证方式不同。按照网络中实施 Portal 认证的网络层次来分，Portal 的认证方式分为两种：二层认证方式和三层认证方式。前者在二层接口上启用 Portal 功能，而后者是在三层接口上启用 Portal 功能。

H3C Portal 除了支持 Web 认证方式之外，还支持客户端方式的 Portal 认证，这样 Portal 协议就可以与 EAD 解决方案结合，提供端点接入控制，从而提高网络的安全性。

3.5.2 MAC 与 Triple 接入认证

MAC 地址认证是一种基于端口和 MAC 地址对用户的网络访问权限进行控制的认证方法，也称为基于 MAC 地址的接入认证，是一种二层网络接入认证技术。与 802.1X 及 Portal 不同，用户不需要安装任何客户端软件就可进行认证。设备在启动了 MAC 地址认证的端口上首次检测到用户的 MAC 地址以后，即启动对该用户的认证操作。认证过程中，不需要用户手动输入用户名或者密码。若该用户认证成功，则允许其通过端口访问网络资源，否则该用户的 MAC 地址就被添加为静默 MAC。在静默时间内（可通过静默定时器配置），来自此 MAC 地址的用户报文到达时，设备直接做丢弃处理，以防止非法 MAC 短时间内的重复认证。

基于用户 MAC 地址来进行接入认证，其原理就是把用户的 MAC 地址作为用户的用户名和密码，如图 3-5 所示。当用户接入网络的时候，会发送数据帧，而网络设备通过获取用户的用户名和密码来进行认证。不过，这种认证也可由网络设备本身来负责，或将认证交给 WWW 服务器来完成。

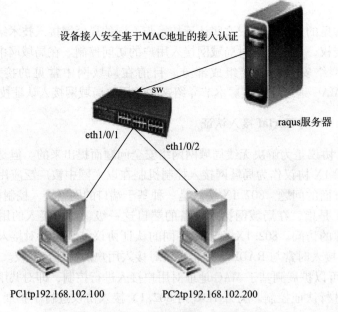

图 3-5 基于 MAC 的接入认证拓扑图

Triple 认证用于客户端不同的网络环境中。不同客户端支持的接入认证方式有所不同，为适应多种认证需求，需要在接入用户的端口上，对多种认证方式进行统一部署，使用户能够选择一种适合的认证机制进行认证，且只需要成功通过一种认证即可实现接入，无需通过多种认证。Triple 就是这样的认证方式，它允许在设备的二层端口上，同时开启 Portal 认证、MAC 地址认证和 802.1X 认证功能，使得选用其中任意一种方式进行认证的客户端，均可通过该端口接入网络。

用户身份识别与认证是网络安全的重要组成部分，对接入用户进行身份认证，是保障网络安全的重要环节。

3.6 数字签名

数字签名是附加在数据单元上的一些数据，或是对数据单元所作的密码变换。这种数据或变换允许数据单元的接收者，用以确认数据单元的来源和数据单元的完整性，并保护数据，防止被人（如：接收者）伪造。它是对电子形式的消息进行签名的一种方法，一个签名消息能在一个通信网络中传输。使用数字签名的主要目的与手写签名一样，即证明消息发布者的身份。

3.6.1 数字签名概述

数字签名体制可以达到以下目的。

（1）消息源认证。消息的接收者通过签名可以确信消息确实来自于声明的发送者。

（2）不可伪造。签名应是独一无二的，其他人无法假冒或伪造。

（3）不可重用。签名是消息的一部分，不能被挪用到其他的文件上。

（4）不可抵赖。签名者事后不能否认自己签过的文件。

数字签名体制要包括两个方面的处理：施加签名和验证签名。施加签名的算法为 SIG，产生签名的密钥为 K，被签名的数据为 M，产生的签名信息为 S，则有：

$$SIG\ (M,\ K) = S$$

验证签名的算法为 VER，用以对签名 S 进行验证，可鉴别 S 的真假。即：

$$VER\ (S,\ K) = \begin{cases} \text{真，当 } S = SIG\ (M,\ K) \\ \text{假，当 } S \neq SIG\ (M,\ K) \end{cases}$$

签名函数必须满足以下条件，否则文件内容及签名被篡改或冒充均无法发现。

（1）当 $M' \neq M$ 时，有 SIG $(M',\ K) \neq$ SIG $(M,\ K)$，即 $S \neq S'$。

条件 1 要求签名 S 至少和被签名的数据 M 一样长。当 M 较长时，实际应用很不方便，因此希望签名短一些。为此，将条件 1 修改为：虽然当 $M' \neq M$ 时，存在 $S \neq S'$，但对于给定的 M 或 S，要找出相应的 M' 在计算上不可能的。

（2）签名 S 只能由签名者产生，否则别人便可伪造，于是签名者也可以抵赖。

（3）接收者验证签名 S 的真伪。这使得当签名 S 为假时接收者不致上当，当签名 S 为真时又可阻止签名者的抵赖。

（4）签名者也应有办法鉴别接收者所出示的签名是否是自己的签名，这就给签名者以

网络安全概论

自卫的能力。

数字签名不仅要能证明消息发送者的身份，还要与所发送的消息相关。

3.6.2 使用对称加密和仲裁者实现数字签名

假设 A 与 B 进行通信，A 要对自己发送给 B 的文件进行数字签名，以向 B 证明是自己发送的，并防止其他人伪造。利用对称加密系统和一个双方都信赖的第三方（仲裁者）可以实现。假设 A 与仲裁者共享一个秘密密钥 K_{AC}，B 与仲裁者共享一个秘密密钥 K_{BC}，实现这样的过程如图 3−6 所示。

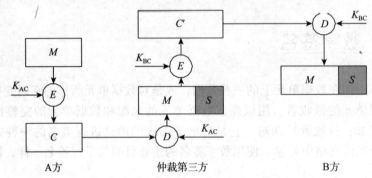

图 3−6 使用对称加密和仲裁者的数字签名机制

（1）A 用 KAC 加密准备发给 B 的消息 M，并将之发给仲裁者；

（2）仲裁者用 KAC 解密消息；

（3）仲裁者把这个解密的消息及自己的证明 S（证明消息来源于 A）用 KBC 加密；

（4）仲裁者把加密的信息发给 B；

（5）B 用与仲裁者共享的秘密密钥 KBC 解密接收到的消息，看到来自于 A 的消息和仲裁者的证明 S。

3.6.3 使用公钥体制实现数字签名

公开密钥体制的发明使得数字签名变得更加简单，它不再需要第三方去签名和验证。签名的实现过程如下。

（1）A 用他的私人密钥加密消息，从而对文件进行签名。

（2）A 将签名的消息发给 B。

（3）B 用 A 的公开密钥解密消息，从而验证签名。

由于 A 的私人密钥只有他一个人知道，因而用私人密钥加密形成的签名，别人无法伪造的；B 只有使用了 A 的公开密钥才能解密，因为 B 可以确信消息的来源为 A，且 A 无法否认自己的签名；同样，这个签名是消息的函数，无法用到其他的消息上，因而签名也是无法重用的，这样的签名可以到达上述的要求。

3.6.4 使用公钥体制和单向散列函数实现数字签名

利用单向散列函数产生消息的指纹，用公开密钥算法对指纹加密，形成数字签名。该过程如图 3−7 所示，过程描述如下。

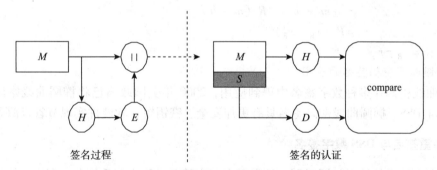

签名过程　　　　　　　　　　　　　　签名的认证

图 3 - 7　利用公钥体制和单向散列函数的签名机制

（1）A 使消息 M 通过单向散列函数 H，产生散列值，即消息指纹或消息认证码。

（2）A 使用私人密钥加密散列值，形成数字签名。

（3）A 把消息和数字签名一起发给 B。

（4）B 收到消息和数字签名后，用 A 的公开密钥解密数字签名 S，再用同样的算法对消息产生散列值。

（5）B 把自己产生的散列值和解密的数字签名相比较，看是否匹配，从而验证签名。

3.6.5　利用椭圆曲线密码实现数字签名

一个椭圆曲线密码由下面的六元组描述：

$$T = <p, a, b, G, n, h>$$

其中，p 为大于 3 的素数，p 确定了有限域 GF（p）；元素 a，$b \in$ GF（p），a 和 b 确定了椭圆曲线；G 为循环子群 E_1 的生成元，n 为素数且为生成元 G 的阶，G 和 n 确定了循环子群 E_1。

$$y^2 = x^3 + ax + b \bmod p$$

式中：d——用户的私钥，公开钥为 Q 点，$Q = dG$。

1. 产生签名

选择一个随机数 k，$k \in \{1, 2, \cdots, n-1\}$；计算点 $R(x_R, y_R) = kG$，并记 $r = x_R$；利用保密的解密钥 d 计算：

$s = (m - dr) k^{-1} \bmod n$；以 $<r, s>$ 作为消息 m 的签名，并以 $<m, r, s>$ 的形式传输或存储。

2. 验证签名

（1）计算 $s - 1 \bmod n$；

（2）利用公开的加密密钥 Q 计算：

$$U(x_U, y_U) = s^{-1}(mG - rQ)；$$

（3）如果 $x_U = r$，则 $<r, s>$ 是用户 A 对 m 的签名。

证明：因为 $s = (m - dr) k^{-1} \bmod n$，所以

$$s^{-1} = (m - dr)^{-1} k \bmod n，$$

所以 $U(x_U, y_U) = (m - dr)^{-1} k(mG - rQ) = (m - dr)^{-1}(mkG - krdG)$

$$= (m - dr)^{-1}(mR - rdR)$$

$$= (m - dr)^{-1} R (m - dr)$$
$$= R (x_R, y_R)$$

所以 $x_U = x_R = r$。

3. 椭圆曲线密码签名的应用

椭圆曲线密码在多种数字签名中得到应用，2000 年美国政府已将椭圆曲线密码引入数字签名标准 DSS。椭圆曲线密码签名具有更加安全、密钥短、软硬件实现节省资源等特点。

3.6.6 多重签名与 DSS 数字签名

有时存在这样的情况，即对同一消息需要多人签名，称为多重签名。利用公钥加密体制和单向散列函数也很容易做到这一点。多重签名的过程如下。

（1）A 用自己的私人密钥对文件的散列值进行签名。

（2）B 用自己的私人密钥对文件的散列值进行签名。

（3）B 把文件和自己的签名及 A 的签名一起发给 C。

（4）C 用 A 的公开密钥验证 A 的签名，用 B 的公开密钥验证 B 的签名。

密码和姓名（以及其他可能的附加信息）由证明机构在其上进行数字签名。

DSS 是美国政府用来指定数字签名算法的一种标准。1991 年，美国国家标准与技术学会（NIST）在联邦注册书上发表一个通知，提出了一个联邦数字签名标准，NIST 称之为数字签名标准（DSS）。DSS 提供了一种核查电子传输数据及发送者身份的一种方式，也涉及非对称加密法。NIST 提出："此标准适用于联邦政府的所有部门，以保护未加保密的信息。它同样适用于 E-mail、电子金融信息传输、电子数据交换、软件发布、数据存储及其他需要数据完整性和原始真实性的应用。"

DSS 签名为计算和核实数字签名指定了一个数字签名算法（DSA）。DSS 签名使用 FIPS 180 - 1 和安全散列标准（SHS）产生和核实数字签名。SHS 提供了一个强大的单向散列算法，这个算法通过认证提供安全性。SHS 所指定的安全散列算法（SHA），是当今最有效的散列算法。SHA 广泛应用在需要对文件或消息鉴定的地方。如：SHA 用于"指纹"数据中，以对数据是否被改动作最后的证明和核实。当输入任何少于 2^{64} 字节的消息到安全散列算法中时，它可产生 160 比特的消息摘要。然后，DSS 签名将这一消息摘要输入到数字签名算法中，以产生或核实对这段消息的签名。

消息摘要比消息本身小很多，通过标识消息摘要而不是消息本身，显然可改善处理的效率。基于此，DSS 成为全球通用的数字签名标准。目前，我国数字签名的应用也已广泛普及，数字签名在许多领域尤其是商业、金融业得到应用。如：电子数据交换 EDI，EDI 可用于购物并提供服务。

3.6.7 盲签名

盲签名于 1982 年提出，盲签名具有盲性的特点，可有效保护所签署消息的具体内容，在电子商务和电子选举等领域有广泛的应用。

盲签名允许消息发送者先将消息盲化，而后让签名者对盲化的消息进行签名，最后消息拥有者对签字除去盲因子，得到签名者关于原消息的签名。盲签名就是接收者在不让签名者获取所签署消息具体内容的情况下，所采取的一种特殊的数字签名技术。它除了满足一般的数字签名条件外，还必须满足下面两点。

（1）签名者对其所签署的消息是不可见的，即签名者不知道其所签署消息的具体内容；

（2）签名消息不可追踪，即当签名消息被公布后，签名者无法知道这是自己什么时候签署的。

盲签名犹如先将隐蔽的文件放进信封里，而除去盲因子的过程就是打开这个信封，当文件在一个信封中时，任何人不能读它。对文件签名就是通过在信封里放一张复写纸，签名者在信封上签名时，其签名便透过复写纸签到文件上。

一般地，盲签名应具有以下特性。

（1）不可伪造性。除了签名者本人外，任何人都不能以其名义生成有效的盲签名。这是最基本的性质。

（2）不可抵赖性。签名者一旦签署了某个消息，其无法否认自己对消息的签名。

（3）盲性。签名者虽然对某个消息进行了签名，但其不可能得到消息的具体内容。

（4）不可跟踪性。一旦消息的签名公开后，签名者不能确定自己何时签署的这条消息。

满足上面几点的盲签名，认为是安全的。这四条性质既是设计盲签名时所应遵循的标准，又是判断盲签名性能优劣的根据。

盲签名协议的过程是：A 打印出 N 份文件，这些文件是合理的，但它们在需要对 B 保密的细节上不同；A 把它们连同复写纸一起各自装入信封，提交给 B；B 任意选择其中 $N-1$ 份信封，要求 A 打开他们；A 向 B 提供打开那 $N-1$ 份信封的钥匙；B 打开信封。如果这些文件都是合理的，B 在剩下的信封上签名，并把信封交还给 A；A 打开信封得到需要签名的文件。在整个协议中，如果 A 对 B 作假，A 仅有 $1/N$ 的几率。而无论何种情况，B 都无法知道最后被签署的文件的内容。

实际上，直接使用盲签名算法的情况不会出现，因为没有人愿意为别人签署一份不知道内容的文件。直接使用盲签名协议的情况也不多，因为最后需要签署的文件是不确定的。但是，合成自盲签名协议的复杂协议却有一些，如：数字现金、匿名投票等。

3.7　数字摘要

数字摘要（Digital Digest），是发送者对被传送的一个信息报文根据某种数学算法，计算出一个信息报文的摘要值，并将此摘要值与原始信息报文一起通过网络传送给接收者，接收者应用此摘要值，检验信息报文在网络传送过程中有没有发生改变，以此判断信息报文的真实与否。数字摘要将任意长度的消息变成固定长度的短消息，这个函数称为散列函数。

3.7.1　数字摘要概述

安全散列标准的输出长度为 160 位，这样才能保证它足够的安全。这一加密方法亦称安全散列编码法（Secure Hash Algorithm，SHA）或 MD5（MD Standards for Message Digest），是由 Ron Rivest 设计的。该编码法采用单向散列函数将需加密的明文"摘要"成一串 128 位的密文，这一串密文亦称为数字指纹（Finger Print），它有固定的长度，且不同的明文摘要成密文，其结果总是不同的，而同样的明文其摘要必定一致。这样这摘要便可成为验证明文是否是"真身"的"指纹"了。

数字摘要的基本原理如下。

（1）被发送文件用 SHA 编码加密产生 128 位的数字摘要。

（2）发送方用自己的私用密钥对摘要再加密，这就形成了数字签名。

（3）将原文和加密的摘要同时传给对方。

（4）对方用发送方的公共密钥对摘要解密，同时对收到的文件用 SHA 编码加密产生又一摘要。

（5）将解密后的摘要和收到的文件在接收方重新加密产生的摘要相互对比。如果两者一致，则说明传送过程中信息没有被破坏或篡改过。否则不然。

3.7.2 单向散列函数

散列函数也称哈希函数或杂凑函数等，是典型的多到一的函数，其输入为一可变长 x（可以足够的长），输出一固定长度的串 h（一般为 128 位、160 位，比输入的串短），该串 h 被称为输入 x 的散列值（或称消息摘要 Message Digest、指纹、密码校验和或消息完整性校验），计作 $h = H(x)$。为防止传输和存储的消息被有意或无意地篡改，采用散列函数对消息进行运算生成消息摘要，附在消息之后发出或与信息一起存储，在报文防伪中具有重要应用。

消息摘要采用一种单向散列算法将一个消息进行换算。在消息摘要算法中，文件数据作为单向散列运算的输入，这个输入通过散列函数产生一个散列值。如果改动了文件，散列值就会相应地改变，接收者即能检测到这种改动过的痕迹。从理论上来讲，攻击者不可能制造一个替用的消息来产生一个完全相同的消息摘要。散列函数可用于数字签名、消息的完整性检测、消息的起源认证检测等。

散列函数的安全性体现在以下几方面。

（1）一致性。相同的输入产生相同的输出。

（2）随机性。消息摘要外观是随机的，以防被猜出源消息。

（3）唯一性。几乎不可能找到两个消息产生相同的消息摘要。

（4）单向性。即如果已知输出，很难确定输入消息。

（5）抗冲突性（抗碰撞性）。这包括两个含义：一是给出一个消息 x，找出一个消息 y 使 $H(x) = H(y)$ 在计算上是不可行的（弱抗冲突），二是找出任意两条消息 x、y，使 $H(x) = H(y)$ 在计算上也是不可行的（强抗冲突）。

散列函数需满足：输入的 x 可为任意长度；输出数据串长度固定；正向计算容易，即给定任何 x，容易算出 $H(x)$；反向计算困难，即给出一个散列值 h，很难找出一个特定输入 x，使 $h = H(x)$。

对散列函数的穷举攻击有两种：一是给定消息的散列函数 $H(x)$，破译者逐个生成其他文件 y，以使 $H(x) = H(y)$。二是攻击者寻找两个随机的消息：x，y，并使 $H(x) = H(y)$。这就是所谓的"冲突攻击"。穷举攻击方法没有利用散列函数的结构和任何代数弱性质，它只依赖于散列值的长度。常用的散列函数有：消息摘要 4（MD4）算法、消息摘要 5（MD5）算法、安全散列函数（SHA – 1）等。

3.7.3 MD5 算法

MD5 的全称是 Message-Digest Algorithm 5（信息 – 摘要算法），在 20 世纪 90 年代初由 MIT Laboratory for Computer Science 和 RSA Data Security Inc 的 Ronald L. Rivest 开发出来，经 MD2、MD3 和 MD4 发展而来。它的作用是让大容量信息在用数字签名软件签署私人密匙前被 "压缩" 成一种保密的格式。

MD5 以 512 位分组来处理输入的信息，且每一分组又被划分为 16 个 32 位子分组，经过一系列的处理后，算法的输出由四个 32 位分组组成，将这四个 32 位分组级联后将生成一个 128 位散列值。

在 MD5 算法中，首先需要对信息进行填充，使其位长度对 512 求余的结果等于 448。因此，信息的位长度（Bits Length）将被扩展至 $N \times 512 + 448$，即 $N \times 64 + 56$ 字节，N 为一个非负整数。填充的方法如下，在信息的后面填充一个 1 和无数个 0，直到满足上面的条件时才停止用 0 对信息的填充。然后，再在这个结果后面附加一个以 64 位二进制数表示的填充前信息长度。经过这两步处理，现在的信息字节长度 $= N \times 512 + 448 + 64 = (N+1) \times 512$，即长度恰好是 512 的整数倍，这样是为了满足后面处理中对信息长度的要求。

MD5 中有四个 32 位被称作链接变量（Chaining Variable）的整数参数，它们分别为：$A = 0x01234567$，$B = 0x89abcdef$，$C = 0xfedcba98$，$D = 0x76543210$。当设置好这四个链接变量后，就开始进入算法的四轮循环运算。循环的次数是信息中 512 位信息分组的数目。将上面四个链接变量复制到另外四个变量中：A 到 a，B 到 b，C 到 c，D 到 d。

主循环有四轮（MD4 只有三轮），每轮循环都很相似。第一轮进行 16 次操作。每次操作对 a、b、c 和 d 其中三个作一次非线性函数运算，然后将所得结果加上第四个变量，文本的一个子分组和一个常数。再将所得结果向右环移一个不定的数，并加上 a、b、c 或 d 之一。最后用该结果取代 a、b、c 或 d 之一。然后用下一个分组继续运行算法，最后输出 A，B，C，D 的级联，即消息的散列值。图 3 – 8 给出了一次循环过程。

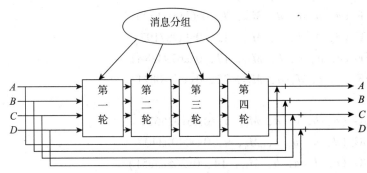

图 3 – 8　MD5 主循环过程

以下是每次操作中用到的四个非线性函数（每轮一个）。

$$F\ (X,\ Y,\ Z)\ =\ (X\&Y)\ |\ (\ (\sim X)\ \&Z)$$
$$G\ (X,\ Y,\ Z)\ =\ (X\&Z)\ |\ (Y\&\ (\sim Z))$$
$$H\ (X,\ Y,\ Z)\ = X\hat{\ }Y\hat{\ }Z$$

$$I(X, Y, Z) = Y^\wedge (X | (\sim Z))$$

$$(\&是与，|是或，\sim是非，^\wedge是异或)$$

这四个函数的说明：如果 X、Y 和 Z 的对应位是独立和均匀的，那么结果的每一位也应该是独立和均匀的。F 是一个逐位运算的函数。即，如果 X，那么 Y，否则 Z。函数 H 是逐位奇偶操作符。

假设 M_j 表示消息的第 j 个子分组（从 0 到 15），

$(x) << (n)$ 表示把 x 左移 n 位

FF $(a, b, c, d, M_j, s, t_i)$ 表示 $a = b + ((a + (F(b, c, d) + M_j + t_i)) << s)$

GG $(a, b, c, d, M_j, s, t_i)$ 表示 $a = b + ((a + (G(b, c, d) + M_j + t_i)) << s)$

HH $(a, b, c, d, M_j, s, t_i)$ 表示 $a = b + ((a + (H(b, c, d) + M_j + t_i)) << s)$

II $(a, b, c, d, M_j, s, t_i)$ 表示 $a = b + ((a + (I(b, c, d) + M_j + t_i)) << s)$

这四轮（64 步）是：

第一轮：

FF $(a, b, c, d, M_0, 7, 0xd76aa478)$

FF $(d, a, b, c, M_1, 12, 0xe8c7b756)$

FF $(c, d, a, b, M_2, 17, 0x242070db)$

FF $(b, c, d, a, M_3, 22, 0xc1bdceee)$

FF $(a, b, c, d, M_4, 7, 0xf57c0faf)$

FF $(d, a, b, c, M_5, 12, 0x4787c62a)$

FF $(c, d, a, b, M_6, 17, 0xa8304613)$

FF $(b, c, d, a, M_7, 22, 0xfd469501)$

FF $(a, b, c, d, M_8, 7, 0x698098d8)$

FF $(d, a, b, c, M_9, 12, 0x8b44f7af)$

FF $(c, d, a, b, M_{10}, 17, 0xffff5bb1)$

FF $(b, c, d, a, M_{11}, 22, 0x895cd7be)$

FF $(a, b, c, d, M_{12}, 7, 0x6b901122)$

FF $(d, a, b, c, M_{13}, 12, 0xfd987193)$

FF $(c, d, a, b, M_{14}, 17, 0xa679438e)$

FF $(b, c, d, a, M_{15}, 22, 0x49b40821)$

第二轮：

GG $(a, b, c, d, M_1, 5, 0xf61e2562)$

GG $(d, a, b, c, M_6, 9, 0xc040b340)$

GG $(c, d, a, b, M_{11}, 14, 0x265e5a51)$

GG $(b, c, d, a, M_0, 20, 0xe9b6c7aa)$

GG $(a, b, c, d, M_5, 5, 0xd62f105d)$

GG $(d, a, b, c, M_{10}, 9, 0x02441453)$

GG $(c, d, a, b, M_{15}, 14, 0xd8a1e681)$

GG $(b, c, d, a, M_4, 20, 0xe7d3fbc8)$

GG $(a, b, c, d, M_9, 5, 0x21e1cde6)$

GG $(d, a, b, c, M_{14}, 9, 0xc33707d6)$

GG $(c, d, a, b, M_3, 14, 0xf4d50d87)$

GG $(b, c, d, a, M_8, 20, 0x455a14ed)$

GG $(a, b, c, d, M_{13}, 5, 0xa9e3e905)$

GG $(d, a, b, c, M_2, 9, 0xfcefa3f8)$

GG $(c, d, a, b, M_7, 14, 0x676f02d9)$

GG $(b, c, d, a, M_{12}, 20, 0x8d2a4c8a)$

第三轮：

HH $(a, b, c, d, M_5, 4, 0xfffa3942)$

HH $(d, a, b, c, M_8, 11, 0x8771f681)$

HH $(c, d, a, b, M_{11}, 16, 0x6d9d6122)$

HH $(b, c, d, a, M_{14}, 23, 0xfde5380c)$

HH $(a, b, c, d, M_1, 4, 0xa4beea44)$

HH $(d, a, b, c, M_4, 11, 0x4bdecfa9)$

HH $(c, d, a, b, M_7, 16, 0xf6bb4b60)$

HH $(b, c, d, a, M_{10}, 23, 0xbebfbc70)$

HH $(a, b, c, d, M_{13}, 4, 0x289b7ec6)$

HH $(d, a, b, c, M_0, 11, 0xeaa127fa)$

HH $(c, d, a, b, M_3, 16, 0xd4ef3085)$

HH $(b, c, d, a, M_6, 23, 0x04881d05)$

HH $(a, b, c, d, M_9, 4, 0xd9d4d039)$

HH $(d, a, b, c, M_{12}, 11, 0xe6db99e5)$

HH $(c, d, a, b, M_{15}, 16, 0x1fa27cf8)$

HH $(b, c, d, a, M_2, 23, 0xc4ac5665)$

第四轮：

II $(a, b, c, d, M_0, 6, 0xf4292244)$

II $(d, a, b, c, M_7, 10, 0x432aff97)$

II $(c, d, a, b, M_{14}, 15, 0xab9423a7)$

II $(b, c, d, a, M_5, 21, 0xfc93a039)$

II $(a, b, c, d, M_{12}, 6, 0x655b59c3)$

II $(d, a, b, c, M_3, 10, 0x8f0ccc92)$

II $(c, d, a, b, M_{10}, 15, 0xffeff47d)$

II $(b, c, d, a, M_1, 21, 0x85845dd1)$

II $(a, b, c, d, M_8, 6, 0x6fa87e4f)$

II $(d, a, b, c, M_{15}, 10, 0xfe2ce6e0)$

II $(c, d, a, b, M_6, 15, 0xa3014314)$

II $(b, c, d, a, M_{13}, 21, 0x4e0811a1)$

II $(a, b, c, d, M_4, 6, 0\text{xf}7537\text{e}82)$

II $(d, a, b, c, M_{11}, 10, 0\text{xbd}3\text{af}235)$

II $(c, d, a, b, M_2, 15, 0\text{x}2\text{ad}7\text{d}2\text{bb})$

II $(b, c, d, a, M_9, 21, 0\text{xeb}86\text{d}391)$

常数 t_i 的选择：

在第 i 步中，t_i 是 4294967296 × abs（sin（i））的整数部分，i 的单位是弧度（4294967296 等于 2 的 32 次方）。

所有这些完成之后，将 A、B、C、D 分别加上 a、b、c、d，然后用下一分组数据继续运行算法，最后的输出是 A、B、C 和 D 的级联。

3.8 数字认证中心 CA

为保证网上数字信息的传输安全，除采用加密算法外，还必须建立一种信任及信任验证机制，即参加电子商务的各方必须有一个验证标识，这就是数字证书。数字证书是各实体（持卡人/个人、商户/企业、网关/银行等）在网上信息交流及商务交易活动中的身份证明。该数字证书具有唯一性。

为实现这一目的，必须使数字证书符合 X.509 国际标准，同时数字证书的来源必须是可靠的。这就要有一个网上各方都信任的机构，专门负责数字证书的发放和管理，确保网上信息的安全，这个机构就是数字认证中心（Certificate Authority，CA）。

3.8.1 CA 组成与功能

各级 CA 认证机构的存在组成了整个电子商务的信任链。如果 CA 机构不安全或发放的数字证书不具有权威性、公正性和可信赖性，电子商务就无法进行。CA 是整个网上电子交易安全的关键环节。它主要负责产生、分配并管理所有参与网上交易的实体，需要身份认证数字证书。每一份数字证书都与上一级的数字签名证书相关联，最终通过安全链追溯到一个已知的并被广泛认为是安全、权威、足以信赖的机构——根认证中心（根 CA）。电子交易的各方都必须拥有合法的身份，即由 CA 签发的数字证书，在交易的各个环节，交易的各方都需检验对方数字证书的有效性，从而解决用户信任问题。CA 涉及电子交易中各交易方的身份信息、严格的加密技术和认证程序。CA 基于其牢固的安全机制，应用扩大到一切有安全要求的网上数据传输。

1. CA 的作用

数字证书认证负责网上交易和结算中的安全问题，其中包括建立电子商务各主体之间的信任关系，即建立安全认证体系；选择安全标准（如：SET、SSL）；采用高强度的加、解密技术。其中安全认证体系的建立是关键，它决定了网上交易和结算能否安全进行，因此，数字证书认证中心机构的建立，对电子商务的开展具有重要意义。

证书机制是目前被广泛采用的一种安全机制，使用证书机制的前提是建立 CA 及配套的 RA（Registration Authority，注册审批机构）系统。RA 系统是 CA 证书发放、管理的延伸。它负责证书申请者的信息录入、审核及证书发放等工作；同时，对发放的证书完成相应的管理功能。发放的数字证书可以存放于 IC 卡、硬盘或软盘等介质中。RA 系统是整个 CA 中心得以正常运营不可缺少的一部分。

CA 中心为每个使用公开密钥的用户发放一个数字证书,数字证书的作用是证明证书中列出的用户名称与证书中列出的公开密钥相对应。CA 中心的数字签名使得攻击者不能伪造和篡改数字证书。在数字证书认证的过程中,数字认证中心作为权威的、公正的、可信赖的第三方,其作用是至关重要的。同样 CA 允许管理员撤销发放的数字证书,在证书废止列表(CRL)中添加新项并周期性地发布这一数字签名的 CRL。

2. CA 组成与功能

认证中心主要由注册服务器、证书申请受理和审核机构及认证中心服务器三部分组成。其中,注册服务器通过 Web Server 建立的站点,可为客户提供每日 24 小时的服务,客户可在自己方便的时候,在网上提出证书申请和填写相应的证书申请表,免去了排队等候的烦恼。证书申请受理和审核机构则负责证书的申请和审核,它的主要功能是接受客户证书申请并进行审核。认证中心服务器是数字证书生成、发放的运行实体,同时提供发放证书的管理、证书废止列表(CRL)的生成和处理等服务。

概括地说,数字认证中心的功能有:证书发放、证书更新、证书撤销和证书验证。CA 的核心功能就是发放和管理数字证书,具体描述如下:

(1) 接收验证最终用户数字证书的申请;

(2) 确定是否接受最终用户数字证书的申请——证书的审批;

(3) 向申请者颁发、拒绝颁发数字证书——证书的发放;

(4) 接收、处理最终用户的数字证书更新请求——证书的更新;

(5) 接收最终用户数字证书的查询、撤销;

(6) 产生和发布证书废止列表(CRL);

(7) 数字证书的归档;

(8) 密钥归档;

(9) 历史数据归档。

3.8.2　数字证书

数字证书就是互联网通信中标志通信各方身份信息的一系列数据,提供了一种在 Internet 上验证身份的方式,其作用类似于司机的驾驶执照或日常生活中的身份证。它由 CA 发行,人们在网上用它识别对方的身份。数字证书是经 CA 数字签名的,包含公开密钥拥有者信息及公开密钥的文件。最简单的证书包含一个公开密钥、名称及证书授权中心的数字签名,证书中还包括密钥的有效时间,发证机关(证书授权中心)的名称,该证书的序列号等信息。证书的格式遵循 ITUT X. 509 国际标准。

一个标准的 X. 509 数字证书包含以下内容。

(1) 证书的版本信息。

(2) 证书的序列号,每个证书都有一个唯一的证书序列号。

(3) 证书所使用的签名算法。

(4) 证书的发行机构名称,命名规则一般采用 X. 500 格式。

(5) 证书的有效期,现在通用的证书一般采用 UTC 时间格式,它的计时范围为 1950－2049。

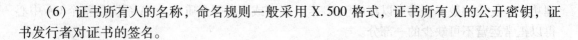

（6）证书所有人的名称，命名规则一般采用 X. 500 格式，证书所有人的公开密钥，证书发行者对证书的签名。

3.8.3 密钥管理

管理密钥是 Internet 安全面临的最复杂的问题之一。密钥管理不仅包括使用密钥协议分发密钥，还包括在通信系统之间对密钥的长度、生存期和密钥算法进行协商。Internet 工作组和研究团体对此进行了大量工作，为密钥的安全交换定义了整个基本构架的 ISAKMP 协议（即 Internet 安全性关联密钥管理协议），定义了用于系统之间、协商密钥交换的不同类型报文。但 ISAKMP 只是特定机制所使用的框架，并没有定义完成交换的机制和算法。

密钥管理包括从密钥的产生到密钥的销毁的各个方面，主要表现于管理体制、管理协议和密钥的产生、分配、更换和注入等。对于军用计算机网络系统，由于用户机动性强，隶属关系和协同作战指挥等方式复杂的原因，往往对密钥管理有更高的要求。

1. 对称密钥管理

对称加密基于共同保守秘密而实现。采用对称加密技术的双方，必须要保证采用的是相同的密钥，要保证彼此密钥的交换是安全可靠的，同时还要设定防止密钥泄密和更改密钥的程序。通过公开密钥加密技术实现对称密钥的管理，使相应的管理变得简单和更加安全，同时还解决了纯对称密钥模式中存在的可靠性和鉴别问题。

2. 非对称密钥管理

为保证安全，交易双方可以使用数字证书（公开密钥证书）交换公开密钥。国际电信联盟（ITU）制定的标准 X. 509 对数字证书进行了定义。数字证书通常包含唯一标识证书所有者（即交易方）的名称、唯一标识证书发布者的名称、证书所有者的公开密钥、证书发布者的数字签名、证书的有效期及证书的序列号等。证书发布者一般称为证书管理机构（CA），它是交易各方都信赖的机构。数字证书能够起到标识交易方的作用，是目前电子商务广泛采用的技术之一。

3. 密钥管理标准规范

目前国际上与有关的标准化机构都着手制定关于密钥管理的技术标准规范。ISO 与 IEC 下属的信息技术委员会（JTC1）已起草了关于密钥管理的国际标准规范。该规范主要由三部分组成：一是密钥管理框架；二是采用对称技术的机制；三是采用非对称技术的机制。该规范现已成为正式的国际标准。

3.8.4 PKI

PKI（全称为 Public Key Infrastructure，即公钥基础设施）采用证书管理公钥，通过第三方的可信任机构——认证中心，把用户的公钥和用户的其他标识信息捆绑在一起，在 Internet 网上验证用户的身份。PKI 基础设施把公钥密码和对称密码结合起来，在 Internet 网上实现密钥的自动管理，保证网上数据的安全传输。

PKI 由公开密钥密码技术、数字证书、CA 和关于公开密钥的安全策略等基本成分共同组成。一个机构通过采用 PKI 框架管理密钥和证书建立一个安全的网络环境。PKI 主要包括四个部分：X. 509 格式的证书（X. 509 V3）和证书废止列表 CRL（X. 509 V2）；CA/RA 操作协议；CA 管理协议；CA 政策制定。一个典型、完整、有效的 PKI 应用系统有以下部分。

1. CA

CA 是 PKI 的核心，CA 负责管理 PKI 结构下的所有用户（包括：各种应用程序）的证书，把用户的公钥和用户的其他信息捆绑在一起，在网上验证用户的身份，CA 还要负责用户证书的黑名单登记和黑名单发布。

2. X.500 目录服务器

X.500 目录服务器用于发布用户的证书和黑名单信息，用户可通过标准的 LDAP 协议查询自己或其他人的证书和下载黑名单信息。

3. 高安全的 WWW 服务器

出口到中国的 WWW 服务器，如：微软的 IIS、Netscape 的 WWW 服务器等，受出口限制，其 RSA 算法的模长最高为 512 位，对称算法为 40 位，不能满足对安全性要求很高的场合。为解决这一问题，采用 SSL（Secure Sockets Layer，安全套接层）及其继任者 TLS（Transport Layer Security，传输层安全）协议，TLS 与 SSL 是为网络通信提供安全及数据完整性的安全协议，TLS 与 SSL 在传输层对网络连接进行加密。SSL 是高强度的安全模块，在 SSL 安全模块中使用密码设备，并把 SSL 模块集成在可移植性和稳定性较高的 Apache WWW 服务器中。

4. Web（安全通信平台）

Web 有 Web Client 端和 Web Server 端两部分，分别安装在客户端和服务器端。该平台通过具有高强度密码算法的 SSL 协议，保证客户端和服务器端数据的机密性、完整性和身份验证。

5. 自开发安全应用系统

自开发安全应用系统是指各行业自开发的各种具体应用系统，如：银行、证券的应用系统等。完整的 PKI 包括认证政策的制定（包括：遵循的技术标准、各 CA 之间的上下级或同级关系、安全策略、安全程度、服务对象、管理原则和框架等）、认证规则、运作制度的制定、所涉及的各方法律关系及技术实现。

本章小结

本章介绍了常见的信息与安全认证技术，包括：报文认证、身份认证、接入认证、数字签名、数字摘要、数字认证中心及其应用等。认证是网络应用系统的第一道安全防线。目前广泛应用的是基于密钥的认证技术。密钥是一种读取、修改或验证保护数据的保密代码或数字。数字签名是附加在数据单元上的一些数据，或是对数据单元所作的密码变换。数字摘要是对发送者传送的一个信息报文。数字证书是经 CA 数字签名的，包含公开密钥拥有者信息及公开密钥的文件。

本章内容较为重要，希望读者着重掌握一些常用的安全认证技术，如：报文认证、身份认证、数字签名、数字摘要等。理解它们的认证原理，掌握它们的实际应用方法。

本章习题

1. 目前信息与安全认证有哪些方法？
2. 常见的数字签名方法有哪些？请说明数字签名的原理。
3. 数字签名和电子签名有何区别？
4. 认证和加密有何区别？
5. 什么是数字摘要？在认证机制中有何用途？
6. 数字证书的基本内容有哪些？
7. 为什么要设立数字认证中心 CA？
8. 简述 CA 与 PKI 之间的关系。

第4章 网络协议的安全

网络协议是网络通信的约定、规范和标准，是构建计算机网络，实现数据完整、安全、准确传输的基本条件，因此，如何保证网络协议的安全就显得非常重要。IPSec 协议簇作为一组网络安全协议，用于 IP 层的安全性。

本章主要介绍 IP 层的安全，即 IPSec 安全协议簇的概念、功能和运行模式，简述 IPSec 安全体系结构，安全套接字 SSL 协议和 TSL 协议，并介绍三个 IPSec 安全协议（AH、ESP、IKE）。主要包括以下知识点：

◇ IPSec 概念、功能和体系结构；

◇ SSL 协议和 TSL 协议；

◇ IPSec 安全协议——AH；

◇ IPSec 安全协议——ESP；

◇ IPSec 安全协议——IKE。

通过学习本章内容，读者可以了解 IPSec 安全的概念、运行模式和如何保障 IP 层的安全，理解 IPSec 安全的体系结构，了解 SSL 协议和 TSL 协议的安全原理。

 ## 4.1 IP 安全协议

IPSec 在 IP 层提供包括：访问控制、数据完整性校验、数据源验证、防报文重放、保护数据包和数据流机密性等多项安全服务，用于保护主机与主机间、安全网关与安全网关间、安全网关与主机间的路径。本节重点介绍 IPSec 的概念、主要功能和安全目标，并给出 IP-Sec 的体系结构和运行模式。

4.1.1 IPSec 的概念与功能

1. IPSec 的提出

Internet 是基于 TCP/IP 协议的互联网络，正在改变着人们的工作、学习和生活方式。但 TCP/IP 协议是开放的，它的安全问题一直影响着互联网的发展。网络受到保密数据泄露、数据完整性遭受破坏等多种安全威胁。为保证 IP 网络的安全，Internet 工程任务组（简称 IETF）成立了一个 Internet 安全协议专门小组，负责 IP 安全协议和密钥管理机制的制定。经过几年的努力，该工作组提出一系列 IP 安全协议，总称 IP Security Protocol（简称为 IPSec）协议。

IPSec 协议不只是一个协议而是一组协议，它给出应用于 IP 层上网络数据安全的体系结构，包括：认证头协议 AH（Authentication Header）、加密协议 ESP（Encapsulating Security

Payload，封装安全载荷）、Internet 密钥交换协议 IKE（Internet Key Exchange）和用于网络认证及加密的一些算法等。其中 AH 协议和 ESP 协议用于提供安全服务，IKE 协议用于密钥交换。AH 协议负责定义认证方法，提供数据源验证和完整性保证；而 ESP 协议负责定义加密和可选认证方法，提供数据可靠性保证；IKE 协议则为 IPSec 提供自动协商交换密钥、建立和维护安全联盟等服务。IPSec 增加了对 IPv4 的支持，弥补了 IPv4 在安全性方面的不足，IPSec 是 IPv6 的一个组成部分。

2. IPSec 的目标

IPSec 协议采用加密、认证和密钥交换管理三项技术实现以下四个目标。

1）认证 IP 报文的来源

我们知道，基于 IP 地址的访问控制是十分脆弱的，攻击者利用机器间基于 IP 地址的信任，使用伪装的 IP 地址发送 IP 报文。IPSec 协议允许设备使用比源 IP 地址更安全的方式，认证 IP 数据报的来源。IPSec 协议的这一标准称为原始认证（Origin Authentication）。

2）保证 IP 数据报的完整性

除了确认 IP 数据报的来源，IPSec 协议能确保报文在网络中传输时不发生变化。IPSec 协议的这一特性称为数据的完整性验证。

3）确保 IP 报文的内容在传输过程中没有被读取

除了认证与完整性之外，IPSec 协议能够在传输前将报文加密，保证报文在传播过程中，未授权方不能读取报文的内容，确保即使攻击者用侦听程序截获报文，也不能破解报文的内容。

4）确保认证报文没有重复

即使攻击者不能发送伪装的报文，也不能篡改和窃取报文，但攻击者仍然可以通过重发截获的认证报文，干扰正常的通信，导致事务多次执行或是使被复制报文的上层应用发生混乱（这种现象称为"报文重放"）。IPSec 协议能检测出重复报文并丢弃它们，这一特性称为防重放功能。

IPSec 协议建立在终端到终端的模式上，这意味着只有识别 IPSec 协议的计算机才能实现发送和接收功能。IPSec 协议实现的是 IP 层的安全，它与任何上层应用或传输层的协议无关。

3. IPSec 的功能

IPSec 协议具有以下四种功能。

1）保证数据的机密性

IPSec 协议通过加密算法，使只有真正的接收方才能获取真正的发送内容，而他人无法获知数据的真正内容。

2）保证数据来源的可靠性

在使用 IPSec 协议通信之前，通信双方要先用 IKE 认证对方身份并协商密钥，只有 IKE 协商成功之后才能通信。由于第三方不可能知道验证和加密的算法及相关密钥，因此无法冒充发送方，即使冒充，也会被接收方检测出来。

3）保证数据的完整性

IPSec 协议通过验证算法，保证数据从发送方到接收方的传送过程中，任何数据篡改和丢失都能被检测到。

4）实现 VPN 通信

IPSec 协议作为第三层的隧道协议，能在 IP 层上创建一个安全的 VPN 隧道，把两个异地的私有网络连接起来，或者使公有网上的计算机能够访问远程的私有网络。

4.1.2　IPSec 体系结构

IPSec 协议提供认证和加密两种安全机制，其中认证机制使 IP 通信的数据接收方，能够确认数据发送方的真实身份，并判断数据在传输过程中是否遭到篡改；加密机制通过对数据进行编码，保证数据的机密性。既然 IPSec 协议是由一系列协议组成的协议簇，那么这些协议之间有什么关系呢？

图 4 - 1 是一个完整的 IPSec 体系结构模型图，从图可以看出，IPSec 安全体系由报文头验证 AH 协议、封装安全载荷 ESP 协议、密钥交换 IKE 协议、解释域及加密和认证算法组成。

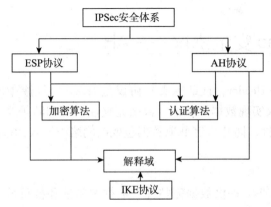

图 4 - 1　IPSec 体系结构模型图

其中，AH 是报文头验证协议，主要提供数据源验证、数据完整性校验和防报文重放功能；然而，AH 协议并不加密数据报。ESP 协议是封装安全载荷，它除了提供 AH 协议的所有功能之外（但其数据完整性校验不包括 IP 头），还提供对 IP 报文的加密功能。AH 和 ESP 可以分别单独使用，也可把两者结合使用。

IKE 协议是一种密钥交换协议，在 Internet 安全联盟和密钥管理协议 ISAKMP（Internet Security Association and Key Management Protocol，ISAKMP）定义的框架内运行。IKE 协议以 ISAKMP 为基础，采用 Oakley 模式和共享/密钥更新技术，负责定义验证加密生成技术和协商共享策略。IKE 协议在对等端之间验证密钥，并在它们之间建立共享的安全策略。IKE 协商 AH 和 ESP 所使用的密码算法，并将算法所需的密钥放到适当位置。解释域负责定义 IKE 所没有定义的协商内容，解释域为使用 IKE 进行协商安全关联的协议，统一分配标识符。共享一个解释域的协议从一个共同的命名空间中，选择安全协议和变换、共享密码及交换协议的标识符。

4.1.3　IPSec 运行模式

IPSec 协议有两种操作模式，即传输模式（Transport Mode）和隧道模式（Tunnel

Mode）。下面分别介绍这两种操作模式。

1. 传输模式

这种模式只对 IP 分组应用 IPSec 协议，对 IP 报头不进行任何修改，负责保护两个主机之间的通信，提供点对点的安全性，是 IPSec 默认的模式。如果以传输模式操作，源主机和目的主机必须直接执行所有密码操作。加密数据通过使用 L2TP（第二层隧道协议）生成的单一隧道来发送。数据（密码文件）则由源主机生成，并由目的主机检索。

2. 隧道模式

这种模式将原有的 IP 分组封装成带有新 IP 报头的 IPSec 分组，通过"隧道"进行封装、发送和拆封，隐藏原有的 IP 分组。该模式常用在两端或一端是安全网关的架构中，如：装有 IPSec 的路由器或防火墙。使用隧道模式，防火墙内很多主机不需要安装 IPSec 也能安全地通信。不管使用何种模式，都要使网关能够确认包是真实的；并使网关能够从两端对该包进行判断，以抛弃无效包。

4.2　IPSec 安全协议——AH

AH（Authentication Header，认证标头）协议是 IPSec 协议簇中的一员，全称"报文头验证协议"，通过该协议实现数据源验证、数据完整性校验和防报文重放等功能。用以保证数据包的完整性和真实性，防止黑客截取数据包或向网络中插入伪造的数据包。

4.2.1　AH 概述

AH 认证头协议为 IPSec 提供数据完整性、数据源验证和抗重放攻击，能保护通信免受篡改，但不能防止窃听，也不提供数据加密服务，适合于传输非机密数据。AH 通过散列函数实现认证算法。散列函数接受任意长的消息输入，产生固定长度输出的消息摘要。IPSec 负责验证摘要，如果两个摘要相同，则说明报文是完整并且是未经篡改的。考虑到计算效率，AH 没有采用数字签名而是采用安全散列算法对数据包进行保护。AH 没有对用户数据进行加密。当需要身份验证而不需要机密性的时候，最好选用 AH 协议。AH 机制涉及密码学中的核心组件——鉴别算法。

IPSec 具体采用两种认证算法。一是 MD5 算法，该算法在输入任意长度的消息后，产生 128 位的消息摘要。二是 SHA－1 算法，该算法在输入长度小于 2^{64} 位的消息后，产生 160 位的消息摘要。MD5 算法的计算速度比 SHA－1 算法快，而 SHA－1 算法的安全强度比 MD5 算法高。AH 的工作原理是在每一个数据包上添加一个身份验证报头，此报头包含一个带密钥的 Hash 散列，此 Hash 散列在整个数据包中计算。数据有更改时散列值将会变化，从而提供完整性保护。

4.2.2　AH 头部格式

AH 对 IP 层的数据使用验证算法 MAC（Message Authentication Codes，报文验证码）保护完整性。MAC 即报文摘要，是从散列算法演变而来，又称为 HMAC，如：HMAC-MD5、HMAC-SHA1 等。通过 HMAC 可以检测出对 IP 包的头部和载荷的修改，从而保护 IP 包的内容完整性和来源可靠性。不同 IPSec 系统可用的 HMAC 算法可能不同，但 HMAC-MD5 和 HMAC-SHA1 是必要的。AH 报头在 IP 报头和传输层协议报头之间，AH 由 IP 协议号"51"标识，该值包含在 AH 报头之前的协议报头中，如：IP 报头。如图 4-2 所示，AH 报头包括以下字段。

图 4-2 AH 头部格式

(1) 下一个报头。识别下一个使用 IP 协议号的报头，例如，下一个报头值等于"6"，表示紧接其后的是 TCP 报头。

(2) 长度。AH 报头长度。

(3) 安全参数索引 SPI（Security Parameters Index）。这是一个为数据报识别安全关联的 32 位伪随机值。SPI 值为 0，表明没有安全关联存在。

(4) 序列号。从 1 开始的 32 位单增序列号，不允许重复，唯一地标识了每一个发送数据包，为安全关联提供防重放保护。接收端负责判断序列号为该字段值的数据包是否已经被接收过，若是，则拒收该数据包。

(5) 认证数据。完整性校验。接收端接收数据包后，会先执行散列计算，然后与发送端同样计算的该字段值进行比较，若两者相等，表示数据完整；若在传输过程中数据被修改过，两者计算值肯定不相等，则丢弃该数据包。

4.2.3 AH 运行模式与完整性检查

1. AH 运行模式

如前所述，AH 协议有传输和隧道两种运行模式。

1）传输模式

如图 4-3 所示，AH 插入到 IP 头部（包括 IP 选项字段）之后，传输层协议（如：TCP、UDP）或者其他 IPSec 协议之前。被 AH 验证的区域是整个 IP 包（可变字段除外），包括 IP 包头部。因此，源 IP 地址、目的 IP 地址是不能修改的，否则会被检测出来。然而，如果该包在传输的过程中，经过 NAT（Network Address Translation，网络地址转换）网关，其源/目的 IP 地址被改变，将造成到达目的地后，完整性验证失败。因此，AH 在传输模式下与 NAT 是有冲突的，不能同时使用。

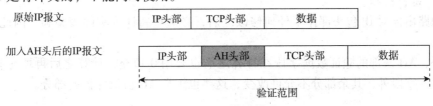

图 4-3 AH 传输模式

2）隧道模式

如图4-4所示，在隧道模式中，AH插入到原始IP头部之前，然后在AH之前再增加一个新的IP头部。隧道模式下，AH验证的范围也是整个IP包，因此，上面所说的AH和NAT的冲突在隧道模式下也存在。在隧道模式中，AH可以单独使用，也可以和ESP一起嵌套使用。

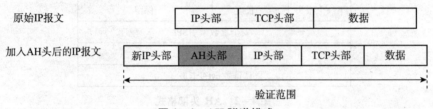

图4-4 AH 隧道模式

AH主要的功能是校验源地址和目的地址，看它们是否在路由过程中被改变过。如果校验没通过，分组将会被抛弃。即AH为数据的完整性和原始性提供可靠校验。

2. 数据完整性检查

从上面的传输模式和隧道模式可见，AH协议验证的范围包括整个IP包。验证过程概括如下：在发送方，整个IP包和验证密钥作为输入，经过HMAC计算后，得到的结果被填充到AH头部的"验证数据"字段中；在接收方，整个IP包和验证算法所用的密钥也被作为输入，经过HMAC计算的结果和AH头部的"验证数据"字段进行比较，如果一致，说明该IP包数据没有被篡改。

在应用HMAC算法时，需要说明的是，IP中有一些字段在传输过程中是允许被修改的，不能说明该数据包被非法篡改。以下是在计算HMAC时临时用0填充的字段。

1）服务类型字段（Type of Service，ToS）

该8位字段指出延时、吞吐量和可靠性方面的要求。某些路由器会修改该字段以达到特定的QoS服务质量。

2）标志字段

该字段指用于表示分片的3位标志——DF（Don't Fragment）、MF（More Fragments）和0。路由器可能会修改这3个标志。

3）分片偏移字段

该字段标志字段后面的13位的偏移字段。

4）生命时间TTL

为了防止IP包的无限次路由，每经过一个路由器，该字段减1，当TTL变为0时，被路由器抛弃。

5）头部校验和

中间路由器对IP包头部作了任何修改之后，必须重新计算头部校验和，因此该字段也是可变的。

另外，AH头部的验证数据字段在计算之前也要用0填充，计算之后再填充验证结果。除上述可变字段外，其余部分不允许改变，这些也正是AH协议保护的部分。

4.3　IPSec 安全协议——ESP

ESP 提供机密性、数据源验证、无连接的完整性、抗重放服务和有限信息流机密性。ESP 头在 IPv4 和 IPv6 中提供一种混合的安全服务。ESP 有时可与 IP 验证头（AH）结合使用，如：隧道模式的应用。ESP 头通常插在 IP 头之后、上层协议头之前（传输模式），或者在封装的 IP 头之前（隧道模式）。ESP 头紧紧跟在协议头（IPv4，IPv6，或者扩展）之后，协议头的协议字段（IPv4）将是 50。

4.3.1　ESP 概述

ESP（Encapsulating Security Payload，封装安全载荷）协议为 IP 数据包提供完整性检查、认证和加密。它提供机密性并可防止篡改，因此，ESP 服务依据建立的安全关联（SA）是可选的。ESP 采用对称密钥加密技术，即使用相同的密钥对数据进行加解密。目前，IPSec 可实现三种加密算法。

（1）DES（Data Encryption Standard）。使用 56 位的密钥对一个 64 位的明文块进行加密。

（2）3 重 DES（Triple DES）。使用三个 56 位的 DES 密钥（共 168 位密钥）对明文进行加密。

（3）AES（Advanced Encryption Standard）。使用 128 位、192 位或 256 位密钥长度的 AES 算法对明文进行加密。

这三个加密算法的安全性由高到低依次是：AES、3DES、DES，安全性高的加密算法实现机制复杂，运算速度慢。对于普通的安全要求，DES 算法就可以满足需要。ESP 的加密服务是可选的，但如果启用加密，则也就同时选择了完整性检查和认证。ESP 可以单独使用，也可以和 AH 联合使用。ESP 通常只保护数据，而不保护 IP 报头。ESP 主要使用 DES 或 3DES 加密算法为数据包提供保密，具体是在 IP 报头和传输协议报头（如：TCP 或 UDP）之间，增加一个 ESP 报头提供安全性，IP 和 ESP 报头封装了最终的源端和目的端间的数据包。

4.3.2　ESP 头部格式

如上所述，ESP 协议能提供无连接的完整性、数据源验证和抗重放攻击服务，还能提供数据包和数据流的加密。其中 ESP 提供数据完整性和数据源验证的原理和 AH 是一样的，不过 ESP 的加密是采用对称密钥加密算法，所以与 AH 相比，其验证的数据范围也要小一些。但 ESP 协议规定了所有 IPSec 系统必须实现的验证算法，如：HMAC-MD5、HMAC-SHA1 和 NULL 等。ESP 协议规定加密和认证不能同时为 NULL，即采用 ESP 后，加密和认证至少必选其一。

ESP 协议和 TCP、UDP 协议一样，也是被 IP 协议封装的，ESP 的协议号是 50，可由 IP 协议头部的协议字段判断。如图 4-5 所示，ESP 报头字段如下所述。

（1）安全参数索引 SPI。32 位，与目的 IP 地址、协议一起组成三元组，为该 IP 包唯一地确定一个 SA（安全联盟）。

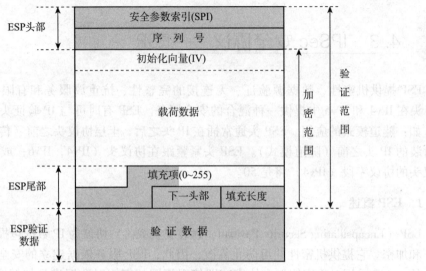

图 4 – 5 ESP 报头字段

（2）序列号。32 位单调递增的计数器，为每个 ESP 包赋予一个序号。通信双方建立 SA 时，计数器初始化为 0。SA 是单向的，每发送一个包，外出 SA 的计数器增 1；每接收一个包，进入 SA 的计数器增 1。该字段用于抵抗重放攻击。

（3）载荷数据。可变长，包含了实际的载荷数据。不管 SA 是否需要加密，该字段总是必需的。采用了加密，该部分就是加密后的密文；没有加密，该部分就是明文。采用的加密算法需要一个 IV（Initial Vector，初始向量），IV 也是在本字段中传输的，加密算法要求指明 IV 的长度及在本字段中的位置。

（4）填充。填充字段包含了填充位。

（5）填充长度。8 位，以字节为单位指出填充字段的长度，其范围为 ［0，255］。

（6）下一头部。8 位，指明封装在载荷中的数据类型，如：6 表示 TCP 数据、4 表示 IP-in-IP 等。

（7）验证数据。可变长，在选择验证服务时，会有该字段，该字段包含验证的结果。

4.3.3 ESP 运行模式

ESP 也有隧道和传输两种模式，它们各有其优点。隧道模式在两个安全网关间建立一个安全"隧道"，经由这两个网关代理的传输均在这个隧道中进行。而传输模式加密少，没有额外的 IP 头，效率较高。

1. 传输模式

在 ESP 的传输模式中，其头部直接加在准备传输的数据前，不像隧道模式，一个封装包中有两个 IP 头部，且无需加密，因此这种模式可节省频宽，如图 4 – 6 所示。传输时先把 IP 装载数据用 ESP 封装起来（ESP 头部和 ESP 尾部），传输端通过使用者 ID 和目的地址得到 SA 环境（下一节会加以介绍），然后用加密算法（DES 或 3 – DES）加密传输的数据，接收端接收到 ESP 封装的数据包后，直接处理 IP 头部（因没有加密），从 ESP 头部取出 SPI 值，以得到相对的 SA，再利用 SA 的安全环境中的解密函数解出加密的数据。

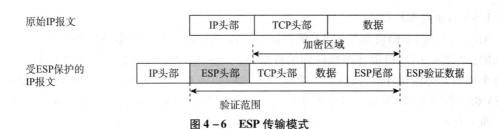

图 4 - 6　ESP 传输模式

对传输模式而言，解密的人就是目的端的使用者。其优点是：不存在与 NAT 冲突的问题；缺点是：除了 ESP 头部之外，任何 IP 头部字段都可以进行修改，只要保证其校验和计算正确，接收端就检测不出这种修改。所以，ESP 传输模式的验证服务要比 AH 传输模式弱一些。如果需要更强的验证服务且通信双方都是公有 IP 地址的情况下，应采用 AH 验证，或同时采用 AH 认证和 ESP 验证。

2. 隧道模式

在 ESP 的隧道模式中，如图 4 - 7 所示，首先将 IP 封装包加密（含 IP 头部），再在前面加上 ESP 头部并插入新的 IP 头部。接收端收到 ESP 封包后，使用 ESP 头部内容中的 SPI 值决定 SA，解出 ESP 头部后的装载数据，取回原始的 IP 头部与封包，继续往后传输 ESP 头部及 ESP 尾部的内容，ESP 头部包含了 SPI 值、初始向量 IV 及序列号等，其中序列号可防止重放攻击。

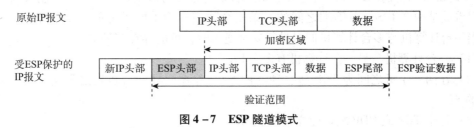

图 4 - 7　ESP 隧道模式

ESP 在隧道模式下，对整个原始 IP 包进行验证和加密，提供数据流加密服务，而在传输模式下，由于源、目的 IP 地址不被加密，不能提供流加密服务。因此，ESP 隧道模式比 ESP 传输模式更加安全。不过，隧道模式增加了一个额外的 IP 头部，将占用更多的带宽。

 # 4.4　安全联盟——SA

安全联盟（Security Association，SA）是两个 IPSec 实体（主机、安全网关）之间经过协商建立起来的一种协定。约定的内容包括采用何种 IPSec 协议、运行模式、验证算法、加密算法、特定流中保护数据的共享密钥、密钥生存期、抗重放窗口、计数器等。

4.4.1　安全联盟概述

SA 是构成 IPSec 的基础，也是 IPSec 的本质，它决定保护什么、如何保护及谁来保护的问题。

1. SA 的组成和标识

AH 和 ESP 两个协议都使用 SA 保护通信，而 IKE 则是在通信双方中协商出 SA。SA 是单向的，"进入 SA"负责处理接收到的数据包，"外出 SA"负责处理要发送的数据包。因此每个通信方必须要有两种 SA，一个"进入 SA"，一个"外出 SA"，这两个 SA 构成了一个 SA 束。如图 4 - 8 所示，每个安全联盟 SA 由一个三元组（SPI，IP 目的地址，IPSec 协议）唯一标识。

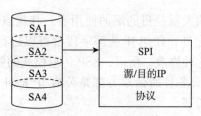

图 4 - 8 安全联盟 SA

（1）SPI（安全参数索引）。是 32 位的安全参数索引，用于标识具有相同 IP 地址和相同安全协议的不同的 SA，它通常被放在 AH 或 ESP 头中。

（2）IP 目的地址。IP 目的地址，它是 SA 的终端地址。

（3）IPSec 协议。采用 AH 或 ESP。

SA 是策略和密钥的结合，它定义了保护端对端通信的常规安全服务、机制及密钥。SA 也可以看成是两个 IPSec 对等端之间的一条安全隧道，为不同类型的流量创建独立的 SA。如：当一台计算机与多台计算机同时进行安全通信时，可能存在多种关联。

（1）一台计算机与另一台计算机有多个 SA。

（2）在两台主机之间为 TCP 建立独立的 SA，并在同样两台机器之间建立另一条支持 UDP 的 SA。

（3）每个 TCP 或 UDP 端口建立分离的 SA。

在上述情况中，接收端计算机使用 SPI，决定将使用哪种 SA 处理传入的数据包。SPI 是一个分配给每个 SA 的字串，用于区分多个存在于接收端计算机上的安全关联。每个 SA 可以使用不同的安全协议。

IETF 已经建立了一个安全关联和密钥交换的标准方法，它将 Internet 安全关联和密钥管理协议（ISAKMP）及 Oakley 密钥生成协议合并，其中 ISAKMP 负责集中管理安全关联，减少连接时间，Oakley 则负责生成和管理身份验证密钥。

2. SA 的管理

SA 的管理包括创建和删除，有以下两种管理方式。

1）人工协商

在这种方式下，SA 的内容由管理员手工指定和维护。手工维护容易出错，而且手工建立的 SA 没有生存周期限制，永不过期，有安全隐患。

2）IKE 自动管理

在这种方式下，SA 的自动建立、动态维护和删除都由 IKE 负责进行，而且 SA 有生存期。如果安全策略要求建立安全、保密的连接，但又不存在与该连接相应的 SA，则 IPSec 的内核会立刻启动 IKE 来协商 SA。

4.4.2　安全联盟的建立过程

如前所述，SA 是一个单向的逻辑连接，在一次通信中，IPSec 需要建立两个 SA，一个用于入站通信，另一个用于出站通信。若某台主机，如：文件服务器或远程访问服务器，需要同时与多台客户机通信，则该服务器需要与每台客户机分别建立不同的 SA。每个 SA 用唯一的 SPI 索引标识，当处理接收数据包时，服务器根据 SPI 值来决定该使用哪种 SA。

IKE 建立 SA 分两个阶段：第一阶段协商创建一个通信信道，并对该信道进行认证，为双方进一步的 IKE 通信提供机密性、数据完整性和数据源验证服务；第二阶段使用已建立的 IKE SA 建立 IPSec SA。分两个阶段完成这些服务，有助于提高密钥交换的速度。

1. 第一阶段 SA（主模式 SA，为建立信道而进行的安全关联）

第一阶段协商（主模式协商）步骤如下。

1）策略协商

在这一步中，就四个强制性参数值进行协商。

（1）加密算法。选择 DES 或 3DES。

（2）Hash 算法。选择 MD5 或 SHA。

（3）认证方法。选择证书认证、预置共享密钥认证或 Kerberos v5 认证。

（4）Diffie-Hellman 组的选择。

2）DH 交换

虽然名为"密钥交换"，但事实上在任何时候，两台通信主机之间都不会交换真正的密钥，它们之间交换的是 DH 算法生成共享密钥所需要的基本信息。在彼此交换过密钥生成"材料"后，两端主机各自生成相同的共享"主密钥"，保护其后的认证过程。

3）认证

DH 交换需要得到进一步认证，如果认证不成功，通信将停止。"主密钥"结合在第一步中确定的协商算法，对通信实体和通信信道进行认证。在这一步中，整个待认证的实体载荷，包括：实体类型、端口号和协议均由前一步生成的"主密钥"提供机密性和完整性保证。

2. 第二阶段 SA（快速模式 SA，为数据传输而建立的安全关联）

这一阶段协商建立 IPSec SA，为数据交换提供 IPSec 服务。第二阶段协商消息受第一阶段 SA 保护，没有第一阶段 SA 保护的消息将被拒收。

第二阶段协商（快速模式协商）步骤如下。

1）策略协商，双方交换保护需求。

（1）使用哪种 IPSec 协议。AH 或 ESP。

（2）使用哪种 Hash 算法。MD5 或 SHA。

（3）是否要求加密，若是，选择加密算法：3DES 或 DES 在上述三方面达成一致后，将建立起两个 SA，分别用于入站和出站通信。

2）会话密钥"材料"刷新或交换

在这一步中，将生成加密 IP 数据包的"会话密钥"。生成"会话密钥"所使用的"材料"与生成第一阶段 SA 中"主密钥"相同也可能不同，通过刷新"材料"生成新密钥。若要求使用不同的"材料"，则在密钥生成之前，进行第二轮的 DH 交换。

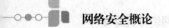

3）SA 和密钥连同 SPI，递交给 IPSec 驱动程序

第二阶段协商过程与第一阶段协商过程类似，不同之处在于：在第二阶段中，如果响应超，则自动尝试重新进行第一阶段 SA 协商。

第一阶段 SA 建立起安全通信信道后保存在高速缓存中，在此基础上建立多个第二阶段 SA 协商，提高整个建立 SA 过程的速度。只要第一阶段 SA 不超时，就不必重复第一阶段的协商和认证。允许建立的第二阶段 SA 的个数由 IPSec 策略属性决定。

3. SA 生命期

第一阶段 SA 有一个缺省有效时间，如果 SA 超时，或"主密钥"和"会话密钥"中任何一个生命期时间到，都要向对方发送第一阶段 SA 删除消息，通知对方第一阶段 SA 已经过期，之后需要重新进行 SA 协商。第二阶段 SA 的有效时间由 IPSec 驱动程序决定。

IKE 负责提供一种方法供两台计算机建立 SA。SA 对两台计算机之间的策略协议进行编码，指定它们将使用哪些算法和什么样的密钥长度，以及实际的密钥本身。IKE 主要有两个作用：一是安全关联的集中化管理，减少连接时间；二是密钥的生成和管理。

4.4.3 安全联盟数据库与安全策略数据库

1. 安全联盟数据库

安全联盟数据库（Security Association Database，SAD）并不是通常意义上的"数据库"，而是将所有的 SA 以某种数据结构集中存储的一个列表。对于外出的流量，如果需要进行 IPSec 处理，但相应的 SA 不存在，则 IPSec 将启动 IKE 产生一个 SA，并存储到 SAD 中。对于进入的流量，如果需要进行 IPSec 处理，IPSec 将从 IP 包中得到三元组，并根据这个三元组在 SAD 中查找一个 SA。SAD 中每一个 SA 除了上面的三元组之外，还包括下面这些内容。

1）序列号（Sequence Number）

32 位，用于产生 AH 或 ESP 头的序号字段，仅用于外出数据包。SA 刚建立时，该字段值设置为 0，每次用 SA 保护完一个数据包时，就把序列号的值递增 1，对方用这个字段检测重放攻击。通常在这个字段溢出之前，SA 会重新进行协商。

2）序列号溢出（Sequence Number Overflow）

标识序号计数器是否溢出。用于外出数据包，在序列号溢出时加以设置。安全策略决定一个 SA 是否仍可用来处理其余的包。

3）抗重放窗口

32 位，用于决定进入的 AH 或 ESP 数据包是否为重发的。仅用于进入数据包，如接收方不选择抗重放服务（如：手工设置 SA 时），则不用抗重放窗口。

4）隧道目的地（Tunnel Destination）

对于隧道模式的 IPSec 来说，需指出隧道的目的地址，即外部头的目标 IP 地址。

5）AH 和 ESP 的验证算法、密钥等

如不选择验证，则该字段为空。

6）SA 生存期

表示 SA 能够存在的最长时间。生存期用时间或用传输的字节数衡量，或将二者同时使用，优先采用先到期者。SA 过期之后应建立一个新的 SA 或终止通信。

7）模式（mode）

IPSec 协议是隧道模式还是传输模式。

8）PMTU 参数

路径 MTU，以对数据包进行分段。

2. 安全策略数据库

安全策略数据库（Security Policy Database，SPD）也不是通常意义上的"数据库"，而是将所有的 SP 以某种数据结构集中存储的列表。安全策略（Security Policy，SP）是指对 IP 数据包提供何种保护，并以何种方式实施保护。SP 主要根据源 IP 地址、目的 IP 地址、入数据还是出数据等进行标识。当要将 IP 包发送出去或接收到 IP 包时，首先要查找 SPD 决定如何进行处理，通常有以下三种处理方式。

（1）丢弃。流量不能离开主机或者发送到应用程序，也不能进行转发。

（2）不用 IPSec。对流量作为普通流量处理，不需要额外的 IPSec 保护。

（3）用 IPSec。对流量应用 IPSec 保护，此时这条安全策略要指向一个 SA。对于外出流量，如果该 SA 尚不存在，则启动 IKE 进行协商，把协商的结果连接到该安全策略上。

4.5　密钥管理协议——IKE

IKE（Internet Key Exchange，Internet 密钥交换）协议属于混合型协议，由 Internet 安全关联和密钥管理协议（ISAKMP）和两种密钥交换协议 Oakley 与 SKEME 组成。IKE 创建在 ISAKMP 定义的框架上，采用 Oakley 密钥交换模式及 SKEME 共享和密钥更新技术。IKE 用于交换和管理在 VPN 中使用的加密密钥。

4.5.1　IKE 概述

Internet 密钥交换 IKE 是 IPSec 体系结构中的一种主要协议。IKE 属于一种混合型协议，建立在由互联网安全联盟和密钥管理协议 ISAKMP 定义的框架之上。实现了两种密钥管理协议——Oakley 和 SKEME 的一部分，还定义了两种密钥交换方式。ISAKMP 只是为协商、修改、删除 SA 的方法提供一个通用的框架，并没有定义具体的 SA 格式。这个通用的框架是与密钥交换独立的，被不同的密钥交换协议使用。

IKE 为 IPSec 协议 AH 和 ESP 提供了自动协商交换密钥、建立 SA 的服务，能够简化 IPSec 的使用和管理，大大简化 IPSec 的配置和维护工作。IKE 不是在网络上直接传输密钥，而是通过一系列数据的交换，最终计算出双方共享的密钥，并且即使第三者截获了双方用于计算密钥的所有交换数据也不足以计算出真正的密钥。ISAKMP 用于独立的密钥交换，即用于支持多种不同的密钥交换。

IKE 用于协商虚拟专用网（VPN），也用于远程用户（其 IP 地址不需要事先知道）从远程访问安全主机或网络。支持客户协商模式，当使用客户模式时，端点处双方的身份是隐藏的。IKE 中有以下四种身份认证方式。

（1）基于数字签名（Digital Signature）。利用数字证书来表示身份，利用数字签名算法计算出一个签名来验证身份。

（2）基于公开密钥（Public Key Encryption）。利用对方的公开密钥加密身份，通过检查对方发来的该散列值作认证。

（3）基于修正的公开密钥（Revised Public Key Encryption）。对上述方式进行修正。

（4）基于预共享字符串（Pre-Shared Key）。双方事先通过某种方式商定好一个双方共享的字符串。

4.5.2 ISAKMP 简介

1. ISAKMP 概述

ISAKMP 由 RFC2408 定义，定义了协商、建立、修改和删除 SA 的过程和包格式。ISAKMP 只是为 SA 的属性和协商、修改、删除 SA 的方法提供一个通用的框架，并没有定义具体的 SA 格式。

ISAKMP 没有定义任何密钥交换协议的细节，也没有定义任何具体的加密算法、密钥生成技术或者认证机制。这个通用的框架是与密钥交换独立的，可以被不同的密钥交换协议使用。ISAKMP 报文可以利用 UDP 或者 TCP 协议传输，端口都是 500，一般情况下常用 UDP 协议。ISAKMP 双方交换的内容称为载荷，ISAKMP 目前定义了 13 种载荷，一个载荷就像积木中的一个"小方块"，这些载荷按照某种规则"叠放"在一起，然后在最前面添加上 ISAKMP 头部，这样就组成了一个 ISAKMP 报文，这些报文按照一定的模式进行交换，从而完成 SA 的协商、修改和删除等功能。

2. ISAKMP 协商阶段

ISAKMP 的协商过程分为两个阶段：阶段 1 和阶段 2。两个阶段所协商的对象不同，但协商过程的交换方式是由 ISAKMP 定义的或者由密钥交换协议（如：IKE）定义的。

1）阶段 1

这个阶段协商的 SA 称为 ISAKMP SA（在 IKE 中称为 IKE SA），该 SA 是为了保证阶段 2 的安全通信。

2）阶段 2

这个阶段要协商的 SA 是密钥交换协议最终要协商的 SA，当 IKE 为 IPSec 协商时称为 IPSec SA，是保证 AH 或者 ESP 的安全通信。阶段 2 的安全由阶段 1 的协商结果来保证。阶段 1 所协商的一个 SA 用于协商多个阶段 2 的 SA。

3. 交换类型

ISAKMP 定义了 5 种交换类型。交换类型定义的是在通信双方所传送的载荷的类型和顺序，如一方先发送什么载荷，另一方应如何应答等。这些交换模式的区别在于对传输信息的保护程度不同，并且传输的载荷多少也不同。5 种交换类型如下。

（1）基本交换（Base Exchange）。

（2）身份保护交换（Identity Protection Exchange）。

（3）纯认证交换（Authentication Only Exchange）。

（4）积极交换（Aggressive Exchange）。

（5）信息交换（Informational Exchange）。

4.5.3 IKE 的安全机制

IKE 具有一套自保护机制，在不安全的网络上安全地认证身份、分发密钥、建立 IPSec SA。

1. 数据认证

数据认证有以下两方面的概念。

1）身份认证

身份认证确认通信双方的身份。支持两种认证方法：预共享密钥（pre-shared-key）认证和基于 PKI 的数字签名（RSA-signature）认证。

2）身份保护

身份数据在密钥产生之后加密传送，实现对身份数据的保护。

在阶段 1、2 交换中，IKE 通过交换验证载荷（包含 Hash 值或数字签名）保护交换消息的完整性，并提供对数据源的身份验证。IKE 能实现预共享密钥、数字签名、公钥加密、改进的公钥加密四种验证方法。

2. DH

DH（Diffie Hellman，交换及密钥分发）算法是一种公共密钥算法。通信双方在不传输密钥的情况下通过交换一些数据，计算出共享的密钥。即使第三者（如：黑客）截获了双方用于计算密钥的所有交换数据，由于其复杂度很高，不足以计算出真正的密钥。所以，DH 交换技术保证双方安全地获得公有信息。

IKE 使用 Diffie Hellman 组中的加密算法。IKE 共定义有五个 Diffie Hellman 组，其中三个组使用乘幂算法（模数位数分别是：768、1024、1680 位），另两个组使用椭圆曲线算法（字段长度分别是 155、185 位）。因此，IKE 的加密算法强度高，密钥长度大。

3. PFS

PFS（Perfect Forward Secrecy，完善的前向安全性）特性是一种安全特性，指一个密钥被破解，并不影响其他密钥的安全性，因为这些密钥间没有派生关系。即攻击者破解了一个密钥，也只能还原这个密钥加密的数据，而不能还原其他的加密数据。要达到理想的 PFS，一个密钥只能用于一种用途，生成一个密钥的素材不能用于生成其他的密钥。

如果要求对身份的保护也是 PFS，则一个 IKE SA 只能创建一个 IPsec SA。IPSec 通过在 IKE 阶段 2 协商中，增加一次密钥交换实现 PFS。PFS 的特性则由 DH 算法保障。

4. 抵抗拒绝服务攻击

对任何交换来说，第一步都是 cookie 交换。每个通信实体都生成自己的 cookie，cookie 提供了一定程度的抗拒绝服务攻击的能力。如果进行一次密钥交换，直到完成 cookie 交换，才进行密集型的运算，如：Diffie Hellman 交换所需的乘幂运算，则能有效地抵抗使用伪造 IP 源地址进行的溢出攻击。

5. 防止中间人攻击

中间人攻击包括窃听、插入、删除、修改消息、反射消息回到发送者、重放旧消息及重定向消息等。ISAKMP 能阻止这些攻击。

4.5.4 IKE 的交换过程

IKE 目前定义了四种模式：主模式、野蛮模式、快速模式和新组模式。前三个用于协商 SA，最后一个用于协商 Diffie Hellman 算法所用的组。IKE 使用两个阶段为 IPSec 进行密钥协商并建立 SA。

1. 第一阶段

通信各方彼此间建立一个已通过身份认证和安全保护的通道，即建立一个 ISAKMP SA。第一阶段有主模式（Main Mode）和野蛮模式（Aggressive Mode）两种 IKE 交换方法。

2. 第二阶段

用在第一阶段建立的安全隧道为 IPSec 协商安全服务，即为 IPSec 协商具体的 SA，建立用于最终的 IP 数据安全传输的 IPSec SA。

主模式和积极模式用于第一阶段；快速模式用于第二阶段；新组模式用于在第一个阶段后协商新的组。IKE 使用了两个阶段的 ISAKMP：第一阶段，协商创建一个通信信道（IKE SA），并对该信道进行验证，为双方进一步的 IKE 通信提供机密性、消息完整性及消息源验证服务；第二阶段，使用已建立的 IKE SA 建立 IPsec SA（如图 4 - 9 所示）。

图 4 - 9　阶段 1 的一个 IKE SA 保护阶段 2 的多个交换

第一阶段主模式的 IKE 协商过程中包含三对消息（如图 4 - 10 所示）。

（1）第一对消息叫 SA 交换，是协商确认有关安全策略的过程。

（2）第二对消息叫密钥交换，交换 Diffie-Hellman 公共值和辅助数据（如：随机数），密钥材料在这个阶段产生，如图 4 - 10 所示。

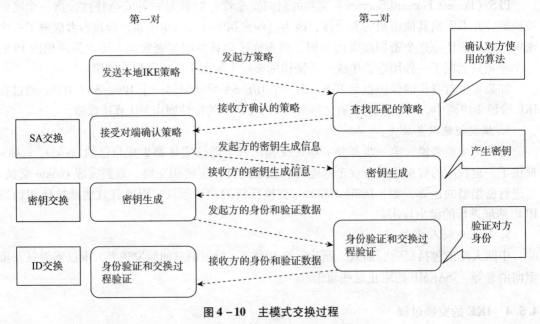

图 4 - 10　主模式交换过程

（3）第三对消息是 ID 信息和验证数据交换，进行身份认证和对整个第一阶段交换内容的验证。野蛮模式交换与主模式交换的主要差别在于，野蛮模式不提供身份保护，只交换三条消息。在对身份保护要求不高的场合，使用交换报文较少的野蛮模式可以提高协商的速度；在对身份保护要求较高的场合，则应使用主模式。

4.5.5　IKE 在 IPSec 中的作用

当应用环境的规模较小时，一般用手工配置 SA；当应用环境规模较大、参与的节点位置不固定时，由 IKE 自动为参与通信的实体协商 SA，并对安全关联库（SAD）进行维护以保障通信安全。

1. IKE 与 IPSec 的关系

（1）IKE 是 UDP 之上的一个应用层协议，是 IPSec 的信令协议。

（2）IKE 为 IPSec 协商建立 SA，并把建立的参数及生成的密钥交给 IPSec。

（3）IPSec 使用 IKE 建立的 SA，对 IP 报文加密或认证处理。

2. IKE 在 IPSec 中的作用

（1）通过 IKE，IPSec 很多参数（如：密钥）可自动建立，降低手工配置的复杂度。

（2）IKE 协议中的 DH 交换过程，每次的计算和产生的结果都不相关。每次 SA 的建立都运行 DH 交换过程，保证每个 SA 所使用的密钥互不相关。

（3）IPSec 用 AH 或 ESP 报文头中的序列号防止重放。该序列号是一个 32 位的值，溢出后，SA 需重新建立，这时需要 IKE 协议的配合以防止重放。

（4）对安全通信各方身份的认证和管理，将影响到 IPSec 的部署。IPSec 的大规模使用，须有 CA 的参与。

（5）IKE 提供端与端之间的动态认证。

4.5.6　IKE 的实现

IKE 是一个用户级的进程。启动后，作为后台守护进程运行。在需要服务前，它处于不活动状态，在实际中通过以下两种方式请求 IKE 服务。①当内核的安全策略模块要求建立 SA 时，内核触发 IKE。②当远程 IKE 实体需要协商 SA 时，触发 IKE。

1. IKE 与内核的接口

内核为了进行安全通信，需通过 IKE 建立或更新 SA。IKE 同内核间的接口有以下两种。

（1）同 SPD 通信的双向接口。当 IKE 得到 SPD 的策略信息后，把它提交给远程 IKE 对等实体；当 IKE 收到远程 IKE 对等实体的提议后，为进行本地策略校验，必须把它交给 SPD。

（2）同 SAD 通信的双向接口。IKE 负责动态填充 SAD，要向 SAD 发送消息（SPI 请求和 SA 实例），也要接收从 SAD 返回的消息（SPI 应答）。

2. IKE 对等实体间接口

IKE 为请求创建 SA 的远程 IKE 对等实体提供有一个接口。当节点需要安全通信时，IKE 与另一个 IKE 对等实体通信，协商建立 IPsec SA。当创建了 IKE SA，就直接通过阶段 2 交换创建新的 IPsec SA；若没有创建 IKE SA，就通过阶段 1、2 交换创建新的 IKE SA 及 IPsec SA。

4.6 SSL 协议

IPSec 提供端到端的网络安全传输能力，但是它无法处理位于同一端系统之中的不同用户之间的安全需求，因此，需要在传输层和更高层提供网络安全传输服务。SSL 协议可提供可靠的端对端的安全维护，保证两个应用之间通信的保密性和可靠性。

4.6.1 协议概述

安全套接层 SSL（Secure Socket Layer）是 Netscape 公司率先采用的网络安全协议。它是在传输通信协议（TCP/IP）上实现的一种安全协议，采用公开密钥技术。SSL 广泛支持各种类型的网络，同时提供三种基本的安全服务，它们都使用公开密钥技术。SSL 协议不是一个单独的协议，而是两层协议，即 SSL 握手协议和 SSL 记录协议。其操作也相应地分为两个阶段：一是握手阶段（发送方和接收方协商并确定加密算法和密钥），二是数据加密传输阶段。

SSL 用 TCP 提供可靠的端对端的安全维护，保证两个应用间通信的保密性和可靠性，在服务器和客户机两端同时实现支持。运用公开密钥技术的 SSL 协议，已成为 Internet 上保密通信的工业标准。现行 Web 浏览器普遍将 HTTP 和 SSL 协议相结合，实现安全通信，如图 4 – 11 所示。

SSL 握手协议	SSL 更改密码规格协议	SSL 警报协议	HTTP
SSL 记录协议			
TCP			
IP			

图 4 – 11　SSL 协议与 HTTP 的结合

SSL 协议是一种保证机密性的安全协议。它使客户—服务器应用之间的通信不被攻击者窃听，并且始终对服务器进行认证，还可选择对客户进行认证。SSL 协议提供的安全信道有以下 3 个特性。

（1）私密性。由于在握手协议中定义了会话密钥后，所有的消息都被加密。

（2）确认性。因为尽管会话的客户端认证是可选的，但是服务器端始终是被认证的。

（3）可靠性。因为传送的消息包括消息完整性检查。

1. SSL 协议特点

SSL 协议的优势是它与应用层协议无关。高层的应用层协议（如：HTTP、FTP 和 Telnet）能透明地建立在 SSL 协议之上。SSL 协议在应用层协议通信之前，就已经完成加密算法、通信密钥的协商及服务器认证的工作。在此之后应用层协议所传送的数据都会被加密，从而保证通信的私密性。

SSL 协议支持各种加密算法。在"握手"过程中，使用 RSA 公开密钥系统。密钥交换后，使用一系列密码，包括 RC2、RC4、IDEA、DES、triple ＿DES 及 MD5 信息摘要算法。

公开密钥认证遵循 X. 509 标准。SSL 协议实现简单，独立于应用层协议，且被大部分的浏览器和 Web 服务器所内置，便于在电子交易中应用，国际著名的 Cyber（1ash 信用卡支付系统）就支持这种加密模式。IBM 等公司也提供这种加密模式的支付系统。

但是，SSL 协议也存在一些问题，如：SSL 提供的保密连接有很大的漏洞。SSL 除了传输过程以外不能提供任何安全保证，SSL 并不能使客户确信此公司接收信用卡支付是得到授权的。网上商店在收到客户的信用卡号码后，需设法保证其安全性，否则信用卡号也易被黑客通过商家服务器窃取。

另外，SSL 对应用层不透明，需要证书授权中心 CA，本身不提供访问控制，最主要的是，SSL 是一个面向连接的协议，只能提供交易中客户与服务器间的双方认证，在涉及多方电子交易中，SSL 协议并不能协调各方之间的安全传输和信任关系。SSL 记录协议为各种高层协议提供了基本的安全服务。通常由 RFC 2068 定义的为 Web 客户 – 服务器交互提供传输服务的超文本传输协议（HTTP），在 SSL 的上层实现。由三个高层协议：握手协议（Handshake notoc01）、更改密码规格协议（Change cipher Spec Protoc01）和警告协议（Alert Protoc01）作为 SSL 的一部分。后面会详细讲述各个协议。

2. SSL 会话与连接

SSL 的两个重要概念是 SSL 连接和 SSL 会话，具体定义如下。

1）连接

连接是能提供合适服务类型的传输（在 OSI 分层模型中的定义）。对于 SSL，这样的连接是对等的关系。连接是暂时的，每个连接都和一个会话相关。

2）会话

SSL 会话是指客户机和服务器之间的关联，会话由握手协议创建。会话定义了一组可以被多个连接公用的密码安全参数。对于每个连接，利用会话避免对新的安全参数进行代价昂贵的协商。会话的双方之间（如：在客户机和服务器上 HTTP 应用程序），允许有多个安全连接。

4. 6. 2　SSL 记录协议

在 SSL 协议中，所有的传输数据都被封装在记录中。记录由记录头和长度不为 0 的记录数据组成。所有的 SSL 通信包括握手消息、安全空白记录和应用数据都使用 SSL 记录层。SSL 记录协议包括对记录头和记录数据格式的规定。SSL 记录协议为 SSL 连接提供了以下两种服务。

（1）机密性。握手协议为 SSL 有效载荷的常规密码定义共享的保密密钥。

（2）消息完整性。握手协议为生成消息身份验证码定义共享保密密钥。

1. SSL 记录头格式

SSL 记录头是两个或三个字节长的编码。SSL 记录头包含的信息包括记录头的长度、记录数据的长度与记录数据中是否有填充数据。其中填充数据是指在使用块加密算法时，填充的实际数据，使其长度恰好是块的整数倍。最高位是1时，不含有填充数据，记录头的长度为 2 字节，记录数据的最大长度为 32 767 字节；最高位为 0 时，含有填充数据，记录头的长度为 3 字节，记录数据的最大长度为 16 383 字节。

2. SSL 记录数据的格式

SSL 的记录数据包含三部分：MAC 数据、实际数据和填充数据。MAC 数据用于数据完整性检查。计算 MAC 所用的散列函数由握手协议中的 Cipher—Choice 消息确定。如果使用 MD2 和 MD5 算法，MAC 的数据长度为 16 字节。MAC 的计算公式为：MAC 数据 = Hash ［密钥，实际数据，填充数据，序号］。当会话的客户端发送数据时，密钥是客户的写密钥（服务器用来读密钥来验证 MAC 数据）；而当会话的客户端接收数据时，密钥是客户的读密钥（服务器用来产生 MAC 数据）。序号是一个可以被发送和接收双方递增的计数器。通信双方都会建立一个计数器，计数器有 32 位，计数值循环使用，每发送一个记录计数值递增一次，序号的初始值为 0。

3. SSL 数据单元的形成过程

记录协议发出传输请求消息，把数据分段成可以操作的数据块，还可以选择压缩数据，加入 MAC 信息，加密，加入文件头，在 TCP 段中传输结果单元。接收到的数据需要解密、身份验证、解压与重组，然后才能交付给高级用户。

要对信息进行分段。每一个上层消息都要分段成 2^{14} 字节（16 384 字节）或更小的块。然后才能对信息进行压缩。但压缩必须是无损的，而且不会增加 1 024 字节以上长度的内容。

4. MAC 的计算过程

数据压缩后要计算消息身份验证码。为此，要使用一个共享保密密钥。其计算过程如下。

hash（MAC—write—secret ‖ pad __2 ‖

hash（MAC—write—secret ‖ pad __1 ‖ seq—num ‖ SSL Compressed. type ‖ SSL Compressed. length ‖ SSL Compressed. fragment））

其中：‖：表示连接

MAC __Write __secret：表示共享的保密密钥；

hash：表示加密散列算法如 MD5 或 SHA __1；

pad __l：表示字节 0x36 重复 48 次（MD5）或 40 次（SHA __1）；

pad __2：表示字节 0x5c 重复 48 次（MD5）或 40 次（SH. A __1）；

seq __num：表示消息的序列号；

SSL Compressed. type：表示用于处理分段的高层协议；

SSL Compressed. length：表示压缩分段的长度；

SSL Compressed. fragment：表示压缩的分段（无压缩时为明文段）。

5. 消息加密过程

用对称加密算法给已加上 MAC 的压缩消息进行加密。因为加密不能增加 1 024 字节以上的内容长度，所以总长度不能超过 2^{14} + 2 048 个字节。

1）分组密码的加密算法

IDEA（密钥长度 128 位）、RC2－40（40 位）、DES－40（40 位）、13ES（56 位）、3I）ES（168 位）和 Fortezza（80 位）。

2）使用序列密码的加密算法

RC4 - 40（40 位）和 RC4 - 128（128 位）。其中，Fortezza 可以用于智能卡的加密方案中。对于序列密码，加入 MAC 的压缩消息时需要加密。注意，MAC 的计算是在进行加密之前，而且 MAC 是与源数据或压缩数据一起加密的。并且对于分组密码，在 MAC 后加入的填充块可以优先加密，填充块就是由在一个字节指示填充字节长度之后的一些填充字节。填充块的总量就是加密的数据总量（原数据 + MAC + 填充块）是块密码长度倍数的最小字节数。例如，原数据（如果用到了压缩就是压缩数据）由 58 字节组成，其中 MAC 有 20 字节（用 SHA - 1），如果加密用的块长度是 8 字节（例如 DES），那么加上指示填充的长度字节，总共有 79 字节。为了使字节总数是 8 的倍数，必须增加一个填充字节。

6. 生成报头

实现 SSL 记录协议的最后一步是生成一个报头，包含以下字段。

（1）内容类型（8 位）。实现封装分段的高层协议。

（2）主版本（8 位）。使用的 SSL 的主要版本号，对于 SSLv3，其值为 3。

（3）次版本（8 位）。使用的 SSL 的次要版本号，对于 SSLv3，其值为 0。

（4）压缩长度（16 位）。原文分段的字节长度（如果经过压缩就是压缩分段的字节长度），最大值是 $2^{14} + 2\,048$。

内容类型定义为 change __ciper __spec、alert、handshake 和 application __data，前 3 种是 SSL 的特定协议。SSL 的记录格式如图 4 - 12 所示。在图 4 - 12 中，明文和 MAC 都是经过加密的。

内容类型	主版本	次版本	压缩的长度
明文（可选压缩）			
MAC（0，16 或 20 个字节）			

图 4 - 12　SSL 记录格式

7. 更改密码规格协议

更改密码规格协议是使用 SSL 记录协议的 SSL 的 3 个特定协议之一，同时也是其中最简单的一个。协议由单个消息组成（如图 4 - 13（a）所示），该消息只含有一个值为 1 的单个字节。该消息的唯一作用就是将挂起状态复制为当前状态，更新用于当前连接的密码组。

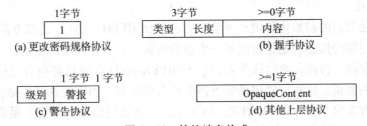

图 4 - 13　协议消息格式

8. 警告协议

警告协议用于对等实体之间传递 SSL 的相关警告。当其他应用程序使用 SSL 时，根据当前状态的确定，警告消息同时被压缩和加密。

该协议的每条消息有两个字节（如图 4 – 13（c）所示）。第一个字节有两个值，警告（1）和错误（2）来表示消息的严重性。当处于错误级别时，SSL 就会立即终止该连接。同一会话的其他连接也许还能继续，但在该会话中不会再产生新的连接。第二个字节包含了指示特定警告的代码。

4.6.3　SSL 握手协议

SSL 中最复杂的协议就是握手协议。该协议允许服务器和客户机相互验证，协商加密和 MAC 算法及保密密钥，用来保护在 SSL 记录中发送的数据。握手协议是在任何应用程序的数据传输之前使用的。

握手协议由一系列客户机与服务器的交换消息组成，所有消息都具有如图 4 – 13（b）所示的格式。每个消息都有类型（1 字节）、长度（3 字节）、内容（ > = 1 字节）三个字段。表 4 – 1 中列出了 SSL 握手协议的消息类型及其参数。

表 4 – 1　SSL 握手协议的消息类型及其参数

消息类型	参　　数
Hello request	Null
Client hello	版本，随机数，会话 id，密码组，压缩模式
Server hello	版本，随机数，会话 id，密码组，压缩模式
certificare	X. 509v3 的证书系列
Server＿key＿exchange	参数，签名
Certificate＿request	类型，授权
Server＿don	Null
Certificate＿key＿exchange	签名
Client＿key＿exchange	参数，签名
finished	散列值

握手协议分为两个阶段：第一个阶段建立私密性通信信道，第二个阶段进行客户认证。

1. 第一阶段

第一阶段是通信的初始化阶段，通信双方都发出 HELLO 消息。当双方都接收到 HELLO 消息时，就有足够的信息确定是否需要一个新的密钥。若不需要新的密钥，双方立即进入握手协议的第二阶段。否则，此时服务器方的 SERVER-HELLO 消息将包含足够的信息使客户方产生一个新的密钥。这些信息包括服务器所持有的证书、加密规约和连接标识。若密钥产生成功，客户方发出 CLIENT-MASTER，KEY 消息，否则发出错误消息。最终当密钥确定以后，服务器向客户方发出 SERVER-VERIFY 消息。因为只有拥有合适的公钥的服务器才能解开密钥。下图为第一阶段的流程。

需要注意的是：每一个通信方向上都需要一对密钥，所以一个连接需要 4 个密钥，分别为客户方的读密钥、客户方的写密钥、服务器方的读密钥与服务器方的写密钥。

2. 第二阶段

第二阶段的主要任务是对客户进行认证，此时服务器已经被认证了。服务器向客户发出认证请求消息：REQUEST-CERTIFICATE。当客户收到服务器方的认证请求消息时，发出自己的证书，并且监听对方回送的认证结果。而当服务器收到客户的认证，认证成功返回 SERVER__FINISH 消息，否则返回错误消息。到此为止，握手协议全部结束。

在接下来的通信中，SSL 采用该密钥来保证数据的保密性和完整性。这就是 SSL 提供的安全连接。这时客户需要确认订购并输入信用卡号码。SSL 保证信用卡号码及其他信息只会被本公司获取。客户还可以打印屏幕上显示的已经被授权的订单，这样就可以得到这次交易的书面证据。大多数在线商店在得到客户的信用卡号码后出示收到的凭据，这是客户已付款的有效证据。至此，一个完整的 SSL 交易过程结束。

4.7　TLS 协议

为在 Internet 上提供保密通道以防止窃听、假冒和信息伪造的威胁，推出 TLS 协议。传输层安全（Transport Layer Security，TLS）协议定义在 RFC 2246 中，它是从 Netscape 公司的 SSL 3.0 发展起来的。TLS 协议和 SSL 3.0 之间的差别很小，但不能相互操作。

4.7.1　协议概述

TLS 协议主要由两层组成：TLS 记录协议和 TLS 握手协议。其中 TLS 记录协议是下层协议，它运行在 TLS 握手协议之下及可靠的传输协议之上（如：TCP）。TLS 记录协议用于封装任何比它更高层的协议，它提供以下两个基本的安全连接。

1. 专用的连接

使用对称密钥加密算法进行数据加密，如 DES，Rc4 等。对称密钥的生成通过秘密协商，而且每个连接使用不同的密钥。TLS 记录协议也可以不加密使用。

2. 可靠的连接

消息传输包括 MAC 校验，使用安全的散列函数（如 SHA，MD5 等）计算 MAC。同样，TLS 记录协议在某些情况下也可不计算 MAC。

TLS 握手协议允许服务器和客户程序相互鉴别，对应用层传输的数据提供加密，而加密使用的算法和密钥会在应用层数据传递之前进行协商。TLS 握手协议提供的安全连接主要有以下三个特点。

（1）使用对称密钥加密算法或公开密钥加密算法来鉴别对等实体的身份，鉴别的方式是可选的，但是必须至少有一方要鉴别另一方的身份。

（2）协商共享安全信息的方法是安全的，协商的秘密不能够被窃听，而且即使攻击者能够接触连接的路径，也不能获得任何有关连接鉴别的秘密。

（3）协商是可靠的，没有攻击者能够在不被双方察觉的情况下修改通信信息。

TLS 对于上层协议是独立的，高层应用协议可以透明地建立在 TLS 协议层之上。TLS 标准中没有定义如何在协议中提供安全机制。

4.7.2　TLS 记录协议

TLS 记录协议是一个可相对独立工作的协议，其报文中包含域长度、描述符和用户数据等内容。记录协议完成的工作包括：信息的传输、数据的分段、可选择的数据压缩、提供信息鉴别码 MAC 和对信息进行加密等。接收方则要进行相应的逆操作，包括：数据的解密、验证、解压缩和报文重组等；然后把信息发送到高层。TLS 记录协议支持的高层协议有 4 类：握手协议、警告协议、更改密码规格协议和应用数据协议。

1. TLS 连接状态

TLS 连接状态是指 TLS 记录协议的操作环境。它规定了协议所采用的加密算法、压缩算法和 MAC 算法，以及与这些算法相关的参数，如 MAC 保密数值与加密密钥。在逻辑上，TLS 有 4 个连接状态：当前的读和写状态，挂起的读和写状态。所有的记录都工作在当前的读和写状态，而用于 TLS 握手协议的安全参数在挂起的读和写状态时设置。必要时，可以把挂起状态的内容复制给当前状态，从而将挂起状态转变为当前状态。

握手协议根据情况选择其工作的状态是当前的还是挂起的，当需要把当前状态修改为挂起状态时，密钥复位挂起状态为空状态。关于 TLS 连接读写状态的值和算法的更详细内容，可以参考 RFC 2246 中的定义。TLS 连接读和写状态的安全参数通过以下值设置：

（1）连接端。用来确定端实体是"客户"还是"服务器"。

（2）块加密算法。用来加密数据块的算法。包括算法采用的密钥长度、密钥的保密程度和密文块的长度等。

（3）MAC 算法。用于消息认证，包括哈希摘要的长度。

（4）压缩算法。它包括数据压缩所需的所有信息。

（5）主保密数值。它由建立连接的对等实体共享的 48 字节长的保密数值组成。

（6）客户随机数。它由客户提供的 32 字节长的随机数组成。

（7）服务器随机数。它由服务器提供的 32 字节长的随机数组成。

一旦设置好安全参数并建立共享的密钥，连接状态就转变为当前状态，该当前状态在每次进行新的记录处理时都要相应更新。

2. 记录层

TLS 记录层从上层接收任意长的用户数据，然后进行合适的分段（使每块小于 2H 个字节），TLS 协议中定义了这种分块的数据结构，包括类型、版本与长度等信息。之后再使用压缩状态信息来压缩和解压缩记录，TLS 协议定义了压缩信息的数据结构，也包括类型、版本和长度等信息。同时，TLS 协议也支持不压缩的空操作。

3. 密钥的计算

记录层协议要用某种算法来从握手协议协商的安全参数中产生密钥、IV 和 MAC 保密数值。所有这些密钥都是从主保密数值中派生出来的。最基本的保密数值通过一系列安全字节散列生成，包括 MAC 保密数值、密钥和不输出的初始向量等（TLS 记录协议的安全参数），这些基本的保密信息通过增熵过程（扰乱）和随机数生成密文。它们的数据格式定义在协议规范中。

4.7.3　TLS 握手协议

TLS 握手协议由一系列子协议构成，使通信的双方协商建立记录层所需的安全参数，并认证对方身份，为双方报告出错信息。

1. 会话的组成元素

握手协议负责协商会话，而会话由以下元素组成。

（1）会话标识符。由服务器选择的用于标识一个活跃的、可恢复的会话状态的随机字节序列。

（2）对等实体的证书。对等实体的 x. 509 证书。

（3）压缩规格。加密前采用的加密算法。

（4）密码规格。指定加密算法（如 null、DES 等）和 MAC 算法（如 MD5 或 SHA），以及哈希摘要长度等属性。

（5）主保密数值。客户和服务器共享的 48 字节保密值。

（6）是否可恢复。指示当前会话是否可用来初始化一个新的会话的标志。

这些内容用于安全参数的创建和保护应用数据。

2. 更改密码规格协议

更改密码规格协议用于改变当前的加密和认证策略，它受当前连接所采用的加密和压缩算法保护。这种消息仅由类型数值为 1 的单字节组成。

```
struct {
    enum {change_cipher_spec (1), (255)} typ; /*类型*/
} ChangeCipherSpec;
```

该消息必须工作在被加密的当前连接状态下。当客户或服务器需要对方改变密码规格和密钥时，就向对方发送此消息。接收方一旦接收到此消息，就将挂起读状态复制到当前写状态中，发送方也将挂起写状态复制到当前写状态中。记录层对后继的消息采用新的密码规格处理。密码规格协议的发送是在安全信息协商完成之后，验证信息发送之前进行的。

3. 警报消息

警报消息用于通知对方出错信息或异常终止当前会话，与该会话相关的其他连接可以继续保持，但必须更新会话标识符，以防止采用当前会话建立新的会话连接。和其他消息一样，警报消息是在当前状态下被加密和压缩的。

警报的类型分为关闭警报和错误警报两种。错误警报有：记录的 MAC 出错、解密出错、记录溢出（记录体过长）、解压缩失败、握手失败无法达成协商的参数、不正确的证书（证书验证出错）和用户取消连接等。错误警报通知另一方出现了错误，此时，双方要立即关闭连接，清除包括会话标识、密钥和保密数值在内的所有痕迹。

4. 握手协议的工作过程

当 TLS 客户机和服务器开始正常通信前，首先通过握手协议协商采用的协议版本，选择加密、认证算法，认证对方身份，使用公开密钥加密技术建立共享的密钥。客户首先发送 hello 消息，服务器也必须响应 hello 消息，TLS 通过。hello 消息来建立安全增强能力。图 4 - 14 描述了整个握手过程：

图 4 - 14　完整的握手协议信息流

实际的密钥交换过程包括 4 个消息：服务器证书、服务器密钥、客户证书和客户密钥。具体的过程如下。

（1）交换 Hello 消息协商采用的算法，交换随机数，检查会话是否可恢复。

（2）交换必要的密码参数，帮助服务器和客户机产生共享的预备"主保密数值"。

（3）交换证书和密码参数，认证双方的身份。

（4）从预备"主保密数值"和随机数中产生主保密数值。

（5）为记录层提供所需的安全参数。

（6）允许客户机和服务器检验所计算出的安全参数是否一致，并检查是否有对握手协议的攻击。

当客户机和服务器决定从当前的会话连接中重新建立新的会话连接时，采用图 4 - 15 所示的握手过程：

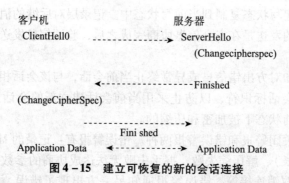

图 4 - 15　建立可恢复的新的会话连接

握手协议交换的顺序是固定的，违反上述交换顺序的将使握手失败。当客户需要和服务器建立会话连接时，首先发送 Client Hello 消息，然后等待服务器返回它的 Hello 消息。在此期间若收到别的消息，客户机把它当作致命错误处理，并重新开始新的握手过程。当服务器收到客户发送的 Hello 消息并能接受它的密码选择时，它将返回自己的 Hello 消息，否则返回"失败警报消息"。

5. TLS 协议的安全分析

TLS 协议的目的是在不安全的网络连接上实现客户和服务器的安全通信。在讨论 TLS 的安全性时，假设攻击者不可能从协议的外部获得任何保密数值，并且攻击者具有俘获、修改、删除、重放及其他任何能够篡改所发送的消息的能力。可从以下几个方面分析 TLS 的安全性。

1）认证和密钥交换

TLS 支持三种认证方式：相互认证、只认证服务器而不认证客户和完全匿名。前两种能防止中间人的攻击，而后一种不能。匿名服务器不能认证客户。被认证的服务器要向客户提供一个合法的证书链，被认证的客户也要向服务器提供一个合法的证书链。任何一方负责检验另一方的证书是否合法和有效。完全匿名的密钥交换方法只能防止被动攻击，除非采用其他抗篡改的通道来验证"结束消息"，否则必须认证服务器的身份才能防止中间人的攻击。

2）低版本攻击

由于 TLS 向下兼容于 SSK 2.0，攻击者可能通过迫使客户采用 TLS 协议，而服务器采用 SSL 2.0 协议破坏通信的安全性。SSL 2.0 协议存在许多漏洞，SSL 3.0 有了很大的改进，TLS 协议是 SSL 3.0 的后继版本，因此，服务器应采用同样的协议版本。

3）对握手协议攻击的检测

攻击者可通过影响握手协议来迫使通信双方采用安全级别尽可能低的算法，或促使双方采用不同级别的算法。对于这种攻击，攻击者必须主动修改一到两个握手消息。当这种情况发生时，客户和服务器会计算出不同的握手消息散列值。因此，通信双方都不能接收对方的"结束消息"。由于攻击者无法得到主保密数值，因此他无法伪造"结束消息"。这样，通信双方就能检测出这种攻击。

4）会话的恢复

当通过会话恢复重新开始一个安全连接时，会话的主保密数值中包含新的 ClientHello. random，只要主保密数值不泄露并且产生加密和 MAC 密钥的散列函数操作时安全的，那么新建立的连接独立于以前的连接而且是安全高效的。攻击者不可能从散列函数结果得到加密和 MAC 密钥。

5）保护应用数据

主保密数值包括对 ClientHellO. random 和 ServerHello. random 的散列摘要，因此，对于不同的连接和连接的不同方向，数据的加密和 MAC 密钥都是不同的。要输出的数据在传输前先受 MAC 的保护，MAC 的计算值包括 MAC 密钥、顺序号、消息长度、消息内容和两个固定的字符串。消息类型域确保传递到某个 TLS 记录层的消息不会被重定向到另一个 TLS 记录层。MAC 密钥和数据加密密钥最好采用不同的主保密数值哈希结果，这样能减少同时泄露所有信息的可能。

 本章小结

本章主要介绍了 IPSec 协议簇的原理和工作机制，介绍了安全联盟 SA，还介绍了 SSL 和 TLS 两个安全协议；其中 SSL 协议是在 TCP/IP 上实现的安全协议，采用公开密钥技术，包括：SSL 握手协议和 SSL 记录协议。TLS 协议包括：TLS 记录协议和 TLS 握手协议。

　　IPSec 是用于保护 IP 层通信安全的机制，主要包括：AH 协议、ESP 协议和 IKE 协议。IPSec 的运行模式有两种：传输模式和隧道模式。IPSec 双方利用安全联盟中的参数对需要进行 IPSec 处理的包进行 IPSec 处理。IKE 属于混合型协议，实现密钥的交换与管理。AH 和 ESP 都提供验证服务，但 AH 的验证范围要比 ESP 更大。本章是后续有关章节的基础，读者应重点掌握上述协议的工作机理和安全功能。

 ## 本章习题

1. IPSec 包括哪几个部分，各有什么关系？
2. IPSec 的运行模式有哪几种？
3. IPSec 有哪些认证算法？
4. 什么是安全联盟 SA？什么是安全联盟数据库？
5. AH 协议主要提供哪些安全功能？
6. IKE 属于什么类型的协议？在 IPSec 协议中起什么作用？
7. SSL 协议需建立在什么协议之上？它有什么安全功能？
8. TSL 协议包括哪些协议？它有什么安全功能？

第5章 网络攻击与防范

随着互联网应用的普及和计算机网络攻防技术的交替发展，黑客对网络实施攻击的种类、方式和途径越来越多。分析和掌握网络攻击活动的方式、方法和途径，对加强网络安全、预防网络犯罪具有重要意义。

本章将介绍网络（网站）攻击的种类、过程、方法和安全防范措施，分析常见攻击工具的工作原理。主要包括以下知识点：

◇ 网络攻击的概念和过程；

◇ 缓冲区溢出攻击与防范；

◇ 拒绝服务攻击与防范；

◇ 网站攻击与防范；

◇ 蜜罐技术。

通过学习本章内容，读者可以了解典型的网络攻击的攻防过程、原理和方法，并且掌握常见攻击工具的使用和防范网络攻击的基本方法。

5.1 网络攻击概述

随着 Internet 的快速发展，以系统为主的攻击已转变为以网络为主的攻击。攻击者为了实现其攻击目的，使用各种工具，甚至通过软件程序自动实施对目标的攻击。主要表现为：获取用户的账户和密码、利用操作系统漏洞攻击、泄漏敏感信息、破解口令攻击、认证协议攻击、木马攻击和拒绝服务攻击等。如：2006 年轰动网络的"入侵腾讯事件"，利用木马诱骗攻击了腾讯公司的网络，控制了该公司 80 余台计算机；而 2007 年年初的"Nimaya（熊猫烧香）"病毒则实施了 DDoS 攻击，并感染了数十万台主机。

5.1.1 网络攻击分类

网络攻击的种类、途径和方式各种各样，但都是以破坏网络系统的可用性、窃取机密信息为目的。对网络的攻击主要来自黑客（Hacker）、间谍、恐怖主义者、公司职员、职业犯罪分子和破坏者，不同攻击者的攻击目的各不一样，如：安全技术挑战、获取访问权限、政治情报信息、制造恐怖、商业竞争、经济利益和报复泄气等，其中威胁最大的是黑客。黑客对系统的攻击范围从浏览信息到使用特殊技术攻击，攻击分为主动攻击和被动攻击两种。

主动攻击是攻击者对传输中的信息或存储的信息进行各种非法处理，有选择地更改、插入、延迟、删除或复制这些信息。主动攻击常用的方法是篡改程序及数据、假冒合法用户入侵系统、破坏软件和数据、中断系统正常运行、传播计算机病毒、耗尽系统的服务资源而造成拒绝服务等。主动攻击的破坏力很大，能直接威胁网络系统的可靠性、信息的机密性、完整性和可用性。主动攻击虽然较容易被检测到，但难于防范。因为正常传输的信息被篡改或伪造，接收方根据经验和规律很难识别。要有效防范主动攻击，除采用加密技术外，还需采用其他一些保护措施，如鉴别技术等。

被动攻击是攻击者通过监听网络线路上的信息流获得信息内容，或获得信息的长度、传输频率等特征，并进行信息流量分析后实施攻击。被动攻击的特点是不干扰信息的正常传输，但它破坏信息的机密性。被动攻击不易被检测到，因为它没有影响信息的正常传输，发送和接受双方均不易觉察。但被动攻击容易防范，只要采用加密技术将传输的信息加密，即使该信息被窃取，非法接收方也不能识别信息的内容。

图 5-1 表示对信息通信的 4 种攻击方式，其中 3 种属于主动攻击类型。

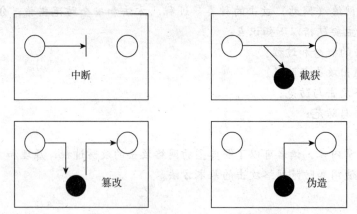

图 5-1 通信过程中的 4 种攻击方式

1. 中断

中断是指攻击者使系统的资源受损或不可用，从而使系统的通信服务不能进行，属于主动攻击行为。

2. 截获

截获是指攻击者非法获得对一个资源的访问，并从中窃取有用的信息或服务，属于被动攻击行为。

3. 篡改

篡改是指攻击者未经授权访问并改动了资源，从而使合法用户得到虚假的信息或错误的服务等，属于主动攻击行为。

4. 伪造

伪造是指攻击者未经许可而在系统中制造出假的信息源、信息或服务，欺骗接收者，属于主动攻击行为。

5.1.2 主要攻击方法

1. 窃取口令

窃取口令是黑客实施网络攻击，窃取用户机密信息的最常用也是最基本的方法。有三种窃取方法：一是通过网络监听非法得到用户口令，这类方法有一定的局限性，但危害性极大，监听者往往能够获得其所在网段的所有用户账户和口令，对局域网安全威胁较大；二是在知道用户的账户后（如：电子邮件@前面的部分）利用一些专门软件强行破解用户口令（即：所谓暴力破解），这种方法不受网段限制，但黑客需有足够的耐心和时间；三是在获得一个服务器上的用户口令文件（此文件成为 Shadow 文件）后，用暴力破解程序破解用户口令，该方法的使用前提是黑客获得口令的 Shadow 文件。此方法在所有方法中危害最大，因为它不需要像第二种方法那样一遍又一遍地尝试登录服务器，而是在本地将加密后的口令与 Shadow 文件中的口令相比较，以破获用户口令，这对于那些弱口令（指安全系数极低、较简单的口令，如：某用户账户为 zys，其口令是 zys666、666666 或是 zys 等）更易在短时间内破解。

2. 植入木马

木马程序可以直接侵入用户的电脑并进行破坏，它常被伪装成工具程序或者游戏等。诱使用户打开带有木马程序的邮件附件或从网上直接下载，一旦用户打开了这些邮件的附件或者执行了这些程序后，木马程序就会留在用户的电脑中，并隐藏在被感染用户的计算机系统中。当用户连接 Internet 时，木马就通知黑客，并将用户的 IP 地址及预先设定的端口等信息传送出去。黑客收到这些信息后，利用潜伏在用户端的木马程序，就能控制用户端的计算机，可任意地修改用户设定的参数、复制文件、窥视用户硬盘中的内容等。

3. WWW 欺骗技术

近年来，利用 IE 等浏览器访问互联网上各种 Web 站点的用户越来越多，人们阅读新闻、网银转账、购物、订票等。然而用户恐怕难以想到的是：正在访问的网页可能已被黑客篡改，WWW 网页上的信息是虚假的。所谓 WWW 欺骗技术是指黑客可能将用户要浏览的网页 URL，改写为指向黑客服务器的 URL，当用户浏览目标网页的时候，实际上是向黑客服务器发出请求，从而窃取用户的账户和口令。

4. 电子邮件攻击

电子邮件攻击也是一种常见的攻击，主要有以下两种。一是电子邮件"轰炸"或电子邮件"滚雪球"，也就是通常所说的"邮件炸弹"。"邮件炸弹"是指用伪造的 IP 地址和电子邮件地址向同一信箱发送数以千万计内容相同的垃圾邮件，致使受害人邮箱溢出或者瘫痪；二是电子邮件欺骗，即攻击者佯称自己为系统管理员（邮件地址和系统管理员完全相同），给用户发送邮件要求用户修改口令（口令可能为指定字符串），或在貌似正常的附件中加载病毒或其他木马程序，这类欺骗危害性不大。

5. 通过一个节点攻击其他节点

这种攻击技术含量相对较高，黑客在攻破一台主机后，以此主机作为"肉机"，攻击网络中其他的主机（以隐蔽其入侵路径，避免留下蛛丝马迹）。黑客可使用网络监听尝试攻破其他主机；也可通过 IP 欺骗和主机信任关系，攻击其他主机。这类攻击的手段先进、危害性大。沦为"肉机"的那些机器常被黑客用来实施对重要服务器的 DOS 或 DDOS 攻击。

6. 网络监听

网络监听是主机的一种工作模式，在这种模式下，主机可以接受到本网段在同一条物理通道上传输的所有信息，而不管这些信息的发送方和接受方是谁。此时，如果两台主机的通信信息没有加密，那么，通过网络监听工具如：NetXray for Windows 95/98/NT、sniffit for Linux、solaries 等，就可截取包括口令和账户在内的机密信息。当然网络监听获得的用户账户和口令是有局限性的，但监听者能获得其所在网段所有用户的账户和口令。

7. 利用系统漏洞

网络中所有系统或多或少都存在一些安全漏洞（也称：Bugs）。如：Sendmail 漏洞、Windows 98 中的共享目录密码验证漏洞和 IE 漏洞等。这些漏洞在补丁未被打上之前，往往成为黑客实施攻击的途径，除非断开网线。还有一些漏洞是因系统管理员配置错误而引起，如：在网络文件系统中将目录和文件以可写方式调出、将未加 Shadow 的用户密码文件以明码方式存放在某目录下等，这些都会给黑客以可乘之机。

8. 利用账户进行攻击

即这种攻击是指黑客利用操作系统的缺省账户和密码进行攻击。如：许多 UNIX 主机都有 FTP 和 Guest 等缺省账户（其密码和账户名同名），有的甚至没有口令，黑客就利用 UNIX 操作系统提供的如：Finger 和 Ruser 等命令收集信息，实施攻击。防范这类攻击应将系统的缺省账户关掉或要求用户增加口令。

9. 非法获取特权

即黑客利用各种木马、后门程序或黑客自编的缓冲区溢出程序实施攻击，使黑客非法获得对用户机器的完全控制权或使黑客获得超级用户的权限，从而拥有对整个网络的绝对控制特权。

5.1.3 网络攻击新趋势

随着人们网络安全意识和防范技术的提高，在"矛"与"盾"的较量中，网络攻击技术和相关攻击工具也有了新的发展，下面介绍网络攻击技术的发展趋势。

1. 自动化程度和攻击速度提高

一方面，攻击工具的自动化水平不断提高。另一方面，扫描工具利用更先进的扫描模式，来改善扫描效果和提高扫描速度。如：安全漏洞以前只在扫描完成后才被加以利用，而现在攻击工具可把利用这些安全漏洞作为扫描活动的一部分，从而加快了攻击的速度。还有随着分布式攻击工具的出现，攻击者可管理、协调在 Internet 中已部署的攻击工具，发起分布式拒绝服务攻击（DDOS），扫描潜在的受害者，危害系统。

2. 攻击工具越来越复杂

攻击工具开发者正在利用更先进的技术，攻击工具的特征更难发现、更难被检测。这些攻击工具，一是有反侦破的特点，攻击者采用隐蔽攻击工具特性技术，使得安全管理员分析攻击工具和了解攻击行为所耗费的时间增加；二是具有动态行为的特点，早期的攻击工具以单一确定的顺序执行攻击步骤，而当今的自动攻击工具以根据随机选择、预先定义的决策路径或通过入侵者直接管理，变化它们的攻击模式和攻击行为；三是有更加成熟的特点，与早期的攻击工具不同，现在的攻击工具可通过升级或更换发动新的攻击，且在每一次攻击中显示出多种不同的形态；四是具有跨平台性，现在大多攻击工具能在多种操作系统平台上运行，并使用 HTTP（超文本传输协议）等多种协议，从攻击端向受攻击的计算机用户端发送数据或命令，使人们难以将攻击流与正常的网络传输信息流区别开。

3. 发现安全漏洞越来越快

据统计，新发现的安全漏洞每年增加一倍，且每年都会出现新的安全漏洞类型。人们不断地用补丁修补这些漏洞，然而入侵者往往能够在厂商修补这些漏洞前发现攻击目标。

4. 防火墙渗透率越来越高

防火墙是目前人们防范入侵的主要保护措施，也是网络系统的第一道防线。但是现在仍有越来越多的攻击可绕过防火墙。如：因特网打印协议（Internet Printing Protocol，IPP），IPP 是一个在分布式环境中支持远程打印的协议；还有基于 Web 的分布式创作和版本控制的 Web DAV（Web-based Distributed Authoring and Versioning）协议。Web DAV 是一套扩展 HT-TP 协议，它允许用户共同编辑和管理文件远程网络服务器。上述 IPP 和 Web DAV 等都可绕过防火墙，进入网络。

5. 威胁越来越不对称

Internet 上的安全是相互依赖的，每个 Internet 系统遭受攻击的可能性取决于连接到全球 Internet 上其他系统的安全状态。由于攻击技术的发展，攻击者可利用分布式系统对受害者发动破坏性的攻击。随着自动化程度和攻击工具管理技巧的提高，网络的安全威胁继续增大。

6. 对基础设施攻击

基础设施是指 Internet 系统的基本组成部分包括：系统中的群集服务器子系统、存储器子系统、网络通信系统、用户端子系统等，对基础设施的攻击往往是大面积影响 Internet 关键部分的攻击。由于用户越来越多地依赖 Internet 开展日常业务，对基础设施的攻击破坏性和影响更大。目前基础设施可能会受到的攻击有：DDOS 攻击、蠕虫病毒攻击、域名系统（DNS）攻击和路由器攻击等。

5.2　网络攻击过程

完整的网络攻击包括：准备阶段、实施阶段和善后阶段，各个阶段有不同的特点，要防御攻击必须对整个攻击过程有所了解。下面详细介绍网络攻击的三个阶段。

5.2.1　攻击的准备阶段

入侵者的来源有两种，一种是内部人员利用自己的工作机会和权限，获取不应该获取的权限而进行的攻击。另一种是外部人员入侵，包括远程入侵、网络节点接入入侵等。本节主要讨论远程攻击。

实施网络攻击是一项系统性工作，主要流程包括：收集情报、远程攻击、远程登录、取得普通用户的权限、取得超级用户的权限、留下后门、清除日志等。攻击内容包括目标分析、文档获取、破解密码、日志清除等，下面分别加以介绍。

1. 确定攻击目的

攻击者在进行一次完整的攻击前，首先确定攻击要达到什么目的，即给对方造成什么后果。攻击常见的目的有破坏型和入侵型两种，其中破坏型目的的攻击只是破坏攻击目标，使其不能正常工作，而不一定能随意控制目标系统的运行，主要手段是实施拒绝服务攻击（DOS）。而以入侵型为目的的攻击是要获得一定的权限，达到控制攻击目标的目的，显然这种攻击比破坏型攻击更为普遍，威胁也更大。因为黑客一旦获取攻击目标的管理员权限，就能对此服务器做任意的设置，包括破坏性的攻击。

造成此类攻击的主要原因是服务器操作系统、应用软件或者网络协议存在各种漏洞；当然还有另一个原因是管理员密码泄露，使得黑客像真管理员一样对服务器进行访问和操作。

2. 信息收集

确定攻击目的之后，攻击前还有一项工作就是收集尽可能多的有关攻击目标的信息。这些信息包括目标的操作系统类型及版本、目标提供的服务、各服务器程序的类型与版本及相关的社会信息等。具体来讲，攻击一台机器，首先要确定它正在运行的操作系统，因为对于不同类型的操作系统，系统漏洞有很大区别，攻击的方法也完全不同，甚至同一种操作系统的不同版本的系统漏洞也是不同的。

1）收集操作系统信息的方法

（1）通过服务器上的显示信息。如：服务器上的某些显示信息，可能会泄露其操作系统的类型或版本。当通过 Telnet 命令连接一台机器时，如显示：

UNIX（r）System V Release 4.0

login：

则可确定这台机器上运行的操作系统为 SUN OS 5.5 或 5.5.1。但据此确定的操作系统类型不够准确，因为有些网站管理员为了迷惑攻击者，可能会故意更改显示信息。还有其他一些收集信息的方法，如：查询 DNS 的主机信息、登记域名时的申请机器类型和操作系统类型、使用社会工程学方法、利用某些主机开放的 SNMP 公共组查询等。

（2）通过 TCP/IP 堆栈确定操作系统类型。使用网络操作系统里的 TCP/IP 堆栈作为特殊的"指纹"，确定系统的真正身份，通过远程向目标发送特殊包，然后通过返回包，确定操作系统类型。如：通过向目标主机发送一个 Fin 包（或者是任何没有 ACK 或 SYN 标记的包），到目标主机的一个开放的端口，然后等待回应，许多系统如：Windows、CISCO 和 IRIX 会返回一个 RESET。也可发送一个含有没有定义的 TCP 标记的 TCP 头的 SYN 包，对 Linux 系统来讲，它的回应包就会包含这个没有定义的标记。

2）收集目标服务信息的方法

已知的漏洞是针对某一服务的，这里所说的服务通常都对应一个端口，如：Telnet 在 23 端口，FTP 在 21 端口，WWW 在 80 端口或 8080 端口，管理员可根据具体情况修改服务所监听的端口号。在不同服务器上提供同一种服务的软件是不同的，这种软件叫做 daemon。如：同样是提供 FTP 服务，可使用 wuftp、proftp、ncftp 等许多不同种类的 daemon，确定 daemon 的类型版本有助于黑客利用系统漏洞攻破网站。

另外，需要获得社会信息，如：网站所属公司的名称、规模、网络管理员的生活习惯、电话号码等，这些信息似乎与攻击网站没有关系，但实际上，黑客正是利用这类信息攻破网站的。

5.2.2 攻击的实施阶段

1. 获得权限

当收集到足够的信息之后，攻击者就开始实施攻击行动。作为破坏性攻击，只需利用工具发动攻击即可。而作为入侵性攻击，往往要利用收集到的信息，找到其系统漏洞，然后利用漏洞获取一定的权限。获得一般用户的权限，可修改主页。但作为一次完整的攻击，黑客都想获得系统用户的最高权限，不仅可达到破坏的目的，还能证明黑客的能力。

攻击者所利用的漏洞，不仅包括软件设计上的安全漏洞，也包括管理配置不当而造成的漏洞。如：著名 www 服务器提供商 Apache 的主页曾被黑客攻破，其主页面上的 Powered by Apache 图样（羽毛状的图画）被改成了 Powered by Microsoft Backoffice 的图样。当时攻击者就是利用管理员对 Webserver 数据库的不当配置，成功窃取到系统最高权限。当然大多数攻击还是利用系统软件的漏洞，当攻击者对软件进行非正常的调用请求时，造成缓冲区溢出或者对文件的非法访问，据统计 80% 以上成功的攻击都是利用缓冲区溢出漏洞，而获得非法权限。无论是黑客还是网络管理员，都应掌握尽量多的系统漏洞，了解更多的漏洞信息。黑客用它实施攻击，而管理员根据不同的漏洞采取不同的防范措施。

2. 权限的扩大

系统漏洞分为远程漏洞和本地漏洞两种。远程漏洞是指黑客在别的机器上，直接利用该漏洞进行攻击并获取一定的权限。这种漏洞的威胁性较大，因为黑客攻击一般都是从远程漏洞开始的。但是黑客仅靠远程漏洞获取的往往是一个普通用户的权限，要想获得更大权限（如：系统管理员的权限），还需要配合本地漏洞把权限扩大。

在实际中，黑客利用已获得的普通用户权限，在系统上执行利用本地漏洞的程序及木马欺骗程序窃取管理员密码，这种木马放在本地窃取最高权限用，不能进行远程控制。只有获得最高的管理员权限之后，才能实施网络监听、打扫痕迹等工作。如：某黑客在一台机器上获得普通用户账户和登录权限后，它可在该机器上置入一个假的 su 程序（su 是超级用户 superuser 的缩写），意思是授权管理。这样当合法用户登录时，运行 su 并输入密码后，root 密码会被记录，下次黑客再登录时就可用 su 切换成 root。

5.2.3　攻击的善后工作

如果攻击者完成攻击后就立刻离开系统，而不做任何善后工作，那么其行踪易被系统管理员发现。因为所有的网络操作系统都提供日志记录功能，会把系统上发生的动作记录下来。

1. 修改或删除日志

为了自身的隐蔽，黑客一般都会抹掉自己在日志中留下的痕迹。想要了解黑客抹掉痕迹的方法，首先要了解常见的操作系统的日志结构及工作方式。如：UNIX 的日志文件通常放在下面这几个位置，根据操作系统的不同略有变化：

/usr/adm——早期版本的 UNIX。

/Var/adm——新一点的版本使用这个位置。

/Varflort——一些版本的 Solaris、Linux BSD、Free BSD 使用这个位置。

/etc——大多数 UNIX 版本把 Utmp 放在此处，一些 UNIX 版本也把 Wtmp 放在这里，这也是 Syslog. conf 的位置。

下面的文件可能会根据用户所在的目录不同而不同：

acct 或 pacct——记录每个用户使用的命令记录。

accesslog——用于运行 NCSA HTTP 服务器，这个文件记录有什么站点连接过服务器。

aculo——保存拨出去的 Modems 记录。

lastlog——记录最近的 Login 记录和每个用户的最初目的地，有时是最后不成功 Login 的记录。

loginlog——记录一些不正常的 Login 记录。

messages——记录输出到系统控制台的记录，另外的信息由 Syslog 生成。

security——记录使用 UUCP 系统试图进入限制范围的事例。

sulog——记录使用 su 命令的记录。

utmp——记录当前登录到系统中的所有用户，这个文件随着用户进入和离开系统而不断变化。

Utmpx——utmp 的扩展。

wtmp——记录用户登录和退出事件。

Syslog——最重要的日志文件，使用 syslogd 守护程序获得。

2. 隐藏入侵踪迹

攻击者在获得系统最高管理员权限之后，可任意修改系统上的文件（对常规 UNIX 系统而言），包括日志文件。所以黑客会对日志进行修改，甚至删除日志文件，以隐藏自己的踪迹。这样虽然避免了系统管理员的 IP 追踪，但也明确地告诉管理员，系统已经被入侵。因此，最常用的办法是：只修改日志文件中有关黑客行为的那一部分。网络上有很多修改日志文件程序，如：zap、wipe 等。其主要做法是清除 utmp、wtmp、Lastlog 和 Pacct 等日志文件中某一用户的信息，使得当使用 w、who、last 等命令查看日志文件时，隐藏此用户的信息。

为避免日志系统被黑客修改，必须采取相应措施，如：用打印机实时记录网络日志信息等。但这样有一个问题，就是黑客一旦了解到这一点，会不停地向日志里写入无用的信息，使打印机不停地打印日志，因此，应把所有日志文件发送到一台比较安全的主机上，即使用 loghost。当然，这样也不能完全避免日志被修改，因为黑客既然能攻入这台主机，也很可能攻入 loghost。另一方面对黑客来讲，要隐藏踪迹避免被追踪，只修改日志还不行，如在它安装并运行某些后门程序后，可能会被管理员发现。所以，黑客采取替换法进一步隐藏踪迹，这种替换正常系统程序的黑客程序称为 rootkit 类程序，这些程序在黑客网站上可以找到。较常见的有：Linux RootKit，它可替换系统的 ls、ps、netstat、inetd 等一系列重要程序，当替换了 ls 之后，将隐藏指定的文件，使管理员在使用 ls 命令时，无法看到这些文件，从而隐藏自己。

3. 留后门

黑客在攻入系统后，会多次进入系统，并留下一个后门。特洛伊木马就是一个实例。如在 UNIX 中留后门的方法就有很多，下面介绍几种常见的后门。

1）密码破解后门

这是入侵者使用的最早也是最古老的方法，它不仅能获得对 UNIX 机器的访问，而且可通过破解密码制造后门。多数情况下，入侵者寻找口令薄弱的未用账户修改口令。当管理员寻找口令薄弱的账户时，不会发现这些密码已修改的账户，造成很难确定查封哪个账户。

2）Rhosts + + 后门

在连网的 UNIX 机器中往往提供 Rsh 服务和 Rlogin 服务，其中 Rsh 是 Remote shell（远程 shell）的缩写，该命令在指定的远程主机上启动一个 shell，并执行用户在 rsh 命令行中指定的命令。而 Rlogin（Remote login，远程登录）也是一个 UNIX 命令，它允许授权用户进入网络中的其他 UNIX 机器，并且用户就像在现场一样，可执行主机允许的任何操作，如：读、编辑和删除文件等。这两种基于 rhosts 文件的服务，使用简单的认证，就可改变设置而不需口令进入。rhosts 文件是一个文本文件，该文件中每一行为一个条目。条目由本地计算机名、本地用户名和有关该条目的所有注释组成。rhosts 文件通常许可 UNIX 系统的网络访问权限，其中有可访问远程计算机的计算机名及关联的登录名。在配置 rhosts 文件的远程计算机上运行 rcp、rexec 或 rsh 命令时，可不必提供远程计算机的登录和密码信息。入侵者只要向用户的 rhosts 文件中输入"＋＋"，无须口令就能进入这些账户，使这些账户成为入侵者再次入侵的后门。Windows XP 和 Windows 2000 不提供 RSH 服务。

3）校验和及时间戳后门

原先许多入侵者用 trojan 程序替代二进制文件，此时可以靠时间戳及系统校验和程序，辨别二进制文件是否已改变，如：UNIX 中的 sum 程序。以后入侵者采用使 trojan 文件和原文件时间戳同步的新技术，即先将系统时钟拨回到原文件时间，然后调整 trojan 文件的时间为系统时间，当二进制 trojan 文件与原来的精确同步，就把系统时间设回当前时间。同时入侵者往往把 trojan 校验和调整到原文件的校验和。

4）Login 后门

对 UNIX 系统来讲，login 程序用于对 Telnet 用户进行口令验证。但当入侵者获取 login. c 的原代码并修改，使 login 程序在比较输入口令与存储口令时，先检查后门口令，那么用户输入后门口令后，将会忽视管理员设置的口令而攻入系统。这将允许入侵者进入任何账户，甚至是 root。后门口令是在用户真实登录，并被日志记录到 utmp 和 wtmp 前产生的（utmp 和 wtmp 是两个二进制文件），所以入侵者登录获取 shell 时不会暴露该账户。对这种后门用"strings"命令搜索 login 程序，通过寻找文本信息找到后门口令。如果入侵者加密或设置更好的隐藏口令，strings 命令将会失效。为此，可用 MD5 校验和检测这种后门。

 # 5.3　缓冲区溢出攻击与防范

缓冲区溢出（Buffer Overflow）是一种常见的安全漏洞，在各种操作系统及应用软件中都存在。利用该漏洞发起的攻击过程是：向程序的缓冲区写超出其长度的内容，造成缓冲区的溢出，溢出时黑客根据堆和栈的特殊情况，将恶意代码插入其中，并让这段恶意代码得以执行，如：执行一个远程 SHELL，从而拥有系统访问权。使程序转而执行其他指令，以达到攻击的目的。据统计，通过缓冲区溢出漏洞进行的攻击，占所有系统攻击总数的 80%以上。

5.3.1　缓冲区溢出

1. 溢出原因

为什么会造成缓冲区溢出呢？原因是：某些程序没有检查用户输入参数的功能，当把超过缓冲区长度的字符串输入缓冲区时，就会造成缓冲区溢出。缓冲区溢出的结果是：一是过长的字符率覆盖相邻的存储单元引起程序运行失败，导致系统崩溃；二是堆栈的破坏，造成程序执行任意指令。

例如下面程序：

```
example1.c

void function(char * str){
char buffer[16];
strcpy(buffer,str);
}
```

上面的 strcpy（）将直接把 str 中的内容复制到 buffer 中，这样只要 str 的长度大于 16，就会造成 buffer 的溢出，使程序运行出错。存在像 strcpy（）这样的问题的标准函数还有 str-cat（）、sprintf（）、vsprintf（）、gets（）、scanf（）及在循环内的 getc（）、fgetc（）、get-char（）等。

2. 堆溢出和栈溢出

什么是堆溢出和栈溢出呢？在 C 语言中，堆数据是指程序使用动态内在分配函数 mal-loc、calloc、realloc 分配的空间，栈空间是指程序在代码中声明变量，而非使用内存分配函数分配的空间。例如下面程序：

栈溢出实例：

```
#include <stdlib.h>
#include <string.h>
#include <stdio.h>
int main()
{
    char data1[12] = {0};
    char data2[12] = {0};
    strncpy(data2,"ABCDEFGHIJKL0123456789",22);
    printf("% s /n% s /n",data1,data2);
    return 0;
}
```

程序运行结果：

```
0123456789
ABCDEFGHIJKL0123456789
```

💡 在这里定义的 data1 与 data2 的空间长度为 12，因为是在 32 位平台的 VC 开发环境编译的，缺省按四字节对齐，如果定义为 10，就会在输出 data1 的时候漏掉两个字符（相当于从 13 字节开始），这两个字符填到了四字节对齐的空位上。

　　上面程序执行后，data2 的空间只有 12 个 char，无法存放 20 个字符，然而一般的编译器检测不到这种错误。data2 位于 data1 的后面，栈中的内存增长方向是从大到小，声明在前面的内存地址比后面的内存地址要小。strncpy 将覆盖过 data2，将剩下的数据复制到 data1 的空间中。在栈中程序保存着函数调用的返回地址，黑客通过覆盖掉函数返回地址，并将自己的代码开始处作为函数返回点，那么程序将跳到黑客安排的代码开始处执行，即执行了恶意代码。

　　堆溢出方式与此类似，只是让溢出的代码得到执行，需要对汇编语言比较熟悉。随意往缓冲区中输入超长字符串，只会出现"Segmentation fault"这样的错误，而不会达到攻击的目的。

5.3.2　缓冲区溢出攻击

　　缓冲区溢出攻击将破坏具有某些特权运行的程序功能，让攻击者取得程序的控制权，如果该程序具有足够的权限，那么攻击者将控制整个主机。为此，攻击者一是在程序的地址空间里安排代码，二是通过初始化寄存器和存储器，让程序跳转到安排好的地址空间去执行。缓冲区溢出攻击原理如图 5 - 4 所示。

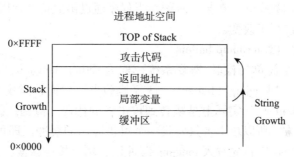

图 5 - 4　缓冲区溢出攻击的原理

缓冲区溢出攻击分类如下。

1. 在程序地址空间输入代码

这包括两种方法：一种是攻击者向被攻击的程序输入攻击代码的植入法；二是设法使程序转去执行已存在的攻击代码。下面分别加以介绍。

1）植入法

攻击者向被攻击的程序输入一个字符串，程序会把这个字符串放到缓冲区里。这个字符串包含的数据往往是指令序列。攻击者利用缓冲区存放攻击代码，具体有以下两种方式：①攻击者可找到足够的空间放置攻击代码；②缓冲区可以在堆栈（自动变量）、堆（动态分配）和静态数据区等地方。

2）利用已存在的代码

这是指攻击者的攻击代码已在被攻击的程序中，攻击者通过对代码传递一些参数，使程序跳转到目标代码去执行。如：攻击代码要求执行"exec（'/bin/sh'）"，而在 libc 库中的代码执行"exec（arg）"，其中 arg 是一个指向字符串的指针参数，攻击者只要把传入的参数指针改向指向"/bin/sh"，然后调转到 libc 库中的相应的指令序列即可。

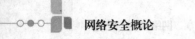

2. 控制程序转去执行攻击代码

在缓冲区溢出攻击中，攻击者总是试图改变程序的执行流程，使之跳转到攻击代码。溢出一个没有边界检查或者其他弱点的缓冲区，就可改变程序正常的执行顺序。攻击者通过溢出一个缓冲区，改写相邻的程序空间而直接跳过系统对身份的验证。攻击者所寻求的缓冲区溢出的程序空间原则上可以是任意的空间。如：莫尔斯蠕虫（Morris Worm）就是利用 fingerd 程序的缓冲区溢出，改变 fingerd 要执行的文件名。一般来讲，控制程序转移到攻击代码的方法有以下三种。

1）激活纪录（Activation Records）

当一个函数调用发生时，调用者会在堆栈中留下一个激活纪录，它包含了函数结束时返回的地址。攻击者通过溢出这些自动变量，使这个返回地址指向攻击代码，通过改变程序的返回地址，当函数调用结束时，程序就跳转到攻击者设定的地址，而不是原先的地址。这类缓冲区溢出被称为"stack smashing attack"，是目前常见的缓冲区溢出攻击。

2）函数指针（Function Pointers）

函数指针用于定位地址空间，如："void（∗foo）（）"就是声明一个返回值为 viod 函数指针的变量 foo，攻击者在空间内的函数指针附近找到一个能够溢出的缓冲区，然后溢出这个缓冲区，就可改变函数指针。在某一时刻，当程序通过函数指针调用函数时，程序的流程就已按攻击者的意图进行了改变。

3）长跳转缓冲区（Long jump buffers）

在 C 语言中有一个简单的检验/恢复系统，称为 setjmp/longjmp，它是指在检验点设定"setjmp（buffer）"，用"longjmp（buffer）"恢复检验点。然而，当攻击者能够进入缓冲区空间时，"longjmp（buffer）"实际上是跳转到攻击者的代码。像函数指针一样，longjmp 缓冲区能够指向任何地方，所以攻击者只要找一个可供溢出的缓冲区即可。如：Perl 5.003 攻击。在这种攻击中，攻击者首先进入 longjmp 缓冲区，然后按照恢复模式，使得 Perl 的解释器跳转到攻击代码上。

现在的缓冲区溢出攻击又有新的变化，不单是一种攻击方式，而是综合代码植入和流程控制。如：攻击者定位一个可供溢出的自动变量，然后向程序传递一个很大的字符串，在引发缓冲区溢出改变激活纪录的同时植入代码。代码植入和缓冲区溢出不一定一次完成。攻击者可在一个缓冲区内放置代码，这时并没有溢出缓冲区，然后，攻击者通过溢出另外一个缓冲区来转移程序的指针。

5.3.3 缓冲区溢出攻击的防范

针对黑客的缓冲区溢出攻击，可采取以下 4 种措施加以防范。

1. 编写正确的程序代码

编写安全的程序代码是解决缓存溢出漏洞的根本方法。因此，编程人员必须在开发中考虑安全问题，杜绝存在缓存溢出的一切可能，编定安全正确的代码。但在实际工作中，由于开发人员的工作经验参杂不齐，以及编程语言本身安全性方面的缺陷（如：C 语言编程易出错的缺陷），研发出的程序软件仍然存在着这样或那样的安全漏洞。

1）进行数组边界检查

在编程时应检查所有对数组的读写操作，以确保数组的操作在正确范围内，只要数组不溢出，溢出攻击也就无法进行。当然这种边界检查只是用于程序的查错，而不能保证不发生缓冲区溢出。

2）检查源代码中的库调用

库的调用容易产生漏洞，如：对 strcpy 和 sprintf 的调用，这两个函数都没有检查输入参数的长度。

3）使用安全库函数

尽量使用安全的库函数，如：Libsafe 里面就封装有易受堆栈溢出攻击的库函数，对于这些不安全库函数，调用编程时应把它们转到安全函数上。

缓冲区溢出漏洞源于 C 语言的类型安全。如果只允许执行具有类型安全的操作，就不可能出现对变量的强制操作，如使用具有类型安全的 Java 语言。但是作为 Java 执行平台的 Java 虚拟机仍是 C 语言程序。

2. 采用非执行的缓冲区技术

该项技术通过使程序的数据段地址空间不可执行，使得攻击者无法执行植入缓冲区的代码，故称为非执行的缓冲区技术。但为保持程序的兼容性，不可能把所有程序的数据段都设为不可执行。如：UNIX 和 MS Windows 系统就常允许在数据段中动态地放入可执行的代码，以保持良好的系统性能。为此，可把堆栈数据段设定为不可执行，以保证程序的兼容性，这种非执行堆栈的保护设置，主要是防范把代码植入自动变量的缓冲区溢出攻击，而对其他类型的攻击则无能为力。

3. 执行程序指针完整性检查

程序指针完整性检查主要是检查函数活动纪录中的返回地址，为防止程序指针被改变，程序指针完整性检查在程序指针被引用之前就检测它是否有改变。因此，即使攻击者改变了程序指针，由于事先已检测到指针的改变，这个指针将不会被使用。

4. 及时打上安全补丁

解决缓存溢出的有效方法就是及时打上安全补丁。因为用户并非程序开发者，不可能自己解决所有的安全问题，及时用新的程序补丁修补有缺陷的程序，可防止缓存溢出。

5.4 拒绝服务攻击与防范

拒绝服务攻击（Denial Of Service，DOS）指系统不能为授权用户提供正常服务的攻击。这种攻击造成网络系统服务质量（QoS）下降，甚至不能提供服务，系统性能遭到破坏，系统资源的可用性降低。系统资源包括：处理器、磁盘空间、CPU 时间、打印机和调制解调器等。

5.4.1 拒绝服务攻击产生原因

DOS 攻击采用一对一方式，当被攻击目标 CPU 速度低、内存小或者网络带宽小时，它的效果是明显的。随着计算机与网络技术的发展，计算机的处理能力迅速增长，内存大大增加，同时也出现了千兆级别的网络，这使得 DOS 攻击手段演变为黑客利用大量捕获的傀儡机发起规模化的攻击，即成千上万傀儡机组成所谓的"僵尸网络"的攻击。造成拒绝服务可能是攻击者故意的行为，也可能是一个用户无意中的错误所致。如：在 TCP/IP 堆栈中就存在许多漏洞，针对每一个漏洞都有相应的攻击程序。DOS 攻击产生的原因有以下方面。

1. 资源毁坏

如果资源遭到破坏，用户就不能正常使用这些资源。如：删除文件、格式化磁盘或切断电源，这些行为都可能导致系统拒绝服务。

2. 资源耗尽和资源过载

当对资源的请求大大超过资源的支付能力时，也会造成拒绝服务攻击。如：对已满载的 Web 服务器发送过多的请求等。区分是恶意的拒绝服务攻击还是非恶意的服务超载，主要看请求发起者对资源的请求是否过份，是否有损害其他用户的企图。

3. 配置错误

错误配置主要发生在网络硬件中，少数也会出现在系统软件或应用程序中，错误的配置将导致系统无法正常工作，以致不能提供服务。因此，应小心配置网络中的路由器、防火墙、交换机等设备，减少错误的发生。

4. 软件漏洞

某些软件漏洞（或错误）也可能导致软件不能正常提供服务。对于这类软件漏洞应注意及时打上补丁。

最简单的 DOS 攻击就是"炸弹"攻击。所谓炸弹攻击是指集中在一段时间内，向目标机发送大量垃圾邮件信息，过多的邮件会加剧网络连接负担，占用大量的处理器时间与带宽，消耗大量的存储空间；使对方出现负载过重、网络堵塞等状况，造成目标的系统崩溃及拒绝服务。对个人的免费邮箱来讲也是一样，其邮箱容量有限，当邮件量超过限定容量时，系统就会拒绝服务。

5.4.2 DOS 攻击

DOS 攻击就是利用合理的服务请求，占用过多的服务资源，使服务超载。同时，因为没有空间存放这些请求，许多新来的请求将被丢弃。如果攻击的是一个基于 TCP 协议的服务，那么这些丢弃的包还会被重发，结果更加重了网络的负担。服务资源包括网络带宽、文件系统容量、开放的进程或网络连接数等，DOS 攻击将导致这些资源逐渐匮乏。针对网络的 DOS 攻击主要有以下几种。

1. TCP SYN Flooding 攻击

TCP SYN Flooding 攻击是一种基于 TCP 协议漏洞的攻击。如前所述，依据 TCP 协议建立连接时需要"三次握手"，在每个 TCP 建立连接时，都要发送一个带 SYN 标记的数据包，如果在服务器端发送应答包后，客户端不发出确认，服务器便会保留大量这种"半连接"，因而占据有限的资源，使服务器端的 TCP 资源迅速枯竭，导致正常的连接不能进入，严重的将导致服务器系统崩溃，如图 5-5 所示。

TCP SYN-Flooding 攻击的具体过程是：黑客使用一个假的 IP 源地址向目标计算机发送大量的带 SYN 标记的网络请求，占用目标计算机很多资源。当目标计算机收到这样的请求后，就要启用一些资源来为新的连接提供服务，并回复一个请求的响应（叫做 SYN-ACK），但 SYN-ACK 是返回到一个假的地址，不会有任何响应，因此目标计算机将继续发送 SYN-ACK。操作系统一般都有缺省的回复次数和超时时间，只有回复一定的次量、或者超时时，

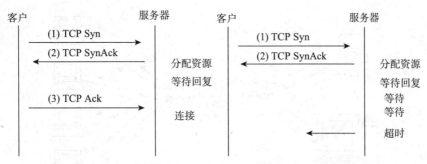

图 5 - 5　SYN-Flooding 攻击

占用的资源才会释放。Windows NT 3.5 和 4.0 中缺省设置为可重复发送 SYN-ACK 答复 5 次。每次重新发送后，等待时间翻番。第一次等待时间为 3 秒到第 5 次重发信号时，机器将待 48 秒才能得到响应。如果还是收不到响应，机器还要等待 96 秒，才取消分配给连接的资源。在这些资源获得释放之前，已经过去 189 秒。如果大量的 SYN 数据包发到服务器端后没有应答，就会使 TCP 资源迅速枯竭，导致正常的连接不能进入。

防御的方法是：拒绝那些来自防火墙外面的未知主机或网络的连接请求，即让防火墙过滤来自同一主机的后续连接。

为防范 TCP SYN-Flooding 攻击，获得最大的安全性，服务器需要采取以下防范措施。一是只启动应用和服务所必须的特定端口，关闭低于端口号 900 的 UDP 端口，也不要启动支持 UDP 协议的 echo (7) 端口和 chafgen (19) 端口，因为这几个端口常常是 SYN-Flooding 攻击的目标。二是用 Netstat 命令检查连接线路的状况，看看是否处于 SYN-Flood 攻击中。只要在命令行下输入 Netstat-n-P tcp，就会显示出机器的所有连接状况。如果有大量的连接处于 SYN-RECIEVED 状态下，那么说明系统正遭受攻击。

2. Smurf 攻击

Smurf 攻击是一种利用 ICMP (Internet Control Message Protocol) 协议实施的攻击。首先攻击者找出网络上有哪些路由器会回应 ICMP 请求，然后用一个虚假的 IP 源地址向路由器的广播地址发出信息，路由器把这个信息广播到网络上所连接的每一台设备，这些设备又马上回应，这样就会产生大量的信息流量，占用所有设备的资源及网络带宽，而回应的地址就是受攻击的目标。如：用 500K bit/sec 流量的 ICMP echo (PING) 包广播到 100 台设备，产生 100 个 Ping 回应，将产生 50M bit/sec 的流量。这些流量流向被攻击的服务器，使该服务器瘫痪。为此，应关闭外部路由器或防火墙的广播地址特性，并在防火墙上设置过滤规则，丢弃 ICMP 包。如图 5 - 6 所示。

为防范这种攻击，一是要通过网络监视和隔离子网的方法，及早发现这种攻击；二是登录到防火墙或路由器，检测攻击是来自网络外部还是内部；三是采取划分子网的方法，将大型网络划分成若干个相对分开的子网，这样即使某一个子网遭受到 DOS 攻击，也不会影响到所有的主机。

3. Land based 攻击

攻击者将一个数据包的源地址和目的地址，都设置为目标主机的地址，然后，将该数据包通过 IP 欺骗的方式发送给被攻击主机，这种包造成被攻击主机因试图与自己建立连接，

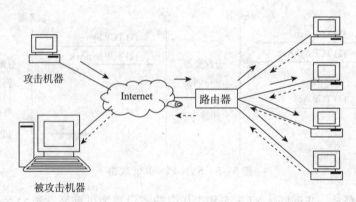

攻击机器

Internet

路由器

被攻击机器

图 5 - 6   Smurf 攻击

而陷入死循环，从而大大降低系统性能。

4. Ping of Death 攻击

根据 TCP/IP 协议，一个 IP 包的长度最大为 65 536 字节，但发送较大的 IP 包时将进行分片，这些 IP 分片到达目的主机时又重新组合起来。在 Ping of Death 攻击时，各分片组合后的总长度将超过 65 536 字节，在这种情况下会造成某些操作系统宕机。

5. Teardrop 攻击

较大的 IP 数据包在网络传递时，数据包需分成更小的片段。攻击者通过发送两段（或者更多）数据包实现 Teardrop 攻击。第一个包的偏移量为 0，长度为 N，第二个包的偏移量小于 N。为合并这些数据段，TCP/IP 堆栈会分配超乎寻常的巨大资源，从而造成系统资源的缺乏，甚至系统崩溃。

6. Ping Sweep 攻击

使用 ICMP Echo 轮询多个主机，阻塞网络。

7. Ping Flood 攻击

该攻击在短时间内向目的主机发送大量 Ping 包，造成网络堵塞或主机资源耗尽。

现在，一些新的 DOS 攻击方式仍在不断出现，主要有以下几种。

（1）强度攻击。发送大量的无用数据包来堵塞网络带宽，使目标机器无法对正常的请求发生反应。

（2）协议漏洞攻击。主要是针对系统的协议漏洞进行的攻击。

（3）应用漏洞攻击。主要是针对系统的应用漏洞进行的攻击，比如针对 IIS 的 Unicode 漏洞的远程控制的攻击，针对 FTP 的漏洞的攻击等。

5.4.3　分布式拒绝服务攻击

分布式拒绝服务攻击（Distributed DOS，DDOS）是一种分布式攻击，是很多 DOS 攻击源一起攻击某台服务器，即攻击者先控制一定数量的 PC 或路由器作为"肉机"或称"傀儡机"，然后利用这些"肉机"向目标主机发起 DoS 攻击。这种"群狼"式的攻击往往很快使网络服务器的处理能力全部被占用，通过消耗服务器的资源，使服务器达到物理上限，从而不能对需要服务的请求做出响应。

1. DDOS 攻击的过程

在 DDOS 攻击中，攻击者隐藏自己 IP 地址的欺骗方法，很难被追查，查到的往往是被攻击者控制的那些"肉机"。这些用户也是受害者。攻击者采用远程控制软件，如：Trinoo、TFN、TFN2K 和 Stacheldraht 等，在客户端操纵攻击过程，每个主控端（Master）是一台已被入侵并运行了特定程序的系统主机，主控端控制着多个分布端（Broadcast）。每个分布端也是一台已被入侵并运行特定程序的系统主机，分布端响应攻击命令，向目标主机发送拒绝服务攻击包。

为提高 DDOS 攻击的成功率，攻击者需要控制成百上千的"肉机"，安装攻击工具并运行后，控制"肉机"和安装程序的过程都是自动的。这个过程大致分为以下几个步骤：先探测扫描大量主机以寻找可入侵目标，再通过远程溢出漏洞攻击程序获取系统控制权，最后在每台入侵主机中安装攻击程序，并通过已入侵主机继续进行扫描和入侵其他主机。整个过程是自动的，攻击者能够在很短的时间内（如：5 s 内），入侵一台主机并安装上攻击工具。所以说 DDOS 攻击的效率较高，可在短短的一小时内入侵数千台主机。如图 5 - 7 所示。

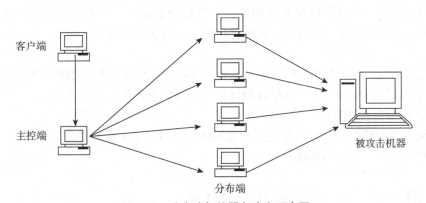

图 5 - 7　分布式拒绝服务攻击示意图

2. DDOS 攻击的方式

人们常说"知己知彼，百战不贻"，了解攻击方式，就可有效地防范攻击。Trin00 是一个分布式拒绝服务攻击工具，它允许攻击者控制多台主机，并发送 UDP 洪水到另一台主机。下面先介绍 Trin00 的结构，然后再介绍采用这种工具进行 DDOS 攻击的方式。Trin00 由以下三部分组成。

1）客户端（Telnet）

客户端是 Telnet 之类的常用连接软件，客户端的作用是向主控端（master）发送命令。它通过连接 master 的 27665 端口，然后向 master 发送对目标主机的攻击请求。

2）主控端（Master）

主控端侦听两个端口，其中 27655 是接收攻击命令，这个会话是需要密码的。缺省的密码是"betaalmostdone"。master 启动的时候还会显示一个提示符：'??'，等待输入密码。密码为"gOrave"。另一个端口是 31355，等候分布端的 UDP 报文。

3）分布端（Broadcast）

分布端则是执行攻击的角色。分布端安装在攻击者已经控制的机器上，分布端编译前植入主控端的 IP 地址，分布端与主控端用 UDP 报文通信。发送到主控端的 31355 端口，其中包含"＊HELLO＊"的字节数据。主控端把目标主机的信息通过27444UDP端口发送给分布端，分布端即发起"潮水"（flood）攻击。

攻击的流向是："攻击者—master—分布端—目标主机"。从分布端向受害者目标主机发送的DDos都是UDP报文，每一个包含4个空字节，这些报文都从一个端口发出，但随机攻击目标主机上的不同端口。目标主机对每一个报文回复一个ICMP Port Unreachable的信息，大量主机发来的这些洪水般的报文源源不断，使目标主机很快资源耗尽（主要是消耗主机的带宽）。

入侵检测系统IDS能检测到这种攻击，检测的方法是：分析一系列的UDP报文，寻找那些针对不同目标端口，但来自于相同源端口的UDP报文，或取10个左右的UDP报文进行分析，重点分析那些来自于相同的源IP、相同的目标IP、相同的源端口、但不同的目标端口的报文，就可逐一地识别攻击源。

5.4.4　拒绝服务攻击的防范

DOS攻击虽然不会窃取目标系统的资料，但它会造成服务中断，间接产生大量的经济损失，因此，有必要制定防范策略，采取保护措施，防止此类攻击。防范的方法如下。

1. 合理计算资源的使用

即合理适当地使用资源和监控资源。监控主要指建立资源分配模型图、统计敏感的计算资源使用情况、使用限额方法、及早检测计算资源等。主要包括以下内容。

（1）统计CPU使用状况。

（2）观察系统的性能，确立系统正常的界线，以估计非正常的磁盘活动。

（3）检查网络流量使用状况。

2. 及时修补漏洞

如：给操作系统或应用软件包升级、打补丁等。

3. 关掉不必要的TCP/IP服务

关掉系统中不需要的服务，以防止被攻击者利用。

4. 过滤网络异常包

配置防火墙过滤方案，过滤掉网络异常包，阻断来自Internet的恶意请求。

5.5　网站攻击与防范

随着互联网应用的不断发展，人们的日常工作和生活已与Web服务密不可分，提供Web服务的网站也就成为黑客攻击的主要目标，安全问题随之而来，如何有效地防范网站攻击成为亟待解决的问题。针对网站的攻击主要有：SQL注入攻击、跨站脚本攻击、挂马网站攻击和网页仿冒攻击等。下面分别加以介绍。

5.5.1　SQL注入攻击及其防范

随着B/S模式的广泛应用，基于该模式编程的人员也越来越多，但由于水平和经验参差不齐，相当一部分开发人员在编代码时，没有对用户的输入数据或者是页面中所携带的信息（如：Cookie）进行必要的合法性判断，恶意攻击者通过提交一段数据库查询代码，并根据程序返回的结果，获得一些想得到的数据信息，这就是注入攻击。所谓 SQL 注入攻击是指攻击者利用现有应用程序，将恶意的 SQL 命令注入到后台数据库引擎而执行的一种攻击。

1. SQL 注入攻击原理

SQL 注入攻击通过构造巧妙的 SQL 语句，同网页提交的内容结合进行攻击。常用的手段有：使用注释符号、恒等式（如：1 = 1）、使用 union 语句进行联合查询、使用 insert 或 update 语句插入或修改数据等，此外还有利用内置函数辅助攻击。

通过 SQL 注入漏洞攻击网站的步骤如下。

（1）探测网站是否存在 SQL 注入漏洞。

（2）探测后台数据库的类型。

（3）根据后台数据库的类型，探测系统表的信息。

（4）探测存在的表信息。

（5）探测表中存在的列信息。

（6）探测表中的数据信息。

下面举一个实例。有一个 SQL 查询，其参数是用户输入的：select * from OrdersTable where ShipCity = "'" + ShipCity + "'"；如果用户输入的 ShipCity 不是一个变通的名称，将会怎样呢？如：用户输入 Redmond'；drop table OrdersTable——'，将上述查询变为：select * from OrdersTable where ShipCity = ' Redmond'；drop table OrdersTable——'，前一句完成查询，后一句删除一个表。这种通过非正常的用户输入手段，实现的攻击就是 SQL 注入攻击。

为避免 SQL 注入攻击，程序员在编程时，要对用户端提交的变量参数进行检测，目前在大多数数据库开发包中都包含参数检查功能。并采取以下措施。

（1）对非法数据进行修改，使之变成合法数据。

（2）拒绝预知的非法语句的输入。

（3）只接受已知的合法数据。

需注意的是，SQL 注入攻击利用的是正常的 HTTP 服务端口，表面上看来与正常的 Web 访问没有区别，因此，隐蔽性极强，不易被发现。

5.5.2 跨站点脚本攻击及其防范

跨站脚本（Cross Site Scripting，CSS）攻击是一种利用网站漏洞，恶意盗取相关信息的攻击。用户在浏览网站、使用即时通信，如：QQ，以及在阅读电子邮件时，如果单击其中的链接，攻击者通过在链接中插入的恶意代码，就可能盗取用户机密信息。攻击者一般采用十六进制（或其他编码方式）链接编码，以免用户怀疑它的合法性。网站在接收到包含恶意代码的请求之后，会产生一个包含恶意代码的、似乎是合法页面的假页面。许多流行的留言本和论坛程序，允许用户发表包含 HTML 和 JavaScript 的帖子，假设用户甲发表了一篇包含恶意脚本的帖子，那么用户乙在浏览这篇帖子时，恶意脚本就会执行，盗取用户乙的 Session 信息，这就是 CSS 攻击。

在常规的跨站脚本攻击中，因为攻击者不受限制地引入" < >"，导致攻击者操纵一个 html 标记，实施 CSS 攻击。因此，防范跨站脚本攻击，必须过滤掉" < >"。

5.5.3 挂马网站及其防范

"挂马网站"指的是被黑客植入恶意代码的正规网站。这些被植入的恶意代码，直接指向"木马网站"的网络地址也称木马地址。木马地址即木马病毒真正的下载地址。"木马网站"是指利用程序漏洞，在后台偷偷下载木马的网页。这些网页放在黑客自己管理的服务器上，当用户访问时，就会把许多木马程序下载到用户的机器中并运行，这就称"挂马"。"网页挂马"已成为黑客传播病毒的主要手段，90%以上的木马都通过"挂马"方式传播。ARP欺骗、IM工具自动发送病毒链接等传播手段，往往也通过"网页挂马"最终侵入机器。

防范网站被"挂马"的主要措施有以下几种。

（1）木马病毒在网络中存储、传播、感染的方式各异，应尽可能构建立体化、多层次的防毒系统，使计算机免受病毒的入侵和危害。

（2）杀毒软件要及时更新，如：瑞星、卡巴斯基、360、江民等，以获得对新病毒、新木马的查杀能力。

（3）要及时更新、安装补丁程序，如：Windows系统补丁等，防范网站被"挂马"，为计算机网络建立安全的环境。

5.5.4 网络钓鱼攻击及其防范

网络钓鱼译自英文Phishing，也被译为网页仿冒、网页黑饵等。是指利用社会工程和技术缺陷手段，窃取用户个人的身份信息、银行账户、密码和信用卡等机密信息。它将用户骗到假冒网站，如：开户银行的网站，一旦用户登录，就会无意识地泄露个人的重要信息。前些年互联网上曾出现过中国银行、农业银行、工商银行和中国银联等银行的假冒网站，甚至还出现过2008北京奥运会的假冒售票网站，这些钓鱼网站给社会造成很大的混乱。实施网络钓鱼常用以下三种方法。

1. 欺骗法

即发送欺骗的电子邮件，欺骗用户登录钓鱼网站，访问仿冒网页，窃取用户的机密信息。

2. 恶意程序法

指利用一些恶意程序，如：键盘记录程序（key logger）或截屏程序（screen logger）等，窃取用户的个人私密信息。

3. 基于域名法

该方法通过修改主机名，误导用户登录钓鱼网站，窃取用户的个人私密信息。

近年来，人们对网络钓鱼攻击的防范主要采用一种对抗技术，即反网络钓鱼（anti-phishing）技术。这种技术基于两种策略：一是基于邮件端策略，二是基于客户端策略。其中基于邮件端的反网络钓鱼策略是指利用反垃圾（anti-spam）邮件技术，防止假冒邮件到达潜在受害者的收件箱，保护用户不被欺骗。而基于客户端的反网络钓鱼策略是在客户端浏览器中安装插件，检测用户当前浏览的网页是否是钓鱼网页，从而提示用户。

目前常用的是基于客户端的反网络钓鱼技术，这种技术又分为基于黑名单的、基于网页特征的、基于网页内容的和基于网页相似度的。其中基于黑名单的方法较为简单，且检测精确度也较高。如：IE 7.0浏览器采用的就是黑名单法，以检测用户浏览的网页是否为钓鱼网页。另外，Google公司开发的安全浏览器也是采用黑名单法，以对抗网络钓鱼攻击。

5.6 网络诱骗技术——蜜罐

网络安全技术的核心问题是对计算机系统和网络进行有效的防护，防护技术涉及面很广，从技术层面上讲，包括：防火墙技术、入侵检测技术、病毒防护技术、数据加密和认证技术等。这些安全技术大多是在黑客攻击网络时，对系统实施的被动防护技术。而近些年出现的蜜罐（Honeypot）技术是一种主动吸引黑客侵入的诱骗系统，属主动安全防护技术。这种技术对黑客在蜜罐系统中的攻击行为进行追踪和分析，寻找应对措施。本节对蜜罐的原理及应用做简要介绍。

5.6.1 蜜罐概述

1. 蜜罐的定义

按照美国著名安全专家 L. Spizner 的定义：蜜罐是一种其价值在于被探测、攻击、破坏的系统。即蜜罐是一种可监视、观察攻击者行为的系统。蜜罐不直接提高计算机网络的安全性，但蜜罐通过伪装，使黑客在进入目标系统后，不知道自己的行为已处在监控之中。按照现在的定义，蜜罐是为吸引并诱骗那些试图非法入侵计算机的人（如：黑客）而设计的，是一个包含漏洞的诱骗系统。它模拟一个或多个易受攻击的主机，给攻击者提供一个容易攻击的目标。

蜜罐系统为了吸引黑客攻击，常常有意在系统中留下一些后门，或放置网络黑客希望得到的一些敏感信息（当然这些信息都是假信息），让黑客上当。这些主机表面上看很脆弱，易受攻击，但实际上不包含任何敏感数据，也没有合法用户和通信，能够让入侵者在其中暴露无遗。设置蜜罐主要有两个目的：一是在未被黑客察觉的情况下监视其活动，收集与黑客有关的信息；二是牵制黑客，让他们把时间和资源都耗费在攻击蜜罐上，使真正的工作网络得到保护。

2. 蜜罐的功能与特点

1）收集数据的真实性高

蜜罐系统没有任何实际作用，其收集到的数据很少，但收集到的数据很大可能就是黑客攻击造成的，因此真实性高。且蜜罐不依赖于任何复杂的检测技术，漏报率和误报率较低。

2）能检测到未知的攻击

蜜罐提供一些漏洞吸引各种攻击者进行攻击，由此，可能收集到新的攻击工具和攻击方法。而大多数 IDS 只能检测到已知攻击。

3）漏报率和误报率低

蜜罐有很强的检测功能，从其原理上讲，凡是与蜜罐的连接，如：侦听、扫描等，蜜罐都认为是攻击中的一种，因此，蜜罐的误报率和漏报率极低，远低于大多数 IDS。也不需要担心特征数据库的更新和检测引擎的修改。

4）可脱机工作

蜜罐有一个低数据污染系统和牺牲系统，对入侵进行响应，因此蜜罐随时能脱机工作。此时，系统管理员对脱机的系统进行分析，并把分析的结果和经验运用到以后的系统中。

5）技术实现简单

目前有很多成熟的蜜罐模拟软件，与入侵检测等其他安全技术相比，蜜罐技术的实现相对简单，通过蜜罐，网络管理员较易掌握黑客攻击的规律。

6）投入较少

因为蜜罐技术实现简单，不需要强大的资源支持，所以，只要使用低成本的设备就可构建蜜罐，不需要大量的资金投入。

7）为计算机取证提供支持

有些蜜罐系统可记录攻击者的聊天内容，管理员通过研究和分析这些记录，得到攻击者采用的攻击工具、攻击手段和攻击目的等方面的信息，了解到攻击者的活动范围以及下一步的攻击目标，这些信息都是今后起诉攻击者的证据。即蜜罐能为追踪攻击者提供线索，为计算机取证提供支持。

2. 蜜罐的分类

应用蜜罐技术主要是基于安全价值上的考虑。根据不同的标准，蜜罐技术有着不同的分类。根据设计的最终目的不同，蜜罐分为产品型和研究型两大类。

1）产品型蜜罐

产品型蜜罐作为产品使用，设计的初衷就是希望黑客侵入系统，从而对黑客的行为进行记录和分析。

2）研究型蜜罐

研究型蜜罐是专用于研究和获取攻击信息的，一般用于研究机构和军队。它面对各类网络威胁，收集恶意攻击者的信息，寻找能够对付这些威胁更好的办法。

根据蜜罐与攻击者之间的交互，蜜罐又分为：低交互蜜罐、中交互蜜罐和高交互蜜罐三种类型，这三种类型的蜜罐对应着蜜罐技术发展的三个阶段。

（1）低交互蜜罐。所谓低交互蜜罐是指对各种系统及其提供的服务都是模拟行为的蜜罐。这种蜜罐为攻击者展现的攻击弱点和攻击对象都是假的。由于它的服务都是模拟行为，所以蜜罐获得的信息非常有限，只能对攻击者做简单的应答。如：Nepenthes（猪笼草蜜罐）就是一种典型的低交互蜜罐，它不能提供 Windows 主机的完整模拟，但它能在最少用户干预的情况下，自动收集基于 Windows 的蠕虫。这是一种易于安装且维护工作量少的低交互蜜罐。

（2）中交互蜜罐。所谓中交互蜜罐是指对真正操作系统的各种行为进行模拟的蜜罐。这种蜜罐能提供较多的交互信息，同时也能从攻击者的行为中获得较多的有用信息。在这个模拟系统中，蜜罐看起来和一个真正的操作系统没有什么区别。

（3）高交互蜜罐。真正有漏洞的系统允许攻击者在各个层面上与系统交互，这种系统就称为高交互蜜罐。高交互蜜罐有一个真实的操作系统，为攻击者提供真实的系统场景。当攻击者获得 ROOT 权限后，受系统和数据真实性的迷惑，其活动会非常猖狂，由此蜜罐能记录下很多攻击者的活动和行为。不过，这种蜜罐的缺点是被入侵的可能性较高，如果整个蜜罐被入侵，那么它有可能成为黑客实施下一步攻击的跳板。

由此可见，不同类型蜜罐的区别主要是：攻击者与应用程序或服务交互能力的不同。目前国内外主要的蜜罐产品有：DTK、空系统、BOF、SPECTER、HOME-MADE 蜜罐和 HON-EYD 等。

5.6.2　蜜罐的设置

蜜罐作为一种引诱黑客前来攻击的诱骗系统，在黑客入侵后，可检测最新的攻击、漏洞及黑客是如何得逞的。同时通过窃听黑客之间的通信，收集黑客所用的各种工具和证据，并且掌握他们的社交关系网。

1. 设置蜜罐的方法

设置蜜罐主要有三种方法。

（1）通过一台存在漏洞的 Windows 主机或 Red Hat Linux 主机设置蜜罐。该主机运行在外部 Internet 上，然后在主机与 Internet 之间安装网络监控系统，记录进出计算机的所有流量，等待黑客的入侵，监视试图猜测 SSH 用户名和口令进入系统的攻击者。实际上任何有漏洞的机器都可作为一个高交互性的蜜罐。

（2）通过蜜罐工具软件 Honeytrap 进行设置。Honeytrap 是一种用于观察针对 TCP 服务攻击的网络安全工具，作为一种低交互的蜜罐，Honeytrap 蜜罐收集基于网络已知和未知的攻击信息，提供早期预警信息。Honeytrap 在内核级收集全部信息，并采用插件自动进行攻击分析。传统的蜜罐常使用模拟服务或模拟漏洞获得攻击信息，这种方法对于未知攻击不是很有效。当 Honeytrap 蜜罐守护进程侦测到未绑定的 TCP 端口请求时，它将启动一个进程处理这个连接，处理已知或未知的攻击。Honeytrap 在所有的 TCP 端口上监听，并动态监视每个端口的加载句柄，以捕获未知的攻击。如：Nepenthes（即猪笼草蜜罐）将捕获针对 445/TCP 上的 microsoft-ds 服务的攻击，但它不能阻截到达先前未知端口的连接。

（3）使用被称做"网络望远镜"的工具软件 Darknet，这是一种在最低交互水平上的蜜罐工具。它的 IP 地址空间上没有连接任何主机，在没有真实主机的网段上，观察这个网段的数据通信，捕捉欺骗性的"退信"信息。"网络望远镜"的地址是网上其他机器伪造的，能显示欺骗性的"退信"的证据。它接收 RST 或 SYN + ACK 数据包（TCP 协议）、应答或者 ICMP 不可到达的消息（UDP 协议）。

在实际应用中，蜜罐有客户端蜜罐和服务器蜜罐，常用的是客户端蜜罐。

2. 客户端蜜罐

客户端蜜罐不是被动等待攻击，而是主动搜索恶意服务器，如：围绕着客户端浏览器漏洞的 Web 服务器。另外，客户端蜜罐还可调查对办公应用程序的攻击。如图 5 - 8 所示。

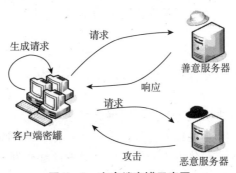

图 5 - 8　客户端蜜罐示意图

典型的客户端蜜罐有：MITRE Honey Client、Shelia、Honey monkey、Capture HPC 等。这些客户端蜜罐的工作原理基本相同。蜜罐与潜在的恶意服务器交互并监视系统，在与服务器交互期间或之后查找未授权的状态改变。如：若在 Windows 的 system32 文件夹内发现了额外的文件，并在注册表中发现了新的键值，就说明机器已经被恶意代码感染。当然，未授权的状态改变还包括对网络连接、内存、进程等的改变。

为确定服务器是否是恶意的，客户端蜜罐要与服务器交互。而采用高交互性的客户端蜜罐要实现这个目标成本较高。因此，要选择性地与服务器交互，可增加找到网络上恶意服务器的比率。客户端蜜罐驱动客户端与服务器交互，并且根据状态的改变将服务器归为恶意服务器。SpyBye 和 HoneyC 属于低交互性的客户端蜜罐，通过执行基于规则的匹配和签名匹配，检测客户端的攻击。

3. 应用型蜜罐

现在既有模仿漏洞系统的通用蜜罐，又有应用特定协议的蜜罐。还有一些蜜罐模仿开放的邮件传送服务器或开放代理来捕获垃圾邮件。如：由 Java 语言编写的 Jackpot 小程序，就可模仿一个配置错误的 SMTP 服务器。

应用特定协议的蜜罐，如：Google 的 Hack Honeypot 就属于 HTTP 应用蜜罐或 Web 应用蜜罐。它提供了不同种类的模块，其中有一个 PHP Shell 模块，该模块准许管理员通过 Web 界面执行外壳命令，但对它的访问受到口令的限制。它同时还拥有一个中央接口，准许操作人员监视用户正试图执行的命令。

与其他蜜罐相比，应用型蜜罐能更好地捕获特定类型的攻击。

4. 蜜罐的潜在问题

在部署和使用蜜罐时，需注意两个问题。一个是保密问题。如果知道是一个陷阱，除了一些自动化的攻击工具（如：蠕虫），不会有黑客去尝试攻击它。还有一些蜜罐，特别是一些低交互性的蜜罐，其模拟的服务，很容易被攻击者识别出蜜罐的身份。对一个复杂系统的任何模仿，与真实系统总会有些不同之处。攻击者总是设法找到检测蜜罐的手段和技术，而蜜罐制造者也在努力改善蜜罐，使得攻击者难于发现这是一个蜜罐系统。

另外，值得关注的是，如果一个高交互性的蜜罐被破坏或利用了，那么攻击者会尝试将它作为一个破坏或控制其他系统的"肉机"系统。此外用客户端蜜罐检测和分析恶意 Web 服务器比较困难。因为如果客户端蜜罐从一个特定的网络访问一个恶意服务器，客户端攻击就无法触发或只激发一次。由于不断重复的交互，恶意服务器将不可能再发动客户端攻击，这就使得在跟踪和分析恶意服务器及其攻击时较为困难。

 本章小结

本章首先介绍了网络攻击的概念和过程。网络攻击是指对网络系统的机密性？完整性？可用性？可控性和抗抵赖性产生危害的行为？这些行为有四个方面：信息泄漏攻击？完整性破坏攻击？拒绝服务攻击和非法使用攻击。从攻击的手段看分为主动攻击和被动攻击。一次完整的网络攻击包括：准备、实施和善后三个阶段。网络攻击通常借助漏洞扫描器等一些工具进行攻击前的准备工作。

　　本章还介绍了常见的网络攻击及其防范措施。对于缓冲区溢出攻击，首先介绍缓冲区溢出的原理，接着给出了实施缓冲区溢出攻击的步骤，最后给出了防范措施。拒绝服务攻击DOS 是当前常见的网络攻击，其攻击形式多样，实施方法简单，危害较大、防范较难，特别对分布式拒绝服务攻击 DDOS 更是如此。本章还介绍了 SQL 注入攻击、跨站点脚本攻击、挂马网站等网站攻击，并给出了对应的防范措施，最后介绍了蜜罐技术。

本章习题

1. 网络通信过程中的攻击主要有哪几种？
2. 网络攻击的过程分为哪几个阶段？
3. 攻击者实施攻击后，隐藏自己行踪的技术有哪些？
4. 简述缓冲区溢出攻击的原理及防范方法。
5. 简述拒绝服务攻击的原理和防范措施。
6. 描述你所见过的几种网站攻击现象。
7. 什么是跨站脚本攻击？什么是 SQL 注入攻击？简述它们的原理。
8. 蜜罐有哪几种类型？为什么说蜜罐技术属于主动安全技术？

第6章 黑客技术

随着人们网络安全意识的提高和网络安全技术的发展，黑客（Hacker）技术也在不断升级。黑客是指那些利用网络或软件的安全漏洞，对网络系统发动攻击的人。黑客的目的主要有两个：一是为寻求刺激或为满足个人或某些组织的利益，而对网络系统进行攻击；二是为与黑客对抗、保护系统安全而进行具有黑客性质的攻击。

本章将介绍黑客攻击网络的流程、技术和常用手段，介绍防范黑客攻击的基本方法及攻防实例。主要包括以下知识点：

◇ 黑客攻击的流程；

◇ 黑客常用攻击技术；

◇ 黑客针对网络的攻击。

通过学习本章内容，读者可以了解黑客攻击的过程、常用技术和手段，理解其攻击原理，掌握基本的黑客攻防知识，提高网络安全防范能力。

6.1 黑客的动机

在开始的时候，某些人只是出于好奇心，对未知的网络世界进行探索。当攻破一道又一道已经设定好的防线，访问了一些不允许访问的资源时，这些人已经成为"黑客（Hacker)"。最初的"黑客"大多只是对技术的热衷，并没有对网络造成什么危害。但后来因受到他人蛊惑或在社会上受到挫折，开始非法入侵一些网站并对其进行破坏，这就对国家和公众的安全及稳定造成了威胁。黑客对网络发动攻击，主要有两个方面的动机。

1. 个人利益

黑客一开始是出于个人利益（包括：好奇心、求知欲等个人因素），在发现一些漏洞之后，通过一些工具软件能"黑"别人的机器。网络上有许多这样的黑客工具软件，既使是黑客新手也能对网络造成危害。所以，在发现漏洞之后应通知软件开发商，并在软件开发商发布补丁之后，再发布漏洞信息；当无意进入他人服务器时，不要对其资源进行复制、传播和破坏等。

2. 团体利益

为了团体利益的黑客对于网络将会超成更大的威胁和破坏。如：黑客通过不法手段从政府、企业窃取机密信息给竞争对手，以及通过攻击门户网站发布假消息等。黑客团体附有团体利益，对网络的攻击能力较强，一旦被不法分子利用，将会对网络安全甚至社会稳定造成巨大影响。

以上分析了黑客的两个主要动机。当然在网络上各式各样的人都有，黑客的心理是复杂的，动机有时不明确，但不管怎样都应保护网络系统免受侵犯。

6.2 黑客攻击的流程

下面讨论黑客入侵的几个步骤。回忆一下在电影中小偷偷东西时，一般会有哪些步骤呢？在图6－1中，如何才能得到图中的宝物呢？

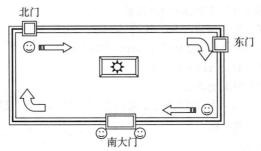

图6－1 小偷盗宝示意图

在一个戒备森严的城池中如何取得其中的宝物呢？当然这里的限制是不能穿越城墙。电视中这类场景很多，一般都是在该城堡附近蹲点观察这里的守卫情况，或以参观者的身份去城堡里探听虚实；然后试图结识这里的守卫或者其他人员以获取信任，并通过信任取得宝物封存之处，通过偷盗手段窃取宝物，然后清理现场逃走。黑客也采取类似的手段，只是他们更无形、更隐匿。下面从四个方面阐述黑客的攻击方法和手段。

6.2.1 踩点与扫描

在Internet中，要想知道被攻击机构的实际情况，采取的方法是：踩点和扫描。

1. 踩点

踩点是攻击者通过系统的手段，对目标机构安全状况进行了解的过程。黑客使用一些工具和技术加上耐心，从未知的、庞大的Internet中掌握目标状况，包括：域名、网络区域、IP地址及相关网络安全状况等。

踩点可以发现与如下环境相关的信息：Internet、Intranet（企业内部互联网）、远程访问。表6－1描述了黑客试图确定的网络环境及关键信息。

表6－1 黑客能够确定的网络环境和关键信息表

技术	可确定内容
Internet	域名 网络区域 Internet可访问的IP地址 运行在系统上TCP and UDP服务 系统体系结构（例如：x86，Mac，Sparc） 操作系统类型（例如：UNIX，Linux，Windows） 访问控制机制及访问控制列表 确定入侵检测系统类型 系统信息，包括用户与用户组，路由表，SNMP、DNS信息等

技术	可确定内容
Intranet	使用的网络协议（例如：IP、IPX、DecNET 等） 内部域名 网络区域 Internet 可访问的 IP 地址 运行在系统上的 TCP and UDP 服务 系统体系结构（例如：x86, Mac, Sparc） 操作系统类型（例如：UNIX, Linux, Windows） 访问控制机制及访问控制列表 确定入侵检测系统类型 系统信息，包括用户与用户组，路由表，SNMP、DNS 信息等
远程访问	模拟数字电话号码 远程系统类型 授权机制 VPNs 及相关协议，如：IPSec、PPTP

2. 踩点的目标

黑客踩点就是确定目标所有的相关信息。通常处于网络中的主机会采取如：防火墙（Firewall，FR）、入侵检测系统（Intrusion Detection System，IDS）等防护措施。然而服务器总是要提供服务的，如 Web 服务、FTP 服务等。只要提供服务，黑客就能从中发现问题和某些系统信息，如：操作系统类型、运行哪些网络服务等。当然有一些网络主机不直接与Internet 连接，需要通过层层验证才能访问到。系统是什么样的访问机制？它的访问列表存于何处？这些信息通过踩点都能发现，当然还需要有极大的耐心。

3. 网络踩点的过程

既然黑客进行攻击之前需要对网络进行踩点，那具体的踩点又是如何进行的呢？首先，黑客利用系统对外提供正常服务时的弱点，使用工具软件进行踩点。踩点分主动和被动两种，其中被动踩点是黑客保护自己在不被查觉的情况下，进行的踩点。这种踩点方式通过接收由目标机器发出的数据包，分析目标机的操作系统类型、开启的服务类型等信息。

如前所述，要想捕获网络数据包，攻击机与被攻击机应该在同一广播网段内，黑客从被攻击机的网段中找一台容易入侵的主机，完成数据包的嗅探和踩点。而主动踩点则是通过向攻击机发送数据包，从返回的响应中完成踩点的方式。这种方式有一点不足是容易被 IDS 检测到，所以，黑客需注意避开 IDS。

下面以 Xprobe2 为例，介绍黑客如何取得目标的操作系统类型及黑客进行网络踩点的过程。Linux 下的 Xprobe2 是通过主动踩点方法，获取目标操作系统类型的一种工具。该软件通过 ICMP、TCP 及 UDP 协议识别操作系统类型，隐蔽性较好，一般的 IDS 很难发现，其特点是它不发送畸形数据包，而是使用一些基本的协议，实现对操作系统的检测。网络中的IDS 可能会配置对该方式的检测，但因该方法产生的数据包与网络噪声类似，所以会造成IDS 的误报和产生大量的日志。

值得说明的是该工具的"模糊"计算能力很强，可根据匹配矩阵对结果评分，并得到一个优先列表。下面给出在对百度及一些常见域名得到的结果（这里只列出最后的结果，其他还包含模块启动信息、完成信息等）。

```
[root@ localhost ~]#xprobe2 www.baidu.com
Xprobe2 v.0.3 Copyright(c)2002 -2005 fyodor@ o0o.nu,ofir@ sys -
security.com,meder@ o0o.nu
[ +]Target is www.baidu.com
.....
[ +]Primary guess:
[ +]Host 119.75.216.30 Running OS:"Apple Mac OS X 10.3.7"(Guess
probability:100% )
[ +]Other guesses:
[ +]Host 119.75.216.30 Running OS:"Apple Mac OS X 10.3.8"(Guess
probability:100% )
[ +]Host 119.75.216.30 Running OS:"Apple Mac OS X 10.3.9"(Guess
probability:100% )
[ +]Host 119.75.216.30 Running OS:"Apple Mac OS X 10.4.0"(Guess
probability:100% )
[ +]Host 119.75.216.30 Running OS:"Apple Mac OS X 10.4.1"(Guess
probability:100% )
[ +]Host 119.75.216.30 Running OS:"HP JetDirect ROM F.08.08 EEPROM
F.08.20"(Guess probability:100% )
.....
[root@ localhost ~]#xprobe2 www.google.com
[ +]Target is www.google.com
.....
[ +]Primary guess:
[ +]Host 66.249.89.103 Running OS:"Apple Mac OS X 10.3.7"(Guess
probability:100% )
.....
[root@ localhost ~]# xprobe2 www.yahoo.com.cn
[ +]Target is www.yahoo.com.cn
[ +]Primary guess:
[ +]Host 202.165.102.205 Running OS:"Foundry Networks IronWare
Version 03.0.01eTc1"(Guess probability:100% )
[ +]Other guesses:
[ +]Host 202.165.102.205 Running OS:"Linux Kernel 2.6.0"(Guess
probability:91% )
[ +]Host 202.165.102.205 Running OS:"Linux Kernel 2.4.30"(Guess
probability:91% )
```

💡 **注意**：如果该工具提示：socket：Operation not permitted，需要在 ROOT 权限才能执行。

从输出记录来看，该工具对于操作系统的判断能力是很强的，上面的结果有 100% 的，同样也有 91% 的，也就是说该工具给出一个最大可能性的结果。因为有些系统的某些返回值会被网络管理员修改，以防止类似这样的攻击。如：Ping 命令（利用 ICMP 协议）的 TTL 值，是可能指示操作系统类型的，但网络管理员都会修改这个值，以迷惑黑客。

4. 扫描与踩点的关系

扫描也属于踩点范畴，只不过扫描更关注目标主机运行的服务类型、开放端口、漏洞等（有关网络安全扫描的内容请参见本书第 8 章）。扫描的范围包括：IP 地址范围、端口范围等。端口范围的扫描（端口扫描）分为 TCP/UDP 全扫描、标识扫描、FTP 反弹扫描和源端口扫描等。其中 TCP 连接扫描是完整的 TCP 全开放扫描（包括：SYN、SYN/ACK、ACK 等），但它易被对方的防火墙、IDS 所拦截，得不到真实的端口开放情况。TCP 连接扫描是一种渗透到内网后，进行内网主机端口开放情况的扫描。这类工具软件有：Superscan、X-scan、Nmap 等。

5. 黑客如何避开检测进行踩点

扫描分为主动扫描和被动扫描。其中主动扫描向目标机器发送特殊数据包，通过目标机器（如：服务器）的响应，完成扫描任务，由于是主动向目标机发送数据，所以很容易被拦截，造成这种主动扫描可能不能完成踩点任务。黑客要避开检测进行踩点，往往采用被动扫描工具，通过监听网络中的数据包完成踩点。

如何才能监听到目标机器的数据包呢？一般情况下，黑客并不在目标机器的网段内，无法嗅探到由目标机器发出或者接收的数据包，因此，黑客会在目标机器网段内找一台"傀儡"机（又称"肉机"），然后在这台机器上上传扫描工具，完成对目标机器的踩点，如图 6-2 所示。

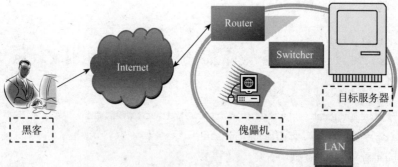

图 6-2 通过傀儡机扫描目标服务器示意图

6.2.2 查点和获取访问权

查点（Enumeration）指查看目标用户有关信息的途径、方法和过程，与前面讨论的踩点的区别是：查点会引起目标系统的注意。查点与目标系统建立活动连接、查询信息，而这些操作会被系统日志记录或被 IDS 等检测到。黑客通过查点试探用户账户信息（随后进行密码的暴力破解）、查看是否存在配置错误的共享资料，或存在攻击漏洞的旧版软件（如：存在缓冲区溢出漏洞的 Web 服务器软件），只要查到这些信息，黑客攻破目标系统就只是时间问题了。

通过踩点和扫描先行得到有关目标主机平台和端口的信息后，查点就可开始。实际上查点与扫描是绑定在一起的，如：Super Scan 工具。通过该工具可获得开放的端口及在该端口上开启的服务。另外，通过 telnet 工具（在大多数系统上都有）连接系统端口，查看相应的响应，也可得到运行在该端口上的服务软件及版本等信息。类似的工具软件还有 ftp、nslookup、figure 等。

黑客通过查点取得用户信息后，再通过 FTP 匿名方式连接到目标系统，即可获得一些访问权限。下面讨论在 Windows 及 UNIX 系统下如何获取访问权限。

1. 在 Windows 下获取访问权

传统破解 Windows 系统的方法是：在 Server Message Block（SWB）协议上操作，攻击文件和打印服务，如果 SMB 是可访问的，尝试不同的用户名与密码组合访问共享文件（如：IPC $ 、C $ ），有以下命令：

```
FOR/F"tokens =1,2 * "% i in(credentials.txt)do net use \target/IPC $ %
i /u:% j
```

其中：credentials. txt 文件是用户名与密码对，即密码字典。在表 6 - 2 中第一列为密码，第二列为用户名。

表 6 - 2　密码字典示例

" "	Administrator
Password	Administrator
Admin	Administrator
Administrator	Administrator
Secret	Administrator

假设目标机器已经打开 SMB 服务，且防火墙没有对该项服务进行拦截，那么将 target 替换成目标机器 IP 或者域名，就有可能成功得到该共享的访问权。能实现类似功能的第三方工具还有 NAT、SMBGrind 等。为此，需采取措施限制访问 SMB 协议，如：使用防火墙限制访问、使用 Windows 的 IP 安全标准（IPSec）、使用 Internet Connection Firewall（ICF）等，或者直接禁用 SMB 等。

在网络连接对话框，选择"高级"菜单中的"高级设置"，打开如图 6 - 3 和图 6 - 4 所示对话框，取消"Microsoft 网络的文件和打印机共享"，就关闭了 SMB 协议，不过这会给本地共享文件和打印设备带来不便。

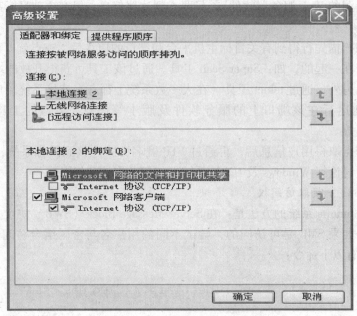

图 6-3　网络连接高级设备对话框

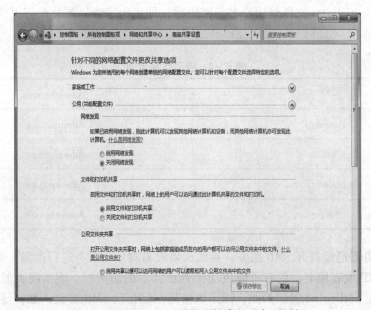

图 6-4　Windows 下网络连接高级设备对话框

2. 在 UNIX 系统下获取访问权

在 UNIX 下有以下几种方式获取访问权限。

1）通过 UNIX 的路由功能

利用 UNIX 内核允许 IP 转发功能，将原路由数据包穿过防火墙达到网络内部。在大多数情况下，攻击者很少直接攻击防火墙，而是视它为一个路由器，获取 UNIX 下的访问权限。

2）用户触发的远程代码执行

这种方式是指内部网络用户在浏览带有恶意代码的网页或者打开邮件时，触发远程代码取得系统的远程访问权。如果用户是以 root 用户浏览恶意网站，那下一步的权限提取都将省略。

3）混杂模式攻击

该方式是通过 UNIX 开启的网络嗅探器弱点实施攻击。如：通过伪造一个数据包，传给有问题的网络嗅探器实现攻击。

4）密码猜测

无论是 Windows 还是在 UNIX，如果有用户把密码设置为空或与用户名相同，那就会给黑客以可乘之机。如：Brute-force 攻击就是黑客在 UNIX 系统上，通过 TELNET、FTP、SSH、SNMP、POP/IMAP 及 HTTP/HTTPS 等服务进行密码猜测的攻击。这类自动猜测密码的工具软件有：Brutus、ObiWaN、THC-Hydra、TeeNet、pop. c 等，它们都可在网上找到。

6.2.3　权限提取与窃取

权限提取是指在低级别的用户权限之上，获取高级别用户权限，如从普通权限用户获得系统管理员权限。在 Windows 系统中管理员（Administrator）用户组中的用户，还有 System 用户（也叫"Local System"或"NT AUTHORITY/SYSTEM"账户）要比管理员的权限高。若得到管理员用户权限，再获取 System 权限就不再困难。

如上所述，权限提取就是利用系统或者软件漏洞取得比当前用户更高的权限。如：一个普通用户执行一个程序，但这个程序调用了一个系统调用，而这个系统调用进程具有 root 用户权限，这个系统调用又调用用户的程序，当系统调用存在漏洞，程序将以 root 用户得到执行。在 UNIX 系统中管理员是指 root 用户，该用户可以存取系统范围内的所有资源。

6.2.4　掩盖踪迹与后门

黑客通常会在入侵之后，将系统日志等相关记录信息删除，以免被系统管理员发现。如果要再次入侵，黑客就在已攻陷的主机上留下后门，以便再次进入。如前所述，后门又称为 Back Door，是一个与木马类似的可执行程序。后门程序通过操作系统漏洞、程序 BUG、协议安全漏洞进行传播。

黑客对后门非常关注，因为在配置有防火墙的系统中，一般防火墙的配置都是"外紧内松"，从外部访问将受到防火墙监控，而从内部访问则更容易通过。因此留下后门，对于下次非法访问将更加容易，因为防火墙防外不防内，通过后门从内往外与黑客主机或者傀儡机建立连接，可绕过防火墙。如图 6-5 所示。

除此之外，后门程序还与木马程序类似，也像木马程序一样记录用户操作，取得用户私有信息等，危害很大。从某种意义上讲，后门是技术含量相对较高的一类木马程序。

那么应如何阻止黑客利用后门程序入侵网络，可采取以下防范措施：一是由于网络协议软件漏洞、操作系统漏洞、打开的服务端口等都可能成为黑客入侵的通道，因此，首先要关闭不常用的服务端口和常打补丁；二是 Windows 的网上邻居、文件共享协议不安全，建议少用。如要上传文件，尽量使用安全性较高的 FTP 服务软件。

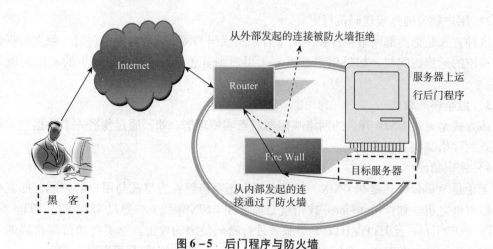

从外部发起的连接被防火墙拒绝

服务器上运行后门程序

目标服务器

从内部发起的连接通过了防火墙

黑客

图6-5 后门程序与防火墙

 ## 6.3　黑客常用攻击技术

　　黑客使用的攻击技术有很多，但要成功攻击一个复杂网络，需要多种技术综合才能实现。本节介绍几种典型的、常用的黑客攻击技术。

6.3.1　利用协议漏洞渗透

　　网络协议在网络中有广泛的应用，但许多网络协议尤其是早先设计的一些网络协议在安全方面考虑较少，漏洞较多。黑客常利用协议漏洞进行攻击。如：微软公司2009年公布的一个TCP/IP漏洞：MS08-001-WindowsTCP/IP，该漏洞允许远程执行代码。它是由Windows内核处理存储IGMPv3和MLDv2查询状态的TCP/IP结构的方式造成的。黑客利用此漏洞向计算机发送特制的IGMPv3和MLDv2报文实施攻击，攻击成功后，可进行程序安装、查看、更改或删除数据、甚至创建拥有完全用户权限的新账户等一系列操作。另外，Windows内核处理路由器广播ICMP查询的方式，也会造成TCP/IP存在拒绝服务漏洞，黑客通过在网上向计算机发送特制的ICMP报文，造成计算机停止响应和自动重启。

　　路由器是Internet中的重要互连设备，它承担不同网段之间的数据传递工作，这些工作通常需要路由协议配合完成。典型的路由协议中，开放最短路径（Open Shortest Path First，OSPF）协议和RIP（Routing Information Protocol，路由信息协议）都是内部网关协议（Interior Gateway Protocol，IGP），通常被用在单一自治系统内部动态选择路由。OSPF基于链路状态路由协议，RIP基于距离向量协议（Distance Vector Protocol）。接下来介绍OSPF路由协议中存在的漏洞。

　　OSPF是内部使用的连接状态路由协议，它保持有整个网络的一个动态路由表，并使用这个表判断网络间的最短路径。协议通过向同层节点发送连接状态信息进行工作，当路由器接收到这些信息时，它就根据SPF（Shortest Path First，最短路径优先）算法计算出到每个节点的最短路径。相邻路由器通过使用OSPF路由协议的Hello协议，每10秒发送一个问候包给目标路由器，然后接收这些路由器发回的信息。一个 OSPF 路由协议的 hello 信息包头，使用网络状况监视工具 iptraf 进行嗅探，如下所示：

```
OSPF hlo(a = 3479025376r = 192.168.19.35)(64 bytes)from 192.168.253.67
to 224.0.0.5 on eth0
```

192.168.253.67 边界路由器发送一个 hello 信息包给组播地址（224.0.0.5），告诉其他路由器和主机怎样从 192.168.19.35 联系区域 a（a = 3479025376）。一旦路由器接收到 Hello 信息包，它就开始同步自己的数据库和其他路由相同。

虽然 OSPF 协议内建有安全机制，比距离向量协议安全些，但是，黑客可通过捕获和重新注入 OSPF 路由协议信息包，修改链路状态广播（Link-State Advertisement，LSA）协议的几个组成部分，达到攻击 OSPF 的目的。LSA 协议是链接状态协议使用的一个分组，它包括有关邻居和通道成本的信息。当黑客发送带有最大 Max Age（交换机或路由器最大老化时间值，单位：s）设置的 LSA 信息包时，最开始的路由器就会产生刷新信息发送这个 LSA 包，引起在 age 项中的改变值的竞争。如果黑客持续地插入最大值到信息包，并发送给整个路由器群，将会导致网络混乱和拒绝服务攻击。

6.3.2 密码分析还原

对一种密码系统进行分析分为两种情况。

（1）分析人员核实它的完整性，以便进一步完善。

（2）攻击者发现它的弱点，以非法访问他人的文件和系统。前面第 2 章已经介绍了相关密码学知识，下面介绍密码分析技术。

1. 暴力破解

要破译密码，破译者需要借助超级计算机的强大计算能力，或借助许多互联网计算机。目前破译的方法有很多，如："暴力破解法"，该方法是把每一个可能的密钥都试一遍。如果密码系统使用长密钥，这种方法将不易奏效。因为 100 位长的密钥需要几百万年到几亿年的时间才能破译。然而，如果依据社会工程学知识先获取如：生日、电话号码、E-mail 名称、姓名等相关信息，生成密码字典，再用字典进行暴力破解，将提高破解效率。

2. 密码分析

对于对称密码，密码分析攻击机制有：微分与线性的密码分析、代数攻击和利用弱密钥等。如：DES 密码算法就有四个弱密钥，当使用这种密钥加密的明文再次加密时，原始的明文就会暴露。同样 IDEA 也有更多的弱密钥，在任何情况下，都要确保排除这些已知的密钥。攻击散列函数的主要形式是密码字典破解，但即使攻击成功的密码字典破解，密钥并没有泄露。

除以上方法外，还有密文直接分析法和密文比较法。密文直接分析法通过分析密文，显示其规律性；密文比较法则将明文样本与密文进行比较，尤其在流密码的情形下，进行动态分析、比较，通过微分加密密钥流获得结果，并将其与使用密码获得的实际结果进行比较，从而找到密钥。

6.3.3 利用软件漏洞渗透

应用漏洞是指运行的应用软件存在的漏洞。这些漏洞的影响与软件的使用范围有关，应用漏洞与协议漏洞一样，很容易被黑客所利用。但与协议漏洞不同的是：应用非常普遍的漏洞造成的破坏非常大。例如，如果微软的 IE 浏览器有漏洞，当用户浏览带有恶意的站点时，将会受到攻击，造成允许恶意代码在本地执行、下载木马、安装后门等。如果是 PC，那么个人私密信息将会泄密或被黑客挟持，以攻击其他机器。如图 6 - 6 和图 6 - 7 所示的是最近几年发现的漏洞数量和所占百分比示意图。

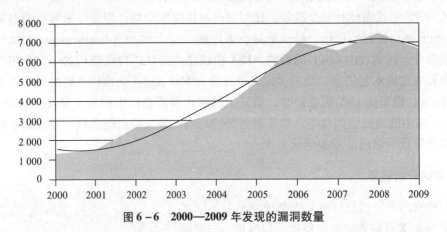

图 6 - 6　2000—2009 年发现的漏洞数量

随着网络应用范围和领域的进一步扩大，各种应用漏洞也层出不穷，缓冲区溢出漏洞就是其中一种典型的应用漏洞。黑客通过应用漏洞分析了解和掌握系统中的问题。所谓应用漏洞分析是指根据应用中出现的一些现象和提示，分析应用软件存在的漏洞，进而实施攻击。如：当程序运行出错时，如果非正常提示或直接崩溃，黑客便分析这个程序可能存在"缓冲区溢出漏洞"，进而通过调试程序找到问题，然后编译特定的输入让软件缓冲区溢出，并执行恶意代码，从而达到缓冲区溢出攻击的目的。

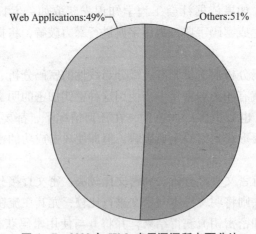

图 6 - 7　2009 年 Web 应用漏洞所占百分比

6.3.4　利用病毒攻击

1. 计算机病毒

计算机病毒是指通过修改正常程序而进行感染和破坏的程序指令。这种修改包括向正常程序注入病毒代码，使病毒程序得到复制，从而继续感染其他正常程序。计算机病毒最早出现在 20 世纪 80 年代，其术语是 1983 年由 Fred Cohen 提出的。

计算机病毒通过它自身携带的病毒代码进行完全的自我复制，典型的病毒会将恶意代码插入到正常程序中。这样，一旦被感染的计算机与未被感染的软件交互，病毒的一个副本就会感染新的程序。因此，病毒通过互相信任用户之间的磁盘或网络交换数据在计算机中间传播；在网络环境下，病毒通过计算机之间的互访和网络所提供的系统服务进行传播。

病毒把自己附着在宿主程序上，随着宿主程序的运行而悄悄地运行。一旦病毒执行，它就能够实现任何功能。黑客就是利用病毒留后门，后门程序实际上就是一种软件病毒。

2. 病毒的组成和周期

计算机病毒由以下三个部分组成。

（1）感染机制（infection mechanism）。是指病毒传播和使病毒能够自我复制的方法。感染机制也被称为感染向量。

（2）触发条件（trigger）。是指激活或交付病毒有效载荷的事件或条件。

（3）有效载荷（payload）。是指病毒除传播之外的活动。有效载荷可能包括破坏活动，也可能包括无破坏但值得注意的活动。

计算机病毒是有生命周期的，在其生命周期中，典型的病毒经历四个阶段。

（1）潜伏阶段（dormant phase）。病毒处于休眠状态，最后病毒会被某些事件激活，如：CIH 病毒，选择每月 26 日作为活动日。

（2）传播阶段（propagation phase）。病毒将自身的副本插入其他程序或硬盘上某个与系统相关的区域。这个副本也许和原始版本不完全一样；病毒通常通过变异来逃避检测。每个被感染的程序都包含病毒的一个副本，而且这些副本也会自己进入传播阶段。

（3）触发阶段（triggering phase）。病毒被激活以执行其预先设定的功能。和潜伏阶段一样，病毒进入触发阶段可以由多种系统事件引起，如：病毒自身复制的次数。

（4）执行阶段（execution phase）。执行病毒功能。有的功能是无害的（如：在屏幕上显示一个信息或播放一段音乐等），有些功能是破坏性的（如：破坏硬件、修改系统参数、删除数据文件等）。

计算机病毒一般基于特定操作系统，以某种特定的方式执行，在某些情况下，还可能是针对某个特定的硬件平台，因此，黑客在设计病毒时，往往利用操作系统的漏洞及病毒的可传播性、可复制性对网络进行攻击。黑客利用病毒实施网络攻击有三点优势：一是借用病毒的传染特性，对网络的攻击速度快、攻击面广、效率高；二是隐蔽性强，病毒在前面攻击、传播和破坏，黑客则躲在后面；三是易达到攻击目的。黑客在运用其他攻击技术攻击一些重要网站受挫时，采用病毒攻击往往容易成功。常见的病毒攻击有：ARP 病毒攻击、CIH 病毒攻击、熊猫烧香病毒攻击、"黑鸽子"病毒攻击等。

6.4 针对网络的攻击

黑客与网络密不可分，黑客为能获得更多的网络控制权，得到不应得到的资源和信息，或者使目标服务器崩溃，往往攻击网络。对网络进行攻击是黑客们主要的攻击内容，对网络实施攻击有多种方式，下面介绍几种黑客常用的攻击方式。

6.4.1 对无线网络的攻击

自无线网络出现以来，其安全问题一直是人们所普遍关注的。近些年来宽带移动业务也已从 GRPS 通信方式转到 Wi-Fi 模式，无线局域网（简称 WLAN）的访问速度也不断提高。无线网络基于 802.11x 系列协议，其传输通过微波信号，在这个区域之内的无线网络只要在相同频段，就可收到数据包。如：802.11 工作在 2.4GHz 频段，可对本区域内的无线网络进行攻击。

黑客对无线网络的攻击主要有以下几种。

1. 拒绝服务攻击

制造一个无线干扰源，让本区域的无线通信质量变差，甚至无法通信，即无法提供服务。由于拒绝服务攻击只是阻断网络正常的数据传输，并没有从中得到有用的信息或资源，所以这并不是黑客的最终目的。

2. 密钥分析攻击

黑客通过收集无线网络中的数据包加以分析可能解析出密码。如：破解 WEP 加密。WEP（Wired Equivalent Privacy，WEP）称为有线对等保密，它是一种数据加密算法，它使用 RSA 数据安全公司开发的 RC4 算法，提供等同于有线局域网的保护。使用该加密技术的无线局域网，所有客户端与无线接入点的数据都以一个共享的密钥进行加密。

密钥的长度有 48 位和 256 位两种，密钥越长，黑客破解时间越长，因此能够提供更好的安全保护。WEP 加密的密文分散在每次发送的数据包中，通过收集一定数量的数据包，再重新组合就可能得到 WEP 密钥。

无线网线和有线网络一样，也有 OSI 模型中的相应层次，因此，针对有线网络的攻击对无线网络同样有效，如：会话挟持等手段，在无线网络中也较常见。

6.4.2 对网络安全设备的攻击

防火墙基于 OSI 模型中的网络层对网络进行安全保护，它负责网络间的安全与传输。但随着网络安全技术的发展和网络应用的多元化，现代防火墙技术已向网络层之外的其他安全层次延伸，也就是说现代防火墙不仅具有传统防火墙的过滤功能，同时还为各种网络应用提供可靠的安全服务。

防火墙通过设定过滤规则对访问内网的外部连接进行严格审查，一般来讲，只要防火墙设置有效，黑客将难以通过防火墙。黑客为探测目标系统是否配置有防火墙，常常采用以下两种方法进行探测：一是扫描与路由跟踪，黑客通过直接扫描或路由跟踪，确定目标系统之外是否有防火墙；二是观察 SYN/ACK 反馈，通过防火墙对于 SYN/ACK 的响应，探测是否存在防火墙。下面介绍几种黑客针对防火墙的攻击。

1. IP 欺骗

黑客为攻击防火墙伪造一个源 IP 地址，该源 IP 地址一般为防火墙内网的地址，而防火墙对于内网的 IP，通常配置情况下不予过滤，这就是 IP 欺骗攻击。为此，防火墙必须结合物理接口对 IP 地址进行判断，以防范 IP 欺骗。

2. 修改 TCP/UDP 协议包

对有合法的源地址和目的地址、且端口号相同的数据包，基于包过滤的防火墙是允许通过的（即使该数据包是有意伪造的），于是黑客通过修改 TCP/UDP 协议包，可隐藏、保护自己，又实现攻击。

3. 分片伪造

链路层有一个最大传输单元 MTU，它限制数据帧的最大长度，不同的网络类型都有一个上限值。以太网的 MTU 是 1 500，用 netstat-i 命令可查看到这个值。如果 IP 层有数据包要传送，而且数据包的长度超过 MTU，那么 IP 层就要对数据包进行分片（fragmentation）操作，使每一片的长度都小于或等于 MTU。如果数据包加上 IP 包头长度后大于 MTU，就会分片。

黑客通过分片伪造实施两种攻击：一种是通过超长规则的分片方式，让防火墙因为处理算法的问题直接崩溃；另一种是利用防火墙对分片的 IP 包，只检查第一个分片的源地址而不检查后续分片的方式进行攻击。因为第一个分片通过，后续分片将直接通过防火墙实施攻击。

本章小结

本章从黑客的动机开始，叙述黑客的攻击流程、技术与攻击方式。黑客技术涉及网络基础、TCP/IP 协议、SOCKET 编程、系统编程等多方面的知识，本章只是从原理方面讲述黑客技术，在掌握了这些原理的基础上，再了解更多、更新的黑客技术将会更加容易。学习和了解更多的黑客技术，不是为了去做黑客，俗话说"知己知彼，百战不怕"，掌握黑客攻防技术，可使我们更加有效地保护网络的安全，这才是本章真正的学习目的。

本章习题

1. 黑客攻击的流程是怎样的？
2. 网络踩点有哪些方式，划分的依据是什么？
3. TCP/IP 协议主要有哪些安全漏洞？
4. 拒绝服务攻击为什么难以防范？
5. 后门程序与木马程序一样吗？应如何防范？
6. 黑客对防火墙的常用攻击方式有哪些？

第7章 防火墙技术

防火墙（Firewall）是目前保护计算机网络的主要安全设备。作为一种隔离控制技术，防火墙在内部网络和不安全的外部网络（如：Internet）之间建立起一道屏障，阻止外部对内网的非法访问，同时，阻止重要信息从内网非法流出。本章将详细介绍防火墙的概念、组成、分类、体系结构、工作原理和相关技术等内容。主要包括以下知识点：

◇ 防火墙的定义与分类；

◇ 防火墙的工作原理；

◇ 防火墙的体系结构；

◇ 防火墙关键技术。

通过本章内容学习，读者可以对防火墙的原理、技术及其发展等有一个较全面的了解，掌握防火墙的概念和安全过滤规则的简单设置，学会防火墙在计算机网络中的部署和使用；了解防火墙一些新技术的发展。

7.1 防火墙概述

防火墙是一种主要的网络安全系统，它将网络隔离成内网和外网，它是内外网之间的检查站，它对内外网之间的数据流进行监测、分析、管理和限制，通过对数据的过滤和筛选，防止未经授权的访问进出内部计算机网络，从而实现对内部网络资源和信息的安全保护。

7.1.1 防火墙定义与分类

1. 防火墙的定义

防火墙原指人们在房屋之间修建的一道墙，在火灾发生时，防止蔓延到别的房屋。在计算机网络中，防火墙是指设置在不同网络（如：可信任的内网和外网或专用网与不可信的公用网）之间的一系列部件（软件、硬件）的组合。它在内网和外网之间构建一道保护屏障，防止非法用户访问内网或向外网传递内部信息，同时阻止恶意攻击内网的行为。防火墙依照特定的规则，允许或是限制传输的数据通过。防火墙主要由服务访问规则、验证工具、包过滤和应用网关4个部分组成，就 PC 来讲，防火墙是一个位于计算机和它所连接的网络之间的软件或硬件，经该计算机流入流出的所有网络通信和数据包均要经过此防火墙。

防火墙具有很好的保护作用，从而保证防火墙的安全。入侵者必须首先穿越防火墙的安全防线，才能接触目标计算机。也就是说，防火墙一是能限制他人进入内部网络，过滤掉不安全服务和非法用户；二是限定用户访问特殊站点；三是为监视 Internet 安全提供方便。防火墙可以配置成不同保护级别。级别越高安全措施更严密也更安全。

目前防火墙是网络安全架构中最基本的安全设备，也是防范黑客最严、又较安全的一种防范措施。用户一些特别关键性的服务器（如：OA 服务器、WWW 服务器等），都应放在防火墙之后，如图 7 - 1 所示。即防火墙一般部署在相对独立的网络中，如：Intranet（企业内部网）、校园网等。

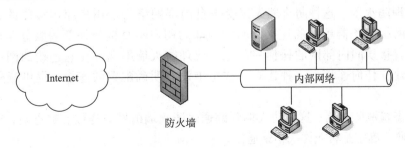

图 7 - 1 防火墙在网络中的位置

2. 防火墙的发展与分类

防火墙技术经过几十年的发展，现在已经比较成熟，发展过程已经历五个阶段：

1）第一代防火墙

第一代防火墙与路由器同时出现，采用包过滤（Packet Filter）技术。该技术对进出内部网络的所有信息进行分析，并按照一定的过滤规则对信息进行过滤，允许授权信息通过，拒绝非授权信息通过。

2）第二、三代防火墙

1989 年，美国贝尔实验室推出了第二代防火墙，即电路层防火墙，同时研发了第三代防火墙，即应用层防火墙（代理防火墙）技术。

3）第四代防火墙

到 1992 年，出现了基于动态包过滤（Dynamic Packet Filter）技术的第四代防火墙，这代防火墙采用的动态包过滤技术，是后来状态检测（Stateful Inspection）技术的前身。采用这种技术的防火墙最早由以色列的 CheckPoint 公司推出。

4）第五代防火墙

到 1998 年，NAI 公司（全称美国网络联盟公司）推出第五代防火墙，这代防火墙采用自适应代理（Adaptive proxy）技术，故又称代理防火墙。NAI 是全球第五大独立软件公司，也是世界上最大的致力于网络安全和管理的独立软件公司之一。其开发的 McAfee 是世界反病毒产品的第一品牌，在全球反病毒市场占有重要地位（NAI 于 2003 年改名为 McAfee，并于 2010 年被 Intel 公司收购）。

防火墙有多种分类方法，按采用技术的不同分为：包过滤防火墙、代理防火墙和状态检测防火墙三种；按所采用的软、硬件形式不同分为：硬件防火墙、软件防火墙和芯片级防火墙三种。

按所采用的技术防火墙可分为以下几种。

（1）包过滤防火墙。这种防火墙建立一套过滤规则，检查每一个通过的网络数据包，或者丢弃、或者允许通过。它是一种 IP 包过滤器，运行在底层的 TCP/IP 协议栈上，只允许符合特定规则的包通过，其余的一概禁止穿越防火墙（病毒除外，防火墙不能防止病毒侵入）。

这些规则通常经由管理员定义或修改，不过某些防火墙设备可能只能套用内置的规则。过滤规则通常利用IP包的多种属性，例如：源IP地址、源端口号、目的IP地址或端口号、服务类型（如：WWW或是FTP），也能经由通信协议、TTL值、域名或网段等属性进行过滤。

（2）代理防火墙。这种防火墙先接受来自内部网络特定用户应用程序的通信，然后建立与公共网络服务器单独的连接，网络内部的用户不直接与外部的服务器通信，所以服务器不能直接访问内部网的任何一部分。代理防火墙不允许在它连接的网络之间直接通信，不能建立任何连接。这种建立方式拒绝没有明确配置的连接，提供额外的安全性和控制性。

（3）状态检测防火墙。这种防火墙跟踪通过防火墙的网络连接和数据包，然后使用一组附加的标准，确定是否允许或拒绝通信。

根据所采用的软、硬件形式不同，防火墙可分为以下几种。

（1）软件防火墙。这种防火墙运行于特定的计算机上，它需要计算机操作系统的支持，一般来说这台计算机就是整个网络的网关，俗称"个人防火墙"。软件防火墙就像其他软件一样，需要先在机上进行安装和配置，同时要求网络管理员熟悉所工作的操作系统平台。

（2）硬件防火墙。这里所说的硬件防火墙是"所谓的硬件防火墙"，加上"所谓"是针对芯片级防火墙而言，它与芯片级防火墙的差别是：是否基于专用的硬件平台。目前大多数防火墙都是基于PC架构的硬件防火墙，它们和普通的PC没有太大区别。在这些PC架构计算机上，运行一些经过简化的操作系统，常用的有老版本的UNIX、Linux和Free BSD系统。需注意的是，这类防火墙采用其他厂商开发的内核，会受到操作系统本身的安全性影响。

（3）芯片级防火墙。芯片级防火墙是一种基于专门的硬件平台没有操作系统的防火墙，内嵌专用的ASIC（Application Specific Integrated Circuit，专用系统集成电路）芯片，它使用专用的操作系统，因此，防火墙本身的漏洞较少。同时，这种防火墙比其他类型的防火墙速度更快、处理能力更强、性能也更好，但价格相对昂贵。生产这类防火墙著名的厂商有：NetScreen、阿姆瑞特、Cisco等。

7.1.2 防火墙的功能与原理

1. 防火墙的工作原理

防火墙就是一种过滤器，它过滤的是承载通信数据的通信包，它只会说两个词：Yes或者No。防火墙都具有IP地址过滤功能，即检查IP包头，根据其IP源地址和目标地址作出放行/丢弃决定。如图7-2所示，两个网段之间隔了一个防火墙，防火墙的一端有一台UNIX计算机，另一边的网段则有一台PC客户机。当PC客户机向UNIX计算机发起telnet请求时，PC的telnet客户程序就产生一个TCP包，并把它传给本地的协议栈准备发送。接下来，协议栈将这个TCP包"塞"到一个IP包里，然后通过PC的TCP/IP栈所定义的路径将它发送给UNIX计算机。这个IP包必须经过PC和UNIX计算机中的防火墙才能到达UNIX计算机。

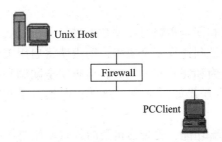

图7-2 防火墙的IP地址过滤功能

在实际中，仅靠地址进行数据过滤是不可行的，原因是目标主机上往往运行着多种通信服务，所以，还要对服务器的 TCP/UDP 端口进行过滤。如：默认的 telnet 服务连接端口号是 23，假如不许 PC 客户机建立对 UNIX 计算机（视它为服务器）的 telnet 连接，那么只需配置防火墙检查发送目标是 UNIX 服务器的数据包，把其中具有 23 目标端口号的包过滤即可。把 IP 地址和目标服务器 TCP/UDP 端口结合起来作为过滤标准，可实现可靠的防火墙。

客户机也有 TCP/UDP 端口，TCP/IP 是一种端对端协议，每个网络节点都具有唯一的地址。网络节点的应用层也是这样，处于应用层的每个应用程序和服务都具有自己的端口号。只有地址和端口都具备，才能建立客户机和服务器的各种应用之间的有效通信联系。其中服务器端一般提供 1023 以下的端口，其他端口则是与服务器相连接的客户端相对应的端口。

2. 防火墙的功能

防火墙主要具有以下功能。

1）数据包过滤

包过滤功能对通信过程中的数据包进行过滤，使符合事先规定的安全规则的数据包通过，而使那些不符合安全规则的数据包丢弃，即只允许符合安全策略的数据包通过。

包过滤功能确保了网络流量的合法性，并在此前提下防火墙将网络的流量快速地从一条链路转发到另外一条链路上去，即在一定的协议层进行访问规则的安全审查，将符合通过条件的报文从相应的网络接口送出，而对于那些不符合通过条件的报文予以阻断。因此，从这个意义上说，防火墙是一个多端口转发设备，它跨接于多个分离的物理网段之间，在报文转发过程中进行报文的审查工作。

2）控制内外网之间的所有数据流都经过防火墙

因为只有当防火墙是内、外部网络之间通信的唯一通道时，才可以全面、有效地保护内部网络不受侵害。防火墙通过允许、拒绝或重新定向经过防火墙的数据流，实现对进、出内部网络的服务和访问进行审计和控制。根据美国国家安全局制定的《信息保障技术框架》，防火墙适用于用户网络系统的边界，属于用户网络边界的安全保护设备。所谓网络边界是指：采用不同安全策略的两个网络连接处，如：用户网络和外网（互联网）的连接、用户网络与其他业务往来单位的网络连接、用户内部网络不同部门之间的连接等。

3）自身抗攻击

防火墙处于网络边缘，时刻都会受到黑客的攻击。因此，要求防火墙自身具有很强的抗攻击能力。要做到这点，必须满足以下两个要求：一是防火墙自身要安装安全性高的操作系统，二是防火墙本身只提供很少的服务，除了专门的防火墙嵌入系统外，其上不再运行其他应用程序。

4）审计和报警

在防火墙结合网络配置和安全策略对相关数据进行分析以后，就要做出接受、拒绝、丢弃或加密等决定。如果某个访问违反安全策略，防火墙将启用审计和报警功能，并作记录和报告。审计用以监控通信行为和完善安全策略，检查安全漏洞和错误配置。报警则是在有通信违反安全策略后，以多种方式如：声音、邮件、电话、手机短信息等及时通知网络管理员。

通过防火墙的审计和报警功能，管理员可及时发现网络是否受到了攻击。另外，通过查看日志可以进行相关数据的统计、分析，发现系统在安全方面可能存在的隐患，从而有针对性地采取改进措施。

5）网络地址转换

防火墙通过网络地址转换 NAT 功能，屏蔽内部网络的 IP 地址，从而对内部网络用户起到保护作用。NAT 又分 SNAT（Source NAT，源网络地址转换）和 DNAT（Destination NAT，目的网络地址转换）两种，其中 SNAT 是改变转发数据包的源地址，对内部网络地址进行转换，对外部网络是屏蔽的，使得外部非法用户难以对内部主机发起攻击。同时可以节省有限的公网 IP 资源，只通过少数一个或几个公网 IP 地址共享上网。而 DNAT 是改变转发数据包的目的地址，外部网络主机向内部网络主机发出通信连接时，先把目的地址转换为自己的地址，然后再转发外部网络的通信连接，这样外部网络主机与内部网络主机的通信，实际上变成了防火墙与内部网络主机的通信。网络地址转换功能现在也已成为防火墙的标准配置。

6）代理服务

防火墙的代理服务功能有以下两种实现方式。

（1）透明代理。透明代理是指内部网络主机需要访问外部网络主机时，不需要做任何设置，完全感觉不到防火墙的存在，即是"透明"的。基本原理是防火墙截取内部网络主机与外部网络的通信，由防火墙本身完成与外部网络主机的通信，然后把结果传回给发出通信连接的内部网络主机，在这个过程中，无论内部网络主机还是外部网络主机都感觉不到是在和防火墙通信。外部网络只能看到防火墙，这就隐藏了内部网络，提高了内部网络的安全性。

（2）传统代理。传统代理工作原理与透明代理相似，所不同的只是这种代理，需要在客户端安装代理服务器，因此与透明代理相比，这种代理的响应速度较慢，但有较高的安全性。

7）流量控制、统计和计费

流量控制分为基于 IP 地址的控制和基于用户的控制。其中基于 IP 地址的控制是对通过防火墙各个网络接口的流量进行控制，而基于用户的控制通过用户登录，控制每个用户的流量，从而防止某些应用或用户占用过多的资源，流量控制保证了重要用户和重要接口的连接。

流量统计是建立在流量控制基础之上的。防火墙通过对 IP、服务、时间、协议等流量进行统计，并与管理界面挂接，实时或以统计报表的形式输出结果。在此基础上，流量计费也就容易实现了。

8）虚拟专用网 VPN

在原先传统的防火墙设备中，是没有虚拟专用网（Virtual Private Network，VPN）通信功能的，早期的 VPN 网络设备也是作为单独产品出现的。以后，随着计算机网络通信技术的发展，人们把两种技术集成在一起，使防火墙具有了支持 VPN 的功能，两者集成在一起，要比单独设置一种 VPN 设备更加合理，也更加经济。

9）URL 级信息过滤

随着互联网应用的普及，人们对互联网的依赖性越来越强，一些已有的简单互联网应用已不能满足日益增长的应用需求。与 VPN 通信一样，许多用户（如：大中型企业和机构）常常需要与合作伙伴、供应商或分支机构进行双向通信，如果按传统的防火墙过滤原理，对每一个通信请求都进行严格的审核，那么容易引发通信瓶颈，造成通信性能下降。因此，对某些 URL 站点或目录进行特权访问，可不必这样频繁地审核，这就叫做 URL 级信息过滤功能。

目前国内的防火墙被国外的品牌占据了一半的市场，国外品牌的优势主要是在技术和知名度上比国内产品高。而国内防火墙厂商对国内用户了解更加透彻，价格上也更具有优势。防火墙产品中，国外主流厂商为思科（Cisco）、CheckPoint、NetScreen 等，国内主流厂商为东软、天融信、网御神州、联想、方正等，它们都提供不同级别的防火墙产品。

7.1.3　针对防火墙的攻击

对防火墙而言，网络分为可信任网络和不可信任网络，这两者是相对而言的。一般来讲，内部网络是可信任网络，而 Internet 等外部网络是不可信任网络。在内部网络中，一些需要特殊保护的网络及设备（如：Web 服务器、数据库服务器）是可信任网络，其他的内部网络是不可信任网络。

如前所述，防火墙通常部署在可信任网络与不可信任网络的边界，即内部网络的前端，它所保护的对象是网络中有明确闭合边界的网段。防火墙是可信任网络与不可信任网络之间唯一的出入口，在被保护网络的周边形成被保护网络与外部网络的一种隔离，即仅对穿过边界的访问进行控制，但对可信任网络内部之间的访问却无法进行控制，这就是边界保护机制。所以，防火墙主要用于保护内部网络安全，使其免受外部不可信任（即不安全）网络的攻击。

防火墙通常部署在可信任网络的边界，直接面对的是不可信任网络，因此，极易受到外部不可信任网络的攻击，如：Internet 中恶意访问者的攻击。针对许多主机操作系统和服务存在的缺陷、薄弱点或安全漏洞，以及系统配置文件不当、口令选择失误、安全配置错误和失误等问题。恶意破坏者可能会实施以下潜在的攻击，攻击对象是防火墙和内部网络。

1. 欺骗防火墙

恶意破坏者采取地址欺骗，即不可信任网络的用户伪装成可信任网络的地址等手段，欺骗防火墙后入侵内部网络，从而未经授权访问内部网络、盗取信息，或者绕过系统的认证进入被攻击系统；或者通过在内部网络中安装木马程序，实现对内部机器的控制。

2. 直接攻击防火墙

恶意破坏者可能采取包括协议漏洞攻击和碎片攻击等在内的手段，直接攻击防火墙使其死机或者失去本身应有的功能，或者控制防火墙为恶意破坏者所用。

3. 拒绝服务攻击 DoS

这种攻击现在非常普遍，对网络的危害也非常大，是防火墙较难阻挡的攻击之一。DOS 主要有以下几种攻击形式：Syn Flood 攻击；Smurf 攻击；Land based 攻击；Ping of Death 攻击；Teardrop 攻击；Ping Sweep 攻击；Ping Flood 攻击等。从原理上来讲，防火墙能有效地检测和阻挡以上攻击，不让这些 DoS 攻击渗透到内部网络中。

针对以上攻击，防火墙自身应具有非常强的抗攻击免疫力，这是防火墙担当内部网络安全防护重任的先决条件。防火墙处于网络边缘，时刻面对黑客的入侵，要求自身具有强大的抗入侵性能，具有该性能的关键是防火墙操作系统，只有自身具有完整信任关系的操作系统才是安全的。其次就是防火墙自身具有较低的服务功能，除了专门的防火墙嵌入系统外，再没有其他应用程序在防火墙上运行。

7.1.4 防火墙的局限性

防火墙可保护网络免受外部黑客的攻击，但其目的只是提高网络的安全性，不可能保证网络的绝对安全，事实上，一些防火墙不能防范的安全威胁仍然存在。随着相关攻击技术的发展，防火墙其自身的局限性也越来越显现出来，具体表现在以下几个方面。

1. 防火墙防外不防内

防火墙的安全控制只能用于内部网络，而无法控制外部网络，即：对外可屏蔽内部网络的拓扑结构，封锁外部网络的用户连接内部网络的重要站点或某些端口；对内可屏蔽外部危险站点，但它很难解决内部网络控制内部人员的安全问题，即防外不防内。而据权威部门统计，网络上的安全攻击事件有 70% 以上来自内部网络攻击。

2. 不能防范不经过防火墙的攻击

防火墙能够有效地防止通过它进行传输的网络数据流，然而不能防止不通过它而传输的网络数据流。例如，如果站点允许对防火墙后面的内部系统进行拨号访问，那么防火墙绝对无法阻止入侵者进行拨号入侵。

3. 不能防范恶意的知情者

防火墙可以禁止系统用户经过网络连接发送专有的信息，但用户可以将数据复制到磁盘、U 盘中，放在公文包中带出去。如果入侵者已经在防火墙内部，防火墙是无能为力的。不能防范恶意的内部人员入侵，内部用户偷窃数据，破坏硬件和软件，并且巧妙地修改程序而不接近防火墙。因此，对于来自知情者的威胁只能要求加强内部管理，如：主机安全和用户安全教育等。

4. 对用户不完全透明

随着高带宽网络业务的快速发展、用户数量的快速增长，传统防火墙身兼认证、访问控制、完整性检查等多项任务，处理能力有限，可能带来传输延迟。单一的防火墙不仅存在性能问题，还存在单点失效的瓶颈问题。

5. 防火墙管理和配置较复杂

防火墙的管理及配置相当复杂，易造成安全漏洞。要想成功地维护防火墙，要求防火墙管理员对网络安全攻击的手段及其与系统配置的关系有相当深刻的了解。防火墙的安全策略无法进行集中管理。一般来说，由多个系统（路由器、过滤器、代理服务器、网关、堡垒主机）组成的防火墙，管理上有所疏忽是在所难免的。根据美国财经杂志统计资料表明，

30%的入侵发生在有防火墙的情况下。防火墙只实现了粗粒度的访问控制，且不能与企业内部使用的其他安全机制（如访问控制）集成使用，这样，企业就必须为内部的身份验证和访问控制，管理维护单独的数据库。

6. 不能阻止染毒软件或文件的传输

防火墙不能消除网络上的 PC 的病毒，只能在每台主机上安装反病毒软件。这是因为病毒的类型太多，操作系统也有多种，不能期望防火墙去对每一个进出内部网络的文件进行扫描，查出潜在的病毒，否则的话，如果要完成防病毒的任务，那么将成为巨大的瓶颈。

7. 防火墙难于提供内外一致的安全策略

防火墙的安全控制主要是基于 IP 地址的，许多防火墙对用户的安全控制，主要是基于用户所用机器的 IP 地址而不是用户身份，这样就很难为同一用户在防火墙内外提供一致的安全控制策略，限制了企业网的物理范围。

7.2　防火墙体系结构

防火墙可以建成许多不同的结构，不同的结构所提供的安全级别不同，维护费用也不同，用户可根据自己的需求自由选择。各种组织机构根据不同的风险评估来确定不同的防火墙类型。本节给出一些典型的防火墙体系结构，用户可根据自身的网络环境和安全需要选择合适体系结构的防火墙。典型的防火墙体系结构有：多重宿主主机防火墙、屏蔽主机防火墙、屏蔽子网防火墙。需要说明的是，这些结构的防火墙都是在包过滤防火墙基础上构建的。

7.2.1　多重宿主主机结构

多宿主主机防火墙又称应用型防火墙，在运行防火墙软件的堡垒主机（Bastion Host）上运行代理服务器。多重宿主主机是一个被取消路由功能的主机，与多重宿主主机相连的外部网络与内部网络之间在网络层是断开的。这样，使得外部网络无法了解内部网络的拓扑。本节将介绍双重宿主主机防火墙。如图 7 - 3 所示。

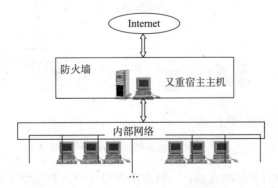

图 7 - 3　双重宿主主机防火墙体系结构

双重宿主主机有两个网络接口，这种主机可充当与这些接口相连的网络之间的路由器。它能从一个网络向另一个网络发送 IP 数据包，然而双重宿主主机的防火墙体系结构禁止这种发送。因此，IP 数据包并不是从一个网络直接发送到另一个网络。外部网络与双重宿主主机通信，内部网络也能与双重宿主主机通信。但是外部网络与内部网络不能直接通信，它们之间的通信必须经过双重宿主主机的过滤和控制。

为自身的安全，在堡垒主机上安装的服务最少，只需要安装一些与包过滤功能有关的软件，满足一般的网络安全防护即可。如它所拥有权限也最少，这样黑客即使攻陷堡垒主机，但仍不会拥有太高的网络访问权限，也就不至于给内部网络造成太大危害。

双重宿主主机体系结构防火墙只能以代理的方式提供服务，可用于维护系统日志、硬件拷贝日志和远程日志。采用这种体系结构的致命弱点是：一旦入侵者侵入双重宿主主机并使其具有路由功能，则任何网上用户均可随意访问内部网。

7.2.2　屏蔽主机结构

屏蔽主机防火墙由包过滤路由器和堡垒主机组成，它所提供的安全性能要比包过滤防火墙系统要强，因为它实现了网络层安全（包过滤）和应用层安全（代理服务）的结合。当入侵者在破坏内部网络的安全性之前，必须首先突破这两种不同的安全系统。

屏蔽主机防火墙体系结构使用单独一个路由器把内部网络和外部网络隔开，提供服务的主机只连接内部网络。如图 7 - 4 所示。堡垒主机位于内部网络上，它是 Internet 上的主机能连接到的唯一的内部网络上的系统。而包过滤路由器则放置在内部网络和外部网络之间。在路由器上设置相应的规则，使得外部系统只能访问堡垒主机。由于内部主机与堡垒主机处于同一个网络，内部系统是否允许直接访问外部网络，或者是否要求使用堡垒主机上的代理服务来访问外部网络完全由企业的安全策略来决定。对路由器的过滤规则进行配置，使得其只接收来自堡垒主机的内部数据包，就可以强制内部用户使用代理服务，从而加强内部用户对外部 Internet 访问的管理。

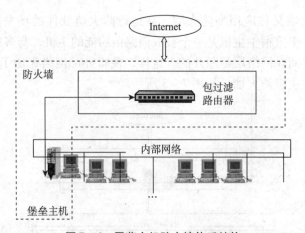

图 7 - 4　屏蔽主机防火墙体系结构

采用这种体系结构的致命弱点是：一旦攻击者设法侵入到堡垒主机，而且在堡垒主机和其余的内部主机之间没有任何网络安全措施存在的情况下，如果路由器被损害，整个网络就将对入侵者全面开放。

7.2.3 屏蔽子网结构

屏蔽子网防火墙利用两台路由器将连接的子网与内外部网络隔离开，堡垒主机及其他公用服务器放在该子网中，这个子网称为"停火区"或"非军事区"（DeMilitarised Zone，DMZ）。

1. 非军事化区（DMZ）

DMZ 位于内部网络和外部网络之间的小网络区域，它是为内部网络放置一些必须公开的服务器设施而划分的，如：Web 服务器、FTP 服务器和论坛等。另一方面，通过这样一个 DMZ 区域，更加有效地保护了内部网络，就是 DMZ 区。

DMZ 防火墙方案为要保护的内部网络增加了一道安全防线，它提供一个区域放置公共服务器，能有效地避免一些互联应用需要公开，而与内部安全策略相矛盾的情况发生。在 DMZ 区域中通常包括：堡垒主机、Modem 池及所有的公共服务器，如图 7-5 所示。但要注意的是，电子商务服务器只能用作用户连接，真正的电子商务后台数据需要放在内部网络中。

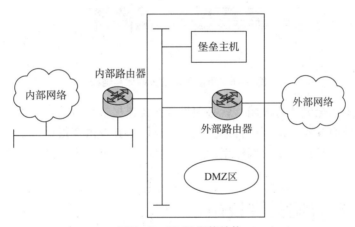

图 7-5 DMZ 网络结构

DMZ 是作为内外网都可以访问的公共计算机系统和资源的连接点，在其中放置的都是一些可供内、外部用户宽松访问的服务器，或提供通信基础服务的服务器及设备。比如企事业单位的 Web 服务器、E-mail（邮件）服务器、VPN 网关、DNS 服务器、拨号所用的 Modem 池等。这些系统和资源都不能放置在内部保护网络内，否则，会因内部网络受到防火墙的访问限制，而无法正常工作。DMZ 区通常放置在带包过滤功能的边界路由器与防火墙之间。边界路由器也可以是专门的硬件防火墙。

把 DMZ 区放在边界路由器与防火墙之间，是因为边界路由器作为网络安全的第一防线，具有包过滤功能，可起到一定的安全过滤作用，而防火墙作为网络的第二道防线，也是最后一道防线，它的安全级别通常要比边界路由器设置得要高。如：用于公共服务的一些服务器就不能放置在防火墙之后，因其安全级别太高，外部用户无法访问到这些服务器，达不到公共服务的目的，就说明了这种情况。

2. 屏蔽子网体系结构

被屏蔽子网体系结构增加额外的安全层到被屏蔽的主机体系结构中，即通过添加虚拟的内部网络更进一步地把内部网络与外部网络隔开。堡垒主机是用户网络上最容易受到侵袭的主体。通过虚拟的内部网络隔离堡垒主机，能减少堡垒主机被入侵的影响。可以说，它只给入侵者一些无关紧要的访问机会，但不是全部。在这种结构中，外部网络的侵袭者通过了第一道防火墙，他所看到的是一个虚拟的内部网络和堡垒主机。被屏蔽子网体系结构的最简单形式是，防火墙为两个屏蔽路由器，每个都连接到虚拟的内部网络即周边网络，一个位于周边网与内部网之间，另一个位于周边网与外部网（如：Internet）之间，其体系结构如图7-6所示。

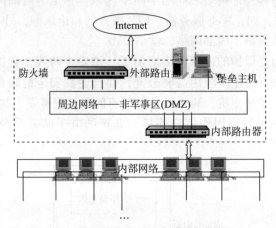

图 7-6　屏蔽子网防火墙体系结构

攻击者要试图完全破坏防火墙，就必须重新配置连接三个网的路由器，既切断连接，又不能把自己锁在外面，同时又不使自己被发现，这使得其攻击变得更加困难。实际所采用的防火墙的体系结构都是不同防火墙体系的组合，共同构筑安全可靠的防火墙。

 # 7.3　防火墙关键技术

防火墙经历了由简单到复杂、功能不断丰富和性能不断增强的过程。上节讲述了防火墙的一些体系结构，其中涉及一些防火墙的关键技术，包括：包过滤技术、代理技术和状态检查，下面进行详细的介绍。

7.3.1　包过滤技术

1. 基本概念

包过滤又称"报文过滤"，它是防火墙最传统、最基本的过滤技术。防火墙的产生也是从这一技术开始的，最早于1989年提出。防火墙的包过滤技术就是对通信过程中数据进行过滤，使符合事先规定的安全规则（或称安全策略）的数据包通过，而使那些不符合安全规则的数据包丢弃。这个安全规则就是防火墙技术的根本，它是通过对各种网络应用、通信类型和端口的使用来规定的。

防火墙对数据的过滤，首先是根据数据包中包头部分所包含的源 IP 地址、目的 IP 地址、源端口、目的端口、协议类型（TCP 包、UDP 包、ICMP 包）及数据包传递方向等信息，判断是否符合安全规则，以此来确定该数据包是否允许通过。如果接收的数据包与允许转发的规则相匹配，则数据包按正常情况处理；如果与拒绝转发的规则相匹配，则防火墙丢弃数据包；如果没有匹配规则，则按缺省情况处理。

包过滤防火墙是速度最快的防火墙，这是因为它处于网络层，并且对连接的正确性只是简单的检查。包过滤在一般的传统路由器上就可以实现，对用户来说是透明的。它的安全程度低，很容易暴露内部网络，使之遭受攻击。例如，HTTP 通常是使用 80 端口。如果公司的安全策略允许内部员工访问网站，包过滤防火墙可能设置允许所有 80 端口的连接通过，这样，知道这一漏洞的外部人员可能会在没有被认证的情况下，进入私有网络。另外，包过滤防火墙定义过滤规则比较复杂，维护也较困难，没有完整的日志文件。

2. 过滤规则实例

包过滤技术的应用非常广泛，因为包过滤技术相对较为简单，只需对每个数据包与相应的安全规则进行比较即可得出是否允许通过的结论，所以防火墙执行效率也非常高。而且这种过滤机制对用户来说完全是透明的，根本不需用户事先与防火墙取得任何合法的身份认证，用户根本感觉不到防火墙的存在，使用起来很方便。表 7-1 给出了包过滤防火墙的基本过滤规则。

表 7-1 过滤规则

组序号	动作	源 IP	目的 IP	源端口	目的端口	协议类型
1	允许	192.168.0.1	*	*	*	TCP
2	允许	*	192.168.0.1	20	*	TCP
3	禁止	*	192.168.0.1	20	<1024	TCP

1）第一条规则

主机 192.168.0.1 任何端口访问任何主机的任何端口，基于 TCP 协议的数据包都允许通过。

2）第二条规则

任何主机的 20 端口访问主机 192.168.0.1 的任何端口，基于 TCP 协议的数据包允许通过。

3）第三条规则

任何主机的 20 端口访问主机 192.168.0.1 小于 1024 的端口，如果基于 TCP 协议的数据包都禁止通过。

3. 包过滤防火墙的不足

以上介绍的是传统的静态包过滤技术，这种技术配置比较复杂，对网络管理员的要求较高，主要存在以下三点不足。

1）不能防范黑客攻击

包过滤防火墙在工作时基于这样一个前提，那就是网络管理员需知道哪些 IP 是可信网络的？哪些是不可信任网络的？但是随着远程办公等多种新应用的出现，网络管理员已不可能区分出可信任网络与不可信任网络的界限，如果黑客把自己主机的 IP 地址设成一个合法主机的 IP 地址，就可以轻易地通过包过滤防火墙。

2）不支持应用层协议

假如内网用户提出内网用户只允许访问外网的网页（使用 HTTP 协议），而不允许下载电影（一般使用 FTP 协议）这样一个需求，包过滤防火墙就无能为力，因为它不认识数据包中的应用层协议，访问控制粒度较粗糙。

3）不能处理新的安全威胁

包过滤防火墙不能跟踪 TCP 状态，对 TCP 层的控制有限。如：当它配置仅允许从内到外的 TCP 访问时，某些以 TCP 应答包形式从外部对内网进行的攻击，仍可穿透防火墙。

因此，这种最初的防火墙技术很快被更为先进的动态包过滤技术所取代。

7.3.2 代理技术

包过滤防火墙通过 IP 地址禁止未授权者的访问，但无法控制内部人员对外界网络的访问。代理防火墙技术则与包过滤技术不同，包过滤是在网络层拦截所有的数据包，而代理防火墙技术则是彻底隔断内网与外网的直接通信，内网用户对外网的访问变成防火墙对外网的访问，然后再由防火墙转发给内网用户。所有通信都必须经应用层代理软件转发，访问者任何时候都不能与服务器建立直接的 TCP 连接，这使得这种防火墙的安全性很高。

作为一种较新型的防火墙技术，代理防火墙分为应用层代理（application proxy）和电路层代理（circuit proxy）两种。

1. 应用层代理

应用层代理也称为应用层网关，它是基于软件的。工作时它对网络上任一层的数据包进行检查及身份认证，符合安全策略规则的通过，否则将被丢弃。允许通过的数据包由网关复制并传递，防止在受信任服务器和客户机与不受信任的主机间直接建立连接。应用层网关能够理解应用层上的协议，能够进行复杂的访问控制，如：限制用户访问的主机、访问时间及访问的方式等。需注意的是，需在防火墙主机上安装相应服务器软件才能实现以上功能，应用层网关使用 NAT 技术隐藏内部网络用户的 IP 地址，同时还可给单个用户授权。即使攻击者盗用了一个合法的 IP 地址，也通不过严格的身份认证。因此，应用层网关比包过滤防火墙具有更高的安全性，同时提供用户级的身份认证、日志记录和账户管理。

应用层网关技术的不足：一是认证使得应用层网关不透明，用户每次连接都要受到认证，给用户带来一些不便；二是这种代理技术需要为每个应用编写专门的程序；三是需对每一项服务都建立对应的应用层网关，显得不够灵活。

实现应用层网关的防火墙产品有：商业版防火墙产品、商业版代理服务器、开放资源软件等，如：TIS FWTK（firewall toolkit）、Apache、Squid 软件等。

2. 电路层代理

电路层代理又称为电路层网关，属于第二代防火墙技术，1989 年由贝尔实验室的 Dave Presotto 和 Howard Trickey 提出。它的应用原理是接收客户端连接请求，根据客户的地址及所请求端口，将该连接重定向到指定的服务器地址及端口上，代理客户端完成网络连接，然后在客户和服务器间中转数据。

这种技术的特点是：通用性强，对客户端应用完全透明，但在转发前需同客户端交换连接信息。

3. 代理的优点

主要表现为：易于配置；能生成各项记录；能控制进出流量；能过滤数据内容；能为用户提供透明的加密机制；可与其他安全技术集成。

目前的安全问题解决方案很多，如：认证（authentication）、授权（authorization）、数据加密、安全协议（SSL）等。代理可与这些安全技术集成，以增强网络的安全性。这也是网络安全的发展方向。

4. 代理的不足

主要表现为：速度慢；对用户不够透明；每项服务代理要求不同的服务器；对客户和过程有限制；不能保证免受协议漏洞的安全限制；不能改进底层协议的安全性。

5. 自适应代理技术

自适应代理技术（Adaptive Proxy，AP）也称动态代理技术，是一种增强形式的应用水平网关。它预取和取代异类数据，动态地考虑到网络的成本、数据大小、数据改变率等，这种技术主要用于实时应用（如：视频会议）中改进网页的性能。AP 技术结合了代理防火墙的安全性和包过滤防火墙的高速度等优点，在不损失安全性的基础上，提高代理防火墙的性能。

组成代理防火墙的基本要素有两个：自适应代理服务器（Adaptive Proxy Server）与动态包过滤器（Dynamic Packet Filter）。在自适应代理与动态包过滤器之间存在一个控制通道，在对防火墙进行配置时，用户将所需要的服务类型、安全级别等信息，通过 Proxy 的管理界面进行设置，然后，根据用户的配置信息，决定代理服务是从应用层代理请求还是从网络层转发包。如果是后者，它将动态地通知包过滤器增减过滤规则，满足用户对速度和安全性的双重要求。

7.3.3　状态检测技术

1. 基本原理

状态检测（stateful inspection）技术是新一代防火墙的核心技术，由 Checkpoint 公司率先提出，又称为动态包过滤技术。与传统的包过滤技术相比，状态检测技术对于新建的应用连接，首先检查预先设置的安全规则，允许符合规则的连接通过，然后在内存中记录下该连接的相关信息，生成状态检测表；最后对于该连接的后续数据包，只要符合状态表，就可以通过。

状态检测在网络层有一个检查引擎，截获数据包并抽取出与应用层状态有关的信息，并以此为依据决定对该连接是接受还是拒绝。这种技术安全性高，同时具有较好的适应性和扩展性。状态检测技术最适合提供对 UDP 协议的有限支持，它将所有通过防火墙的 UDP 分组视为一个虚连接，当反向应答分组送达时，就认为一个虚拟连接已经建立。状态检测防火墙在核心部分建立状态连接表，维护连接，规范了网络层和传输层行为。

状态检测技术对网络通信的各层实行检测，它检测通过 IP 地址、端口号及 TCP 标记，过滤进出的数据包。它允许受信任的客户机和不受信任的主机建立直接连接，不依靠与应用层有关的代理，而是依靠算法识别进出的应用层数据，这些算法通过已知合法数据包的模式比较进出数据包，因此，在理论上比应用级代理过滤数据包更有效。

2. 主要优点

1）安全性好

状态检测防火墙工作在数据链路层和网络层之间，它从这里截取数据包，这样防火墙确保了截取和检查所有通过网络的原始数据包。防火墙截取到数据包就处理它们，首先根据安全策略从数据包中提取有用信息，保存在内存中；然后将相关信息组合起来，进行一些逻辑或数学运算，获得相应的结论，进行相应的操作，如：允许数据包通过、拒绝数据包、认证连接、加密数据等。状态检测防火墙检测所有应用层的数据包，从中提取有用信息，如：IP地址、端口号、数据内容等，大大提高了安全性。

2）执行效率高

状态检测防火墙工作在协议栈的较低层，通过防火墙的所有的数据包都在低层处理，而不需要协议栈的上层处理任何数据包，这样减少了高层协议头的开销。另外，在这种防火墙中，一个连接建立起来之后，不用再对这个连接做更多工作，系统可以去处理其他连接，明显提高效率。

3）扩展性好

状态检测防火墙不区分每个具体的应用，只是根据从数据包中提取出的信息、对应的安全策略及过滤规则处理数据包，当有一个新的应用时，它能动态产生新的应用的新的规则，而不用另写代码，具有很好的伸缩性和扩展性。

4）配置方便，应用范围广

状态检测防火墙不仅支持基于 TCP 的应用，而且支持基于无连接协议的应用，如 RPC、基于 UDP 的应用（DNS、WAIS、Archie 等）等。对于无连接的协议，连接请求和应答没有区别。

（1）状态检测防火墙支持 RPC，因为对于 RPC 服务来说，其端口号是不定的，状态检测防火墙通过动态端口映射图记录端口号，为验证该连接还保存连接状态、程序号等，通过动态端口映射图来实现此类应用的安全。

（2）状态检测防火墙实现了基于 UDP 应用的安全，通过在 UDP 通信之上保持一个虚拟连接来实现。防火墙保存通过网关的每一个连接的状态信息，允许穿过防火墙的 UDP 请求包被记录，当 UDP 包在相反方向上通过时，依据连接状态表确定该 UDP 包是否被授权，若已被授权，则通过，否则拒绝。

3. 主要不足

状态检测防火墙仍只是检测数据包的第三层信息，无法彻底识别数据包中大量的垃圾邮件、广告及木马程序等，也就是说，不论哪种防火墙都有其固有的缺陷，不能满足用户对于安全性不断提高的要求。

7.3.4 防火墙配置实例

下面以 TD - W89741N 增强型防火墙为例，介绍防火墙的功能。该型防火墙可以对内部主机上网行为进行控制，通过"内网主机"、"外网主机"和"日程计划"三个参数，灵活组建上网控制规则，从而能在某个时间段内允许/禁止内部主机访问外网服务。

1）需求

（1）在周一至周五的上班时间段（8：30—18：00），仅允许张三（MAC 地址为 00：11：22：33：44：55）浏览网页，其他人都不能上网。

（2）非上班时间段所有人都可以上网。

2）实现

（1）设置防火墙缺省过滤规则。如图 7-7 所示，缺省过滤规则有两个选项，某些功能使用两个选项都可以实现。本例中设定"凡是不符合已设上网控制规则的数据包，禁止通过路由器"，同时防火墙功能暂时不开启。

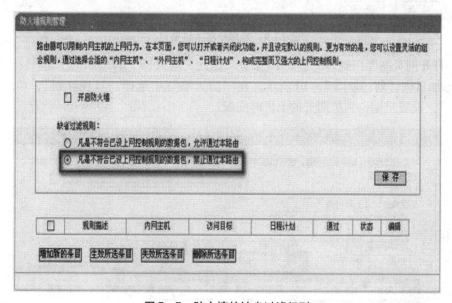

图 7-7 防火墙的缺省过滤规则

（2）设置张三在上班时间内可以浏览网页。

① 添加张三主机条目。如图 7-8 所示，在"防火墙"中选择"内网主机"，单击"增加新的条目"。

图 7-8 添加内网主机条目

② 添加外网主机条目。如图 7-9 所示，在"防火墙"中选择"外网主机"，单击"增加新的条目"，以添加 DNS 服务为例。

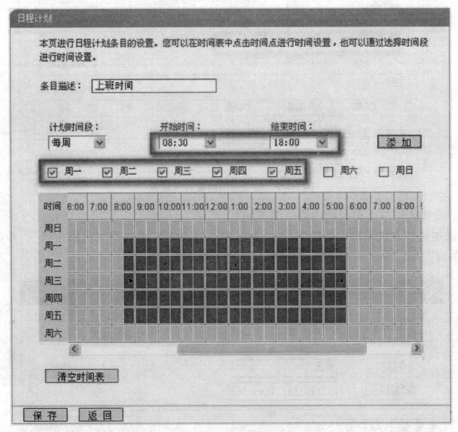

图7-9 添加外网主机条目

由于打开网页需要用到 http 或 https 服务，因此，增加80、443 端口。

③ 添加日程计划：如图7-10所示，在"防火墙"中选择"日程计划"，单击"增加新的条目"，设置星期一到星期五的上班时间段。

图7-10 添加日程计划

④ 添加防火墙规则。如图7-11所示，缺省规则中选择了"凡是不符合已设上网控制规则的数据包，禁止通过路由器"，因此现在需要添加能让张三上网的条目。在"防火墙"中选择"规则管理"，单击"增加新的条目"。这里以添加允许 DNS 规则为例。

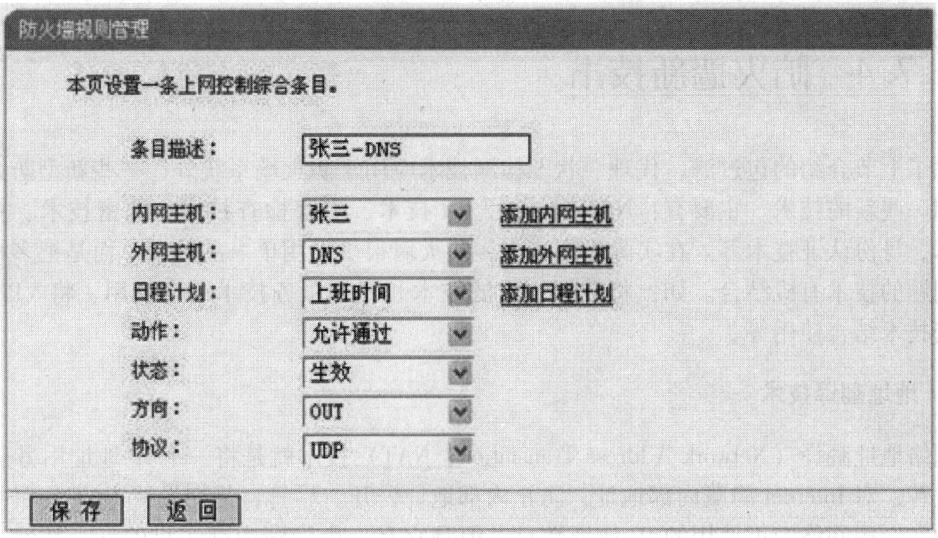

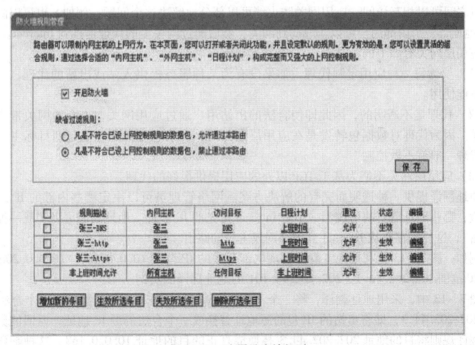

图7-11 添加防火墙规则

同理添加允许 http 和 https 服务的 80、443 端口。

（3）设置上班时间段其他人都不能上网。

（4）开启防火墙。如图7-12所示，所有条目都设置好后，启用防火墙功能，使所有条目都生效。

图7-12 查看防火墙规则

上述通过对"内网主机"、"外网主机"和"日程计划"三个参数的组合，实现控制内网主机上网行为的目的。

7.4　防火墙新技术

除了上节介绍的包过滤、代理、状态检测技术应用于防火墙系统外，一些新型防火墙正在采用一些新的技术。主要有：NAT 技术、VPN 技术、内容检查技术、加密技术、安全审计技术、身份认证技术等。在实际应用当中，防火墙很少采用单一的技术，而是把多种解决不同问题的技术有机结合。如：将数据包过滤技术和代理服务技术结合使用、将 VPN 技术与加密技术结合使用等。

7.4.1　地址翻译技术

网络地址翻译（Network Address Translation，NAT）技术就是将一个 IP 地址用另一个 IP 地址代替，对 Internet 隐藏内部地址，防止内部地址公开。尽管，最初设计 NAT 的目的是为了增加在专用网络中可使用的 IP 地址数目，但是它有一个隐蔽内部主机的安全特性，在一定程度上保证了网络的安全。地址翻译主要用在以下两个方面。

（1）隐藏内部网络的 IP 地址，这样 Internet 上的主机无法判断内部网络的情况。

（2）内部网络的 IP 地址是无效的 IP 地址。这种情况主要是因为 IP 地址不够用，要申请到足够多的合法 IP 地址很难办到，因此需要翻译 IP 地址。

在上面两种情况下，内部网对外面是不可见的，Internet 不能访问内部网，但是内部网内主机之间可以相互访问。应用网关防火墙可以部分地解决这个问题，例如，也可以隐藏内部 IP 地址，一个内部用户可以 Telnet 到网关，然后通过网关上的代理连接到 Internet。

应用层网关有如下的不是。

（1）要为每一种应用定制代理，如果没有为某种服务提供入站或出站的代理，这种服务就不能使用。

（2）代理是不透明的，因此即使合法的出站用户通过应用网关，也会给网关带来很大的开销。因为代理对数据包转发是在应用层进行的，一旦通过代理建立起到目标主机的连接，代理一般就不做控制。

（3）应用层网关不能为基于 TCP 以外的应用提供很好的代理。

地址翻译提供一种透明而完善的解决方案。网络管理员可以决定哪些内部的 IP 地址需要隐藏，哪些地址需要映射成为一个对 Internet 可见的 IP 地址。地址翻译可以实现一种"单向路由"，这样不存在从 Internet 到内部网或主机的路由。

例如，图 7-13 是利用地址翻译实现从不合法的 IP 范围 10.0.0.100 ~ 10.0.0.200 到合法的 IP 范围 202.202.44.1 ~ 202.202.44.101 的地址翻译的实例。

图 7-13 中，采用地址翻译，将一个不合法的 IP 地址 10.0.0.168 翻译成一个合法的 IP 地址 202.202.44.3，即将出站的 IP 包的源地址替换成一个合法的源 IP 地址，返回的数据包根据翻译规则将目的地址 202.202.44.3 替换成真正的目的地址 10.0.0.168。这种翻译可以隐藏内部的 IP 地址，但是不是将多个无效的地址翻译成为一个有效地址，因此没有起到节约 IP 的作用。

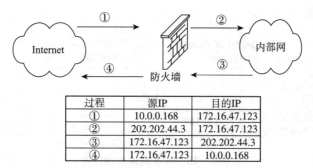

过程	源IP	目的IP
①	10.0.0.168	172.16.47.123
②	202.202.44.3	172.16.47.123
③	172.16.47.123	202.202.44.3
④	172.16.47.123	10.0.0.168

图 7 – 13　地址翻译

图 7 – 14 给出的是将内部网的地址都翻译成网关地址的情况。

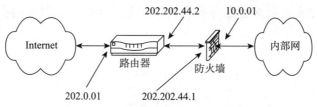

图 7 – 14　内部地址翻译成网关地址

　　内部地址是 10.0.0.0 子网，防火墙网关对外部的地址是 202.202.44.1，可以将内部网的地址都翻译成 202.202.44.1 出去，这就实现了节省 IP 地址的功能。但这会遇到一个问题，所有返回数据包的目的 IP 地址都是 202.202.44.1，防火墙如何识别它们，并送回内部网的真正主机？你可以让防火墙记住所有出去的包，因为每个包都有一个目的端口，每台主机的端口可能都不一样。还可以让防火墙记住所有出去的包的 TCP 序列号，不同主机发送的包的序列号不一样，防火墙会根据记录把返回的数据包送达正确的发送主机。

　　地址翻译可以有多种模式，主要有如下几种。

　　（1）静态翻译。这种模式中，一个指定的内部主机有一个从不改变的固定的翻译表，一般静态翻译将内部地址翻译成防火墙的外部网接口地址。

　　（2）动态翻译。这种模式中，为了隐藏内部主机的身份或扩展内部网的地址空间，一个大的 Internet 客户群共享一个或一组小的 Internet 的 IP 地址。当一个内部主机第一次发出的数据包通过防火墙时，动态翻译的实现方式与静态翻译一样，然后这次地址翻译就以表的形式保留在防火墙中。除非由于某种原因引起这次地址翻译的结束，否则这次地址翻译就一直保留在防火墙中。

　　对于能够访问外部网的内部主机来说，动态地址翻译的最大缺点就是它们并行向外发出连接的数量有限，最大只有内部网所共享的 IP 地址的数量。防火墙在分配完全球 IP 地址后，就不再允许有新的连接，只有当空闲计时器释放了全球 IP 地址后，防火墙才有可能为新的连接分配全球地址。

　　（3）端口转换。通过端口转换，一个网络的内部地址可以映射到一个全球 IP 地址上。端口转换是通过修改端口地址并且维护一张开放连接表来实现的。由于内部网的所有主机发出的连接都能映射到一个单独的 IP 地址上，从而节省了地址空间。同时由于端口转换禁止了向内的直接连接，对内部网提供了更加可靠的安全性。图 7 – 15 对防火墙修改地址和端口号的方式进行了描述。

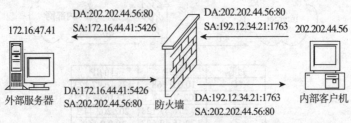

图 7 – 15　修改地址和端口号

（4）负载平衡翻译。这种模式中，一个 IP 地址和端口被翻译为同等配置的多个服务器，当请求到达时，防火墙将按照一个算法来平衡所有连接到内部的服务器，这样一个合法的 IP 地址发出请求，实际上有多台服务器在提供服务，从而提高服务的稳定性和可靠性。如图 7 – 16 所示。

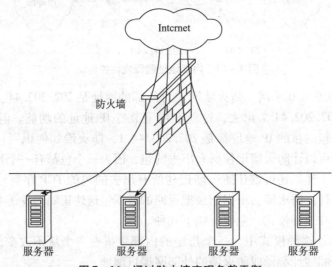

图 7 – 16　通过防火墙实现负载平衡

（5）网络冗余翻译。这种模式中，多个 Internet 连接被附加在一个 NAT 防火墙上，而这个防火墙根据负载和可用性对这些连接进行选择和使用。

7.4.2　VPN 技术

随着 Internet 的商业化进程，利用 Internet 实现网络银行、电子商务等已成为网络经济的一大亮点。要实现这些新功能就必须采用安全技术，而虚拟专用网技术将是重要手段之一。通过 Internet 传输，虚拟专用网（VPN）可以降低费用、增加灵活性，而且比传统的网络连接更容易管理。虚拟专用网络的出现，使得"网络边界"的概念模糊了，虚拟专用网允许一个远程用户通过防火墙连入一个网络就好像他在网络内部一样。现在，虚拟专用网（VPN）技术已经成为防火墙的重要功能，越来越多的防火墙支持 VPN。

1. 基本概念

VPN 全称是 Virtual Private Network，，即虚拟私用网络，这里 Virtual Network 有两个含

义：一是 VPN 是建立在现有物理网络之上，与物理网络具体的结构无关，无需关注物理网络和设备；二是用户使用 VPN 时，看到的是一个可预先设定的动态网络。Private Network 也有两个含义：一是表明 VPN 建立在所有用户能到达的公共网络上，如：Internet、PSTN（Public Switched Telephone Network，公用电话交换网）、ATM（Asynchronous Transfer Mode，异步传输模式）网等，当在某个专网内构建 VPN 时，相对 VPN 该专网也是一个"公网"；二是 VPN 建立的是专用网络（也称私有网络），具备认证、访问控制、加密和数据完整检验等功能，能确保提供安全的网络连接。

虚拟专用网定义为：通过一个公共网络建立的一个临时的和安全的连接，是一条穿过公用网络的安全与稳定的隧道，它是对内部网的扩展，如图 7 – 17 所示。

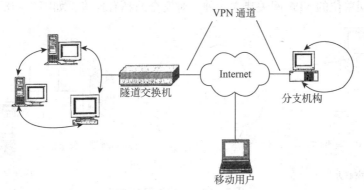

图 7 – 17　VPN 模型

VPN 帮助远程用户、分支机构同内部网建立可信的安全连接，并保证数据的安全传输。通过将数据流转移到低成本的 IP 网络上，VPN 解决方案将大幅度减少用户花费在 WAN 上和远程网络连接上的费用。同时，这将简化网络的设计和管理，加速连接新的用户和网站。另外，它还保护现有的网络投资。VPN 可用于不断增长的移动用户的全球 Internet 接入，以实现安全连接；可用于实现网站之间安全通信的虚拟专用线路，经济有效地连接到用户的安全外联网 VPN。

VPN 应提供如下功能。

（1）加密数据，以保证通过公网传输的信息即使被他人截获也不会泄漏。

（2）信息认证和身份认证，保证信息的完整性、合法性，并能鉴别用户的身份。

（3）提供访问控制，不同的用户有不同的访问权限。

基于 Internet 建立 VPN，如果实施得当，可以保护网络免受病毒感染、防止欺骗、防止商业间谍、增强访问控制、增强系统管理及加强认证等。在 VPN 提供的功能中，认证和加密是最重要的。而访问控制相对比较复杂，VPN 的 3 种功能必须相互配合，才能保证真正的安全性。

VPN 将分布在不同地点的网络通过公用骨干网（如：Internet）连接成逻辑上的虚拟子网，数据通过安全的"加密私有通道"在公网中传送。用户使用 VPN 只需要租用本地的数据专线，连接上本地的 Internet 即可；同时，用户还可以通过 Internet 的拨号接入设备，拨号连接到 Internet 上，再连接进入内网中。总之，采用 VPN 技术节约成本，能提供远程访问和控制，扩展性好又便于管理，已得到广泛应用。

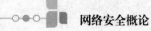

2. VPN 的特点与分类

1）VPN 的分类

根据服务类型，VPN 大致分为三类：远程访问 VPN（Access VPN）、内部 VPN（Intranet VPN）和扩展 VPN（Extranet VPN），分别对应于传统的远程访问网络、内部的 Intranet 及 Extranet 网络。通常情况下内网 VPN 是专线 VPN。

（1）远程访问 VPN。远程访问 VPN 也称为移动 VPN，是指通过公网远程访问内网而建立的一种 VPN。远程用户一般是某台计算机，而不是网络，因此，此时 VPN 是一种主机到网络的拓扑结构。这种远程接入采用专线方式或拨号方式接入。远程访问 VPN 适用于远程办公、人员出差或在家办公等情况，此时可利用当地 ISP（Internet service provider，Internet 服务提供商）同单位的 VPN 网关建立一种相对安全的私有连接，如图 7 – 18 所示。

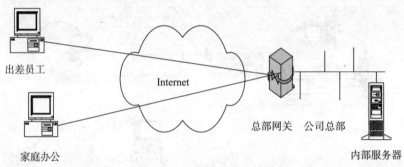

图 7 – 18　远程访问 VPN

远程访问 VPN 有两种类型的连接：一种是用户发起的 VPN 连接，另一种是接入服务器发起的 VPN 连接。其中对于用户发起的 VPN 连接，其过程是：首先，远程用户通过服务提供点拨入 Internet，然后用户通过网络隧道协议与单位网络建立一条隧道（可加密）连接，从而访问单位网络中的内部资源。需注意，这时是由用户端维护与管理发起隧道连接的有关协议和软件。而在接入服务器发起的 VPN 连接过程中，用户先是通过本地号码拨入 ISP，然后 ISP 的网络接入服务器再建立一条隧道连接到用户的单位网。此时，所建立的 VPN 连接对远端用户是透明的，构建 VPN 所需的协议及软件由 ISP 负责管理和维护。

（2）内部 VPN。内部 VPN 是指单位总部与分支机构之间通过公网构建的虚拟子网，这是一种网络到网络以对等的方式连接起来的 VPN，通过公用网络实现各个分支点的互连，如图 7 – 19 所示。利用 Internet（IP 网络）构建 VPN 的实质是在公用网各个路由器之间建立 VPN 安全隧道，传输用户的私有网络数据，构建这种 VPN 连接的隧道技术主要有 IPSec、GRE 等。

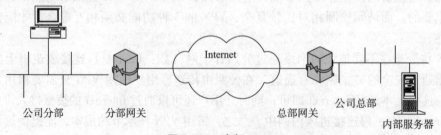

图 7 – 19　内部 VPN

（3）扩展 VPN。扩展 VPN 是指不同单位或机构之间通过公网构建的一种虚拟子网，它是网络到网络以不对等的方式连接起来的 VPN（主要在安全策略上有所不同），扩展 VPN 将单位内网延伸至合作单位与客户。扩展 VPN 由于其易于构建与管理，解决了传统 Extranet 的问题，扩展 VPN 技术与远程访问 VPN 和内部 VPN 几乎相同。

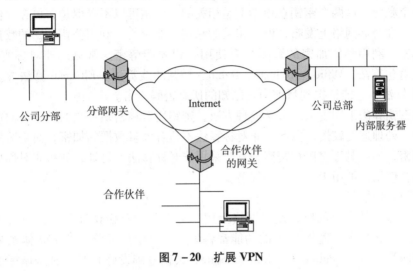

图 7 – 20　扩展 VPN

2）VPN 的特点

（1）成本低；

（2）易于扩展；

（3）安全性好；

（4）伸缩性强；

（5）创建和管理方便；

（6）性价比高。

3. VPN 关键技术

在实际应用中，VPN 用户对数据传送的安全性最为关注。因为通过 VPN 通道传输的一般都是私密（或机密）信息，为此，VPN 通过采用一系列相关技术保证数据传输的安全，这些技术包括：密码技术、身份认证技术、隧道技术和密钥管理技术。下面分别进行介绍。

1）密码技术

VPN 是在 Internet 公网中传输用户的私有信息，为防范网络上未经授权的用户非法窃取，传递的数据应该进行加密。因此，密码技术是 VPN 的关键技术之一。密码技术通常分为对称密钥加密和非对称密钥加密两大类。

（1）对称密钥加密。对称密钥加密也叫共享密钥加密，是指加密与解密用的密钥相同，数据的发送者和接收者拥有共同的单个密钥。当一段数据要传输时，发送者利用密钥将其加密为密文，并在公共信道上传输，当接收者收到密文后，用相同的密钥将其解密成明文。比较著名的对称密钥加密算法有：DES、3DES、GDES、New DES、IDEA、RC5 等。其中最常用的是 DES 算法和 IDEA 算法。

由于加解密的密钥相同，因此这种加密算法的安全性，主要取决于是否有未经授权的人获得了密钥。为保证密钥的机密性，要求使用对称密钥通信的双方在交换加密数据之前，必须先安全地交换密钥。对称密钥加密的优点是：运算量小、速度快，适合于大量数据的加密；缺点是：密钥的管理比较复杂，安全性差。

（2）非对称密钥加密。非对称密钥加密也叫公钥加密技术，加密时使用两个密钥：一个公钥和一个私钥。这两个密钥在数学上是相关的。公钥可以不受保护，可在通信双方之间公开传递，或在公共网络上发布，但是相关的私钥是保密的。利用公钥加密的数据只有使用私钥才能解密；利用私钥加密的数据只有使用公钥才能解密。常见的非对称密钥算法有：RSA 算法、背包算法、Diffie – Hellman、Rabin、椭圆曲线算法、ElGamal 算法等。其中最著名的是 RSA 算法，它能抵抗到目前为止已知的所有密码攻击。

非对称密钥算法采用复杂的数学处理方法，密钥比对称密钥算法的长，从而占用更多的处理器资源，处理速度较慢，因此，非对称算法不适合大量数据的加密，而是适用于少量关键数据的加密，如：对称密钥在密钥分发时采用非对称算法。另外，如将非对称加密算法和散列算法结合使用，可用于生成数字签名。

2）身份认证技术

VPN 还要解决的一个问题，就是网络上用户与设备的身份认证问题。没有认证，不管其他安全措施多么严密，整个 VPN 的功能都将失效。身份认证分为非 PKI 体系和 PKI 体系的身份认证两类。PKI（Public Key Infrastructure，公钥基础设施）是一种遵循标准的利用公钥加密技术，为电子商务的开展提供安全基础平台的技术和规范。它既能保证信息的机密性，又能保证信息具有不可抵赖性。

PKI 体系的身份认证依赖于 CA（Certificate authority，数字证书签发中心）所签发的符合 X. 509 规范的标准数字证书。通信双方交换数据前，需先确认彼此的身份，交换彼此的数字证书，双方将此证书进行比较，只有比较结果正确，双方才开始交换数据；否则，不能进行后续的通信。电子商务中用到的 SSL 安全通信协议的身份认证、Kerberos 等都属于 PKI 体系身份认证的实例。

3）隧道技术

隧道技术是 VPN 中的一项重要技术，也是 VPN 通信的基础。通过对数据进行封装，在公共网络上建立一条数据隧道，让数据包通过这条隧道传输。隧道的生成需有相关协议的支持，生成隧道的协议有两种：即第二层隧道协议和第三层隧道协议。下面分别加以介绍。

（1）第二层隧道协议。第二层隧道协议是一个协议簇，它包括：点到点隧道协议（PPTP）、第二层转发协议（L2F）、第二层隧道协议（L2TP）、多协议标记交换（MPLS）等。它先把各种网络协议封装到 PPP 帧中，再把整个数据包装入隧道协议中，形成双层封装，这种数据包依靠第二层协议进行传输。关于第二层隧道协议的有关内容将在后面章节中做详细介绍。

（2）第三层隧道协议。第三层隧道协议也是一个协议簇，包括：通用路由封装协议 GRE 和 IPSec 安全协议，这两个协议是目前常见的两种第三层隧道协议。第三层隧道协议先把各种网络协议直接装入隧道协议中，形成的数据包依靠第三层隧道协议进行传输。

第二层和第三层隧道协议的主要区别是：用户数据在网络协议栈的第几层被封装。其中 GRE、IPSec 和 MPLS 主要用于实现专线 VPN 业务，而 L2TP 主要用于拨号 VPN 业务（但也有用于专线的 VPN 业务），当然这些协议之间本身并不冲突，可以结合使用。

7.4.3 其他防火墙技术

除了上面介绍的防火墙技术外，一些新的技术正在防火墙产品中采用，主要有以下几种。

1. 加密技术

网络上传输信息的私有性、可认性和完整性可以用加密技术解决。在应用中，它包括3个部分：加密算法的选择；信息确认算法的选择；产生和分配密钥的密钥管理协议。

2. 安全审计

绝对的安全是不可能的，因此必须对网络上发生的事件进行记载和分析，对某些被保护网络的敏感信息访问保持不间断的记录，并通过各种不同类型的报表、报警等方式向系统管理人员进行报告。比如在防火墙的控制台上实时显示与安全有关的信息、对用户口令非法与非法访问进行动态跟踪等。

3. 安全内核

除了采用代理以外，人们开始在操作系统的层次上考虑安全。例如，考虑把系统内核中可能引起安全问题的部分从内核中去掉，形成一个安全等级更高的内核，从而使系统更安全，如：Cisco 的 IPX 防火墙等。

安全操作系统取决于对操作系统的安全加固和改造，对安全操作系统的加固与改造主要从以下几个方面进行。①取消危险的系统调用；②限制命令的执行权限；③取消 IP 的转发功能；④检查每个分组的端口；⑤采用随机连接序列号；⑥驻留分组过滤模块；⑦取消动态路由功能；⑧采用多个安全内核。

4. 身份认证

目前，一般防火墙主要提供以下三种认证方法。

（1）用户认证（User Authentication，UA）。防火墙设定可以访问内部网络资源的用户访问权限。

（2）客户认证（Client Authentication，CA）。防火墙提供特定用户端授权用户特定的服务权限。

（3）会话认证（Session Authentication，SA）。防火墙提供通信双方每次通信时透明的会话授权机制。

它的实现主要有以下三种方法。

（1）基于口令的认证（Password-Based Authentication）。口令是收发双方预先预定好的秘密数据。口令验证是根据用户知道什么来进行的。在很多计算机网络和分布式系统中，对资源的保护是通过用户直接输入口令登录到各个主机上实现的。这种情况下，用户选择口令并将其以明文形式不加保护地在网上传输，到达主机后，主机在数据库中查询该用户的口令，与接收到的口令比较。如果相同则用户合法，不同则非法。这种方法存在许多不安全因素。这里只谈其中三点。①用户所选的口令不是随机分配的。②如果一个用户在一个主机上有多个账户，则他不得不为每个主机记忆一个口令，而且当他每换一个主机时就必须输入一遍口令，这很不方便。相反，用户对于整个计算机网络或分布式系统来说应该是单个用户。③口令的传输易受消极攻击和重播攻击。主要因为第三个缺点，口令认证不适用于计算机网络和分布式系统。通过网络传送的口令很容易被截获并且被用来假冒用户。

（2）基于地址的身份认证（Address-Based Authentication）。基于寻址的身份认证可以克服口令认证的缺点，寻址认证并不依赖于在网络上传送口令，而是假定源点的身份可以通过参考数据包的源地址来得到认证。它的主要思想是每个主机存储有其他可信任主机的记录。例如，在 UNIX 中，每个主机有一个名为/etc/host. equiv 的文件，它包含一张可信任主机名的列表。用户使用本主机和远程主机上相同的用户名就可以不输入口令而从一个可信任的主机上登录。但是，寻址认证并不是解决身份认证问题的通用办法，环境不同，他可能比以明文传送口令的认证方式更不安全。

（3）密码认证（Cryptographic Authentication）。密码认证又可以有 3 种实现机制：①基于公钥密码体制的认证协议；②基于传统密码体制的认证协议；③基于密钥分配中心的认证协议。通常，密码认证比上述两种身份认证更安全。尽管身份认证的基本设计原则很简单，但是设计一个实用的身份认证的协议却是非常困难的。

传统的身份认证一般采用口令认证，而它的实现通常是把口令以密文的方式存放在一个特定的文件。但用户名一般是公开的，如果攻击者得到这个文件，它极有可能破译，甚至直接采用字典攻击或猜测攻击来对系统进行攻击。这已经从 UNIX 系统的安全问题中反映出来。在现实中已经有很多这样的成功的例子。

5. 负载平衡（Load Balance）

平衡服务器的负载，用多台服务器为外部网络用户提供相同的应用服务。当外部网的一个服务请求到达防火墙时，防火墙可以用其制定的平衡算法来确定请求是由哪台服务器来完成。但对用户来讲，这些都是透明的。

6. 内容检查

内容检查（Check the contents）技术提供对高层服务协议数据的监控能力，确保用户的安全。包括：计算机病毒、恶意的 Java Applet 和 ActiveX 的攻击、恶意电子邮件及不健康网页内容的过滤防护。通过对信息流内容的分析，从而确保数据流的安全。

内容检查防火墙具有在域内和域间防止欺骗和邮件轰炸的能力，允许用户防止一些人员利用邮件服务器来散发一些未经要求的邮件。新的防欺骗预警功能增加了一些新的技术，来防止一些可能的欺骗，并能及时地警告接收者。该功能通过检查邮件的发送者是否是伪造的或者是冒充的。通过对邮件的主题域和邮件基于关键字的扫描增强功能，并能够防止事件的传播、机密信息的扩散和恶意信件的流行。

7. 多级过滤技术

防火墙采用多级过滤措施。即在分组过滤（网络层）一级，过滤掉所有的源路由分组和假冒的 IP 源地址；在传输层一级，遵循过滤规则，过滤掉所有禁止出或/和入的协议和有害数据包，如：nuke 包、圣诞树包等；在应用网关（应用层）一级，利用 FTP、SMTP 等网关，控制和监测 Internet 提供的所有通用服务。这是一种综合型过滤技术，可弥补单独过滤的不足。这种过滤技术在分层上非常清楚，每种过滤技术对应于不同的网络层，从这个概念出发，又有很多内容可以扩展，为将来的防火墙技术发展打下基础。

8. 病毒防护技术

这种防火墙又称为"病毒防火墙"，主要用在个人防火墙中。它是纯软件形式，更容易实现。这种防火墙能有效地阻止病毒在网络中的传播，从而减少内网的信息损失。

9. 防火墙系统管理的发展

防火墙的管理方法直接影响防火墙的实际效果。

1）分布式结构和集中式管理

分布式的安全结构、集中式的管理可以降低管理成本，并保证在大型网络中安全策略的一致性，另外，快速响应和快速防御也要求采用集中式管理。这种防火墙已在思科、3Com 等大型网络设备开发商中开发成功，也就是所称的"分布式防火墙"。分布式防火墙渗透于网络的每一台主机，对整个内部网络的主机实施保护。

分布式防火墙包括三部分。

（1）网络防火墙。它用于内部网与外部网之间，以及内部网各子网之间的防护。

（2）主机防火墙。用于对网络中的服务器和桌面机进行防护。

（3）中心管理。这是一个服务器软件，负责总体安全策略的策划、管理、分发等。

2）立体化安全防御

在严峻地网络安全形势下，单一的防火墙难以满足安全需求。为此，需要为网络部署多道安全防线，全方位防御入侵。如：将 IDS 设备与防火墙相结合。为使系统的通信不受安全设备的影响，IDS 设备不是像防火墙一样置于网络入口处，而是置于旁路位置。在实际使用中，IDS 不仅是检测，还在 IDS 发现入侵行为后，对入侵及时遏止，而主链路又不能串接太多设备。因此，应将防火墙、IDS 和病毒检测等安全设备集成，协同配合，构建立体化防御体系，以提升网络的安全性。

具体实施办法有：①把 IDS、病毒检测部分直接内嵌到防火墙中，使防火墙具有 IDS 和病毒检测的功能；②各个设备相对独立，通过通信形成一个整体，一旦发现安全事件，立即通知防火墙，由防火墙完成过滤和报告。

本章小结

防火墙是建立在内外网络边界上的过滤封锁机制，内部网络被认为是安全和可信赖的，而外部网络（通常是 Internet）被认为是不安全和不可信赖的。防火墙的作用是防止不希望的、未经授权的通信进出被保护的内部网络，通过边界控制强化内部网络的安全政策。防火墙的技术主要有：包过滤技术、代理服务技术、应用网关技术、状态检测技术、VPN 技术等。常用的是状态检测包过滤技术。防火墙的体系结构有：双重宿主主机体系结构、被屏蔽主机体系结构和被屏蔽子网体系结构，它们有各自的优缺点。

状态检测防火墙对每个合法网络连接保存的信息包括源地址、目的地址、协议类型、协议相关信息（如 TCP/UDP 协议的端口、ICMP 协议的 ID 号）、连接状态（如 TCP 连接状态）和超时时间等，防火墙把这些信息叫做状态。通过状态检测，可实现比简单包过滤防火墙更好的安全性。

本章习题

1. 根据防火墙所采用的技术不同，防火墙分为哪几类？
2. 比较几种类型防火墙体系结构的优劣，实际应用中应如何选择？
3. 什么是 DMZ？有何作用？
4. 状态检测防火墙与包过滤防火墙有何区别？
5. 防火墙的过滤规则如何制定？
6. 防火墙主要有哪些局限性？能防范病毒吗？
7. VPN 相关安全技术有哪些？
8. 第二层隧道技术和第三层隧道技术有何区别？

第8章　网络安全扫描

计算机网络作为一种包含软硬件的复杂系统，之所以经常受到来自系统外部或内部的攻击和入侵，最主要的原因是网络系统本身在硬件或软件方面存在着各种各样的安全漏洞。网络安全扫描是对计算机系统或其他网络设备进行相关安全检测，以查找安全隐患和可能被攻击者利用的漏洞。

本章将介绍漏洞的概念、产生的原因、安全扫描（包括：漏洞扫描、端口扫描）的过程和方法等内容，并简要介绍常用的一些安全扫描工具。主要包括以下知识点：

◇ 漏洞的概念及产生原因；

◇ 安全扫描原理；

◇ 安全扫描过程与方法；

◇ 常见网络安全扫描器的使用。

通过学习本章内容，读者可以了解漏洞的概念、产生的原因和修复的方法，并且理解网络安全扫描的原理和过程，掌握一些常见安全扫描器工具的使用。

8.1　网络安全漏洞

所谓安全漏洞是指计算机网络系统在硬件、软件中或协议的具体实现与系统安全策略上，存在的各种安全缺陷（也称 Bug）。安全漏洞包括：硬件设计漏洞、软件编程漏洞、协议漏洞等，系统存在的漏洞越多，安全问题也就越多。

8.1.1　漏洞及产生的原因

当系统存在安全漏洞时，攻击者将可能非法侵入系统，或未经授权访问或破坏系统。如：在 Intel Pentium 芯片中存在的逻辑错误、在 NFS 协议中认证方式上存在的弱点，以及在 UNIX 系统管理员设置匿名 Ftp 服务时配置不当存在的问题等都有可能被攻击者所用，侵入系统后直接威胁系统安全。因此，所有这些都是系统存在的漏洞。安全漏洞按照其对受害主机的危险程度分为 1~4 个级别。

1）一级漏洞（也称高危漏洞）

指能够使远程主机上的恶意入侵者获得有限的访问权限或 root 权限，从而控制整个系统，对系统中的数据进行非法访问、篡改和破坏的漏洞。

2）二级漏洞

指允许本地用户获得增加的或非授权的访问，如：读取、写或执行系统上的非管理员用户文件的漏洞。

3）三级漏洞

指允许拒绝服务的漏洞，用户不能对文件和程序进行访问。

4）四级漏洞

指允许远程用户获取目标主机上的某些信息，但是不会对系统造成危害的漏洞。

由此可见，漏洞的级别越高，危害越大。那么，计算机或网络系统为什么会产生这些漏洞呢？系统产生安全漏洞的主要原因有以下三个方面。

（1）软件自身安全性差。很多软件在设计时忽略或者很少考虑安全性问题，考虑了安全性的软件产品也往往因为开发人员缺乏安全培训、没有安全经验而造成安全漏洞。如：编写的程序在运行时出现程序的逻辑结构设计不合理、程序设计错误等问题，轻则影响程序运行效率，重则形成漏洞并提升非授权用户的权限。

这样产生的安全漏洞分为两类。第一类，是操作系统本身设计缺陷带来的安全漏洞，这类漏洞将被运行在该系统上的应用程序所继承；第二类是应用软件程序的安全漏洞。如：某些编程人员在编写程序过程中，考虑将来维护的目的，在程序代码的隐蔽处留有后门（如：RPC 传输协议中就存在不检查数据长度而引发缓冲区溢出的漏洞）。第二类漏洞更为常见，需要注意。另外，系统一些硬件因达不到要求而采用软件实现，这些软件也易产生漏洞。

（2）安全策略不当。保证系统安全仅使用个别安全工具是无法做到的，需要在对网络进行总体分析的前提下制定安全策略，并且用一系列的安全软件来实现一个完整的安全防御。常见的错误实例是配置了防火墙而忽略了扫描系统，或者相反。

（3）人员缺乏安全意识。系统的安全，仅靠安全软件是不够的，同时要注重人员的安全防范意识，培训安全管理人才，才能最终做到安全有效的防范。实际当中大多数漏洞的存在，是管理员对系统进行了错误的配置，或者没有及时升级系统软件造成的。

在包含大量软硬件的网络系统中，漏洞往往在很大范围内存在，如：操作系统本身及其支撑软件、网络客户和服务器软件、网络路由器和防火墙等，在这些不同的软硬件设备中都可能存在不同的安全漏洞。另外，在同种设备的不同版本之间，由不同设备构成的不同系统之间，以及同种系统在不同的设置条件下，也会存在各种不同的漏洞问题。

同时漏洞又是与时间相关的。如：从一个软件系统从发布的那一天起，随着用户的深入使用，其中存在的漏洞会被暴露出来，这些先被发现的漏洞会被补丁软件所修补，或在以后发布的新版系统中得到纠正，但在新版系统纠正了旧版本漏洞的同时，又会产生一些新的漏洞。结果，随着时间的推移，旧的漏洞刚补上，新的漏洞又出现，漏洞问题会长期存在。因此，不能脱离时间和系统环境讨论漏洞问题。

有些操作系统如 Windows 系统，其漏洞层出不穷有其特殊的原因。一是其在桌面操作系统的垄断地位，使其存在的问题会很快暴露，如：2003 年流行的蠕虫王病毒利用的就是微软系统的漏洞，从最底层发起攻击，IIS 服务存在匿名登录的错误。二是与 Linux 等开放源码的操作系统相比，Windows 属于暗箱操作，其安全问题均由微软自身解决。

💡 **注意**：系统所属的安全级别越高，该系统中存在的漏洞就越少！

8.1.2 常见安全漏洞

下面以微软的系统为例，介绍其中存在的一些安全漏洞。

1. 协议漏洞

1）LSASS 相关漏洞

LSASS（Local Security Authority Service，本地安全授权服务）漏洞是本地安全系统服务中的缓冲区溢出漏洞，它实际上是一个系统进程 lsass. exe，属于微软 Windows 系统的安全机制，用于本地安全和登录策略。"震荡波（Worm. Sasser）"蠕虫病毒就是利用这个漏洞攻击互联网，并造成严重堵塞的。

当启动菜单里有一个 lsass. exe 启动项，说明该机器已中 lsass. exe 木马病毒，中毒后，会在 Windows 里产生 lsass. exe 和 exert. exe 两个病毒文件，还会在 D 盘根目录下产生 command. com 和 autorun. inf 两个文件，同时侵入注册表破坏系统文件关联。在进程里可以看到有两个相同的进程，分别是 lsass. exe 和 LSASS. EXE。同时在 Windows 下生成 LSASS. EXE 和 exert. exe 两个可执行文件，且在后台运行。LSASS. EXE 管理 exe 类执行文件，exert. exe 管理程序退出。这也说明 lsass. exe 可能是 Windang. worm、irc. ratsou. b、Webus. B、MyDoom. L、Randex. AR 和 Nimos. worm 创建的，病毒通过 U 盘、群发邮件和 P2P 文件共享进行传播。

"震荡波"蠕虫病毒利用此漏洞进行攻击时，使 LSASS. EXE 缓冲区溢出，并使得攻击者取得对目标系统的完全控制权，这时被攻击的系统会出现如：LSASS. EXE 终止提示一分钟倒计时窗口、LSASS. EXE 出错窗口，需要关机等现象。病毒运行后将自身复制到系统目录%Windows% 下，文件名为：avserve. exe，并在系统注册表启动项中加入自启动项：

```
HKEY_CURRENT_USER/Software/Microsoft/Windows/CurrentVersion/
Run avserve.exe = "% Windows% /avserve.exe"。
```

2）RPC 接口相关漏洞

RPC（Remote Procedure Call Protocol，远程过程调用协议）是 Windows 操作系统使用的一个协议。RPC 提供了一种进程间通信机制，通过这一机制，在一台计算机上运行的程序可以顺畅地执行某个远程系统上的代码。该协议本身是从 OSF（Open Software Foundation，开放式软件基金会）的 RPC 协议衍生出来的，只是增加了一些 Microsoft 特定的扩展。它是一种通过网络从远程计算机程序上请求服务，而不需要了解底层网络技术的协议。RPC 远程过程调用过程如图 8-1 所示。

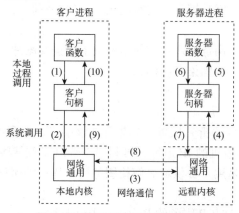

图 8-1　RPC 远程过程调用过程

RPC 中处理通过 TCP/IP 的消息交换的部分有一个漏洞，此漏洞是由错误地处理格式不正确的消息造成的。这种特定的漏洞影响分布式组件对象模型（DCOM）与 RPC 间的一个接口，此接口侦听 TCP/IP 端口 135。该端口负责处理客户端计算机向服务器发送的 DCOM 对象激活请求。为利用此漏洞，攻击者需向远程计算机上的 135 端口发送特殊格式的请求。对于 Intranet 环境，该端口通常是开放的；但对于通过 Internet 相连的计算机，该端口通常会被防火墙关闭。

攻击者通过编程方式寻求利用此漏洞，在一台能够通过 TCP 端口 135 与易受影响的服务器通信的计算机上，发送特定类型的、格式错误的 RPC 消息。接收此类消息会导致易受影响的计算机上的 RPC 服务出现问题，进而使任意代码得以执行。攻击者利用该漏洞在被攻击的系统上以本地系统权限运行代码，并执行任何操作，如：安装程序、查看、更改或者删除数据、建立系统管理员权限的用户等，对网络系统形成严重危害。"冲击波"病毒正是利用此漏洞对计算机网络进行破坏的，造成了全球上千万台计算机的瘫痪。

3）IE 浏览器漏洞

微软的 IE 浏览器有着大量的用户群，但该浏览器的漏洞也最多，而且不断出现新的漏洞，如 IE 浏览器的 0day 漏洞。该漏洞存在于 iepeers. dll 组件中，影响 IE6/IE7，但 IE8 不受此漏洞影响。该漏洞可能允许远程执行代码，黑客利用该漏洞制造一个特别的页面，再通过电子邮件、IM 消息或其他欺骗方式，诱使用户访问这个特殊的页面而触发，利用 IE 此漏洞进行的攻击行为已经泛滥，并被用来在受攻击计算机上安装虚假杀毒软件或者木马病毒。总之，IE 浏览器类漏洞常使用户的个人信息被泄露，如用户在互联网通过网页填写的资料，黑客利用这个漏洞窃取用户个人隐私。

4）URL 处理漏洞

该类漏洞往往给恶意网页留下了后门，用户在浏览某些美女图片网站过后，浏览器主页可能会被修改或是造成无法访问注册表等情况。

5）URL 规范漏洞

该类漏洞可能使用户在使用一些即时通讯工具时感染病毒，如：当 QQ 聊天栏内出现陌生人发的一条链接，单击后易中木马病毒。

6）FTP 溢出系列漏洞

该类漏洞主要针对一些应用服务器进行破坏，如：FTP、WWW 服务器等。国内很多安全防范不到位的网站被黑，就是因为有这类漏洞造成的，平时要注意及时下载补丁。

7）GDI + 漏洞

该漏洞使电子图片成为病毒。用户在单击网页上的美女图片、小动物、甚至是通过邮件发来的好友图片时，都有可能感染各种病毒。

2. 端口漏洞

1）53 端口

该端口对应 DNS（域名解析）服务。如果开放该端口，黑客可以通过分析 DNS 服务器，而直接获取 Web 服务器等主机的 IP 地址，再利用该端口突破某些不稳定的防火墙而实施攻击。因此，如果计算机不是用于提供域名解析服务的，建议关闭该端口。

2）67、68 端口

67、68 端口分别是为 DHCP 服务的 Bootstrap Protocol Server（引导程序协议服务端）和

Bootstrap Protocol Client（引导程序协议客户端）开放的端口。通过 DHCP 服务可以为局域网中的计算机动态分配 IP 地址，而不需要每个用户去设置静态 IP 地址。对开放 DHCP 服务的主机，黑客利用分配的一个 IP 地址作为局部路由器，通过"中间人"方式进行攻击。建议关闭该端口。

3）69 端口

69 端口是为 TFTP（Trival File Tranfer Protocol，简单文件传输协议）服务开放的。TFTP 服务允许往系统中写入文件，黑客就利用 TFTP 的错误配置从系统获取文件。建议关闭该端口。

4）79 端口

79 端口是为 Finger 服务开放的，用于查询远程主机在线用户、操作系统类型及是否缓冲区溢出等用户的详细信息。如：要显示远程计算机 www. csai. cn 上的 user01 用户的信息，只要在命令行中输入"finger user01@ www. csai. cn"即可。

黑客实施攻击时，一般都是先进行端口扫描，获取用户的有关信息，再进行攻击。因此，黑客可能对远程计算机上的 79 端口进行扫描，获取远程计算机上的操作系统版本等信息，并探测已知的缓冲区溢出错误。因此，建议关闭该端口。

5）110 端口

110 端口是为 POP3（邮件协议 3）服务开放的，POP3 用于接收邮件，许多服务器都同时支持 POP3，客户端使用 POP3 协议访问服务端的邮件。POP3 在提供邮件接收服务的同时，会出现不少漏洞。单 POP3 服务在用户名和密码交换缓冲区溢出的漏洞就不少于 20 个，如：WebEasyMail POP3 Server 存在合法用户名泄露漏洞，远程攻击者通过该漏洞验证用户账户。另外，110 端口也被 ProMail trojan 等木马程序用于窃取 POP 账户、用户名和密码。因此，如果不是邮件服务器，建议关闭该端口。

6）113 端口

113 端口对应 Windows 的 Authentication Service（验证服务），一般与网络连接的计算机都运行该服务，主要用于验证 TCP 连接的用户，通过该服务获得连接计算机的信息，同时该端口常作为 FTP、POP、SMTP、IMAP 及 IRC 等网络服务的记录器，这样会被一些基于 IRC 聊天室控制的木马程序所利用。

7）119 端口

119 端口是为 Network News Transfer Protocol（网络新闻组传输协议，NNTP）开放的，主要用于新闻组的传输，当查找 USENET 服务器的时候会使用该端口。

著名的 Happy99 蠕虫病毒默认开放的就是 119 端口，如果计算机中了该病毒，会不断发送电子邮件进行传播，造成网络的堵塞。如果不是经常使用 USENET 新闻组，建议关闭该端口。

8）135 端口

135 端口主要用于使用 RPC（Remote Procedure Call，远程过程调用）协议，并提供 DCOM（分布式组件对象模型）服务，在计算机上运行的程序，通过 RPC 执行远程计算机上的代码；使用 DCOM 能够实现跨包括 HTTP 协议在内的多种网络传输。"冲击波"病毒就是利用 RPC 端口漏洞攻击计算机的。建议关闭该端口。

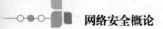

9）139 端口

139 端口是为 NetBIOS Session Service 提供的，主要用于提供 Windows 文件和打印机共享服务。开启 139 端口常会被攻击者所利用，如：攻击者使用流光、SuperScan 等端口扫描工具扫描目标计算机的 139 端口，如果发现有漏洞，就试图获取用户名和密码，这显然不够安全。如果不需要提供文件和打印机共享，建议关闭该端口。

10）443 端口

443 端口即网页浏览端口，主要是用于 HTTPS 服务，是提供加密和通过安全端口传输的另一种 HTTP。在一些对安全性要求较高的网站，如：银行、证券、购物等网站，都采用 HTTPS 服务，这样在这些网站上的交换信息其他人都无法看到，保证了交易的安全性。在这种 HTTPS 服务中网页的地址以 https：//开始，而不是常见的 http：//。

HTTPS 服务通过 SSL（安全套接字）保证安全性，但是，黑客会利用 SSL 存在的漏洞实施攻击，如修改在线银行系统、盗取信用卡账户等。因此，为防范黑客攻击，应及时安装针对 SSL 漏洞的最新安全补丁。建议开启该端口，用于网页的安全访问。

 ## 8.2　网络安全扫描

复杂的计算机网络系统存在着各种各样的漏洞，如上节所述的协议漏洞、端口漏洞及软硬件设计漏洞等。黑客往往利用这些漏洞实施对网络系统的入侵。为防止这类攻击，人们可以运用网络安全扫描技术事先对网络进行安全扫描，及时发现系统可能存在的各种漏洞，从而采取相应的防范措施。

8.2.1　安全扫描原理

安全扫描是一种对计算机系统或其他网络设备进行相关安全检测，以查找安全隐患和可能被攻击者利用的漏洞的技术。安全扫描也称为脆弱性评估（Vulnerability Assessment），其基本原理是：采用模拟黑客攻击的方式对目标可能存在的已知安全漏洞进行逐项检查，以对客户机、服务器、交换机、数据库等各种对象进行安全漏洞检测。安全扫描的特点是：能有效检测网络和主机中存在的薄弱点；有效防止攻击者利用已知的漏洞实施入侵；误报率较低。安全扫描是保证系统和网络安全必不可少的手段。不过安全扫描是一把"双刃剑"，网络管理员能运用它来排除隐患，有效防止攻击者入侵，而攻击者则利用它来寻找对系统发起攻击的途径。

安全扫描技术分为主机安全扫描和网络安全扫描两大类。主机安全扫描主要是检查主机系统中不合适的设置、脆弱性口令，以及其他同安全规则相抵触的对象，发现主机中存在的安全隐患。网络安全扫描基于 Internet，可远程检测目标网络或本地主机安全性的脆弱点，是发现网络系统中安全隐患的重要手段。网络安全扫描若与防火墙、入侵检测系统等安全设备联动，将能明显提高网络系统的安全性。网络扫描和主机扫描都归入安全漏洞扫描一类。通过漏洞扫描，扫描者能够发现远端网络或主机的配置信息、TCP/UDP 端口的分配、提供的网络服务、服务器的具体信息等。

相对防火墙和网络监控系统等被动的防御手段，网络安全扫描可谓是一种主动的安全防范技术。它利用一系列脚本模拟对系统进行攻击的行为，对结果进行分析和安全审计，以避免黑客攻击。安全扫描具有以下功能。

（1）跟踪用户进入、在系统中的行为和离开的信息。

（2）报告和识别文件的改动。

（3）纠正系统的错误设置。

（4）识别正在受到的攻击。

（5）减轻系统管理员搜索最近黑客行为的负担。

（6）使安全管理可由普通用户来负责。

（7）为制定安全规则提供依据。

注意，安全扫描系统不是万能的。首先，它不能弥补由于认证机制薄弱带来的问题，不能弥补由于协议本身产生的问题；此外，它也不能处理所有的数据包攻击，当网络访问繁忙时它也分析不了所有的数据流。

8.2.2　安全扫描技术

从本质上讲，安全扫描就是一种检测技术。从安全扫描的作用来看，它既是保证计算机系统和网络安全必不可少的技术，也是攻击者攻击系统的技术手段之一。安全扫描可分为主动式和被动式两种。主动式安全扫描是基于网络的，主要通过模拟攻击行为记录系统反应来发现网络中存在的漏洞，这种扫描称为网络安全扫描。被动式安全扫描是基于主机的，主要通过检查系统中不合适的设置、脆弱性口令，以及其他同安全规则相抵触的对象，发现系统中存在的安全隐患，这种扫描称为系统安全扫描。

通过对网络的安全扫描，网络管理员可以了解网络的安全配置和运行的应用服务，及时发现安全漏洞，客观评估网络风险等级，网络管理员还可以根据扫描的结果，更正网络安全漏洞和系统中的错误配置，在黑客攻击前进行主动防范。

安全扫描用到的检测技术主要有以下四种。

1）基于应用的检测技术

它采用被动的、非破坏性的办法检查应用软件包的设置，发现安全漏洞。

2）基于主机的检测技术

它采用被动的、非破坏性的方法对系统进行检测，通常涉及系统的内核、文件的属性、操作系统的补丁等问题。这种技术还包括口令解密，把一些简单的口令剔除。因此，基于主机的检测技术可以非常准确地定位系统的问题，发现系统的漏洞，缺点是与平台相关，升级复杂。

3）基于目标的漏洞检测技术

它采用被动的、非破坏性的方法检查系统属性和文件属性，如数据库、注册号等，通过消息摘要算法，对文件的加密数进行检验。这种技术的实现是运行在一个闭环上，不断地处理文件、系统目标、系统目标属性，然后产生检验数，把这些检验数同原来的检验数相比较，一旦发现改变就通知管理员。

4）基于网络的检测技术

它采用积极的、非破坏性的方法来检验系统是否有可能被攻击而崩溃。它利用一系列的脚本模拟对系统进行攻击的行为，然后对结果进行分析。它还针对已知的网络漏洞进行检验。网络检测技术常被用来进行穿透实验和安全审计。这种技术可以发现一系列平台的漏洞，也容易安装。但是，它可能会影响网络的性能。

优秀的安全扫描产品通常是综合以上四种方法的优点，最大限度地提高漏洞识别的精度。

8.2.3 安全扫描过程

安全扫描软件从最初的专门为 UNIX 系统编写的一些只具有简单功能的小程序，发展到能运行在各种操作系统平台上且具有复杂功能的程序。一个完整的网络安全扫描过程包括以下三个阶段。

1）发现目标阶段

发现目标主机或网络。

2）搜集信息阶段

发现目标后进一步搜集目标信息，包括：操作系统类型、运行的服务及服务软件的版本等。如果目标是一个网络，还需进一步探测该网络的拓扑结构、路由设备及各主机状态等信息。

3）判断和测试漏洞阶段

根据搜集到的信息，判断或者进一步测试系统是否存在安全漏洞。

网络安全扫描包括：Ping 扫描（Ping sweep）、操作系统探测扫描、访问控制规则探测、端口扫描（Port scan）及已知漏洞扫描。它们在网络安全扫描的三个阶段都有体现。其中 Ping 扫描用于网络安全扫描的第一阶段，帮助识别系统是否处于活动状态。操作系统探测、访问控制规则探测和端口扫描用于网络安全扫描的第二阶段，其中操作系统探测就是对目标主机运行的操作系统进行识别；访问控制规则探测用于获取被防火墙保护的远端网络的信息资料；而端口扫描则通过与目标系统的 TCP/IP 端口连接，查看该系统处于监听或运行状态的服务。漏洞扫描则是在网络安全扫描的第三个阶段采用。它是在端口扫描的基础上，对得到的信息进行分析处理，检测出目标系统存在的安全漏洞。

近年来，虽然安全扫描技术得到长足的进步，但安全扫描技术仍存在着以下不足。

（1）现有漏洞扫描基本上采用漏洞特征匹配的方法，这种技术存在特征库更新的问题。

（2）当扫描发现目标主机某些端口开放或存在某个漏洞时，不能智能地对其进行探测。

（3）无法防御攻击者利用脚本漏洞和未知的漏洞入侵。另外，对拒绝服务漏洞的测试自动化程度较低。

（4）随着扫描目标规模的扩大，在对目标进行全面扫描时，扫描速度不够高。

为此，人们正在进行深入一步的研究，促使安全扫描技术向模块化和专家系统两个方向发展。

1. 模块化

整个安全扫描系统由若干个插件组成，每个插件封装一个或多个漏洞扫描方法，主扫描过程通过调用插件的方法来执行扫描任务。系统更新时，只需添加新的插件就可增加新的扫描功能。插件的规范化和标准化，使得安全扫描系统具有较强的灵活性、扩展性和可维护性。另外，就是使用专用脚本语言。这其实就是一种更高级的插件技术，用户使用专用脚本语言来扩充软件功能。这些脚本语言语法简单易学，用十几行代码就可定制一个简单的测试，为软件添加新的测试项。脚本语言的使用，将简化编写新插件的编程工作，使扩充软件功能变得更加容易，也更加有趣。

2. 专家系统

安全扫描能够对扫描结果进行整理，形成报表，同时可针对具体漏洞提出相应的解决办法。随着相关技术的发展，未来的安全扫描系统将可对网络状况进行评估，并提出针对整个网络的安全解决方案。

8.3　端口扫描

端口扫描属于网络安全扫描的第二阶段，它通过与目标系统的 TCP/IP 端口连接，查看该系统处于监听或运行状态的服务。一个端口就是一个潜在的通信通道，也就是一个入侵通道。对目标计算机进行端口扫描，可使用户了解系统目前向外界提供了哪些服务，及时发现目标系统的漏洞，为用户安全管理网络提供一种有效手段。

8.3.1　端口与服务

许多 TCP/IP 程序都是通过网络启动客户/服务器（Client/Server，C/S）模式，服务器上运行着一个守护进程。当客户有请求到达服务器时，服务器就启动一个服务进程与其进行通信。为简化这一过程，每个应用服务程序（如 WWW、FTP、Telnet 等）被赋予一个唯一的地址，这个地址称为端口。端口号由 16 位的二进制数据表示，范围为 0~65535。守护进程在端口上监听，等待客户请求。端口分为三大类：公认端口、注册端口和私有端口。常用的端口号如表 8-1 所示，属于公认端口。

表 8-1　常用的服务与端口对应表

序号	服务	端口号	序号	服务	端口号	序号	服务	端口号
1	HTTP	80	5	SMTP	25	9	IMAP	143
2	SNMP	169	6	DNS	53	10	DHCP	67
3	FTP	21	7	POP3	110	11	NTP	123
4	Telnet	23	8	HTTPS	443	12	TFTP	69

1）公认端口（0~1023）

这部分端口紧密绑定一些服务，通常这些端口的通信明确表明了某种服务的协议。如：21 端口是 FTP 服务所开放的，80 端口总是 HTTP 通信服务所对应的。

2）注册端口（1024~49151）

这部分端口松散绑定于一些服务，也就是说有一些服务绑定于这些端口，但这些端口也可以用于其他服务。如：某些系统处理动态端口是从 1024 开始的。

3）动态或私有端口（49152~65535）

理论上，不应为服务分配这些端口。实际上，计算机通常从 1024 开始分配动态端口，当然也有例外，如：SUN 的 RPC 端口从 32768 开始。

不论是合法的用户还是攻击者，都是通过开放的端口连接系统。端口开放得越多，进入系统的途径就越多，系统就越不安全。反过来说，打开的端口越少，攻击者侵入计算机的途径就越少，系统就越安全。但实际情况是，大多数用户在安装软件后都或多或少留下了危险的安全漏洞。原因是大多数软件（包括操作系统和应用程序）都带有安装脚本或安装程序，而这些安装程序为了尽快安装系统，激活尽可能多的功能，往往安装一些用户并不需要的组件，而这些组件对用户来讲，一是暂不使用故不会主动给它打补丁，二是根本不知道在软件安装过程中，实际安装了这些组件程序。所以，这些没有打补丁的服务（对软件来说，缺省安装总是包括了额外的服务和相应的开放端口）就易成为攻击者控制计算机的入口。

一般来讲，不需要的服务和额外的端口应关掉；不必要的软件应卸载。为此，人们为操作系统和应用软件制定了标准安装指南，指南包括使系统有效运作所需的最少系统特性的安装。如：Internet 安全中心（CIS）就根据多个国家的 170 个组织的情况，针对 Solaris 和 Windows 2000 开发了一套的最小安全配置基准，CIS 指南可提高大多数操作系统的安全性。

8.3.2 端口扫描原理与技术

1. 端口扫描原理

扫描器通过端口扫描，向目标主机的 TCP/IP 服务端口发送探测数据包，与目标主机的 TCP/IP 端口建立连接，请求某些服务（如：TELNET、FTP 等），并记录目标主机的响应。通过分析响应判断服务端口是打开还是关闭，搜集目标主机端口提供的服务或信息（如：匿名用户是否可以登录等）。端口扫描也可捕获本地主机或服务器的流入流出 IP 数据包，监视本地主机的运行情况。不过它仅能对接收到的数据进行分析，帮助发现目标主机的某些内在的安全弱点，而不会提供进入一个系统的详细步骤。

端口扫描具有发现一个主机或网络的能力，识别目标系统上正在运行的 TCP 和 UDP 服务，识别目标系统的操作系统类型（如：Windows 9x、Windows NT、UNIX 等），识别某个应用程序或某个特定服务的版本号，发现系统的漏洞等功能，扫描器能把这些安全检测，全部通过程序自动完成。

为使系统安全运行，关闭那些无用的端口，保持尽量少的端口，必须进行端口扫描。具体操作如下。

（1）在本地运行 netstat 命令，判断哪些端口是打开的。

（2）对系统进行外部的端口扫描，列出所有实际在侦听的端口号，可使用 nmap 端口扫描器，扫描从 1 到 65 535 的所有 TCP 和 UDP 端口。

（3）如果两个列表一致，需检查这些端口打开的原因以及每一个端口正在运行的服务。凡无法明确的端口都应关闭它。

（4）记录最终端口列表，以确定没有额外的端口出现。

2. 常用端口扫描技术

端口扫描主要有经典的全连接扫描和半连接扫描，此外，还有 TCP connect（）扫描、TCP FIN 扫描、秘密扫描等。

1）全连接扫描

全连接扫描是 TCP 端口扫描的基础，现有的全连接扫描有：TCP connect（）扫描、

TCP 反向 ident 扫描等。TCP connect（）扫描的实现原理是：扫描主机通过 TCP/IP 协议的三次握手，与目标主机的指定端口建立一次完整的连接，连接由系统调用 connect 开始。如果端口开放，则连接将建立成功，响应扫描主机的 SYN/ACK 连接请求，这一响应表明目标端口处于监听（打开）状态。如果端口是关闭的，目标主机会向扫描主机发送 RST 的响应。

2）半连接扫描

若端口扫描没有完成一个完整的 TCP 连接，在扫描主机和目标主机的指定端口建立连接时只完成了前两次握手，在第三步时，扫描主机中断了本次连接，使连接没有完全建立起来，这样的端口扫描称为半连接扫描，也称为间接扫描。现有的半连接扫描有：TCP SYN 扫描、IP ID 头 dumb 扫描等。

SYN 扫描的特点是：虽然日志对扫描有记录，但是尝试进行连接的记录要比全扫描少。缺点是：对大多数操作系统，发送主机需要构造特殊的 IP 包，而构造这种 SYN 数据包，需要超级用户或者授权用户访问专门的系统调用。

3）TCP connect（）扫描

这是最基本的 TCP 扫描，由操作系统提供的 connect（）系统调用，用于与目标计算机的端口进行连接。如果端口处于侦听状态（即开放状态），那么，connect（）连接成功，否则返回 -1，表示端口不可访问，即没有提供服务。这种扫描技术的特点如下。

（1）系统中的任何用户都能使用这个调用。

（2）可同时打开多个套接字，加速扫描，使用非阻塞 I/O 允许设置一个低的时间周期，同时观察多个套接字。但这种扫描会在目标计算机的 logs 文件上，显示一系列连接和连接出错的信息，从而易被人发现而被过滤掉。

4）TCP FIN 扫描

这种扫描的思想是：关闭的端口会用适当的 RST 来回复 FIN 数据包，而打开的端口会忽略对 FIN 数据包的回复，这种扫描只适用于 UNIX 目标主机。跟 SYN 扫描类似，FIN 扫描也需要自己构造 IP 包。

5）TCP 反向认证扫描

利用认证协议，这种扫描能够获取运行在某个端口上进程的用户名（userid）。认证扫描尝试与一个 TCP 端口建立连接，如果连接成功，扫描器发送认证请求到目的主机的 TCP 端口（113）。这种扫描也被称为反向认证扫描，如：连接到 http 端口，然后检测服务器是否正在以 root 权限运行。这种扫描需与目标端口建立一个完整的 TCP 连接。

6）FTP 代理扫描

即用一个代理的 FTP 服务器扫描 TCP 端口。这样，就在防火墙后面连接到一个 FTP 服务器，然后扫描端口（这些原来有可能被阻塞）。如果 FTP 服务器允许从一个目录读写数据，就能发送任意的数据到打开的端口。

FTP 端口扫描用 FTP 代理服务器扫描 TCP 端口。扫描步骤如下：假定 S 是扫描机，T 是扫描目标，F 是一个 FTP 服务器，这个服务器支持代理选项，能够跟 S 和 T 建立连接。S 与 F 建立一个 FTP 会话，使用 PORT 命令声明一个选择的端口（称之为 p－T）作为代理传输所需要的被动端口。然后 S 使用一个 LIST 命令尝试启动一个到 p－T 的数据传输。如果端口 p－T 确实在监听，传输就会成功（返回码 150 和 226 被发送回给 S），否则 S 回收到 "425 Can build data connection：Connection refused." 的应答。S 持续使用 PORT 和 LIST 命令，直到 T 上所有的选择端口扫描完毕。这种扫描能穿过防火墙，但速度较慢，关闭 FTP 服务器的代理功能可防止这种扫描。

8.4 网络扫描器

网络扫描器是自动检测本地或远程主机安全弱点的一种程序，它能够快速扫描目标存在的漏洞，并提供扫描结果。网络扫描器向目标计算机发送数据包，然后根据对方反馈的信息判断对方的操作系统类型、开放端口及提供的服务等。而漏洞扫描则是一种保证信息系统和网络安全的技术，通过对计算机系统或网络设备进行相关的检测，找出安全隐患和可被黑客利用的漏洞。值得注意的是，扫描是一把"双刃剑"，黑客用它入侵系统，而管理员用它防范入侵。

8.4.1 网络扫描器概述

网络扫描器通常采用两种工作策略，一种是被动式策略，一种是主动式策略。所谓被动式策略是指基于主机之上，对系统中不合适的设置、脆弱的口令及其他与安全规则相抵触的对象进行检查的方式；而主动式策略是指基于网络，通过执行脚本文件，模拟对系统进行攻击并记录系统的反应，从而发现其中漏洞的方式。应用被动式策略的扫描称为系统安全扫描，应用主动式策略的扫描则称为网络安全扫描。

网络扫描器的工作原理是：远程检测目标主机 TCP/IP 不同端口的服务，记录目标的应答。通过这种方法，搜集目标主机的各种信息（如：是否能匿名登录、是否有可写的 FTP 目录、是否能 Telnet、httpd、是否用 root 在运行等）。在获得目标主机 TCP/IP 端口和其对应的网络访问服务的有关信息后，把这些信息与网络漏洞扫描系统提供的漏洞库进行匹配或比较，如果满足匹配条件，则说明有漏洞。另外，通过模拟黑客的攻击，对目标主机进行攻击性的安全漏洞扫描，如：测试弱势口令等，如果模拟攻击成功，则也说明系统有漏洞存在。如图 8 – 2 所示。

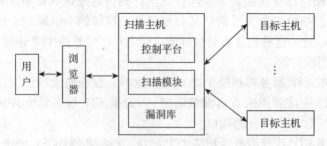

图 8 – 2　基于 B/S 结构的网络扫描器

在匹配方法上，网络扫描器采用基于规则的匹配技术，即根据安全专家对网络系统安全漏洞、黑客攻击案例的分析和有关网络系统安全配置的实际，形成标准的系统漏洞库，然后再在此基础上构成相应的匹配规则，由程序自动进行系统漏洞扫描的分析工作。

从结构上看，网络扫描器分成：基于浏览器/服务器（B/S）的结构和基于客户 – 服务器（C/S）的结构。对于基于 B/S 结构的网络扫描器，当用户通过控制平台发出扫描命令之后，控制平台即向扫描模块发出相应的扫描请求，扫描模块在接到请求之后，即启动相应的子功能模块，对被扫描主机进行扫描；通过分析被扫描主机返回的信息，扫描模块将扫描结果返回给控制平台，再由控制平台最终呈现给用户。

而基于 C/S 结构的网络扫描器则采用插件程序结构，即针对某一具体漏洞，编写对应的外部测试脚本，通过调用服务检测插件检测目标主机 TCP/IP 不同端口的服务，并把结果保存在信息库中，然后再调用相应的插件程序，向远程主机发送构造好的数据，检测结果同样保存于信息库，为其他脚本运行提供所需的信息。如：在测试针对 FTP 服务的攻击时，首先查看服务检测插件的返回结果，在确认目标主机服务器开启 FTP 服务后，针对 FTP 服务的攻击测试脚本才会执行。如图 8 – 3 所示。

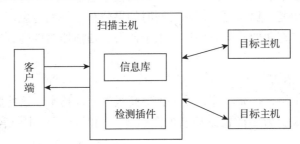

图 8 – 3　基于 C/S 结构的网络扫描器

采用这种插件结构的扫描器设计攻击测试脚本，不需要了解扫描器的原理，如：著名的 Nessus 扫描器就是采用这种结构。它是基于客户 – 服务器结构，这种扫描器功能强大，其中客户端不须作太多的设置，只需设置服务器端的扫描参数及收集扫描信息即可，具体扫描工作由服务器完成。此外，这种扫描器还可作为模拟黑客攻击的平台。

8.4.2　网络扫描器的基本构成

1. 网络扫描器的构成

网络扫描器由以下几部分组成。

1）漏洞数据库模块

漏洞数据库包含各种操作系统的各种漏洞信息，以及如何检测漏洞的指令。由于新的漏洞会不断出现，该数据库需要经常更新，以便能够检测到新发现的漏洞。

2）用户配置控制台模块

用户配置控制台与安全管理员进行交互，用于设置要扫描的目标系统，以及扫描哪些漏洞。

3）扫描引擎模块

扫描引擎是扫描器的主要部件。根据用户配置控制台部分的相关设置，扫描引擎组装好相应的数据包，发送到目标系统，将接收到的目标系统的应答数据包，与漏洞数据库中的漏洞特征进行比较，判断所选择的漏洞是否存在。

4）扫描知识库模块

通过查看内存中的配置信息，该模块监控当前活动的扫描，将要扫描的漏洞相关信息提供给扫描引擎，同时还接收扫描引擎返回的扫描结果。

5）结果存储器和报告生成工具

报告生成工具利用当前活动扫描知识库中存储的扫描结果，生成扫描报告。扫描报告将告诉用户配置控制台设置哪些选项，根据这些设置，扫描结束后，在哪些目标系统上发现了漏洞。

2. 扫描器的发展趋势

最初扫描器软件只是专门为 UNIX 系统编写的一些小程序，而到现在，扫描器软件已是具有复杂功能的程序，且能运行于各种操作系统平台。今后的发展趋势如下。

1）使用插件技术

每个插件都封装多个漏洞的测试方法，主扫描程序通过调用插件执行扫描。通过添加新插件使扫描器增加新功能，扫描更多漏洞。同时如果公布插件编写规范，用户或者第三方还可自己编写插件，以扩充功能。同时插件技术也使得对扫描器软件的升级维护更加方便，并具有良好扩展性。

2）使用专用脚本语言

用户使用专用脚本语言扩充功能，是一种更高级的插件技术。这些脚本语言语法简单易学，能定制简单的测试，为扫描器添加新的测试项。同时使用脚本语言能简化新插件的编程，便于功能扩充。

3）由扫描程序到安全评估专家系统

早期扫描程序只是把各个扫描测试项的执行结果列出，并提供给测试者而不对信息进行分析处理。而当前较成熟的扫描器，将对扫描结果进行整理、分析，形成报表，并对具体漏洞提出解决方法。因此，未来的安全扫描器不但能够扫描安全漏洞，还能智能化地协助网络管理人员评估网络的安全状况，给出安全建议，成为安全评估专家系统。

8.4.3 Ping 扫描

Ping 扫描是指侦测主机 IP 地址的扫描。按照 TCP/IP 协议簇的结构，Ping 扫描工作在互联网络层。Ping 扫描的目的就是确认目标主机的 TCP/IP 网络是否连通，即扫描的 IP 地址是否分配了主机。对没有任何预知信息的黑客而言，Ping 扫描是进行漏洞扫描及入侵的第一步；对已经了解网络整体 IP 划分的网络管理人员来讲，也可以借助 Ping 扫描，对主机的 IP 分配有一个精确的定位。Ping 扫描是基于 ICMP 协议的，其基本原理是：构造一个 ICMP 包，发送给目标主机，从得到的响应来进行判断。根据构造 ICMP 包的不同，分为 ECHO 扫描和 Non-ECHO 扫描两种。

1. ECHO 扫描

向目标 IP 地址发送一个 ICMP ECHOREQUEST（ICMP type 8）的包，等待是否收到 UICMP ECHO REPLY（ICMP type 0）。当收到 ICMP ECHO REPLY 时，就表示目标 IP 上存在主机，否则就说明没有主机。值得注意的是，如果目标网络上的防火墙配置为阻止 ICMP ECHO 流量，ECHO 扫描不能真实反映目标 IP 上是否存在主机。此外，如果向广播地址发送 ICMPECHO REQUEST，网络中的 UNIX 主机会响应该请求，而 Windows 主机不会生成响应，这也可用于 OS 探测。

2. Non-ECHO 扫描

向目的 IP 地址发送一个 ICMP TIMESTAMP REQUEST（ICMP type l3），或 ICMP AD-DRESS MASK REQUEST（ICMP type l7）的包，根据是否收到响应，可以确定目的主机是否存在。当目标网络上的防火墙配置为阻止 ICMP ECHO 流量时，则可以用 non. ECHO 扫描来进行主机探测。

8.5　常用网络扫描器

黑客在入侵系统之前，须先找到一台目标主机，并查出哪些端口在监听之后才能进行入侵。找出网络上的主机，测试哪些端口在监听，这些工作由扫描器完成。目前许多扫描器都集成了端口和漏洞扫描的功能，它们的主要区别在于是主机型的安全扫描器还是网络型的安全扫描器。当前较成熟的网络扫描器有：Nmap、X-San、Nessus、ISS 等。下面简要介绍这几种扫描器及其使用方法。

8.5.1　X-Scan 扫描器

X-Scan 是由安全焦点开发的一个功能强大的扫描工具，它采用多线程方式对指定 IP 地址段（或单机）进行安全漏洞检测，支持插件功能。扫描内容包括：远程服务类型、操作系统类型及版本，各种弱口令漏洞、后门、应用服务漏洞、网络设备漏洞、拒绝服务漏洞等20 几个大类。对于多数已知漏洞，它能给出相应的漏洞描述、解决方案及详细描述链接。X-Scan v3. 3 修改了以前版本的一些小 BUG，并提供简单的插件开发包，便于编写或将其他调试通过的代码修改为 X-Scan 插件。

v3. 1 以后的版本增加了一个新的自动升级功能，运行 UPDATE. EXE，并一直单击"下一步"，完成升级，如图 8 – 5 所示。

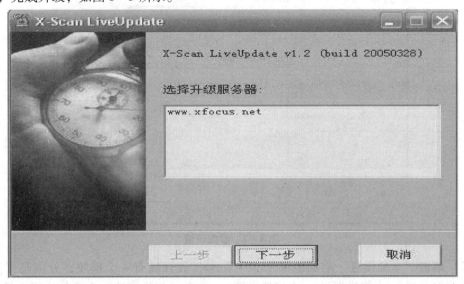

图 8 – 5　自动升级

运行主程序的前后版本差别不大,上方功能按钮包括:"扫描模块"、"扫描参数"、"开始扫描"、"暂停扫描"、"终止扫描"、"检测报告"、"使用说明"、"在线升级"、"退出",如图8-6所示。

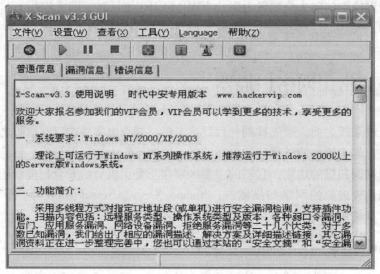

图8-6 X-Scan v3.3 主界面

(1)打开设置菜单,在"扫描参数对话框"中单击检测范围,如图8-7所示。选中"指定IP范围"要检测的目标主机的域名或IP,可输入多个IP进行检测。如:输入"192.168.0.1-192.168.0.255",对这个网段的主机进行检测。同时,也可以对不连续的IP地址进行扫描,同时勾选"从文件获取主机列表"复选框。

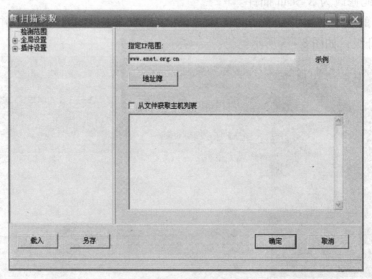

图8-7 参数设置

(2)单击"全局设置"前面的那个"+"号,展开后有4个模块,分别是"扫描模块"、"并发扫描"、"扫描报告"、"其他设置"。单击"扫描模块"右边的边框,显示相应的参数选项。如果是扫描几台主机的话，这些参数可以全选，如果扫描的主机比较多，则要有目标地选择，只需扫描主机开放的那些特定服务，这样可提高扫描的效率，如图 8 - 8 所示。

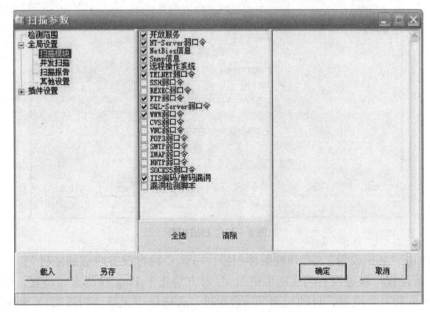

图 8 - 8　扫描模块设置

（3）选择"并发扫描"，设置要扫描的最大并发主机数和最大的并发线程数，如图 8 - 9 所示。

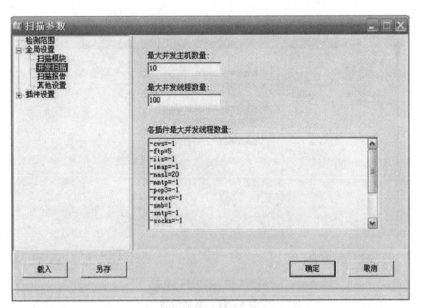

图 8 - 9　并发扫描设置

（4）单击"扫描报告"，在右边的窗格中生成一个检测 IP 或域名的报告文件，同时报告的文件类型有三种选择，分别是：HTML、TXT 和 XML，如图 8 - 10 所示。

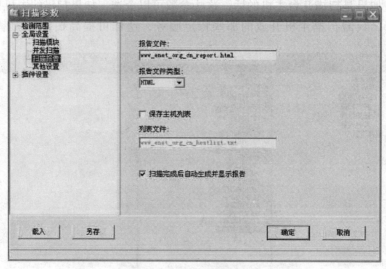

图 8-10　扫描报告

（5）单击"其他设置"。有两种条件扫描，一是"跳过没有响应的主机"，二是"无条件扫描"。若设置"跳过没有响应的主机"，且对方禁止了 Ping 或防火墙设置，使对方没有响应，X-Scan 将自动跳过，自动检测下一台主机。若选择"无条件扫描"，X-Scan 将对目标进行详细检测，产生详细而更加准确的结果，但扫描时间较长。而"跳过没有检测到开放端口的主机"和"使用 NMAP 判断远程操作系统"这两个选项一般都要选择，下边的那个"显示详细进度"选项，则可根据实际情况选择，主要用于显示检测的详细过程，如图8-11 所示。

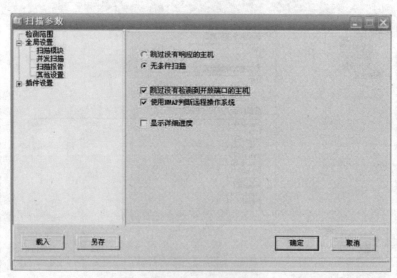

图 8-11　其他设置

（6）设置以上模块以后，单击"开始扫描"选项开始扫描，对主机进行详细的检测。如果扫描过程中出现错误，会在"错误信息"卡片中看到，如图 8-12 所示。

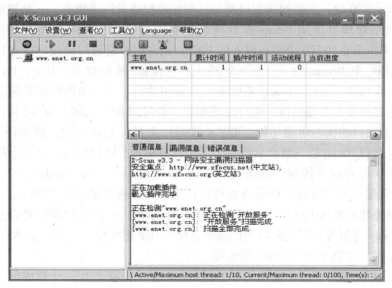

图 8 – 12　错误信息

在扫描过程中，在"漏洞信息"卡片中察看检测到的漏洞。扫描结束以后，将自动弹出检测报告，内容包括：漏洞的风险级别和详细的信息等，这些信息可对对方主机进行详细的分析，如图 8 – 13 所示。

地址(D)	C:\Documents and Settings\user\桌面\X-Scan-v3.3-cn\X-Scan-v3.3\log\192_168_2_21_report.html	

本报表列出了被检测主机的详细漏洞信息，请根据提示信息或链接内容进行相应修补.欢迎参加X-Scan脚本翻译项目	

	扫描时间
2006-03-03 12:52:54 - 2006-03-03 12:58:30	

	检测结果
存活主机	1
漏洞数量	0
警告数量	0
提示数量	2

	主机列表
主机	检测结果
192.168.2.21	发现安全提示
主机摘要 - OS: Unknown OS; PORT/TCP: 25, 110	
[返回顶部]	

		主机分析: 192.168.2.21
主机地址	端口/服务	服务漏洞
192.168.2.21	smtp (25/tcp)	发现安全提示
192.168.2.21	pop3 (110/tcp)	发现安全提示

图 8 – 13　扫描结果

8.5.2　Nmap 扫描器

Nmap 是一种免费的开源网络扫描和嗅探工具，英文名称是 Network Napper。它最初只支持 Linux 平台，后来也支持 Windows NT/Me/XP/Vista 系统。Nmap 有三个基本功能：一是探测一组主机是否在线；二是扫描主机端口，嗅探所提供的网络服务；三是推断主机所用的操作系统。网络管理员使用 Nmap 查看网络中有哪些主机，其上运行哪种服务程序等。Nmap 扫描从两个节点到 500 个节点以上的 LAN，允许用户定制扫描技巧；支持多种协议的扫描，如：UDP、TCP connect（）、TCP SYN（半开）、跳板攻击、Ping、fin、ack sweep、synsweep 和 null 扫描。另外，Nmap 还提供一些实用功能，如：识别操作系统类型、秘密扫描、动态延迟和重发、欺骗扫描、端口过滤探测、直接的 RPC 扫描、分布扫描等。

Nmap 部分关键的核心功能（如：Raw sockets）需要有 Root 权限，故运行 Nmap 时应持 Root 的身份。运行 Nmap 后一般会显示一个关于扫描机器的端口列表，并显示端口的服务名称、端口号、状态及服务协议，状态有 "open"、"filtered" 和 "unfiltered" 三种，其中 "open" 表明该端口是开放的，目标机器可在该端口接收连接请求；"filtered" 表明有防火墙或者其他过滤装置在这个端口进行过滤，需要 Nmap 进一步确定该端口是否开放。根据选项的使用，Nmap 可报告远程主机使用的操作系统、TCP 连续性、在端口上绑定的应用程序、用户名、DNS 名、主机是否是 smurf 地址等。

Nmap 有良好的命令界面，使用简单。用 Nmap 的［扫描选项］、［扫描目标］即可进行扫描分析，精确定义扫描的模式。

下面介绍 Nmap 的运行过程。Nmap 运行时一般先进行 Ping 扫描操作，再探测 UDP 或者 TCP 端口及主机所使用的操作系统，同时把所有探测结果记录到日志文件中。

1. Ping 扫描

打印出对扫描做出响应的主机，不做进一步测试（如：端口扫描或者操作系统探测）：

nmap-sP 192.168.1.0/ 24

仅列出指定网络上的每台主机，不发送任何报文到目标主机：

nmap-sL 192.168.1.0/ 24

探测目标主机开放的端口，指定一个以逗号分隔的端口列表（如 – PS22，23，25，80）：

nmap-PS 192.168.1.234

使用 UDP ping 探测主机：

nmap-PU 192.168.1.0/ 24

使用频率最高的扫描选项：Syn 扫描，它不打开一个完全的 TCP 连接，执行很快：

nmap-sS 192.168.1.0/ 24

当 Syn 扫描不能用时，TCP Connect（）扫描就是默认的 TCP 扫描：nmap-sT 192.168.1.0/ 24

UDP 扫描用-sU 选项，UDP 扫描发送空的（没有数据）UDP 报头到每个目标端口：

nmap-sU 192.168.1.0/ 24

确定目标机支持哪些 IP 协议（TCP，ICMP，IGMP 等）：

nmap-sO 192.168.1.19

探测目标主机的操作系统：

nmap-O 192.168.1.19

nmap-A 192.168.1.19

另外，

nmap-v scanme.

这个选项扫描主机 scanme 中所有的保留 TCP 端口。选项 −v 启用细节模式。

nmap-sS-O scanme. ／24

2. 秘密 SYN 扫描

当潜在入侵者发现了在目标网络上运行的主机，下一步即进行端口扫描。Nmap 支持不同类别的端口扫描 TCP 连接，TCP SYN，Stealth FIN，Null 和 UDP 扫描。进行秘密 SYN 扫描，对象为主机 Scanme 所在的"C 类"网段的 255 台主机。同时尝试确定每台工作主机的操作系统类型。因为进行 SYN 扫描和操作系统检测，这个扫描需要有根权限。

nmap-sV-p 22，53，110，143，4564 198. 116. 0 − 255. 1 − 127

3. 主机列举和 TCP 扫描

对象为 B 类 188. 116 网段中 255 个 8 位子网。这个测试是确定系统是否运行了 sshd、DNS、imapd 或 4564 端口。如果这些端口打开，将使用版本检测确定哪种应用在运行。

nmap-v-iR 100000 − P0 − p 80

nmap 支持以下四种最基本的扫描方式。

（1）TCP connect（）端口扫描（−sT 参数）。

（2）TCP 同步（SYN）端口扫描（−sS 参数）。

（3）UDP 端口扫描（−sU 参数）。

（4）Ping 扫描（−sP 参数）。

在上述四种扫描方式中，Ping 扫描和 TCP SYN 扫描最为常用。Ping 扫描通过发送 ICMP 回应请求数据包和 TCP 应答（ACK）数据包，确定主机的状态，检测指定网段内正在运行的主机数量。TCP SYN 扫描创建的是半打开的连接，TCP SYN 扫描发送复位（RST）标记；如果远程主机正在监听且端口是打开的，远程主机用 SYN-ACK 应答，Nmap 发送一个 RST；如果远程主机的端口是关闭的，应答是 RST，此时 Nmap 转入下一个端口。而在 TCP connect（）扫描中，扫描器利用操作系统本身的系统调用，打开一个完整的 TCP 连接，也就是说，扫描器打开了两个主机之间的完整握手过程（SYN、SYN-ACK、ACK）。一次完整执行的握手过程，表明远程主机端口是打开的，这也是 TCP connect（）扫描与 TCP SYN 扫描的不同之处。

有些网络设备如：路由器和网络打印机，可能禁用或过滤某些端口，禁止对该设备或跨越该设备的扫描。初步侦测网络情况时，−host ＿timeout 参数很有用，它表示超时时间，如：nmap sS host ＿timeout 10000 192. 168. 0. 1 命令规定超时时间是 10 000 毫秒。网络设备上被过滤掉的端口将大大延长侦测时间，设置超时参数可减少扫描网络所需时间。Nmap 会显示出哪些网络设备响应超时，host ＿timeout 节省扫描时间的多少，由网络上被过滤的端口数量决定。

当攻击者使用 TCP 连接扫描系统时，是很容易发现的，因为 Nmap 将使用 connect（）系统调用打开目标机上相关端口的连接，并完成三次 TCP 握手。一个 TCP 连接扫描使用"−sT"命令如下：

```
# nmap  -sT 192.168.7.12
Starting nmap V.2.12 by Fyodor(fyodor@ dhp.com,www.insecure.org/
nmap/)
Interesting  ports  on(192.168.7.12):
Port  State  Protocol  Service
7  open  tcp  echo
9  open  tcp  discard
13  open  tcp  daytime
19  open  tcp  chargen
21  open  tcp  ftp
...
Nmap  run  completed —— 1  IP  address  (1  host  up)  scanned  in
3  seconds
```

为了查出哪些端口在监听，需进行 UDP 扫描，可知哪些端口对 UDP 是开放的。Nmap 将发送一个 0 字节的 UDP 包到每个端口。如果主机返回端口不可达，则表示端口是关闭的。

```
# nmap  -sU 192.168.7.7
WARNING: -sU is now UDP scan —— for TCP FIN scan use -sF
Starting nmap V. 2.12 by Fyodor(fyodor@ dhp.com,www.insecure.org/
nmap/)
Interesting  ports  on saturnlink.nac.net(192.168.7.7):
Port  State  Protocol  Service
53  open  udp  domain
111  open  udp  sunrpc
123  open  udp  ntp
137  open  udp  netbios-ns
138  open  udp  netbios-dgm
177  open  udp  xdmcp
1024  open  udp  unknown
Nmap  run  completed —— 1  IP  address  (1  host  up)
scanned  in 2  seconds
```

综合运用多种扫描方法或扫描程序可以得到较好的效果。但是漏洞扫描也有一定的"副作用"。如：当人们对大范围的 IP 地址或者端口进行扫描时，反复高速发出特定的连接请求，使得目标网络及主机上存在大量的连接请求数据包，这就有可能造成网络拥塞，主机无法正常使用，而这正是 DoS 攻击的方法和表现。所以，要防范漏洞扫描及可能的 DoS 攻击，应注意以下三点：一是在防火墙及过滤设备上采用严格的过滤规则，禁止扫描的数据包进入系统；二是主机系统除了必要的网络服务外，禁止其他的网络应用程序；三是对于只对内开放的网络服务，更改其提供服务的端口。最后，网络扫描时发送的数据会含有一些扫描者自身的信息，通过抓取扫描时的数据包，可对扫描者进行反向追踪。

 ## 本章小结

　　本章介绍了网络系统漏洞存在的原因及危害，阐述了网络安全扫描的基本原理和过程，分析了一些常见的安全漏洞，介绍了部分网络扫描器的结构、功能和相关扫描技术，给出了不同的扫描策略和扫描方式，如：端口扫描、漏洞扫描和 Ping 扫描，最后介绍了几种常用网络扫描器，如：X-Scan 扫描器和 Namp 扫描器的使用方法。读者重点掌握扫描的原理、方式、技术和策略，并掌握几种常用扫描器工具的使用。

 ## 本章习题

1. 结合实际，分析计算机及网络漏洞存在的原因。
2. 端口与服务是什么关系？漏洞与端口又是什么关系？
3. 为什么说安全扫描是一把"双刃剑"？
4. 不同的扫描策略和扫描方式对漏洞扫描有什么影响？
5. 安全扫描对网络系统运行有无不良影响？
6. 简述 X-Scan 扫描器的使用和应注意的问题。

第9章 入侵检测系统

入侵检测（Intrusion Detection）指对入侵行为的发觉，是一种通过观察行为、安全日志或审计数据检测入侵的技术，相应开发的软硬件设备称为入侵检测系统（Intrusion Detection System，IDS）。入侵检测是继防火墙之后保护网络系统的第二道防线，属于主动网络防御技术。

本章将介绍入侵检测的概念、原理、方法和技术，讲述入侵检测系统（IDS）的原理、结构和检测方法。主要包括以下知识点：

◇ 入侵检测的概念、原理与方法；

◇ IDS 的分类与结构；

◇ IDS 在网络中的部署；

◇ IDS 新技术与发展趋势。

通过学习本章内容，读者可以理解入侵检测的基本概念和原理，掌握 IDS 的构成、分析方法和常用检测方法，了解 IDS 在网络系统中的部署和不足，最后可了解 IDS 的一些新技术。

9.1 入侵检测概述

非法入侵是指非法获得一个系统的访问权或者扩大对系统的特权范围。入侵网络主要有物理入侵、系统入侵和远程入侵三种，其中物理入侵不在本章讨论的范畴；系统入侵是指在一个已经拥有用户权限的状态想取得管理员权限的入侵行为。而远程入侵是指在远程非正规用户访问状态下，通过技术手段控制目标系统。防范远程入侵是保证网络安全的主要任务。

9.1.1 入侵检测的概念

入侵检测，顾名思义，就是对入侵行为的发觉，通过对计算机网络或计算机系统中若干关键点收集信息并对其进行分析，从中发现网络或系统中是否有违反安全策略的行为和被攻击的迹象。入侵检测有动态和静态之分，动态检测用于预防和审计，静态检测用于恢复和评估。

1. 入侵检测系统 IDS

入侵检测是检测和识别针对计算机和网络系统，或者更广泛意义上的信息系统的非法攻击，或者违反安全策略事件的过程。它从计算机系统或者网络环境中采集数据、分析数据、发现可疑攻击行为或者异常事件，并采取一定的响应措施拦截攻击行为，降低可能的损失。入侵检测系统（Intrusion Detection System，IDS）是一种对网络传输进行即时监视，在发现可疑传输时发出警报或者采取主动反应措施的网络安全设备。它与其他网络安全设备的不同之处在于，IDS 是一种积极主动的安全防护技术。

IDS 最早出现在 1980 年。1990 年，根据信息来源，IDS 分化为基于网络的 IDS 和基于主机的 IDS。根据检测方法又可分为异常入侵检测和滥用入侵检测。基于主机的 IDS（简称 HIDS）监测一台主机的特征和该主机发生的可疑活动相关的事件；基于网络的 IDS（简称 NIDS）监测特定的网段或设备的流量并分析网络、传输和应用协议，以识别可疑的活动。

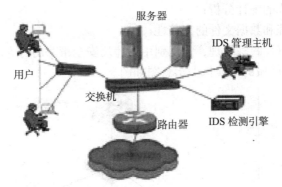

图 9 - 1　入侵检测系统 IDS

不同于防火墙，IDS 入侵检测系统是一个监听设备，没有跨接在任何链路上，无须网络流量流经它便可以工作。后又出现分布式 IDS。目前，IDS 发展迅速，已有人宣称 IDS 将取代防火墙。入侵检测系统的市场在近几年中飞速发展，许多公司投入到这一领域。Venustech（启明星辰）、Internet Security System（ISS）、思科、赛门铁克等公司都先后推出 IDS 设备。

2. IDS 的组成

IETF 把一个入侵检测系统分为 4 个组件。

（1）事件产生器（Event generators）。它的目的是从整个计算环境中获得事件，并向系统的其他部分提供此事件。

（2）事件分析器（Event analyzers）。它经过分析得到数据，并产生分析结果。

（3）响应单元（Response units）。它是对分析结果作出作出反应的功能单元，它能作出切断连接、改变文件属性等响应，也可以只是简单地报警。

（4）事件数据库（Event databases）。事件数据库是存放各种中间和最终数据的地方的统称，它可以是复杂的数据库，也可以是简单的文本文件。

传统的操作系统加固技术和防火墙隔离技术等都属于静态的安全防御技术，对网络环境下日新月异的攻击手段缺乏主动的反应。而入侵检测技术属于动态安全防御技术，它通过对入侵行为的过程与特征的研究，使安全系统对入侵事件和入侵过程能做出实时响应。而由于性能的限制，防火墙通常不能提供实时的入侵检测能力。入侵者可绕过防火墙或者入侵者就在防火墙内。入侵检测是防火墙的合理补充，帮助系统对付网络攻击，扩展了系统管理员的安全管理能力（包括安全审计、监视、进攻识别和响应），提高了信息安全基础结构的完整性。它从计算机网络系统中的若干关键点收集信息，并分析这些信息，看看网络中是否有违反安全策略的行为和遭到袭击的迹象。

入侵检测被认为是防火墙之后的第二道安全闸门，在不影响网络性能的情况下对网络进行监测，在发现入侵后，及时作出响应，包括切断网络连接、记录事件和报警等，提供对内部攻击、外部攻击和误操作的实时保护。实现过程如下：

（1）监视、分析用户及系统活动；

（2）系统构造和弱点的审计；

（3）识别反映已知进攻的活动模式并向相关人士报警；

（4）异常行为模式的统计分析；

（5）评估重要系统和数据文件的完整性；

（6）操作系统的审计跟踪管理，并识别用户违反安全策略的行为。

IDS 部署于服务器区域的交换机上示意图如图 9 – 2 所示。

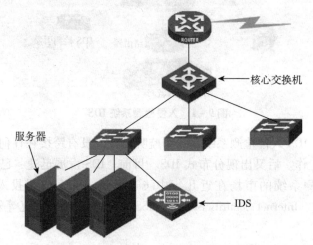

图 9 – 2　IDS 在服务器群交换机上的位置

入侵检测系统不但可使系统管理员了解网络系统（包括程序、文件和硬件设备等）的任何变更，还能给网络安全策略的制定提供指南。更重要的是，它配置简单，易于管理，即使是非专业人员也容易操作。

9.1.2　入侵检测过程

入侵检测系统收集系统和非系统中的信息，然后对收集到的数据进行分析，并采取相应措施。因此，入侵检测过程分为信息收集、信息分析和结果处理三个阶段。

1. 信息收集

信息收集包括收集系统、网络、数据及用户活动的状态和行为方面的数据。而且，需要在计算机网络系统中的若干关键点（不同网段和不同主机）进行收集，这除了尽可能扩大检测范围外，还有一个重要的原因就是，对来自不同源的信息进行特征分析、比较，以便发现问题。

入侵检测主要依赖于收集信息的可靠性和正确性，而信息的收集和报告一般是通过软件进行的，这就要求入侵检测系统的软件本身应具有相当的坚固性，防止因被篡改而收集到错误的信息。如：黑客可把 UNIX 系统的 PS 指令替换为一个不显示入侵过程的指令，或者是把编辑器替换成一个读取不同于指定文件的文件（黑客隐藏了初试文件并用另一版本代替）。入侵检测利用的信息来自以下三个方面。

1）系统和网络日志文件

黑客经常会在系统日志文件中留下他们的踪迹，日志中包含发生在系统和网络上的不寻常和不期望活动的证据，这些证据表明有人正在入侵或已成功入侵了系统。通过查看日志文件，发现成功的入侵或入侵企图，并快速启动相应的应急响应程序。日志文件中记录了各种行为类型，每种类型又包含不同的信息，如：记录"用户活动"类型的日志，就包含登录、用户 ID 改变、用户对文件的访问、授权和认证信息等内容。对用户活动来讲，不正常的或不期望的行为就是重复登录失败、登录到不期望的位置及企图访问非授权的重要文件等。

2）非正常的目录和文件改变

网络中的文件系统往往包含大量软件和数据文件，这些文件常常是黑客修改或破坏的目标。目录或文件的非正常改变（包括修改、创建和删除），特别是那些正常情况下被限制访问的目录或文件，往往是一种产生的信号。黑客为隐藏在系统中入侵活动的痕迹，经常替换、修改和破坏这些系统文件，主要是替换系统程序或修改系统日志文件。

3）非正常的程序执行

网络系统中的程序执行包括：操作系统、网络服务、用户启动的程序和特定目的的应用程序等，如：Web 服务器。每个在系统上执行的程序由一到多个进程来实现，一个进程的执行行为由它运行时执行的操作来表现，操作执行的方式不同，它利用的系统资源也就不同。操作包括计算、文件传输、设备和其他进程，以及与网络间其他进程的通信。一个进程出现了不期望的行为，表明黑客正在入侵你的系统。黑客可能会将程序或服务的运行分解，从而导致它失败，或以非管理员意图的方式操作。

2. 信息分析

对收集到的有关系统、网络、数据及用户活动的状态和行为等信息，一般通过模式匹配、统计分析和完整性分析三种技术方法进行分析，其中前两种方法用于实时的入侵检测，而第三种方法则用于事后分析。

1）模式匹配

模式匹配就是将收集到的信息与已知的网络入侵模式数据库进行比较，一种攻击模式可用一个过程（如：执行一条指令）或一个输出（如：获得权限）表示，从而发现违背安全策略的行为，匹配的过程如：通过字符串匹配以寻找一个简单的条目或指令，或利用数学表达式表示安全状态的变化。模式匹配方法的特点是：只需收集相关的数据集合，系统负荷较轻，技术成熟，且检测准确率和效率高。但是，该方法的不足是：无法检测到未知的黑客攻击，需要不断地升级才能检测日益更新的黑客攻击。

2）统计分析

做统计分析有一个前提，先要给系统对象（如：用户、文件、目录和设备等）创建一个统计描述，对正常使用时的一些测量属性（如：访问次数、操作失败次数和延时等）进行描述和统计。测量属性的平均值将被用来与网络系统的行为进行比较，任何观察值在正常值范围之外时，如：默认用 GUEST 账户登录的，突然出现 ADMIN 账户的登录，说明有入侵发生，从而检测到一些未知的入侵和更为复杂的入侵，但统计分析的缺点是：误报和漏报率较高，且不适应用户正常行为的突然改变。目前常用的统计分析方法有：基于专家系统的分析、基于模型推理的分析和基于神经网络的分析等，目前还处于研发之中。

3）完整性分析

这是指分析系统中某个文件或对象是否完整（即是否被更改），这包括文件和目录的内容及属性。完整性分析利用加密机制，如：MD5，分析和识别微小的变化，对发现被更改的、被特洛伊木马化的应用程序特别有效。其特点是：不管模式匹配方法和统计分析方法能否发现入侵，只要某种攻击导致了文件或其他对象的任何改变，完整性分析方法都能发现。不足的是：完整性分析需以批处理的方式，只能用于事后分析而不具有实时性。但是如果在每一天的某个特定时间内，开启完整性分析模块对网络系统进行全面地检查，完整性检测方法仍然是保护网络安全的重要手段。

3. 结果处理

结果处理包括：控制台按照告警产生预先定义的响应，向管理员报警并采取相应措施，如：重新配置路由器或防火墙、终止进程、切断连接、改变文件属性等。

9.1.3　入侵检测系统的结构

早在 1987 年，D. Denning 就提出一个通用的入侵检测系统模型，如图 9 - 3 所示。该模型由以下六大部分组成。

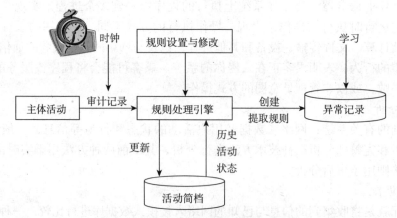

图 9 - 3　Denning 的通用入侵检测模型

（1）主体。目标系统上活动的实体，如：用户。

（2）对象。系统资源，如：文件、设备、命令等。

（3）审计记录。主体与对象之间的活动记录，包括：资源利用、时间、错误信息等。

（4）活动简档。与审核记录一样记录主体对对象的操作信息，包括：频度、数量等信息。

（5）异常记录。主要是记录主体与对象交互时出现的异常。

（6）活动规则。规则是检查入侵是否发生的处理依据，由处理引擎解析，结合上述记录统计信息，实现入侵检测。

许多网络安全系统对内部人员滥用行为的防范，往往都比较脆弱，审计记录是目前检测授权用户滥用行为的有效方法，尽管大多数计算机系统都收集各种类型的审计数据，但是其中很多不能对这些审计数据进行自动分析，而且这些审计记录包含了大量与安全无关的信息，要从中找到可疑的入侵活动非常困难。为此，Denning 的入侵检测模型提出通过规则处理引擎，实时处理审计信息，并对可疑主体进行登记，直到违反规则，下面简要介绍几个入侵检测模型。

1. IDES 模型

IDES（Intrusion Detection Expert System，入侵检测专家系统）是一个综合的入侵检测系统，使用统计分析算法检测非规则异常入侵行为，同时还使用一个专家系统检测模块，对已知的入侵攻击模式进行检测，以期望进化该入侵检测系统。IDES 运行在独立的硬件平台上，处理从一个或多个目标系统通过网络传送过来的审计数据，它提供与系统无关的机制，实时地检测违反安全规则的活动。

IDES 系统设计模型如图 9 - 4 所示，分成四个部分：IDES 目标系统域、领域接口、IDES 处理引擎和 IDES 用户接口。

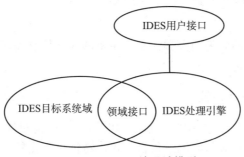

图 9 - 4 IDES 系统设计模型

2. CIDF 模型

为了提高 IDS 产品、组件及与其他安全产品之间的互操作性，美国国防高级研究计划署（DARPA）和互联网工程任务组（IETF）的入侵工作组（IDWG），发起制订了一系列建议草案，从体系结构、API、通信机制、语言格式等方面规范 IDS 的标准，提出了公共入侵检测框架 CIDF 模型，这个模型的工作主要包括四部分：IDS 的体系结构、通信机制、描述语言和应用编程接口 API。

CIDF 在 IDES 和 NIDES 系统的基础上，提出将入侵检测系统分为四个基本组件：事件产生器、事件分析器、响应单元和事件数据库。CIDF 模型架构如图 9 - 5 所示。

图 9 - 5 CIDF 的基本组件

在 CIDF 模型中，事件产生器、事件分析器和响应单元均以应用程序的形式出现，而事件数据库则采用文件或数据流的形式。很多 IDES 都以数据收集组件、数据分析组件和控制台三个术语，分别代替事件产生器、事件分析器和响应单元。

CIDF 模型将 IDS 需要分析的数据统称为事件（Event），它既可以是网络中的数据包，也可以是从系统日志或其他途径得到的信息。以上 CIDF 模型的四个组件代表的都是逻辑实体，其中任何一个组件可能是某台计算机上的一个进程甚至线程，也可能是多台计算机上的多个进程，它们之间采用 GIDO（General Intrusion Detection Object，统一入侵检测对象）格式进行数据交换。GIDO 是对事件进行编码的标准通用格式（由 CIDF 描述语言 CISL 定义），GIDO 数据流可以是发生在系统中的审计事件，也可以是对审计事件的分析结果。各子系统通过 GIDO 交换数据，进行联合处理。同样，GIDO 的通用性也让其运行在不同的环境下，提高了组件之间的消息共享和互通能力。

 ## 9.2 入侵检测系统的分类

从数据源看，入侵检测分为两大类：基于主机的入侵检测和基于网络的入侵检测，下面分别讲述其工作原理和优劣。

9.2.1 基于主机的入侵检测系统

基于主机的入侵检测系统（HIDS）始于 20 世纪 80 年代早期，通常采用查看针对可疑行为的审计记录来执行。它对新的记录条目与攻击特征进行比较，并检查不应该被改变的系统文件的校验和来分析系统是否被侵入或者被攻击。如果发现与攻击模式匹配，IDS 系统通过向管理员报警和其他呼叫行为来响应。它的主要目的是在事件发生后提供足够的分析来阻止进一步的攻击。反应的时间依赖于定期检测的时间间隔。实时性没有基于网络的 IDS 系统好。

HIDS 通常安装在被重点检测的主机之上，如：数据库服务器，主要是对该主机的网络实时连接及系统审计日志进行智能分析和判断。如果其中主体活动十分可疑（特征或违反统计规律），入侵检测系统就会采取相应措施。

1. 基于主机 IDS 的主要优点

基于主机的 IDS 可以检测外部和内部入侵，这一点是基于网络的 IDS 或者防火墙所不及的。具体有以下优点。

（1）监视所有系统行为。基于主机的 IDS 能够监视所有的用户登录和退出，甚至用户所做的所有操作，审计系统在日志里记录的策略改变，监视关键系统文件和可执行文件的改变等。可提供比基于网络的 IDS 更为详细的主机内部活动信息。比如，有时它除了指出入侵者试图执行一些"危险的命令"外，还能分辨出入侵者干了什么事、他们运行了什么程序、打开了哪些文件、执行了哪些系统调用等。

（2）有些攻击在网络的数据流中很难发现，或者根本没有通过网络在本地进行，这时基于网络的 IDS 系统将无能为力。

（3）适应交换和加密。基于主机的 IDS 系统可以较为灵活地配置在多台关键主机上，不必考虑交换和网络拓扑问题。这对关键主机零散地分布在多个网段上的环境特别有利。某些类型的加密也是对基于网络的入侵检测的挑战。依靠加密方法在协议堆栈中的位置，它可能使基于网络的系统不能判断确切的攻击。基于主机的 IDS 没有这种限制。

（4）不要求额外的硬件。基于主机的 IDS 配置在被保护的网络设备中，不要求在网络上增加额外的硬件。

（5）主机 IDS 通常比网络 IDS 误报率要低。因为检测在主机上运行的命令序列比检测网络流更简单，系统的复杂性也低得多。主机 IDS 在不使用诸如"停止服务"、"注销用户"等响应方法时，风险较低。

2. 基于主机 IDS 的主要缺点

（1）看不到网络活动的状况。

（2）运行审计功能要占用额外系统资源。

（3）主机监视感应器对不同的平台不能通用。

（4）管理和实施比较复杂。

基于主机的 IDS 的入侵检测方法有以下两种。

（1）异常检测（Anomaly detection）。异常检测采集有关的合法用户在某段时间内的行为数据，然后统计检验被监测的行为，以较高的置信度确定该行为是否不是合法用户的行为。以下是两种统计异常检测的方法。

① 阈值检测（Threshold detection）：此方法涉及为各种事件发生的频率定义阈值，定义的阈值应该与具体的用户无关。

② 基于配置文件的检测（Profile based）：为每一个用户建立一个活动配置文件，用于检测单个账户行为的变化。

（2）特征检测（Signature detection）。特征检测涉及试图定义一级规则或者攻击的模式，可用于确定一个给定的行为是入侵者的行为。从本质上讲，异常检测方法试图定义正常的（或者称为预期的）行为，而特征检测方法则试图定义入侵特有的行为。异常检测对于假冒正常用户行为有效，假冒者不可能完全正确地模仿他们感兴趣的账户的行为模式。另一方面，这样的技术无法对付违法者。对于此类攻击，特征检测方法可能能够通过在上下文中识别事件和序列来发现渗透。实际中，系统可能会使用这两种方法的组合来有效对抗更广范围的攻击。

在上面讲述的两种入侵检测方法中，异常检测有两个类别：阈值检测和基于配置文件的检测。阈值检测与一段时间间隔内特殊事件发生的次数有关。如果次数超过预期发生的合理数值，则认为存在入侵。阈值分析就其自身来看，即使对于复杂度一般的攻击行为来说也是一种效率低下的粗糙检测方案。基于配置文件的异常检测归纳出单个用户或者相关用户组的历史行为特征，用于发现有重大偏差的行为。配置文件包括一组参数，因此单个参数上的偏差可能无法引发警报。基于配置文件的入侵检测度量标准的实例有计数器、计量器、间隔计时器和资源利用。利用这些信息来检测当前用户的行为是否与历史行为相符，如果出现异常，就报警。

9.2.2 基于网络的入侵检测系统

1. 概念

基于网络的入侵检测（Network Intrusion Detection）使用原始的裸网络包作为源。利用工作在混杂模式下的网卡，实时监视和分析所有的通过共享式网络的传输。当前，部分产品也可以利用交换式网络中的端口映射功能，监视特定端口的网络入侵行为。一旦攻击被检测到，响应模块将按照配置对攻击做出响应。这些响应包括：发送电子邮件、寻呼、记录日志、切断网络连接等。

2. 工作原理

基于网络的入侵检测系统（NIDS）通常部署在比较重要的网段内，监视网段中的各种数据包，通过实时地或者接近实时地对每一个数据包进行特征分析，发现入侵模式。NIDS可以检测网络层、传输层和应用层协议的活动。如果数据包与系统内置的某些规则吻合，入侵检测系统就会发出警报甚至直接切断网络连接，目前，大部分入侵检测系统是基于网络的。需注意的是，基于网络的 IDS 主要是检测网络上流向易受攻击的计算机系统的数据包流量，而基于主机的 IDS 系统检测的是主机上用户和软件的活动情况，两者不同。

基于网络的 IDS 通过一个运行在随机模式下的网络适配器，实时监视并分析通过网络的所有原始网络包，即基于网络的 IDS 用原始网络包作为数据源，攻击识别模块使用四种技术识别攻击标志。即模式、表达式或字节匹配，频率或阈值，低级事件的相关性和统计学意义上的异常现象。

3. 传感器

典型的 NIDS 大量使用传感器监控数据包流量、一个或多个服务器负责 NIDS 管理功能，以及一个或者多个管理控制台提供人机交互的接口和分析流量模式，从而检测入侵的工作可以在传感器、管理服务器或者在二者的组合上完成。传感器在基于网络的 IDS 中充当着数据收集及基本分析的功能，传感器监视整个网络，并将数据收集起来，传到 NIDS 的检测中心。

传感器有两种模式：内嵌传感器（inline sensor）与被动传感器（passive sensor）。内嵌传感器位于某一网段内部，以使正在监控的流量必须通过传感器。内嵌方式的优点是可以与防火墙或者局域网交换机进行逻辑组合，从而不需要单独的物理设备，只需要一个 NIDS 软件就可以拥有传感器的功能。被动传感器监控网络流量的备份，实际的流量并没有通过这个设备。从通信流的角度来看，被动传感器比内嵌传感器更有效，因为它不会添加一个额外的处理步骤，额外的处理步骤会导致数据包延迟。图 9-6 是两种传感器模式的工作方式。

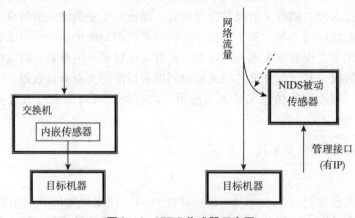

图 9-6 NIDS 传感器示意图

被动传感器通过一个直接的物理分接器连接到网络传输介质，如：光缆。分接器为传感器提供介质上传送的所有网络流量的一个副本，因为是物理接入，并不需要原有网络的参与，这样不会造成内嵌模式传感器的包延迟问题。分接器的网络接口卡（NIC）通常不配置IP地址，它仅仅采集所有流入的流量，而不影响网络性能。传感器连接到网络的第二个NIC具有IP地址，以使传感器能与NIDS管理服务器进行通信。

4. 主要优点

基于网络的入侵检测系统具有以下优点。

（1）基于网络的ID技术不要求在大量的主机上安装和管理软件，允许在重要的访问端口检查面向多个网络系统的流量。在一个网段只需要安装一套系统，则可以监视整个网段的通信，因而花费较低。

（2）基于主机的IDS不查看包头，因而会遗漏一些关键信息，而基于网络的IDS检查所有的包头来识别恶意和可疑行为。如：许多拒绝服务攻击（DoS）只能在它们通过网络传输时检查包头信息才能识别。

（3）基于网络IDS的宿主机通常处于比较隐蔽的位置，基本上不对外提供服务，因此也比较坚固。这样对于攻击者来说，消除攻击证据非常困难。捕获的数据不仅包括攻击方法，还包括可以辅助证明和作为起诉证据的信息。而基于主机IDS的数据源则可能已经被精通审计日志的黑客篡改。

（4）基于网络的IDS具有更好的实时性。例如，它可以在目标主机崩溃之前切断TCP连接，从而达到保护的目的。而基于主机的系统是在攻击发生之后，用于防止攻击者的进一步攻击。

（5）检测不成功的攻击和恶意企图。基于网络的IDS可以检测到不成功的攻击企图，而基于主机的系统则可能会遗漏一些重要信息。

（6）基于网络的IDS不依赖于被保护主机的操作系统。

（7）网络入侵检测系统能够检测来自网络的攻击，它能检测到超过授权的非法访问。

（8）网络IDS不需改变服务器等主机的配置。它不在业务系统的主机中安装额外的软件，不影响这些机器的CPU、I/O与磁盘等资源的使用，不会影响业务系统的性能。

（9）由于网络IDS不像路由器、防火墙等关键设备方式工作，它不会成为系统中的关键路径。部署一个网络IDS的风险比主机IDS的风险小。

（10）网络入侵检测系统近年内有向专门的设备发展的趋势，安装这样的一个网络入侵检测系统非常方便，只需将定制的设备接上电源，做很少一些配置，将其连到网络上即可。

5. 主要缺点

（1）对加密通信无能为力。

（2）对高速网络无能为力。

（3）不能预测命令的执行后果。

9.2.3 入侵防护系统

入侵防护系统（Intrusion Prevention System，IPS）是一种新型安全防护系统。IPS的设计基于一种全新的思想和体系结构，工作于串联（IN-Line）方式，以硬件方式实现网络数据流的捕获和检测，使用硬件加速技术进行深层数据包分析处理。突破了传统 IDS 只能检测不能防御入侵的局限性，它实际上是一个内嵌的基于网络的 IDS（NIDS），通过丢弃数据包阻止传输及检测可疑流量。此外，IPS 还能监视交换机上的端口（这些端口接收所有的网络流量），然后发送命令给一个路由器或者防火墙阻止网络流量。对于基于主机的 IPS，它是一个能够阻止进入数据包流量的一种入侵检测系统。也有人认为 IPS 是防火墙功能的增强，在防火墙的指令集中增加 IDS 的算法就构成 IPS，它像防火墙一样阻止可疑网络数据包。与入侵检测系统类似，入侵防护系统同样也具有基于主机的和基于网络的两种。下面介绍这两种系统的特征。

1. 基于主机的 IPS

基于主机的入侵防护系统（简称 HIPS）同时使用特征检测技术和异常检测技术识别攻击。在前一种情况中，重点分析数据包中应用有效载荷的特定内容，寻找那些已经被识别为恶意数据的模式。而在异常检测中，IPS 主要寻找那些显示出恶意代码特征的程序行为。HIPS 主要检测以下恶意行为：

（1）对系统资源的修改；

（2）特权升级利用；

（3）缓冲区溢出利用；

（4）访问电子邮件通信录；

（5）目录遍历。

HIPS 通过分析以上攻击，为特定的平台定制适当的 HIPS 功能。除了特征检测和异常检测外，HIPS 还能使用沙箱方法（sandbox approach）（沙箱方法适用于移动代码，如：Java Applet 和脚本语言），HIPS 将这些代码隔离在一个独立的系统区域内，然后运行代码并监视其行为。如果受监视代码违反了预告定义的策略或者符合预告定义的行为特征，它将被停止并且禁止在正常系统环境中执行。

入侵防护系统通常以组件形式存在于桌面杀毒软件中，目前随着云计算功能的完善，杀毒软件已经将庞大的病毒特征库迁移到云计算服务器，而留在本地的将主要是以防护功能为主体的系统，这套系统就与 NIPS 有着相似的功能，能监视应用程序的行为特征。

HIPS 提供的桌面系统保护的范围包括以下四个方面。

（1）系统调用（system call）。内核控制着对系统资源（比如存储器、I/O 设备和处理器）的访问。如果要使用这此资源，用户应用程序需要调用系统调用进入系统内核空间。任何攻击代码将执行至少一个系统调用，HIPS 能检查每个系统调用的恶意特征。

（2）文件系统访问（file system access）。HIPS 确保文件访问系统调用是非恶意的并且符合既定的安全策略。

（3）系统注册表设置（system registry setting）。HIPS 确保系统注册表保持其完整性。

（4）主机输入/输出（host input/output）。I/O 通信可能传播攻击代码和恶意程序。HIPS 检测并加强合法的客户端与网络及客户端与其他设备交互。

2. 基于网络的 IPS

基于网络的 IPS（NIPS）实质上是一个具有丢弃数据包和拆除 TCP 连接权限的内嵌 NIDS。和 NIDS 一样，NIPS 仍采用特征检测和异常检测技术，它使用在防火墙中并不常见的一种技术，叫做流数据保护技术。这种技术要求对一个数据包序列中应用有效载荷进行重新组装。每当数据流中的一个数据包到达时，IPS 设备对流的全部内容进行过滤。当一个数据包被确定为恶意时，最后到达的及所有属于可疑数据流的数据包都会被丢弃。

NIPS 识别恶意数据包的方法如下。

（1）模式匹配（pattern matching）。扫描进入的数据包，寻找数据库中已知攻击的特定的字节序列（即特征）。

（2）状态匹配（state matching）。在一个上下文相关的传输流中扫描攻击特征码，而不是在各个数据包中查找。

（3）协议异常（protocol anomaly）。按照 RFC 中提及的标准集寻找偏差。

（4）传输异常（traffic anomaly）。寻找不寻常传输活动，例如，一个 UDP 数据包洪泛流或者网络中出现的一个新设备。

（5）统计异常（statistical anomaly）。开发一些正常传输活动和吞吐量的基线，并且在基线发生偏离时进行报警。

IPS 串联于网络之中，且往往处于网络的总出口处，如果性能较差，将会成为网络传输的瓶颈。因此，选择 IPS 时，除需要考察其功能外，还应当重点考虑其处理性能。

9.2.4　分布式入侵检测系统

分布式入侵检测系统（Distributed Intrusion Detection System，DIDS）与基于主机的入侵检测系统不同，它由多个部件组成，分布在网络的各个部分，完成相应的功能，如进行数据采集、分析等，通过中心的控制部件进行数据汇总、分析、产生入侵报警等。如图 9 - 7 所示。

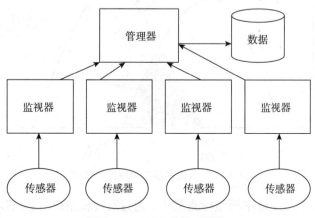

图 9 - 7　DIDS 的体系结构

在分布式结构中，多个检测器分布在网络环境中，直接接受传感器的数据，有效地利用各个主机的资源，消除了集中式检测的运算瓶颈和安全隐患，同时由于大量的数据不用在网络中传输，降低了网络带宽的占用，提高了系统的运行效率。在安全上，由于各个监测器分布、独立进行探测，任何一个主机遭到攻击都不影响其他部分的正常工作。增加了系统的健壮性。分布式检测系统在充分利用系统资源的同时，还可以实现对分布式攻击等复杂网络行为的检测。

9.3　入侵检测系统的关键技术

入侵检测系统的关键技术就在于它采用什么检测方法，检测方法是最关键的核心技术。入侵检测系统的检测技术主要有异常检测（也称基于行为的检测）和误用检测（也称基于规则的检测）两种。下面加以详细介绍。

9.3.1　基于行为的检测

基于行为的检测又称做基于异常的入侵检测。入侵检测基于如下假设：入侵者的行为和合法用户的行为之间存在可能量化的差别。当然，不能期望入侵者的攻击和授权用户对资源的正常使用之间能够做到清晰、精确的区分。事实上，两者之间会有一些重叠的部分。

图9-8 抽象地指出这样一个本质：检测任务和入侵检测系统的设计都期望永远是对立的。尽管入侵者的典型行为与授权用户典型行为不同，但这些行为间仍有重叠部分。因此，如果对入侵者行为发现更多，但是也容易导致大量的误报（false positive），即将授权用户误认为入侵者。相反，如果入侵者行为的定义过于严格，将导致漏报（false negative）增加，可能漏过真实的入侵者。因此，基于行为的入侵检测系统是一个折中的技术。

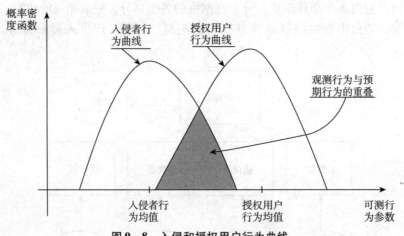

图9-8　入侵和授权用户行为曲线

基于用户行为检测属于概率模型检测范畴。通过对授权用户与非授权用户之间的行为参数来检测入侵。在这类方法中，授权用户历史记录是检测的基础，以此作为检测的依据。目前在基于用户行为领域的研究已经做了很多，如：通过神经网络算法，以授权用户的行为作为训练样本，以期望能通过神经网络来检测异常用户行为；还有基于数据挖掘方法论的研究等，这些都基于授权用户与非授权用户任为之间的差别进行，通过特殊算法综合降低误报率和漏报率。

在异常 IDS 中具体又有以下检测方法。

1. 基于贝叶斯推理检测法

该法是通过在任何给定的时刻，测量变量值，推理判断系统是否发生入侵事件。基于特征选择检测法指从一组度量中挑选出能检测入侵的度量，用它来对入侵行为进行预测或分类。基于贝叶斯网络检测法则用图形方式表示随机变量之间的关系，通过指定的与邻接节点相关的一个小的概率集来计算随机变量的联接概率分布。按给定全部节点组合，所有根节点的先验概率和非根节点概率构成这个集。贝叶斯网络是一个有向图，弧表示父、子节点之间的依赖关系。当随机变量的值变为已知时，就允许将它吸收为证据，为其他的剩余随机变量条件值判断提供计算框架。

2. 基于模式预测的检测法

该法中事件序列不是随机发生的，而是遵循某种可辨别的模式，是基于模式预测的异常检测法的假设条件，其特点是事件序列及相互联系被考虑到了，只关心少数相关安全事件是该检测法的最大优点。

3. 基于统计的异常检测法

该法是根据用户对象的活动为每个用户都建立一个特征轮廓表，通过对当前特征与以前已经建立的特征进行比较，来判断当前行为的异常性。用户特征轮廓表要根据审计记录情况不断更新，其保护许多衡量指标，这些指标值要根据经验值或一段时间内的统计值而得到。

4. 基于机器学习检测法

该法是根据离散数据临时序列学习获得网络、系统和个体的行为特征，并提出了一个实例学习法 IBL（Independent Based Learning），IBL 是基于相似度的，该方法通过新的序列相似度计算将原始数据（如：离散事件流和无序的记录）转化成可度量的空间。然后，应用 IBL 学习技术和一种新的基于序列的分类方法，发现异常类型事件，从而检测入侵行为。其中，成员分类的概率由阈值的选取来决定。

5. 数据挖掘检测法

数据挖掘的目的是要从海量的数据中提取出有用的数据信息。网络中会有大量的审计记录存在，审计记录大多都是以文件形式存放的。靠手工方法发现记录中的异常现象是不够的，所以将数据挖掘技术应用于入侵检测中，能从审计数据中提取有用的知识，然后用这些知识去检测异常入侵和已知的入侵。采用的方法有：KDD（Knowledge Discovery in Database）算法，其优点是善于处理大量数据的能力与数据关联分析的能力，但是实时性较差。

6. 基于应用模式的异常检测法

该方法是根据服务请求类型、服务请求长度、服务请求包大小分布计算网络服务的异常值。通过实时计算的异常值和所训练的阈值比较，从而发现异常行为。

7. 基于文本分类的异常检测法

该方法是将系统产生的进程调用集合转换为"文档"。利用 K 邻聚类文本分类算法，计算文档的相似性。

9.3.2 基于规则的检测

基于规则的检测又叫做误用检测。它的检测方法是运用已知攻击方法，根据已定义好的入侵模式，判断这些入侵模式是否出现。因为入侵很多都是利用系统的脆弱性，通过分析入侵过程的特征、条件、排列及事件间关系，可以具体描述入侵行为。基于规则的检测也被称为违规检测（Misuse Detection）。这种方法由于依据具体特征库进行判断，所以检测准确度很高，并且因为检测结果有明确的参照，也为系统管理员采取相应措施提供了方便。

基于规则的入侵检测具体有下面三种方法。

1. 专家系统法

专家系统将有关入侵知识转化成 if-then 结构的规则，即将构成入侵所要求的条件转换为 if 部分，将发现入侵采取的相应措施转化成 then 部分。当其中某个或部分条件满足时，系统就判断为入侵行为发生。其中的 if-then 结构构成了描述具体攻击的规则库，状态行为和环境可根据审核事件得到，推理机根据规则和行为完成判断工作。

2. 模式匹配法

模式匹配是通过把收集到的信息与网络入侵和系统误用模式数据库中的已知信息进行比较，从而对违背安全策略的行为进行发现。模式匹配法可以显著地减少系统负担，有较高的检测率和准确率。能减少系统占用，并且技术已相当成熟。但是，该技术需要不断进行升级以对付不断出现的攻击手法，因此，不能用来检测未知攻击。

3. 状态转换法

状态转换法将入侵过程看作一个行为序列，这个行为序列导致系统从初始状态转入被入侵状态。分析时首先针对每一种入侵方法确定系统的初始状态和被入侵状态，以及导致状态转换的转换条件，即导致系统进行被入侵状态必须执行的操作（特征事件）。然后用状态图来表示每一个状态和特征事件，这些事件被集成于模型中，所以检测时不需要一个个地查找审计记录。但是，状态转换是针对事件序列分析，所以不善于分析过分复杂的事件，而且不能检测与系统状态无关的入侵。

在图9-9中，一个用户在连续四次并且在短时间之内登录失败，将从 T1 状态转到 T2 状态。目前大多数网站都在登录时都提供了验证码登录方式，该验证码以图像方式呈现，而且字符做了变形处理，图像加了杂色处理等，这些方式都是保证网站对于非人类登录进行最大限度的限制。然而这些技术目前有用过头的嫌疑，在用户第一次登录时，也要求输入验证码，尽管对于用户来说，识别验证码对于人类而言不是很难，但不免有些许麻烦。目前有一些网站已经启用了状态转换功能，即在用户前三次登录失败都只需要输入用户名和密码，不需要密码，当连续在短时间之内输入错误，系统将给予警告提示，并需要提交验证码。

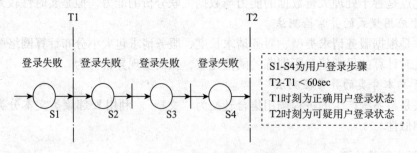

图9-9 登录状态转换示意图

基于行为的入侵检测具有通用性强、漏报率低、操作方便等优点，但同时也存在着误检率高、阈值难以确定等缺点。基于知识的入侵检测具有检测准确度高、虚警率低、方便管理员做出响应等优点，但同时也存在着漏报率高、系统依赖性强、移植性不好等缺点。

9.4　入侵检测系统的部署

在实际当中，要根据网络的不同安全需求，选取不同类型的入侵检测系统，采取不同的部署方式。部署包括：对网络入侵检测和主机入侵检测等不同类型入侵检测系统的部署与规划。同时，根据主动防御网络的需求，还需要对入侵检测系统的报警方式进行部署和规划。IDS 在网络体系结构的具体位置，取决于使用 IDS 的目的。它既可在防火墙前面，监视以整个内部网为目标的攻击，又可在每个子网上都放置网络感应器，监视网络上的一切活动。

9.4.1　基于网络的部署

IDS 是一个监听设备，没有跨接在任何链路上，无须网络流量流经它便可以工作。因此，对 IDS 的部署，要求 IDS 应挂接在所有所关注流量都必须流经的链路上。在这里，"所关注流量"指的是来自高危网络区域的访问流量和需要进行统计、监视的网络报文。

在交换式网络中，IDS 的位置选择在尽可能靠近攻击源或者受保护资源的位置。这些位置通常是：服务器区域的交换机上；Internet 接入路由器之后的第一台交换机上；重点保护网段的局域网交换机上。

1. 部署方式

1）IPS 在线部署方式

部署于网络的关键路径上，对流经的数据流进行 2－7 层深度分析，实时防御外部和内部攻击。如图 9－10 所示。

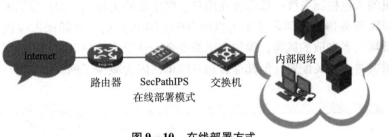

图 9－10　在线部署方式

2）IDS 旁路部署方式

对网络流量进行监测与分析，记录攻击事件并告警。如图 9－11 所示。

图 9－11　旁路部署方式

2. 部署位置不同的工作特点

基于网络的入侵检测系统根据检测器部署位置的不同，而具有不同的工作特点。

1）入侵检测引擎放在防火墙之外

此时入侵检测系统能接收到防火墙外网口的所有信息，管理员通过 IDS 检测来自 Internet 的攻击，如与防火墙联动，可动态阻断发生攻击的连接。

2）入侵检测引擎放在防火墙之内

此时 IDS 检测穿透防火墙的攻击和来自于局域网内部的攻击，管理员通过 IDS 知道哪些攻击真正对自己的网络构成了威胁。

3）防火墙内外都装有入侵检测引擎

此时 IDS 检测来自内部和外部的所有攻击，管理员通过 IDS 知道是否有攻击穿透防火墙，明确对自己网络所面对的安全威胁。

4）将入侵检测引擎安装在其他关键位置

安装在需要重点保护的网段，如：企业财务部的子网，对该子网中发生的所有连接进行监控；也可安装在内部两个不同子网之间，监视两个子网之间的所有连接。根据网络的拓扑结构的不同，入侵检测系统的监听端口可以接在集线器（Hub）上、交换机的调试端口（Span port）上，或专为监听所增设的分接器（Tap）上。

部署并配置完成基于网络的入侵检测系统后，为提高系统保护级别，可再部署基于主机的入侵检测系统。

9.4.2 基于主机的部署

基于主机的入侵检测系统一般部署在用户一些重要的主机上，如：数据库服务器、通信服务器或 WWW 服务器等。部署基于主机的 IDS（HIDS）后，可降低入侵机率，减少数据被无关人员破坏或者盗取的风险，保护主机的安全。基于主机的 IDS 采用针对主机的异常检测方法，也需要进行相关配置，但其部署相对简单，因为减少了网络部署环节。如图 9－12 所示。

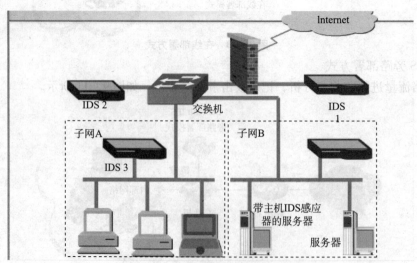

图 9－12　带 HIDS 的 IDS 部署

不过，基于主机的 IDS 的安装费时费力，同时每一台主机还需要根据自身的情况，做一些特别的安装和设置，其日志和升级维护也较为烦琐。

9.4.3　报警策略

入侵检测系统在检测到入侵行为的时候，需要报警并做出相应的动作。如何报警和选取什么样的报警，需要根据整个网络的环境和安全的需求进行确定。也就是说入侵检测系统得到报警数据之后，并不是立即发出报警，而是根据一定的报警策略再做出报警，因为马上报警可能产生大量的误报、漏报。所以，入侵检测系统一般都需要有报警策略，通过对入侵检测系统产生的报警数据做进一步的联合处理之后，再发出报警，提高检测效果。入侵检测系统直接产生的报警数据主要有以下这些问题。

（1）各种安全系统产生的报警信息过多过快，难以及时处理。如：一个 C 类网络中的网络 IDS，一天可能产生上千条报警。

（2）一个异常事件可能会触发多个安全系统，产生几个不同的报警信息，分析者很难判断这些报警是否独立。

（3）报警事件往往不是孤立的，它们之间存在逻辑关系，要揭示这种关系，得出一个全面综合的分析很困难。

（4）由于各安全系统及分析中心存在时间误差、时间偏移和延时等因素，要为报警序列建立准确的时序关系，并加以分析变得非常困难。

为了解决上述问题，现代入侵检测系统采取联合、关联或组合等方法，先对大量的直接报警数据（事件）进行分析、加工和整理，然后再行报警，这样可提高报警的准确率，降低误报率和漏报率。

9.4.4　IDS 的局限性

入侵检测系统不是万能的，它也存在不足之处。主要是：IDS 对数据的检测、对自身攻击的防护、对攻击活动检测的可靠性还不高；在应对对自身的攻击时，对其他传输的检测会被抑制；另外，高虚警率也是个大问题。

1. 网络 IDS 的局限性

（1）网络 IDS 只检查它直接连接网段的通信，不能检测在不同网段的网络包。在使用交换以太网的环境中就会出现监测范围的局限。而安装多台网络入侵检测系统的传感器，会使部署整个系统的成本大大增加。网络入侵检测系统采用特征检测的方法，只能检测出普通攻击，而很难进行复杂的需要大量计算与分析时间的攻击检测。

（2）网络 IDS 将大量的数据传回分析系统中，监听特定的数据包会产生大量的分析数据流量。为此，有些系统采用一定方法减少回传的数据量，对入侵判断的决策由传感器实现，而中央控制台成为状态显示与通信中心，不再作为入侵行为分析器。这样的系统中的传感器其协同工作能力较弱。

（3）网络 IDS 处理加密的会话过程较为困难，通过加密通道的攻击尚不多，随着 IPv6 的普及，这个问题会越来越突出。

2. 主机 IDS 的局限性

基于主机的入侵检测产品通常安装在被重点检测的主机之上，负责对该主机的网络实时连接及系统审计日志进行智能分析和判断。当其中主体活动十分可疑（特征或违反统计规律）时，IDS 就会采取响应措施。

基于主机 IDS 的局限性。

（1）主机 IDS 安装在需要保护的设备上。如：当一个数据库服务器需要保护时，就在该服务器上安装 IDS，但这会降低应用系统的效率，同时会带来一些额外的安全问题。如：安装了主机 IDS 后，原来不允许安全管理员访问的服务器变成了可访问的。

（2）主机 IDS 需要服务器固有的日志与监视能力。如果服务器没有配置日志功能，则必需重新配置，这将给运行中的业务系统带来不可预见的性能影响。

（3）全面部署主机 IDS 代价较大。人们很难将所有主机都用主机 IDS 保护，只能选择部分主机实施保护。那些未安装主机 IDS 的机器将成为保护的盲点，入侵者可利用这些机器到达攻击目标。

（4）主机 IDS 除了监测自身的主机以外，并不监测网络上的情况，同时入侵行为分析的工作量将随着监测主机数目的增加而加大。

总的来看，IDS 的不足还表现在：①不能在没有用户参与的情况下对攻击行为展开调查；②不能在没有用户参与的情况下阻止攻击行为的发生；③不能克服网络协议方面的缺陷；④不能克服设计原理方面的缺陷；⑤响应不够及时，签名数据库更新得不够快。⑥经常是事后检测；适时性较差。

9.5　入侵检测新技术

入侵检测虽是一种传统的安全技术，但近十年来也在不断发展中。先后出现一些新的检测技术，如：基于免疫的入侵检测、基于遗传的入侵检测、基于数据挖掘的入侵检测、基于 Agent 的入侵检测等。下面分别进行介绍。

9.5.1　基于免疫的入侵检测

基于免疫的入侵检测方法是通过模仿生物有机体的免疫系统工作机制，使得受保护的系统能够将非自我（non self）的非法行为与自我（self）的合法行为区分开来。生物免疫系统对外部入侵病原进行抵御并对自身进行保护，一旦抵御了一个未知病原（抗原）的攻击后，即对该病原产生抗体（即获得免疫能力），当该病原再次入侵时即可进行迅速有效的抵御。以人的免疫系统为例，现实的人体总是处于各种各样的有害病原的包围之中，人体免疫系统的目标就是保护人体不受侵害并保持自身功能的连续性。

免疫系统面临的主要问题是将不属于自我的有害东西（harmful non elf）与其他东西区别开来。一旦发现一个病原，免疫系统马上采取措施将其消灭。针对不同病原要采取不同的措施，完成此项任务的部件叫受动器（effectors）。对于不同的病原免疫系统要选择不同的受动器去消灭。基于免疫的入侵检测系统要遵循以下原则。

1. 分布式保护（Distributed Protection）

基于免疫学的入侵检测系统由分布于整个系统的多个代理或组件组成。这些组件之间相互作用，以提供对系统的分布式保护，没有控制中心或协同中心，因此，不会由于某个节点的失败，导致整个系统的崩溃。

2. 多样性（diversity）

在入侵检测系统中要有多种多样的组件，以提供多种模式识别，使系统能对各种入侵进行检测。

3. 健壮性（robustness）

系统中要有足够多的组件，使得损失几个组件也不会对系统性能造成太大影响。这种可任意使用的组件加上整个系统控制的无中心化，使得系统具有较强的健壮性。

4. 适应性（adaptability）

系统要有自适应能力，能够通过学习越来越准确地辨识病原，适应性加记忆性，使系统获得更强的免疫能力。

5. 记忆性（memory）

系统要能够记住由适应性学习得到的入侵病原的特征结构，使系统在以后遇到此类似的结构或特征的入侵时，能快速地做出反应。这种记忆特点使得系统能对已知攻击实现快速检测。

6. 隐含的策略描述（Implicit Policy Specification）

系统对"自我"（正常行为）的定义通过试验隐式确定，而不是通过明确的规则描述来定义。这样不必担心由规则描述不当或由规则泄露引起的安全问题。

7. 灵活性（flexibility）

系统能根据需要灵活地进行资源分配。遇到严重的侵袭时能动用较多的资源，产生较多的组件；而在其他时候，则动用较少的资源。

8. 可扩充性（scalability）

从分布式处理的角度来看，系统各组件之间的通信与交互是局部化的，因此系统应是可扩充的。也就是说，仅需要少量的开销就可实现组件数量的增加。

9. 异常检测（anomaly detection）

系统要有对新病原的检测能力，异常检测对于一个系统的生存至关重要，因为在系统的生命周期中，总是要遇到没有遇到过的新病原。

基于免疫的入侵检测实际上综合了异常检测和误用检测两种方法。

9.5.2 基于遗传算法的入侵检测

遗传算法是一类称为进化算法的一个实例。进化算法吸收达尔文自然选择法则（适者生存）优化问题解决。遗传算法用允许染色体的结合或突变，以形成新个体的方法来使用已编码表格（也称为染色体）。这些算法在多维优化问题处理方面的能力已经得到认可，在多维最优化问题中，染色体由优化的变量编码值组成。

在基于遗传算法的入侵检测研究中，入侵检测处理把事件数据定义为：假设向量，向量指示是一次入侵，或指示不是一次入侵。然后测试假设是否是正确的，并基于测试结果设计一个改进的假设。重复这个处理直至找到一个解决方法为止。

在这个处理过程中遗传算法的角色是设计改进的假设。遗传算法分析分为两步：第 1 步包括用一个位串对问题的解决办法进行编码，第 2 步是与一些进化标准比较，找一个最合适的函数测试群体中的每个个体（如：所有可行的问题解决办法）。采用遗传算法可使用一个假设向量集，n 维（n 是潜在的已知攻击数）的 H（每个重要事件流对应一个向量）被应用到区分系统事件问题上。如果 H 代表一次攻击，则定义为 1，否则为 0。

最适合的因数有两部分。首先，一个特定攻击对系统的危险性乘以假设向量值，然后由一个二次消耗函数对结果进行调整，删除不实际的假设。这一步改进了在可能攻击间的区别。处理的目标是优化分析的结果，直至一个已检测的攻击是真实的（或然率接近于 1）或一个已测攻击是错误的（或然率接近于 0）。

基于遗传算法的入侵检测用于异常检测效果令人满意。在实验操作中，正确肯定的平均或然率（现实攻击的准确检测）是 0.996，错误肯定的平均或然率（没有攻击的检测）是 0.0044。所需的构造过滤器的时间也很短。对于一个 200 次攻击的样本集，一般用户持续使用系统超过 30 分钟才能生成的审计记录，该系统只需 10 分 25 秒即可完成。

但基于遗传算法的入侵检测用于误用检测，则存在明显的不足：一是不能考虑由事件缺席描述的攻击（例如："程序员不使用 cc 作为编译器"规则）；二是个别事件用二进制表达形式时，系统不能检测多个同时攻击；三是如果几个攻击有相同的事件或组事件，并且攻击者使用这个共性进行攻击，系统找不到优化的假设向量；四是最大的不足是，系统不能在审计跟踪中精确地定位攻击。因此，不会有临时性结果出现在检测器的结果中。

9.5.3　基于数据挖掘的智能化入侵检测

数据挖掘指从大量实体数据中抽出模型的处理。这些模型经常在数据中发现，对其他检测方式不是很明显。基于数据挖掘的入侵检测模型使用数据挖掘技术建立，采用基于规则异常检测相似的方法，这个方法能发现用于描述程序和用户行为系统特性的使用模式。然后，系统特性集由引导方法处理形成识别异常和误用概要的分类器（检测引擎）。尽管有许多方法可用于数据挖掘，挖掘审计数据最有用的三种方法是分类、连接分析和顺序分析。

（1）分类给几个预定义中的一个种类赋一个数据条目（这一步与根据一些标准在"树"中排序数据是相似的）。分类算法输出分类器，例如判定树或规则。在入侵检测中，一个优化的分类器能可靠地识别落入正常或异常种类的审计数据。

（2）连接分析识别数据实体中字段间的自相关和互相关。在入侵检测中，一个优化的连接分析算法能识别最能揭示入侵的系统特性集。

（3）顺序分析使顺序模式模型化。这些模型能揭示哪些审计事件典型地发生在一起，并且拥有扩展入侵检测模型，包括临时统调度量的密钥。这些度量能提供识别拒绝服务攻击的能力。

基于粗糙集和规则树的增量式知识获取算法，即增量式学习，是人工智能领域的一个重要问题。度量决策表和决策规则不确定性的方法是对二者不确定性度量的关系进行研究，将决策表的局部最小确定性作为控制规则生成过程中的阈值来控制规则生成。这样得到一种在不确定性条件下，完全由数据自主控制规则生成的机器学习方法，建立了一种不确定性条件下的自主式知识学习模型。

入侵检测作为一种积极主动的安全防护技术，提供了对内部、外部攻击和误操作的实时保护，在网络系统遭到破坏之前对攻击进行拦截和响应。入侵检测的实质就是对审计数据进行分析和定性，数据挖掘强大的分析方法可以用于入侵检测的建模。使用数据挖掘中有关算法对审计数据进行关联分析和序列分析，可以挖掘出关联规则和序列规则。通过这种方法，管理员不再需要手动分析并编写入侵模式，也无需在建立正常使用模式时，凭经验去猜测其特征项，具有很好的可扩展性和适应性。

运用数据挖掘技术对网络异常模式进行检测、提取和分析，将网络数据进行适当的预处理，再根据数据挖掘技术和攻击检测的特征去检测异常入侵。

9.6　入侵检测系统应用实例

如今许多厂商，如：Venustech（启明星辰）、Internet Security System（ISS）、思科、赛门铁克等公司都推出了自己的 IDS 或 IPS 产品。常见的入侵检测产品有：Cisco System 公司的 NetRanger；CyberCop；RealSecure；中科网威的天眼；启明星辰的 SkyBell 等。

9.6.1　入侵检测系统产品

1. H3C IPS 系统

H3C SecPath IPS（Intrusion Prevention System）集成入侵防御与检测、病毒过滤、带宽管理和 URL 过滤等功能，是综合防护技术较为领先的入侵防御/检测系统。其深入到 7 层的分析与检测，实时阻断网络流量中隐藏的病毒、蠕虫、木马、间谍软件、DDoS 等攻击和恶意行为，并对分布在网络中的各种 P2P、IM 等非关键业务进行有效管理，实现对网络应用、网络基础设施和网络性能的全面保护。如图 9 – 13 所示是 H3C SecPath T5000 – S3 入侵防御系统的外观。

图 9 – 13　H3C SecPath T5000 – S3 入侵防御系统

T5000 – S3 具有领先的多核架构及分布式搜索引擎，确保 SecPath IPS 在各种大流量、复杂应用的环境下，仍能具备线速深度检测和防护能力，仅有微秒级时延。通过掉电保护（PFC）、二层回退、双机热备等高可靠性设计，保证 IPS 在断电、软硬件故障或链路故障的情况下，网络链路仍然畅通，保证用户业务能够不间断正常运行。

产品特点如下。

1) 强大的入侵抵御能力

SecPath IPS 是集成漏洞库、专业病毒库、应用协议库的 IPS 产品，特征库数量已达 10000 + 。配合 H3C FIRST（Full Inspection with Rigorous State Test）专有引擎技术，能精确识别并实时防范各种网络攻击和滥用行为。SecPath IPS 通过了国际权威组织 CVE（Common Vulnerabilities & Exposures，通用漏洞披露）的兼容性认证。

2）专业的病毒查杀

SecPath T5000 - S3 IPS 集成卡巴斯基防病毒引擎，内置卡巴斯基专业病毒库。采用第二代启发式代码分析技术、实时监控脚本病毒拦截技术等多种反病毒技术，能实时查杀大量文件型、网络型和混合型等各类病毒；并采用新一代虚拟脱壳和行为判断技术，准确查杀各种变种病毒、未知病毒。

3）零时差的应用保护

有保护操作系统、应用系统及数据库漏洞的特征库；通过部署于全球的蜜罐系统，实时掌握最新的攻击技术和趋势，以定期（每周）和紧急（当重大安全漏洞被发现）两种方式发布，并自动或手动地分发到 IPS 设备中，使用户的 IPS 设备在漏洞被公布的同时立刻具备防御零时差攻击的能力。

4）带宽滥用控制

SecPath T5000 - S3 IPS 能帮助用户遏制非关键应用抢夺宝贵的带宽和 IT 资源，从而确保网络资源的合理配置和关键业务的服务质量，显著提高网络的整体性能。

5）网络基础设施保护

SecPath T5000 - S3 IPS 具有攻击防护和流量模型自学习能力，当攻击发生、或者短时间内大规模爆发的病毒导致网络流量激增时，能自动发现并阻断攻击和异常流量，以保护路由器、交换机、VoIP 系统、DNS 服务器等网络基础设施免遭各种恶意攻击，保证关键业务的通畅。

6）灵活的组网模式

透明模式，即插即用，支持在线或 IDS 旁路方式部署；融合了丰富的网络特性，可在 MPLS、802.1Q、QinQ、GRE 等各种复杂的网络环境中灵活组网。

2. Snort 系统

Snort 是一个强大的轻量级的网络入侵检测系统（NIDS）。它具有实时数据流量分析和日志 IP 网络数据包的能力，能够进行协议分析，对内容搜索/匹配。它能够检测各种不同的攻击方式，对攻击进行实时警报。Snort 首先根据远端的 IP 地址建立目录，然后将检测到的包以 tcpdump 的二进制格式记录或者以自身的解码形式存储到这些目录中。snort 分析网络数据流以匹配用户定义的一些规则，并根据检测结果采取一定的动作。

1）Snort 的主要特点

Snort 具有截取网络数据报文，进行网络数据实时分析、报警，以及日志的能力。Snort 的报文截取代码是基于 libpcap 库的，继承了 libpcap 库的平台兼容性。它能够进行协议分析、内容搜索/匹配，能够用来检测各种攻击和探测，如：缓冲区溢出、隐秘端口扫描、CGI 攻击、SMB 探测、OS 指纹特征检测等。Snort 使用灵活的规则语言描述网络数据报文，因此，对新的攻击能作出快速的反应。

Snort 具有实时报警能力，它将报警信息写到 syslog、指定的文件、UNIX 套接字或者使用 WinPopup 消息。它支持插件体系，可以通过其定义的接口，很方便地加入新的功能。Snort 还能够记录网络数据，其日志文件可以是 tcpdump 格式，也可以是解码的 ASCII 格式。此外，Snort 具有很好的扩展性和可移植性。

2）Snort 的工作模式

Snort 作为基于 libpcap 包的网络入侵监测系统，它有三种工作模式：嗅探器、数据包记录器和网络入侵检测系统。嗅探器模式仅仅是从网络上读取数据包并作为连续不断的流显示在终端上；数据包记录器模式则是把数据包记录到硬盘上。

3）Snort 的功能架构

Snort 可提供 Protocol 分析、内容查找和匹配，以检测各种攻击和探测，如：缓冲区溢出、隐蔽端口扫描、CGI 攻击、SMB 探测、操作系统指纹识别尝试等。其中的包嗅探、数据包记录和入侵检测是其重要功能。Snort 的架构决定了它的各种功能，构架如图 9–14 所示。而 Snort 架构由以下 4 个基本模块构成：嗅探器；预处理器；检测引擎；输出模块。

图 9–14　Snort 的架构

Snort 的最简单形式就是包嗅探器，但当 Snort 获取到数据包后会将数据包传送到预处理器块，然后通过检测引擎判断这些数据包是否违反了某些预定义规则。

Snort 的预处理器、检测引擎和报警模块都以插件形式存在，插件就是符合 Snort 接口定义的程序，这些程序曾经是 Snort 内核代码的一部分，现在独立出来使内核部分的修改变得简单可靠。

包嗅探器用来监听数据网络，一个网络嗅探器使应用程序或者硬件设备能够监听网络上的数据流。互联网多是 IP 数据流，在本地局域网或传统网络中多是 IPX 或 AppleTalk 数据流。预处理器得到原始数据包，使用不同的插件检测数据包，这些插件检测数据包的某些特定行为。一旦数据包被确认具有某些特定行为，就会被送到检测模块。插件可以根据需要在预处理层被启用或停用，从而根据网络优化级被分配计算资源并生成报警。

检测引擎接收预处理器及其插件送来的数据，然后根据一系列的规则对数据进行检测。当这些规则和数据包中的数据相匹配时，就将数据包传送给报警模块。当数据通过检测引擎，Snort 对其数据进行不同的处理。如果数据和检测引擎的规则相匹配，Snort 就会触发报警。报警通过网络连接、Windows Popup（SMB），甚至 SNMP 陷阱机制发送到日志文件。报警和日志记录到数据库中，如：MySQL 或 Postgree 等。Snort 通过系统日志工具进行报警，如：用 SWATCH 发送电子邮件通知系统管理员，使系统不需要专人 24 小时值守。

9.6.2　入侵检测系统发展趋势

1. 发展趋势

传统 IDS 随着市场的需求推动和技术自身的发展，出现了一些新的形式。从总体上讲，除了完善常规的、传统的技术外，入侵检测系统其主要发展趋势如下。

1）动态入侵检测和实时防御

实施动态入侵检测和实时防御，是对网络入侵行为进行动态的实时检测和自动防御，完成对系统的安全防护一体化，如：系统脆弱性分析、网络攻击度量、网络攻击的特殊工具和分析决策和网络攻击抵抗、并发入侵检测、分布式入侵检测、跟踪可疑用户、记录攻击行为、识别复杂的攻击模式和对攻击行为的自动防御等。

2）攻击行为的跟踪和物证获取技术

对实际攻击源的定位和行为记录，如：记录攻击事件、攻击事后获取物证和诱骗网络攻击，以获得事实证据并为事后处理提供依据。

3）基于伪装进行入侵检测

基于伪装的入侵检测通过构造一些虚假的信息提供给入侵者，如果入侵者使用这些信息攻击系统，那么就推断系统正在遭受入侵，并且还可诱惑入侵者，进一步跟踪入侵来源。

4）嵌入操作系统内核

黑客攻击的目标主要是终端，因此，IDS 如能与操作系统内核结合，就能从根本上确定黑客攻击系统到了什么程度。未来的 IDS 将会结合其他网络管理软件，形成入侵检测、网络管理和网络监控三位一体的立体式防御体系。

2. 应用前景

在高速互联网和移动互联网迅速发展的今天，随着安全事件的急剧增加及入侵检测技术逐步成熟，入侵检测系统将会有更大的应用前景。

1）无线网络

移动通信在带来可移动优越性的同时，也带来系统安全问题。因为移动通信的固有特点，移动台（MS）与基站（BS）之间的空中无线接口是开放的，这样整个通信过程，包括：通信、链路的建立、信息的传输均暴露在第三方面前；而且在移动通信系统中，移动用户与网络之间不存在固定物理连接的特点，使得移动用户必须通过无线信道传递其身份信息，以便于网络端能正确鉴别移动用户的身份，而这些信息就可能被第三者截获，并伪造信息，假冒此用户身份使用通信服务；另外，无线网络也易受到黑客和病毒的攻击。因此，IDS 在无线网络有广阔的应用前景。

2）家庭网络安全

由于网上银行、网上支付系统、B2C、C2C 网站的发展使得家庭用户的网络安全问题也变得尤为突出。有需求就会有市场，相信 IDS 在不久的将来也将逐渐走入家庭。

 本章小结

本章首先对入侵检测系统的概念和入侵检测系统的基本结构做了介绍，然后介绍了入侵检测系统的两种主要类型，并介绍了入侵防护系统及分布式入侵检测系统。入侵检测系统的检测手段正在多元化，本章还简要介绍了入侵检测的一些新技术，有兴趣的读者可以参考相关资料。

入侵检测系统部署与其所采用的类型有关，一般情况下，都是多种入侵检测系统相互组合以达到网络防护的目的。入侵检测系统的主要目的是防护网络安全及计算机安全，入侵检测系统能够保护网络安全，但同时也存在着一些局限性，这些在本章的第 5 节做了详细的介绍。最后介绍了 IDS 两个实例 H3C 系统和 Snort 系统，还简要介绍了 IDS 最新技术发展和未来的应用前景。

本章习题

1. 入侵检测系统有哪些类型?
2. 入侵检测系统的主要逻辑组件有哪些?
3. 网络入侵检测系统有哪几种部署方式?
4. 入侵检测系统对报警的处理方法有哪几种?
5. IDS 的基本检测方法有哪几种? 主要基于模式识别还是协议分析?
6. 思考 IDS 如何与防火墙、安全扫描器联动, 构建立体式的网络防御体系?

第10章 恶意代码与网络病毒防治

随着计算机网络技术和各种互联网应用的飞速发展，针对互联网的各种攻击越来越多，如：网络病毒和利用网页攻击系统的恶意代码等。为保证互联网安全，净化网络环境，实现绿色上网，了解恶意代码和网络病毒，掌握防范恶意代码和网络病毒攻击的原理及方法是十分必要的。

本章将介绍恶意代码和网络病毒的定义、分类、传播机制、攻击过程和防治方法，最后介绍几种常用反病毒软件的使用。主要包括以下知识点：

◇ 恶意代码的定义与分类；

◇ 恶意代码的传播与防范；

◇ 网络病毒原理与特征；

◇ 网络病毒的防治。

通过学习本章内容，读者可以了解恶意代码及网络病毒的定义、特征、分类和工作机制，了解网络病毒的传播机制，掌握防范恶意代码的技术和方法，学会使用防治网络病毒的常用软件。

10.1 恶意代码及其防范

恶意代码是一个广义的概念，是计算机病毒、网络蠕虫、木马、逻辑炸弹、用户级 RootKit、核心级 RootKit、脚本恶意代码和恶意 ActiveX 控件等的统称。它主要是针对互联网中 Web 服务和社交网络服务的攻击。

10.1.1 恶意代码概述

1. 恶意代码的定义

代码是指计算机程序代码，能被执行并完成特定的功能。由黑客编写的、给网络带来危害，从而扰乱社会和他人的这些代码，统称为恶意代码（Malicious Codes）。即恶意代码定义为：经过存储介质和网络进行传播，从一台计算机系统到另外一台计算机系统，未经授权认证、破坏计算机系统完整性的程序或代码。

恶意代码包括计算机病毒、蠕虫（Worms）、木马、逻辑炸弹（Logic Bombs）、用户级 RootKit、核心级 RootKit、脚本恶意代码（Malicious Scripts）和恶意 ActiveX 控件等。由此定义，恶意代码两个显著的特点是：非授权性和破坏性。恶意代码包括恶意代码（Malicious Code）或称恶意软件（Malicious Software），具有如下特征：

（1）恶意的目的；

（2）本身是程序；

（3）通过执行发生作用。

其中，"恶意的目的"表现为恶意代码的非授权性和破坏性，非授权即非法获取网络（如：系统、主机或用户）的机密信息，"本身是程序"当然要通过执行发生作用。

2. 恶意代码的危害与现状

近年来，恶意代码破坏造成的经济损失所占比例最大。日益严重的恶意代码问题，不仅使企业和用户蒙受巨大经济损失，而且使国家安全面临严重威胁。目前，许多发达国家（如：美国、德国、日本等国）已在该领域投入大量资金和人力进行研究。据报道，美国在1991 年的海湾战争打响前，就在伊拉克从第三方国家购买的打印机里植入了可远程控制的恶意代码，使伊拉克整个计算机网络管理的雷达预警系统全部瘫痪，这是人类第一次在实战中使用恶意代码攻击技术。如今恶意代码攻击已成为信息战、网络战的重要手段。

随着计算机网络化程度的逐步提高，恶意代码的破坏性、种类和感染性都有所增强，如图 10 - 1 为恶意代码的发展概况。2000 年 5 月爆发的"爱虫"病毒及其以后出现的 50 多个变种病毒，仅一年时间就感染了 4000 多万台计算机。根据全球反病毒产品测试中心（AV-Test. com）的数据，截止到 2008 年，全球新增木马、病毒等恶意程序的数量超过千万。2009 年 7 月，微软 Mpeg - 2 漏洞引发的木马疫情开始集中爆发，国内每天超过 2 万个网站被黑客挂马，数量接近网站总数的百分之一。据我国有关部门网上调查表明：感染过计算机病毒的用户高达 73%，其中感染 3 次以上的用户又占 59% 之多。

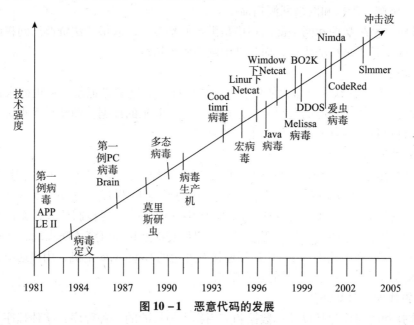

图 10 - 1　恶意代码的发展

3. 恶意代码的分类

恶意代码分成滤过性的和非滤过性的两大类，其中滤过性恶意代码是指具有破坏性的一类恶意代码，包括：计算机病毒（Virus）、蠕虫（Worm）、RootKit（一种攻击者用来隐藏自己的踪迹和保留 Root 访问权限的工具）、恶意 ActiveX 控件等多种类型。而非滤过性恶意代码是指非授权窃取系统信息或用户数据的一类恶意代码，包括：木马程序（Trojan Horse）、后门程序（Backdoor）、逻辑炸弹（Logic Bomb）、谍件、口令破解软件、嗅探器软件、键盘输入记录软件等。但需注意，有些恶作剧程序或者游戏程序不能看作是恶意代码。

1）谍件

谍件（Spy ware）与商业软件有关，有些商业软件在安装到用户机上时，未经用户授权就通过 Internet 连接，让用户方软件与开发商软件进行了通信，这种通信软件就叫做"谍件"。用户在安装了基于主机的防火墙后，通过记录网络活动，可发现这种软件产品与其开发商在进行定期通信。谍件作为商用软件包的一部分，多数是无害的，其目的多在于扫描系统，取得用户的私有数据。

2）远程访问特洛伊

远程访问特洛伊（RAT）是安装在受害者机器上，实现非授权网络访问的一种程序，如：NetBus 和 SubSeven 等，它们伪装成其他程序，迷惑用户安装，如：伪装成可执行的电子邮件、Web 下载文件或者游戏和贺卡等。待用户安装后，对网络实施非授权访问，窃取用户的私密信息。

3）Zombies 程序

恶意代码并不都是从内部进行控制的。在分布式拒绝服务攻击中，Internet 的不少站点就是受到其他主机上 zombies（僵尸）程序的攻击，这种程序利用网络上计算机的安全漏洞，把自动攻击脚本安装到多台主机上，这些主机成为受害者而听从攻击者指挥，在某个时刻，汇集到一起，再去攻击其他的受害者（即 DDOS 攻击）。

4）口令破解、嗅探和网络漏洞扫描

口令破解、网络嗅探和网络漏洞扫描是黑客侦察客户，取得非法资源访问权限的主要手段，这些攻击工具不是自动执行，而是被隐蔽地操纵执行。

5）键盘记录程序

使用 PC 活动监视软件可监视使用者的操作情况。通过键盘记录，从正面来讲，一是可监视单位内部职工使用资源的情况，二是可用于收集罪犯的证据。而从反面来讲，攻击者可利用这种软件进行信息刺探和网络攻击。

6）P2P 系统

所谓 P2P 系统是指点到点（Peer-to-Peer）的应用程序，基于 Internet 的 P2P 应用程序有很多，如：Napster、Gotomypc、AIM 和 Groove 等远程访问程序，其中较为常见的是 Goto-Mypc 程序，它是美国一家网络公司推出的基于 Web 设计的远程控制软件，类似于国内的网络人远程控制软件。这些远程访问程序通过 HTTP 或者公共端口穿透防火墙，让用户建立起自己的 VPN，这些程序从内部的 PC 远程连接到外边的 Gotomypc 主机，用户通过这个连接可访问办公室的 PC，这将带来很大的安全隐患。

7）逻辑炸弹和时间炸弹

逻辑炸弹和时间炸弹是以破坏数据和应用程序为目的的一种程序，这种程序一般是单位内部有不满情绪的员工植入，它对于网络系统有很大的破坏性。如：美国一家公司的一位前网络管理员，在辞职后就引发了埋藏在原公司中的逻辑炸弹，造成该公司上千万美元的损失。

4. 恶意代码的主要特征

（1）恶意代码日趋复杂和完善。从非常简单的、感染游戏的 Apple II 病毒发展到复杂的操作系统内核病毒和今天主动式传播和破坏性极强的蠕虫。恶意代码在快速传播机制和生存性技术研究方面取得了很大的成功。

（2）恶意代码编制方法及发布速度更快。恶意代码刚出现时发展较慢，但是随着网络飞速发展，Internet 成为恶意代码发布并快速蔓延的平台。特别是近几年，不断涌现的恶意代码，证实了这一点。

（3）从病毒到电子邮件蠕虫，再到利用系统漏洞主动攻击的恶意代码。恶意代码的早期，大多数攻击行为是由病毒和受感染的可执行文件引起的。然而，利用系统和网络的脆弱性进行传播和感染，开创了恶意代码的新纪元。

5. 恶意代码长期存在的原因

恶意代码能够长期存在的根本原因，正如美国 AT&T 实验室的 S. Bellovin 所指出的：50% 以上的计算机网络安全问题，都是源自软件的安全缺陷和安全脆弱性。技术进步带来的安全增强能力，只是弥补由于应用环境的复杂性所带来的安全威胁。

需要指出的是，互联网的飞速发展及其开放、缺乏中心控制和全局视图能力差的特点，使得网络主机难于实施统一的保护，也为恶意代码的广泛传播提供了环境条件。

10.1.2 恶意代码的隐藏、生存和攻击

1. 恶意代码的攻击

恶意代码的行为表现各异，破坏程度千差万别，但其攻击机制大体相同，整个攻击过程可分成 6 个阶段，如图 10 - 2 所示。

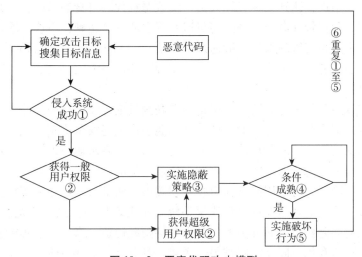

图 10 - 2 恶意代码攻击模型

1）入侵阶段

入侵是恶意代码实现其恶意目的的必要条件。恶意代码入侵的途径很多，如：从互联网下载的程序本身就可能含有恶意代码；接收已经感染恶意代码的电子邮件；从光盘或 U 盘往系统上安装软件；黑客或者攻击者将恶意代码植入等。

2）维持或提升现有特权阶段

恶意代码入侵后，往往设法维持或提升现有特权，因为在盗用用户或者进程的合法权限

后，才能实施传播和破坏。

3）隐蔽阶段

为了不让系统发现恶意代码已经侵入系统，恶意代码可能会改名、删除源文件或者修改系统的安全策略，隐藏自己。

4）潜伏阶段

恶意代码侵入系统后，需等待一定的条件，并具有足够的权限时，发作并进行破坏活动。

5）破坏阶段

在该阶段，恶意代码开始实施破坏，造成系统信息丢失、泄密、完整性被破坏等情况。

6）对新目标实施攻击阶段

重复上述1）至5）阶段，对新的目标实施攻击。

2. 恶意代码的隐藏

恶意代码的隐藏包括本地隐藏和网络隐藏两种。其中本地隐藏包括：文件隐藏、进程隐藏、网络连接隐藏、内核模块隐藏和编译器隐藏等。而网络隐藏包括：通信内容隐藏和传输通道隐藏两种。

1）本地隐藏

本地隐藏是为了防止本地系统管理人员察觉而采取的隐藏手段。隐藏手段有三种：一是将恶意代码隐蔽（附着、捆绑或替换）在合法程序中，避过简单管理命令的检查；二是恶意代码修改或替换相应的管理命令，也就是把相应管理命令恶意化，使相应的输出信息经过处理后，再显示给用户，达到蒙骗管理人员，隐藏恶意代码自身的目的；三是分析管理命令的检查执行机制，利用管理命令本身的弱点避开管理命令，达到既不修改管理命令，又能隐藏下来的目的。本地系统管理人员一般通过"查看进程列表"、"查看目录"、"查看内核模块"、"查看系统网络连接状态"等管理命令，检测系统是否被植入了恶意代码。

2）网络隐藏

现在网络中普遍采用了防火墙、入侵检测和漏洞扫描等安全措施。原先使用传统通信模式的恶意代码客户端与服务端之间的会话，已不能逃避上述安全措施的检测。为此，现在有些恶意代码使用加密算法，对所传输的内容进行加密，以隐蔽通信内容。不过，这样虽然保护了通信内容，但无法隐蔽通信状态，因此，传输信道的隐藏异常重要。

对传输信道的隐藏主要采用隐藏通道技术，美国国防部可信操作系统评测标准对隐藏通道做出如下定义：隐藏通道是允许进程违反系统安全策略传输信息的通道。隐藏通道分为：存储隐藏通道和时间隐藏通道两种类型。其中存储隐藏通道是指一个进程能够直接或间接访问某存储空间，而该存储空间又能够被另一个进程所访问，这两个进程之间所形成的通道。而时间隐藏通道是一个进程对系统性能产生的影响，可被另外一个进程观察到，并且可用一个时间基准进行测量，形成的信息传递通道。

3. 恶意代码的生存

恶意代码具有隐蔽性和生存性，不易被软件或者用户察觉，同时具有一定的攻击性，这就是恶意代码的生存技术。恶意代码的生存技术包括四个方面：反跟踪技术、加密技术、模糊变换技术和自动生产技术。反跟踪技术是减少被发现的可能性，加密技术则是恶意代码的自身保护机制。下面分别加以介绍。

1）反跟踪技术

反跟踪技术包括：禁止跟踪中断、检测跟踪、封锁键盘输入和屏幕显示等几项技术。其中禁止跟踪中断技术是指恶意代码针对调试分析工具运行系统的单步中断和断点中断服务程序，通过修改中断服务程序的入口地址，实现其反跟踪目的。如："1575"病毒（一种文件型病毒）就是采用该方法将堆栈指针指向处于中断向量表中的 INT 0 至 INT 3 区域，阻止调试工具对其代码进行跟踪。

封锁键盘输入和屏幕显示则是破坏各种跟踪调试工具的运行环境。检测跟踪技术是指根据调试时和正常执行时的运行环境、中断入口和时间的差异，采取措施实现反跟踪。如：通过操作系统的 API 函数打开调试器的驱动程序句柄，检测调试器是否激活？以确定代码是否继续执行。

2）反静态分析技术

反静态分析技术包括：对程序代码分块加密执行和在指令流中插入伪指令等。其中对程序代码分块加密执行，是指为防止程序代码通过反汇编进行静态分析，将程序代码以分块的密文形式装入内存。在执行时由解密程序进行译码，一块代码执行完毕后立即清除，这样确保分析者无法从内存中得到完整的执行代码。

在指令流中插入伪指令（Junk Code）是指在指令流中插入"废指令"，使静态反汇编得不到全部正常的指令，从而不能有效地进行静态分析。如："Apparition"就是一种基于编译器变形的 Win32 平台的病毒，编译器每次编译出新的病毒体可执行代码时，都插入大量的伪指令，这样既达到了变形的效果，又实现了反跟踪目的。因此，伪指令技术还在宏病毒与脚本恶意代码中广泛应用。

3）加密技术

加密技术是恶意代码自我保护的一种手段。通过加密技术和反跟踪技术的配合使用，可使分析者无法正常调试和阅读恶意代码，无法抽取其特征串。按加密的内容划分，一般的加密技术分为信息加密、数据加密和程序代码加密三种。而恶意代码大多是对程序体本身加密，当然，也有少数恶意代码是对被感染的文件加密。如："Cascade"就是第一例采用加密技术的 DOS 环境下的恶意代码，它用稳定的解码器解密内存中加密的程序。另外，"中国炸弹"和"幽灵病毒"也属于加密的这一类恶意代码。

4）模糊变换技术

包括：指令替换技术、指令压缩技术、指令扩展技术、伪指令技术和重编译技术。限于篇幅这里不做详细介绍，有兴趣的读者可参考其他相关书籍。

5）自动生产技术

所谓自动生产技术是相对人工技术而言的。目前的现状是：对计算机病毒一无所知的用户，可以通过"计算机病毒生成器"生产出算法不同、功能各异的计算机病毒；通过使用多态性发生器可以将普通的病毒，编译成复杂多变的多态性病毒；而通过使用多态变换引擎可以让程序代码本身发生变化，但又保持原有功能不变。如：保加利亚的"Dark Avenger"就是较为著名的一种恶意代码变换引擎，这个变换引擎每产生一个恶意代码，其程序体都会发生变化，所以，目前的恶意代码是层出不穷，防不胜防。而且对这类可变换的恶意代码，那些基于特征扫描的反恶意代码软件都无法检测到。

4. 恶意代码的攻击技术

恶意代码常见的攻击技术有：进程注入、三线程、端口复用、超级管理、端口反向连接和缓冲区溢出等技术。

1）进程注入技术

我们知道，一般操作系统都包含系统服务和网络服务两大类，在系统启动时这些服务程序会自动加载。而进程注入技术，就是恶意代码把这些与服务相关的可执行代码作为载体，将自身嵌入到这些代码中，以实现自身隐藏和启动目的这样一种攻击技术。这样注入的恶意代码只须安装一次，以后就会被自动加载到可执行文件的进程中，并且会被多个服务所加载。如：恶意代码"WinEgg DropShell"就可注入 Windows 中的大部分服务程序中。

2）三线程技术

Windows 操作系统中有线程的概念，一个进程可同时拥有多个并发线程。所谓三线程技术是指恶意代码在实施攻击时，其一个恶意代码进程同时开启了三个线程，其中一个为主线程，负责远程控制的工作，另外两个为辅助线程，分别称做监视线程和守护线程。其中监视线程负责检查恶意代码程序是否被删除或被停止自启动；守护线程则负责注入其他可执行文件，与恶意代码进程同步，一旦进程被停止，它就会重新启动该进程，并向主线程提供必要的数据，使恶意代码可持续运行下去。如："中国黑客"就是采用这种攻击技术的一种恶意代码。

3）端口复用技术

所谓端口复用技术是指重复利用系统网络打开的端口（如：25、80、135 和 139 等常用端口）传送数据，这样既欺骗了防火墙，又少开了新端口。由于端口复用是在保证端口默认服务正常工作的条件下复用，所以，往往具有很强的欺骗性。如：特洛伊木马"Executor"就是利用 80 端口传递控制信息和数据，实现远程控制。

4）超级管理技术

所谓超级管理技术是针对反恶意代码软件而言的。即指恶意代码为对抗反恶意代码软件，对反恶意代码软件进行拒绝服务攻击，使其无法正常运行并提供服务。如："广外女生"特洛伊木马，就是采用这种技术对"金山毒霸"和"天网防火墙"进行拒绝服务攻击的，使得这两种反恶意代码软件无法正常运行。

5）端口反向连接技术

所谓"反向连接"是指恶意代码让攻击的服务端（即被控制端）去主动连接客户端（即控制端），即实现从内网到外网的连接，而一般计算机网络虽然都装有防火墙系统，但我们知道防火墙往往是"防内而通外"的，对从内网到外网的数据流几乎不予防范。如：国外的"Boinet"就是最先采用这种技术的木马，它通过 ICO、IRC、HTTP 和反向主动连接四种方式，从内到外连接到客户端。国内最早实现这种技术的恶意代码有："网络神偷"、"灰鸽子"等，其中"灰鸽子"内置有 FTP、域名和服务端主动连接三种服务端的在线通知模块。

6）缓冲区溢出攻击技术

如前所述，缓冲区溢出攻击是一种常见的网络攻击，占到远程网络攻击的 80% 以上。这种攻击使得一个匿名的 Internet 用户，能够获得一台主机的部分或全部控制权，是一种严重的安全威胁。恶意代码利用系统和网络服务的安全漏洞，植入并执行攻击代码，使攻击代码以一定的权限运行有缓冲区溢出漏洞的程序，从而获得被攻击主机的控制权。同时，缓冲区溢出漏洞还是恶意代码从被动式传播转为主动式传播的主要途径。如："红色代码"就是利用 IIS Server 中的 Indexing Service 缓冲区溢出漏洞实施攻击的。而"尼姆达"则是利用 IIS 4.0/5.0 Directory Traversal 的漏洞，以及"红色代码 II"留下的后门进行传播和攻击的。

10.1.3　恶意代码的传播

1. 恶意代码的传播途径

恶意代码主要通过以下三种途径进行传播。

1）软件漏洞

如：Code Red、KaK 和 BubbleBoy 等恶意代码，就是利用软件的缺陷和漏洞进行传播。而 Nimda、Linux 上的蠕虫及 Solaris 上的蠕虫，则是利用 Web 服务的缺陷进行传播。

2）用户本身

有些恶意代码是自启动的蠕虫或嵌入脚本，这类恶意代码对用户的活动没有要求。而有些恶意代码如：特洛伊木马、电子邮件蠕虫等，则是利用受害用户的心理，欺骗用户执行不安全的代码。还有一些恶意代码是欺骗用户关闭保护措施，然后进行安装。一般用户对来自陌生人的邮件附件都比较警惕，于是恶意代码就设计一些诱饵吸引受害者。如：把 Outlook 地址簿中的用户或缓冲区中 Web 页的用户作为传播和攻击对象，把恶意代码邮件伪装成受害者的感染报警邮件。还有一些恶意代码欺骗用户下载和执行自动的 Agent 软件，对聊天室 IRC 和即时消息 IM 系统进行攻击，让远程系统成为 DDoS（分布式拒绝服务）的攻击平台等。还有当附件受到网关过滤程序的限制和阻断时，恶意代码采用模糊文件类型，将公共的执行文件压缩成 zip 类型文件，绕过网关过滤程序的检查。

3）混合传播

随着恶意代码技术的快速发展，其传播不在只是利用软件漏洞或者社会工程中的某一种，而可能是以上两者的混合。如：蠕虫可产生寄生的文件病毒、特洛伊程序、口令窃取程序或后门程序，这使得蠕虫、病毒和特洛伊木马的区别变得模糊。病毒的模式也已从引导区方式，发展为多种类病毒蠕虫方式，这些恶意代码的传播往往是混合式的。

2. 恶意代码的发展趋势

恶意代码的传播和攻击呈现出以下发展趋势。一是能实施多平台的攻击，即在一些不兼容的平台上仍能进行攻击。如：Windows 蠕虫能利用 Apache 漏洞进行攻击，而 Linux 蠕虫会派生出 .exe 格式的特洛伊木马。二是更多的恶意代码利用受害者的邮箱，进行大量的转发。还有的恶意代码运用网络探测和电子邮件脚本嵌入技术进行传播和攻击。三是不论服务器还是客户机都进行攻击。对于恶意代码来说，服务器和客户机的区别越来越模糊，如果客户机和服务器一样，运行同样的应用程序，则同样会受到恶意代码的攻击。如：IIS 服务程序的缺陷是各台机器共有的；还有 Code Red 也一样，其影响不限于服务器，还会影响到个人计算机。四是主要攻击 Windows 操作系统。Windows 操作系统是病毒攻击最集中的平台，病毒选择配置不当的网络共享和服务或溢出漏洞，如：字符串格式和堆溢出，作为病毒的入侵点。

另外，恶意代码还利用 Windows 系统中的漏洞旁路进行攻击。如：Windows 系统中的 Windows Media Player 会旁路 Outlook 2002 的安全设置，执行嵌入在 HTML 邮件中的 JavaScript 和 ActiveX 代码。

10.1.4 恶意代码的防范

从上述可知，恶意代码传播途径多、攻击危害大，那么在实际当中应当如何防范呢？防范恶意代码传播和攻击的方法主要有两大类：一类是基于主机的防范方法，一类是基于网络的防范方法。

1. 基于主机的防范

基于主机的恶意代码防范方法是目前检测恶意代码的常用技术，这类方法主要有：基于特征的扫描、校验和、沙箱技术和安全操作系统防范等。

1）基于特征的扫描技术

该方法采用模式匹配思想，即在扫描程序工作之前，先建立恶意代码的特征文件，根据特征文件中的特征串，在扫描文件中进行匹配查找。用户可通过更新特征文件和扫描软件，查找最新的恶意代码版本。这种方法目前广泛应用于反病毒引擎中。但这种方法也存在两个问题：一是它是一种特征匹配算法，对于加密、变形和未知的恶意代码不能很好地处理；二是采用该方法需要用户不断升级、更新检测引擎和特征库，而且该方法不能预警恶意代码入侵，只能事后处理。如图 10 - 3 所示。

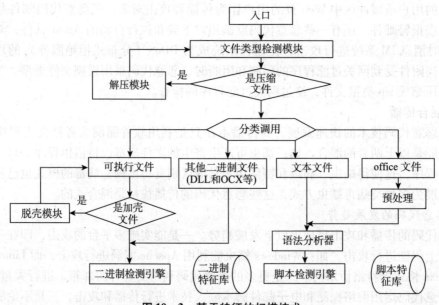

图 10 - 3　基于特征的扫描技术

2）校验和技术

校验和是一种保护信息资源完整性的控制技术，如：Hash 值和循环冗余码等。只要文件内部有一个比特发生了变化，校验和值就会发生改变。因此，检测的方法是，首先在未被恶意代码感染的系统中生成检测数据，然后周期性地使用校验和方法检测文件的改变情况，如有变化，则说明有恶意代码感染。运用校验和方法检测恶意代码具体有三种方法。

（1）在检测软件中设置校验和。对检测的对象文件，计算其正常状态的校验和并将其写入被查文件中或检测工具中，然后进行比较。

（2）在应用程序中嵌入校验和。将文件正常状态的校验和写入文件本身中，然后，每当应用程序启动时，比较现行校验和与原始校验和，实现应用程序的自我检测。

（3）在内存中常驻校验和程序。每当应用程序开始运行时，自动比较和检测应用程序内部或文件中预留保存的校验和。

校验和方法能够检测到未知恶意代码对文件的修改，但该方法也有三点不足：一是校验和法不能检测文件是否被恶意代码感染，它只是查找变化；二是即使发现恶意代码改变了文件，校验和法也无法将恶意代码消除，也不能判断究竟被哪种恶意代码所感染；三是校验和有可能被恶意代码所欺骗，使其认为文件并没有改变。

3）沙箱技术

沙箱技术是指根据系统中每一个可执行程序的访问资源，以及系统赋予的权限，建立应用程序的"沙箱"，从而限制恶意代码的运行。采用这种技术后，每个应用程序都运行在自己的且受保护的"沙箱"之中，不影响其他程序的运行。同样，这些程序的运行也不能影响操作系统的正常运行，操作系统与驱动程序也存活在自己的"沙箱"之中。如：美国加州大学 Berkeley 实验室就开发了基于 Solaris 操作系统的"沙箱"系统，在该系统中，应用程序通过系统底层调用解释执行，由系统自动判断应用程序调用的底层函数是否符合系统的安全要求，并决定是否执行。

4）采用安全的操作系统

任何恶意代码成功入侵的重要一环就是获得系统的控制权，使操作系统为其分配系统资源。如果没有足够的权限，恶意代码是不能实现其预定恶意目标的，而安全的操作系统可以防范恶意代码取得这种权限。所以，采用安全的操作系统是基础，也是所有用户的安全共识。

2. 基于网络的防范

基于网络的防范方法包括：恶意代码检测防御和恶意代码预警两种方法。其中常见的恶意代码检测防御又分为：基于 Gr IDS（图形入侵检测系统）的恶意代码检测、基于 PLD（Programmable logic device，可编程逻辑器件）硬件的检测防御、基于 Honey Pot（蜜罐）的检测防御和基于 CCDC（Cyber Centers for Disease Control，网络病毒控制中心）的检测防御。

1）基于 GrIDS 的检测

著名的 GrIDS 主要针对大规模网络攻击和自动化入侵设计，它收集计算机和网络活动的数据及它们之间的连接，在预先定义的模式库的驱动下，把这些数据构建成网络活动行为。GrIDS 通过建立和分析节点间的行为图（Activity Graph），把该图与预定义的行为模式图进行匹配，以检测是否存在恶意代码，这是目前检测分布式恶意代码的有效方法。

2）基于 PLD 硬件的检测

这种检测方法最先是由美国华盛顿大学的研究人员提出来的，它是一种采用可编程逻辑设备（Programmable Logic Devices，PLDs）对抗恶意代码的防范系统。该系统由三个部件 DED（Data Enabling Device）、CMS（Content Matching Server）和 RTP（Regional Transaction Processor）组成。DED 负责捕获流经网络出入口的所有数据包，根据 CMS 提供的特征串或规则表达式，对数据包进行扫描匹配并把结果传递给 RTP；CMS 负责从后台的 MYSQL 数据库中，读取已经存在的恶意代码特征，编译综合成 DED 设备可用的特征串或规则表达式；

RTP 根据匹配结果决定 DED 采取何种操作。当有恶意代码大规模入侵时，系统管理员要把该恶意代码的特征添加到 CMS 的特征库中，由 DED 扫描到相应特征后，请求 RTP 做出放行还是阻断的响应。

3）基于 HoneyPot 的检测防范

HoneyPot（蜜罐）最早是用于防范网络黑客攻击的，以后人们用 HoneyPot 来防御恶意代码攻击，如：ReVirt 就是一种能检测网络攻击或网络异常行为的 HoneyPot 系统。HoneyPot 采用 NIDS（网络 IDS）的规则生成器产生恶意代码的匹配规则，当恶意代码根据一定的扫描策略，扫描存在漏洞主机的地址空间时，HoneyPots 就捕获恶意代码扫描攻击的数据，然后采用特征匹配的方法，判断是否有恶意代码攻击。

4）基于 CCDC 的检测防范

这种防御方法最早由美国的安全专家提出。防范恶意代码的 CCDC 具有如下功能：①鉴别恶意代码的爆发期；②分析恶意代码样本特征；③对抗恶意代码传染；④预测恶意代码新的传染途径；⑤研究前摄性恶意代码对抗工具；⑥对抗未来恶意代码的威胁。CCDC 能够实现对大规模恶意代码入侵的预警、防御和阻断。但 CCDC 也存在一些问题：①CCDC 是一个规模庞大的防范体系，要考虑体系运转的代价；②由于 CCDC 体系的开放性，CCDC 自身的安全问题不容忽视；③在 CCDC 防范体系中，攻击者能够监测恶意代码攻击的全过程，了解 CCDC 防范恶意代码的工作机制，因此，未来可能出现突破 CCDC 防范体系的恶意代码。

3. 防范恶意代码需注意的问题

恶意代码的防范是一项长期的工作，在实际中需注意以下问题。

（1）机构用户在防火墙和电子邮件的管理上，要有独立的人员和工具。

（2）应通过系统活动日志，加强对恶意代码感染程度的度量、攻击数据等方面的分析。

（3）现有病毒扫描软件只是通知用户改变设置，而不能自动修改设置。

（4）要注意反病毒软件本身也有安全缺陷，且易被攻击者利用。

（5）反病毒软件是一把"双刃剑"。既可用在安全管理上，也可能被黑客所利用，如：漏洞扫描、嗅探等程序就属于这类软件。

（6）恶意代码的复杂性和行为不确定，对恶意代码的防范应综合应用多种技术，如：监测与预警、传播抑制、漏洞自动修复、阻断技术等。

4. 恶意代码的发展趋势

恶意代码攻击与反恶意代码攻击的较量从没有停止过。恶意代码的相关技术仍在发展、更新，并呈现出以下趋势。

1）日趋复杂和完善

从非常简单的、感染游戏的 Apple II 病毒，到复杂的操作系统内核病毒，再到主动传播和破坏性极强的蠕虫，恶意代码在快速传播机制和生存技术方面，发展很快。

2）编制及发布速度更快

恶意代码刚出现时发展较慢，编制方法不多，但是随着网络应用的发展，Internet 已成为恶意代码发布并快速蔓延的重要平台。近年来，恶意代码编制及发布的速度明显加快。

3）利用系统和网络快速传播

早期的恶意代码，其攻击大多数是由被病毒感染的可执行文件执行的。然而，在近些年，恶意代码更多的是利用系统和网络的脆弱性进行传播和感染，利用系统漏洞主动攻击的恶意代码，其传播和感染的速度加快。

4）恶意代码之间的分类模糊化

近年来随着恶意代码的不断发展，恶意代码也不再单纯是其中的某一种，而可能是它们的混合。如：有些病毒功能越来越强大，不仅拥有蠕虫病毒传播速度和破坏能力，而且还具有木马的控制计算机和盗窃重要信息的功能。

10.2　常见恶意代码——网络蠕虫

随着网络系统应用及复杂性的增加，网络蠕虫成为网络系统安全的重要威胁。在网络环境下，多样化的传播途径和复杂的应用环境使网络蠕虫的发生频率增高，潜伏性变强，覆盖面更广，网络蠕虫已成为常见的恶意代码。

10.2.1　网络蠕虫概述

1.　网络蠕虫的定义

网络蠕虫是一种智能化、自动化的计算机程序，它综合了网络攻击、密码学、计算机病毒等方面的知识和技术，是一段无需计算机使用者干预即可运行的独立代码。

网络蠕虫能扫描和攻击网络上存在系统漏洞的节点主机，利用局域网或者互联网把蠕虫程序从一个节点，传播到另外一个节点。它可能获得的节点主机上的部分或全部控制权，然后进行传播。网络蠕虫具有主动攻击、行踪隐蔽、利用漏洞、造成网络拥塞、降低系统性能、产生安全隐患等特点。网络蠕虫与一般病毒的最大不同在于：它不需要人为干预且能够自主不断地复制和传播。

2.　网络蠕虫的结构

网络蠕虫作为一种程序，其编制当然也是采用模块结构的。它的功能模块分为主体功能模块和辅助功能模块两大部分。如图 10-4 所示。有主体功能模块的蠕虫，能够完成复制传播流程，而包含辅助功能模块的蠕虫，则有更强的生存能力和更大的破坏性。

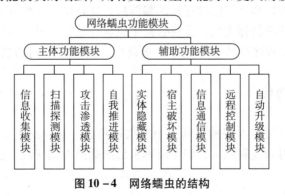

图 10-4　网络蠕虫的结构

1）主体功能模块

主体功能模块由以下四个小模块构成。

（1）信息搜集模块。该模块决定采用何种搜索算法，对目标网络进行信息搜集。搜集的内容包括：系统信息、用户信息、邮件列表、对本机的信任或授权的主机、本机所处网络的拓扑结构及边界路由信息等。

（2）扫描探测模块。该模块对特定主机的脆弱性（漏洞）进行检测，以决定实施攻击渗透的方式。

（3）攻击渗透模块。该模块利用（2）检测到的主机安全漏洞，建立传播途径、实施攻击和渗透。该模块在攻击方法上是开放的、可扩充的。

（4）自我推进模块。该模块负责生成各种形态的蠕虫副本，并在不同主机间进行蠕虫副本的传递。如："Nimda"蠕虫就能生成多种不同文件格式和名称的蠕虫副本。而"W32. Nachi. Worm"则是利用某些系统程序（如：TFTP程序）进行自我变异的蠕虫。

2）辅助功能模块

辅助功能模块由以下五个小功能模块组成。

（1）实体隐藏模块。该模块负责对蠕虫各个实体组成部分的隐藏、变形、加密及进程的隐藏，以提高蠕虫的生存能力。

（2）宿主破坏模块。该模块用于摧毁或破坏被感染主机，破坏网络的正常运行，并在被感染主机上留下后门。

（3）信息通信模块。该模块负责蠕虫之间或蠕虫同黑客之间的相互通信，这也是蠕虫未来发展的重点，即利用通信模块让不同蠕虫之间共享信息，使蠕虫的编写者能更方便地控制蠕虫的行为。

（4）远程控制模块。该模块负责控制、调整蠕虫的行为，并远程控制被感染主机，执行蠕虫编写者下达的指令。

（5）自动升级模块。该模块负责更新、升级模块的功能，以采用不同的攻击方式，实现不同的攻击目的。

10.2.2 网络蠕虫工作机理与传播

1. 蠕虫的工作流程

蠕虫程序的工作流程分为漏洞扫描、攻击、传染、现场处理四个阶段，如图 10-5 所示。首先蠕虫进行漏洞扫描，扫描到存在的漏洞后，就将蠕虫主体移到目标主机中，实施攻击；然后，蠕虫程序感染目标主机，并对目标主机进行现场处理。现场处理包括：隐藏、信息搜集等。同时，蠕虫程序生成多个副本，重复上述流程。不同的蠕虫采取不同的 IP 生成策略，甚至随机生成。

2. 蠕虫的主要行为特征

1）自我繁殖

蠕虫在本质上已是黑客入侵的工具，当蠕虫被释放（Release）后，从搜索漏洞到利用搜索结果攻击系统，再到复制副本，整个流程全部由蠕虫自动完成。就这一点而言，有别于通常的计算机病毒。

2）利用软件漏洞

蠕虫利用系统的漏洞获得被攻击的相应权限，并进行复制和传播。正如前面所述，网络系统的漏洞是各种各样的，有操作系统本身的问题，也有应用服务程序的问题，还有网络管

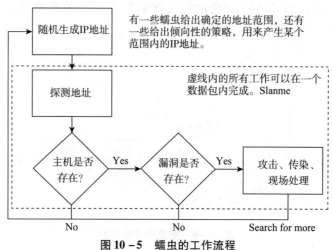

图 10 - 5　蠕虫的工作流程

理人员的配置问题。漏洞产生原因的复杂性，间接导致了多种类型蠕虫的出现。

3）造成网络拥塞

蠕虫在扫描主机漏洞的过程中，需要做以下判断：一是判断其他计算机是否存在；二是判断特定的应用服务是否存在；三是判断是否存在漏洞，这些都将产生附加的网络流量；同时蠕虫副本在不同机器之间传递，或者向随机目标发出攻击数据，也将产生大量的网络数据流量，这些网络流量将可能导致网络拥塞。

4）消耗系统资源

蠕虫在入侵到系统之后，会在被感染的主机上产生多个副本，每个副本启动搜索程序，寻找新的攻击目标，这将产生大量的进程，从而消耗系统资源，导致系统的性能下降。这对网络服务器的影响尤其明显。

5）留下安全隐患

大多数蠕虫侵入主机后会搜集、扩散、暴露主机系统的敏感信息（如：用户信息等），并在系统中留下后门，这些都将带来新的安全隐患。

通过前面的分析，可归纳出网络蠕虫的工作方式如下：

（1）随机产生一个 IP 地址；

（2）判断对应此 IP 地址的机器是否可感染；

（3）如果可感染，则感染之；

（4）重复 1~3 共 m 次，m 为蠕虫产生的繁殖副本数量。

3. 蠕虫的传播模型

计算机病毒的攻击对象是文件系统。与计算机病毒不同，蠕虫具有主动攻击的特征，不需要计算机使用者的参与，并且蠕虫的攻击对象是计算机系统，这两个条件正好同医学传染病模型的假设条件相符。于是，人们基于传染病模型，建立了蠕虫的 SIR 模型，即：Susceptible、Infective、Recovered 模型。该模型是假设在一台主机内，蠕虫传播经过以下三个步骤。

Susceptible→Infective→Recovered，即：主机存在漏洞→主机被感染→漏洞被修复，蠕虫被清除。

根据此模型产生的蠕虫，在网络上的传播速度图如图 10 - 6 所示。蠕虫的传播经历了开始的缓慢传播、快速传播和最后的缓慢消失三个阶段。因此，在蠕虫的缓慢传播阶段实现对蠕虫的检测和防治，是有效防治蠕虫的关键。

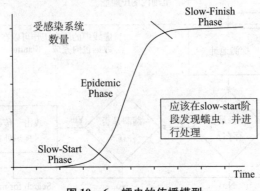

图 10 – 6　蠕虫的传播模型

10.2.3　网络蠕虫的检测与防治

由上节可知，在网络蠕虫的缓慢传播阶段，加强对蠕虫的检测和防治，是有效防治蠕虫的关键。应尽早发现蠕虫并对被感染主机进行隔离和恢复，防止蠕虫泛滥。下面介绍检测和防治蠕虫的基本方法。

1. 网络蠕虫的检测

目前国内没有专门的蠕虫检测和防御系统，传统的主机防病毒系统并不能对未知的蠕虫进行检测，只能被动地检测已知特征的蠕虫。而入侵检测系统 IDS 对蠕虫的检测也主要是基于特征的检测，IDS 基于异常的检测功能，虽然能发现网络中的异常，但无法对蠕虫的传染进行控制。下面以中科网威的网络病毒检测系统（Virus Detect System，VDS）为例，介绍检测蠕虫的方法。

网威 VDS 针对杀病毒软件和 NIDS 存在的不足，在检测和互动方面采用多种新技术，基本实现对蠕虫检测和控制的目的。如：网威 VDS 系统为适应对蠕虫各个阶段的不同行为的检测，使用编译技术创建了网威的脚本语言 NPDCL（网威检测控制语言）；其次，网威 VDS 结合虚拟机技术创建了解释执行 NPDCL 语言的虚拟机，通过 NPDCL 脚本控制整个 VDS 的检测过程。另外，网威 VDS 还提供安全事件的关联分析功能，对蠕虫的各个阶段的不同行为进行关联分析，并根据蠕虫的多个行为特征进行判断，而不是简单地针对某个存在漏洞的服务进行特征匹配，网威 VDS 具有丰富的行为特征库。

对蠕虫的检测分为：对未知蠕虫的检测和对已知蠕虫的检测两种。网威 VDS 既能对已知蠕虫进行检测，也能对未知蠕虫进行检测。

1）对未知蠕虫的检测

对未知蠕虫的检测主要采取对流量异常进行统计分析、对 TCP 连接异常进行分析等方法。网威 VDS 在这两种方法的基础上，还采用了 ICMP 数据的异常分析，使对网络中未知蠕虫的检测更加全面和有效。具体检测过程如下。

当一台主机向一个不存在的主机发起连接时，中间的路由器会产生一个 ICMP – T3（目标不可达）包返回给蠕虫主机，如图 10 – 7 所示。

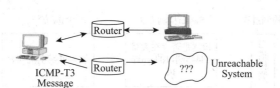

图 10 – 7　路由器返回 ICMP – T3 包

在蠕虫的扫描阶段，蠕虫会随机或者伪随机地产生大量 IP 地址进行扫描，探测有漏洞主机，这些被扫描主机中存在许多空的或者不可达的 IP 地址，从而在一段时间里，蠕虫主机会接收到大量的来自不同路由器的 ICMP – T3 数据包，如图 10 – 8 所示。网威 VDS 通过对这些数据包进行检测和统计，在蠕虫的扫描阶段就发现它的存在，然后对蠕虫主机进行隔离，对蠕虫进行分析，进而采取防御措施。

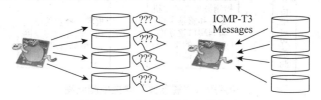

图 10 – 8　蠕虫的随机扫描行为

如图 10 – 9 所示，将 ICMP – T3 数据包进行收集、解析，并根据源和目的地址进行分类，如果一个 IP 在一定时间（T）内，对超过一定数量（N）的其他主机的同一端口（P）进行了扫描，则产生一个发现蠕虫的报警。

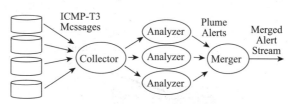

图 10 – 9　检测扫描

这种方法能检测出具有高速、大规模传染特征的网络蠕虫。但很难检测出针对某个网络传播的特定的蠕虫和慢速传播的蠕虫，不过，这两种蠕虫对网络危害性较小。

2）对已知蠕虫的检测

网威 VDS 系统具有丰富的行为特征库，可对振荡波、冲击波等常见已知蠕虫及其变种进行检测。下面以"震荡波的 b 变种"为例，介绍检测流程，如图 10 – 10 所示。

首先，对 TCP 的半连接状态进行检测，发现蠕虫的扫描行为和可疑的扫描源；然后在 TCP 连接建立时间中，检测可疑扫描源对漏洞主机特定端口（445）的攻击行为，进一步确认感染蠕虫的主机；第三步检测蠕虫的自我传播过程（"震荡波"通过 5545 端口的 ftp 服务进行传播）；最后通过传播文件的特征（如：123 __up. exe）进一步确认"震荡波"的传播。在以上检测步骤中都会产生相关的报警，提醒网络管理人员采取措施，阻止蠕虫的进一步传播。

2. 蠕虫的防治策略

当发现有蠕虫感染时，应在最短的时间内响应。首先是报警并通知管理员，通过防火

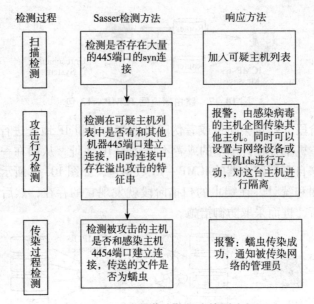

图 10 – 10   "震荡波"蠕虫检测流程

墙、路由器或 HIDS 的互动，将感染蠕虫的主机隔离；然后对蠕虫进行分析，制定检测策略，对整个系统存在的不安全隐患进行修补，防治蠕虫再次传染，并对感染了蠕虫的主机开展杀毒工作。如：网威 VDS 在发现感染了蠕虫的主机时，将会采取以下四项防治措施，如图 10 – 11 所示。

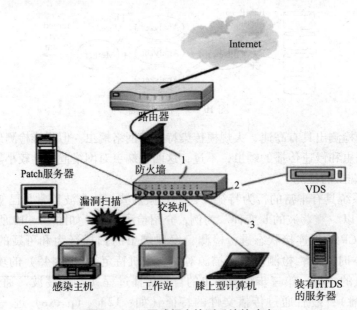

图 10 – 11   网威蠕虫检测系统的响应

1）与防火墙互动

网威 VDS 通过控制防火墙的策略，对感染主机的对外访问数据进行控制，防止蠕虫对外网的主机进行感染。同时，如果 VDS 发现外网的蠕虫对内网进行扫描和攻击，VDS 也可与防火墙互动，防止外网蠕虫传染内网的主机。

2）与交换机联动

网威 VDS 支持和 CISCO 系列交换机通过 SNMP 协议进行联动。当发现内网主机被蠕虫感染时，VDS 切断感染主机与内网其他主机的通信，阻止感染主机在内网的进一步传播，控制因蠕虫发作而产生的大量网络流量。同时为适应用户的网络环境，网威 VDS 还提供了Telnet 配置网络设备的接口，便于 VDS 与网络中支持 Telnet 管理的网络设备进行联动。

3）通知 HIDS

装有 HIDS（主机 IDS）的服务器接收到 VDS 系统传来的信息后，将对可疑主机的访问进行阻断，以阻止受感染主机的访问，保护服务器上的重要资源。

4）及时报警

网威 VDS 发现主机感染蠕虫后及时报警，通知网络管理员对蠕虫进行分析，并配置Scaner 对网络进行漏洞扫描，通知存在漏洞的主机及时下载补丁修复漏洞，防治蠕虫的进一步传播。

10.3　网络病毒及其防治

计算机病毒（Computer Virus）是指编制或者在计算机程序中插入的、破坏计算机功能或者破坏数据，影响计算机使用并且能够自我复制的一组计算机指令或者程序代码。从该定义可明确：计算机病毒本质上是一种具有破坏性的计算机程序，是一段可执行的指令代码，它具有复制、传染和扩散能力，并且能寄生在各种类型的文件上。

目前全球已发现 6 万余种计算机病毒，并且还在以每天 13～50 种的速度增加。计算机病毒的防治主要从检测、清除、预防和免疫四个方面着手。

10.3.1　网络病毒概述

1. 网络病毒定义及特征

所谓"网络病毒"是指通过网络途径传播的计算机病毒，属第二代计算机病毒，是恶意代码中的一大类，包括利用 ActiveX 技术和 Java 技术制造的网页病毒等。在网络环境下，网络病毒除了具有传染性、破坏性、可执行性等一般计算机病毒的共性外，还具有以下一些特征。

1）传播速度更快

在单机环境下，网络病毒只能通过介质从一台计算机传染到另一台，而在网络中则可以迅速扩散。根据测定，在网络正常工作情况下，只要有一台工作站有病毒，几十分钟内就可将网上的数百台计算机全部感染。

2）扩散面更广

网络病毒在网络中传染快、扩散范围大，不但能迅速传染局域网内的所有计算机，还能远程传播到千里之外。

3）传播的形式更加复杂

一般计算机病毒在网络上是通过"工作站→服务器→工作站"的途径进行传播的，但

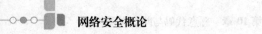

网络病毒传播的形式更加多样化，它可通过多种形式传播。如：服务器、网页、脚本、U盘等。

4）清除更加困难

单机上的计算机病毒，有时通过删除带毒文件、低级格式化硬盘等措施，可将病毒彻底清除。而网络中只要有一台机器上病毒未能清除干净，就可使整个网络重新被病毒感染。

2. 网络病毒防治原则与策略

随着计算机病毒形式及传播途径的日趋多样化，防病毒需要更加完善的管理系统，设置和维护对病毒的防护策略，并建立多层次的、立体式的病毒防治体系。防治网络病毒应遵循以下原则和策略。

1）加强管理，增加安全意识

从加强安全意识着手，安装网络版杀毒软件，定时更新病毒库，对来历不明的文件在运行前进行查杀，每周查杀一次病毒，减少共享文件夹的数量，"文件共享"时要控制权限和加设密码等。另外，用户应对邮件采取适当的措施，如：关闭 Vbscript 功能、不打开可疑邮件等。

2）使用网络版杀毒软件

使用最新网络版杀毒软件，定期对所有数据进行全面的扫描。对重要数据要定期存档。针对病毒的潜伏期，每月至少要进行一次数据备份，当反病毒软件的自动删除功能不起作用时，可利用备份文件恢复被感染的文件。

3. 网络病毒防治方法

在网络环境下采用网络版杀毒软件，并要求这类软件具有同步智能升级功能。

1）网络管理防毒

即网络病毒的防治主要依靠网络管理功能。不论在局域网环境或广域网环境下，网络管理员要在客户端安装和设置防病毒软件在线监控网络，并应以自动或手动方式核对版本、更新病毒代码、分发升级程序，同时要以实时作业方式扫描所有进出网络的数据，实时查杀网络病毒。

2）网关防毒

网关防毒是指在网关处设防，防止病毒经由 Internet 网关进入内网，或防止网络内部的染毒文件传染到其他网络。网关在病毒被下载并造成损失前，可起到隔离和清除作用，并过滤内容不当的邮件，防止网络带宽的大量消耗，因此这种方法比较有效。未来人们将考虑采用将网关级防病毒软件与高性能硬件相结合，可独立操作、不需人工维护的、高效网关防毒墙系统。

10.3.2　常见网络病毒及其防治

1. 蠕虫病毒的防治

如前所述，蠕虫是一种最为常见的网络病毒，当发现网络中感染蠕虫时，应先升级系统再进行 C 盘查杀，找出蠕虫病毒后予以清除。下面以"高波（Worm. Agobot）"病毒为例介绍清除过程。"高波"病毒是一种利用冲击波对病毒漏洞进行传播的网络病毒，其变种已经达到数百种。当用户发现上网突然变慢或计算机自动重启时，则应考虑是否感染了该种病毒。

1）先打补丁

清除任何蠕虫病毒前，都应先打补丁修补漏洞。因为大多数蠕虫都是利用系统漏洞进行传播的。

2）清除内存中的病毒进程

通过"任务管理器"，在内存中查找名为"mdms. exe"的进程，然后直接将它结束。因为每个进入内存的蠕虫都有这样一个唯一的进程，只要清除该进程，即可使蠕虫失效。

3）删除注册表中的病毒项

打开注册表，将该病毒在注册表 HKCU/Software/Microsoft/Windows/CurrentVersion/Run 中的自启动项："Machine Debug Manager"="%SYSDIR%/mdms. exe"清除。

4）删除病毒文件

查看注册表的病毒键值，在 WINDOWS 安装目录下的 SYSTEM32 目录里，找到名为 mdms. exe 的病毒文件，直接删除。

由此可见，清除蠕虫病毒应重点从系统漏洞、内存、注册表和文件四个方面进行查验。

2. 木马病毒的防治

防治木马病毒，应先了解木马病毒具有哪些基本特征。

1）木马病毒的特征

木马病毒主要具有以下特征。

（1）隐蔽性。木马病毒通常包含在正常程序中，在用户执行正常程序时启动，即木马具有隐蔽性。木马病毒的隐蔽性主要体现在以下两个方面。一是不产生图标。木马虽然在系统启动时会自动运行，但它不会在"任务栏"中产生图标。二是木马程序自动在任务管理器中隐藏，并以"系统服务"的方式欺骗操作系统。

在上面第一点，木马与远程控制软件不同。如：局域网通信软件 PCanywhere 是一种远程控制软件，它在服务器端运行。当客户端与服务器端连接成功时，客户机上会出现有关提示。而木马在服务器端运行时，不会出现任何提示标志，因为它要隐藏自己。

（2）会自动运行。木马为了控制服务端，往往潜藏在 win. ini、system. ini、winstart. bat 及启动组等启动配置文件中，当系统启动时会自动运行。

（3）包含有未公开并且可能产生危险后果功能的程序。

（4）具备自动恢复功能。很多木马程序具有多重备份功能，可互相恢复。如：某主机被感染木马，当将其删除后，在运行其他程序时，又再次出现木马，这就是木马的自动恢复功能。

（5）能自动打开端口。木马程序潜入内网的目的，是为了获取网络系统中有用的信息，而不是破坏系统。根据 TCP/IP 协议，每台网络主机中有 256 * 256 个端口，也即有从 0 到 65535 号个"门"，木马能自动打开特别的端口（如：用户不常用的某些端口）进行连接，然后潜入实施攻击。

2）木马"冰河"的清除

下面以著名的木马"冰河"为例，介绍木马的防治。

冰河的服务器端程序为 G-server. exe，客户端程序为 G-client. exe，默认连接端口为 7626。G-server 运行后，在 C：/Windows/system 目录下生成 Kernel32. exe 和 sysexplr. exe，并删除自身。Kernel32. exe 在系统启动时自动加载运行，sysexplr. exe 和 . TXT 文件关联。即使

删除 Kernel32. exe，但只要用户打开 . TXT 文件，sysexplr. exe 仍将被激活，并将再次生成 Kernel32. exe，这也是"冰河"较难清除的原因。具体清除方法如下：

（1）删除 C：/Windows/system 下的 Kernel32. exe 和 Sysexplr. exe 文件。

（2）冰河修改注册表 HKEY __LOCAL __MACHINE/software/microsoft/Windows/Current-Version/Run，键值为 C：/Windows/system/Kernel32. exe，删除它。

（3）在注册表的 HKEY __LOCAL __MACHINE/software/microsoft/Windows/CurrentVer-sion/Runservices 下，还有键值为 C：/Windows/system/Kernel32. exe 的，也删除它。

（4）修改注册表 HKEY __CLASSES __ROOT/txtfile/shell/open/command 下的默认值，由中木马后的 C：/Windows/system/Sysexplr. exe %1 改为正常情况下的 C：/Windows/note-pad. exe %1，目的是恢复 TXT 文件的关联功能。

不论是蠕虫还是木马，哪种网络病毒的防治都必须标本兼治，"七分管理，三分技术"，在加强管理的基础上，充分发挥反病毒软件的作用，开展有效的杀毒工作。

10.3.3 常用网络病毒防治软件

现在各种反病毒软件很多，功能也都较强，具有查杀计算机病毒和网络病毒的多项功能，但大多只能查杀已知病毒，能查杀未知病毒的较少。下面介绍几种国内比较著名的网络反病毒软件。

1. "360" 系列反病毒软件

"360" 系列反病毒软件由奇虎360科技有限公司研发，包括：360 安全卫士、360 杀毒等系列软件。同时，360 能快速识别并清除新型木马病毒及钓鱼、挂马恶意网页，保护网络系统及用户上网安全。下面分别进行介绍。

1）360 安全卫士

360 安全卫士功能强，较受用户欢迎，它拥有查杀木马、清理插件、修复漏洞、电脑体检等多种功能，并独创"木马防火墙"功能，依靠侦测和云端鉴别，可智能地拦截各类木马，保护用户账户、隐私等重要信息。360 安全卫士自身是轻量级的，同时还具备开机加速、垃圾清理等多种系统优化功能。

2）360 杀毒软件

360 杀毒软件结合 BitDefender 病毒查杀引擎和云查杀引擎，对双引擎实行智能调度，查杀能力强，能有效防御新出现的木马病毒。360 杀毒完全免费，无需激活码，误杀率较低，占用系统资源也少，把 360 杀毒与 360 安全卫士结合使用，可构成安全的、立体式的网络防御体系。

2. "瑞星" 反病毒软件

"瑞星" 系列反病毒软件（Rising Antivirus）（简称 RAV）由北京瑞星科技股份有限公司研发，并以网络安全产品和"黑客"防治软件为主，是中国最大的提供反病毒软件的厂商之一，功能强，能为个人、企业和政府机构提供全面的安全服务。"瑞星" 系列反病毒软件包括：瑞星杀毒软件、瑞星杀毒软件（网络版）、瑞星全功能安全软件、瑞星上网安全助手、瑞星手机安全软件等。限于篇幅，本节只介绍瑞星杀毒软件（网络版）和瑞星全功能安全软件的主要功能。

1）瑞星杀毒软件

主要包括以下功能。

（1）后台查杀。不影响用户正常工作，在后台进行病毒的查杀。

（2）断点续杀。智能记录上次查杀过的文件，针对后续未被查杀过的文件进行查杀。

（3）异步杀毒。在用户选择病毒处理方法时，不中断查杀进度，可提高查杀效率。

（4）空闲时段查杀。利用用户或系统的空闲时间，进行病毒扫描。

（5）嵌入式查杀。保护 MSN 等即时通讯软件，可在 MSN 传输文件时，对传输文件进行扫描。

（6）开机查杀。在系统启动阶段，进行文件扫描，以查杀随系统启动的病毒。

（7）智能启发式检测技术＋云安全。根据文件特性进行病毒扫描，能发现可能存在的未知病毒。

（8）木马入侵拦截。有效拦截木马侵入，保证用户访问网页时的安全，阻止挂马网页。

（9）文件监控。提供对文件的实时监控。

（10）密码与自我保护。将用户的配置文件设置密码，防止用户的安全配置被恶意修改；同时能防止病毒对瑞星杀毒软件自身的破坏。

2）瑞星全功能安全软件

瑞星全功能安全软件是基于"云安全"概念设计的杀毒软件，它实际上是"杀毒＋防火墙"的套装，采用了"木马行为分析"和"启发式扫描"等技术，是应用"云安全"的木马引擎。其主要包括以下功能。

（1）可拦截木马入侵（防挂马），这是阻断病毒传播的主要方法。

（2）加固应用程序，保护 Word、IE 等程序免受最新漏洞攻击。

（3）基于"云安全"的启发式扫描和自动分析处理系统，能快速分析和查杀未知木马或未知病毒。

（4）能实时监控计算机安全状况，快速查杀计算机中的病毒。

（5）低资源占用，更快、更稳定。

（6）拦截海量挂马网站和最新木马样本，及时自动分析处理。

（7）"云安全"化的防火墙和主动防御功能。

（8）具有"账户保险柜"，能保证用户账户和密码的安全。

3. "江民"系列反病毒软件

"江民"系列反病毒软件由北京江民科技有限公司研发，涉及单机、网络反病毒软件、网络黑客防火墙、邮件服务器防病毒软件等一系列网络安全产品。江民科技开发的 KV 系列反病毒软件是国内杀毒软件的著名品牌，其全球反病毒监测网与数千家反病毒机构和组织合作监测病毒，能向用户提供最新反病毒信息、病毒疫情、病毒库升级等服务。

在江民系列反病毒软件中，其中 KV2008 采用智能分级高速杀毒引擎，占用系统资源少，扫描速度快，性能好。该杀毒软件突破"灾难恢复"和"病毒免杀"两大难题，能有效防杀超过 40 万种的计算机病毒、木马、网页恶意脚本、后门黑客程序等恶意代码以及大部分未知病毒。

主要包括以下功能。

（1）新 BOOTSCAN。在系统启动前杀毒，能清除具有自我保护和反杀毒软件的恶性病毒。

（2）新系统监控。监控病毒行为，能准确判断病毒的动作并引导用户进行相应处理。

（3）网页滤毒。对进入的数据流进行扫描过滤，在病毒未进入计算机前进行清除。

（4）未知病毒主动监控。能实时监控未知病毒，并对监测目标给出安全级别和建议。

（5）虚拟机脱壳技术。能对主流壳病毒进行虚拟脱壳处理，有效清除"壳病毒"。

（6）主动防御技术。能集成 BOOTSCAN、"木马一扫光"、系统监测、网页监控等多种主动防御功能，主动监控未知病毒，对病毒进行拦截。

无论是恶意代码还是网络病毒都会给计算机或计算机网络带来极大地安全威胁，严重影响系统的正常运行和网络中信息的安全。为此，用户应持续提高安全意识，加强设备管理和安全人员的培训，加大防范力度，做到防患于未然。

本章小结

无论是恶意代码还是网络病毒，都会给计算机或计算机网络带来极大地安全威胁，严重影响系统的正常运行和网络中信息的安全。本章主要介绍了恶意代码的定义、分类、工作机理及相关防治技术，介绍了网络病毒的定义、分类、防治技术和方法。最后简要介绍了国内比较常用的几种反病毒软件。

通过本章的学习，读者应重点掌握恶意代码的基本概念和恶意代码的防治方法，明确网络病毒是恶意代码的一种，掌握网络病毒的防范技术和常用的反病毒软件。

本章习题

一、选择题

1. 黑客们在编写编写扰乱社会和他人的计算机程序，这些代码统称为_____。

    A. 恶意代码　　　　B. 计算机病毒　　　　C. 蠕虫　　　　D. 后门

2. 2003 年，SLammer 蠕虫在 10 分钟内导致_____互联网上的脆弱主机受到感染。

    A. 60%　　　　　　B. 70%　　　　　　C. 80%　　　　　D. 90%

3. 造成广泛影响的 1988 年 Morris 蠕虫事件，就是_____作为其入侵的最初突破点的。

    A. 利用操作系统脆弱性　　　　　　　B. 利用系统后门

    C. 利用邮件系统的脆弱性　　　　　　D. 利用缓冲区溢出的脆弱性

4. 下面属于恶意代码生存技术的是_____。

    A. 加密技术　　　　　　　　　　　　B. 三线程技术

    C. 模糊变换技术　　　　　　　　　　D. 本地隐藏技术

5. 下面不属于恶意代码攻击技术的是_____。

    A. 进程注入技术　　　　　　　　　　B. 超级管理技术

    C. 端口反向连接技术　　　　　　　　D. 自动生产技术

二、填空题

1. 恶意代码主要包括计算机病毒（Virus）、_____、木马程序（Trojan Horse）、后门程序（Backdoor）、_____等。

2. 恶意代码的三个主要特征是：_____、_____和从病毒到电子邮件蠕虫，再到利用系统漏洞主动攻击的恶意代码。

3. 早期恶意代码的主要形式是_____。

4. 隐藏通常包括本地隐藏和通信隐藏，其中本地隐藏主要有文件隐藏、进程隐藏、网络连接隐藏、内核模块隐藏、编译器隐藏等。网络隐藏主要包括_____和_____。

5. 网络蠕虫的功能模块可以分为_____和_____。

三、简答题

1. 简述恶意代码长期存在的原因。

2. 恶意代码是如何定义的？可分成哪几类？

3. 简述恶意代码实现攻击的技术。

4. 简述目前恶意代码的防范方法。

5. 简述网络病毒的定义与防治策略。

第11章　新型网络安全技术

随着计算机技术的发展和日益强烈的计算机网络化要求，作为传统的网络与信息安全技术的替代或有益的补充，新型的网络与信息安全技术也在不断涌现，并已开始在一些领域得到应用。

本章将追踪当前网络安全技术的最新发展，介绍一些网络安全新技术的发展、原理及应用。主要包括以下知识点：

◇ 信息隐藏与隐秘信息检测技术；

◇ 物联网及其安全技术；

◇ 移动网络及其安全问题；

◇ 云计算与云安全；

◇ 大数据及其安全问题。

通过学习本章内容，读者可以了解到当前一些最新的网络安全技术，学习和掌握这些安全技术的基本原理和最新应用。

11.1　信息隐藏及其相关技术

信息隐藏技术是指高效、安全地隐藏机密信息到有关载体中，建立不易被觉察或被攻破的信息传输方式。与之相对应的是隐秘信息检测技术，而隐秘信息检测是指破解信息隐藏的方法，发现含有隐秘信息的载体并过滤掉这些信息。目前信息隐藏已提出很多实用、有效的隐藏方法，但隐秘信息的检测起步较晚，仍处于初级阶段。

11.1.1　概念与模型

本节主要介绍信息隐藏的概念与模型，信息隐藏的性能参数：隐蔽性、隐藏容量和鲁棒性，信息隐藏的对抗技术——隐秘信息检测的概念与模型，以及评价隐秘信息检测算法优劣的性能参数：检测率、误报率和漏报率等。

1. 信息隐藏的概念与模型

信息隐藏是利用人类感觉器官的不敏感，以及多媒体数字信号本身存在的冗余，将机密信息隐藏到一个载体信号中，不被人的感知系统察觉或不被注意到，而且不影响载体信号的感觉效果和使用价值。目前，信息隐藏应用的主要领域有隐写术和数字水印领域。前者强调将秘密信息隐藏在多媒体信息中不被发现，不仅隐藏秘密信息的内容，同时也隐藏秘密信息的存在。后者则关心隐藏的信息是否被盗版者移去或修改。

信息隐藏的模型可用图 11–1 来描述。秘密信息 M 与密钥 K 相结合，通过隐藏算法 Em

隐藏到原始载体 I 中，形成含有隐秘信息的载体 I′，I′与 I 非常相似，不会引起他人的怀疑。一般情况下，I′在无噪信道中传输。在一些特殊应用场合也会考虑噪声 N 对载体的干扰，即 I′变为 I″。对 I″，应用提取算法 Ex，应能正确提取秘密信息。

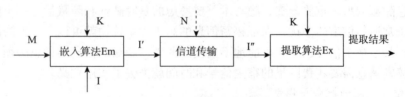

图 11 - 1　信息隐藏的模型

2. 信息隐藏的性能参数

信息隐藏研究中的一个基本问题是正确处理隐蔽性、隐藏容量和鲁棒性之间的关系。它们构成信息隐藏的三要素，如图 11 - 2 所示。

图 11 - 2　信息隐藏的三要素

隐蔽性包括对于感官的不可感知性和统计不可见性。前者主要针对保护知识产权的数字水印，隐藏的水印必须不损伤载体的听觉/视觉质量，从而不影响其商业价值；后者对于隐蔽通信极为重要，因为只要能用统计方法检测出隐秘信息的存在性，信息隐藏的努力就告失败。总之，要求载体在秘密信息隐藏前后不仅听觉/视觉无差异，而且统计上也无差异，或者差异足够小，以至无法找到一个门限进行可靠的判断，更说明不了带来这一差异的原因。由于人的感官评价具有高度的智能性，主观测试是判断视听觉隐蔽性的基本手段。但主观评价程序复杂，代价较高，在实际中往往难以运用，因此希望寻求载体的某种失真测度对信息隐藏的隐蔽性进行客观衡量，如：均方误差或峰值信噪比等。

隐藏容量是指在一个载体中可以隐藏的秘密信息量（比特）。信息隐藏是在一个有实际意义的载体中隐藏秘密信息，载体的概率密度函数多种多样，因此，在这种状况下得到信道容量是比较复杂的问题。

鲁棒性是指抵御攻击、正确提取隐藏信息的能力。对信息隐藏系统的攻击包括恶意攻击和常规信号处理。恶意攻击有几何攻击、解释性攻击、实施性攻击等。常规信号处理指滤波、缩放、压缩编码等。

隐蔽性、隐藏容量和鲁棒性三者相互制约，相互矛盾。鲁棒性与隐藏容量直接有关：隐藏容量越大，隐蔽性也就越差。如果既要保持好的鲁棒性又要保持好的隐蔽性，就要以牺牲隐藏容量为代价。信息隐藏方法要尽可能少地修改载体，实现足够大的隐藏容量和高度的鲁棒性。在设计方案和算法时总是根据实际应用的不同要求，尽可能在三者之间取得某种平衡或折中。一般要侧重三要素中的某一、两个方面。例如，用于知识产权保护的数字水印，隐藏容量往往不是首先考虑的因素，最重要的是具有很强的抵御恶意和非恶意的攻击，即具有较高的鲁棒性。只要隐秘对象还具有使用价值，秘密信息就应该能被正确提取出来。只有当隐秘对象已经失去使用价值，水印才遭受严重的破坏。

作为信息隐藏的另一重要分支，隐写术首要考虑的是隐蔽性和隐藏量。一个隐蔽通信系统只要能抗正常通信信道的干扰，保证秘密信息的高正确率传输就可以了。但隐蔽信息必须是不可见的，甚至宿主信号也要尽可能地不重复。此外，隐藏的信息容量也必须合理，否则一份简短的秘密消息需要花费巨量的宿主信号和时间就失去了实用意义。

3. 隐秘信息检测的概念与模型

隐秘信息检测是信息隐藏的逆过程，是破解信息隐藏的方法，发现载体中的隐秘信息并过滤掉这些信息。隐秘信息的检测、提取和攻击都属于隐写分析（steganalysis）的范畴。隐秘信息的检测是提取和攻击的基础，只有确定载体中是否隐藏秘密信息，隐秘信息的提取和攻击才有目的性。

图 11-3 给出了隐秘信息检测模型。隐藏秘密消息后的载体被称为隐秘载体。将隐秘载体输入后进行特征提取，根据隐秘载体的特征是否被改变及改变的程度来判别载体中是否含有隐秘信息。

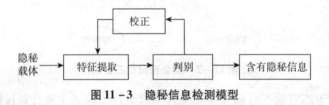

图 11-3 隐秘信息检测模型

4. 隐秘信息检测的评价参数

当隐秘信息的检测算法被设计好后，需要对其性能的优劣进行客观的评价。准确性、适用性、实用性和复杂度是评价隐秘信息检测算法性能优劣的 4 个指标。准确性指检测的准确程度，是隐秘信息检测最重要的一个评价指标。检测的准确性包含两层意思：其一是能否准确检测出含有秘密信息的载体；其二是能否准确判断出不含秘密信息的载体。检测的准确性一般采用误报率（false positive）和检测率（detection rate）来表示。误报率是指将不含隐藏消息的载体误判为含有隐藏消息的载体的概率，表示为 $P(D|\neg S)$；检测率是指将含有隐藏消息的载体正确判为含有隐藏消息的载体的概率，表示为 $P(D|S)$。用 $P(S)$ 表示可疑载体中含有秘密信息的概率，则检测的正确率（true positive）可以表示为

$$P(S|D) = \frac{P(S) \cdot P(D|S)}{P(D)} = \frac{P(S) \cdot P(D|S)}{P(S) \cdot P(D|S) + P(\neg S) \cdot P(D|\neg S)} \quad (11-1)$$

还需要考虑漏报率（false negative），即把含有隐秘信息的载体误判为不含隐秘信息载体的概率，表示为 $P(\neg S|S)$。则漏报率为

$$P(\neg S|S) = 1 - P(D|S) \quad (11-2)$$

隐秘信息检测要求在尽量减少误报率和漏报率的条件下取得最佳检测率。但在误报率和漏报率两者无法同时满足的情况下，要根据具体的应用场合牺牲某一参数。如：在隐秘载体数量较少的情况下，着重减少漏报率。但面对 Internet 上数以千亿的网页和图像载体进行检测时，则着重减小误报率。

全面衡量隐秘信息检测准确性的一个重要参数是全局检测率，可表示为 $\overline{P}\ (D\mid S)$，则

$$\overline{P}\ (D\mid S)\ =1-\ (P\ (\neg S\mid S)\ \cdot P\ (S)\ +P\ (D\mid S)\ \cdot P\ (\neg S))\quad(11-3)$$

如果某一检测算法的全局检测率达到 85% 或以上，则可认为该检测算法性能良好。

适用性是指检测算法对不同信息隐藏算法隐藏信息检测的有效性，由检测算法能够有效检测出多少种、多少类信息隐藏算法衡量。实用性是指检测算法可实际应用的程度，由现实条件允许与否、检测结果稳定与否、自动化程度和实时性等衡量。复杂度是针对检测算法本身而言的，由检测算法实现所需要的资源开销、软硬件条件等衡量。到目前为止，还没有确切的针对适用性、实用性和复杂度的定量度量，只能通过比较不同检测算法之间的实现情况和检测效果得出结论。

11. 1. 2　常用信息隐藏方法

信息隐藏按照载体分类分为：图像信息隐藏技术、视频信息隐藏技术、音频信息隐藏技术、文本信息隐藏技术、软件信息隐藏技术、数据库信息隐藏技术和 XML、网页信息隐藏技术等。下面介绍网页信息隐藏技术，而与网页相类似的文件有：文本、软件、数据库和 XML。这些载体的信息隐藏对网页信息隐藏技术起指导作用。

1. 文本信息隐藏

从 1993 年开始，人们开始研究文本信息隐藏技术，其中以 Brassil 和 Low 等人提出的位移编码、行移编码和特征编码等方法为主要代表。随后许多研究者在他们提出的算法的基础上进行改进，相继提出多种文本信息隐藏算法。目前，文本信息隐藏算法及信息隐藏工具层出不穷，大体上可分为以下四类。

1）基于不可见字符的文本信息隐藏

不可见字符如 Space 键、Tab 键可以被加载在句末或行末等位置而不会显著改变文本的外观，最早用于非格式化文本的信息隐藏方法就是行末加 Space 键或 Tab 键的方法。如：现在已经流行的 Snow 软件和 Wbstego 4. 2 软件，它们在 TXT 文档中隐藏信息。

2）基于形近字符和字符特征的文本信息隐藏

通过使用形近字符的替换可以在文本中隐藏信息，如：双字节标点与单字节标点中就有很多是形近字符，拉丁字符与希腊字符中有很多形近字符，中文字体中的宋体和新宋体字形等都可以作为载体隐藏信息。通过修改字符特征隐藏信息的方法有：修改字体颜色、字体大小等。

3）基于格式的文本信息隐藏

在格式文本中，少量改变字、行等文本元素的格式信息也不会显著改变文本的外观，而且相对于前两种方法，这种方法的隐蔽性更好、隐藏信息容量更大，较为常用。如：基于位移的文本信息隐藏方法、基于行移的文本信息隐藏方法和基于文字特征的文本信息隐藏方法等。

4）基于语法或语义的文本信息隐藏

通过对文本进行语法或语义的分析，采用同义词替换、语法变换、构建 TMR 树等方法在文本中隐藏信息。这种方法相对于前面的方法，具有更好的鲁棒性和隐蔽性，但是需要语法或语义分析技术的支持。

基于格式的文本信息隐藏算法和基于语法与语义的文本信息隐藏算法，是常用的两种算

法。在基于格式的文本信息隐藏中，Brassil 提出的位移编码、行移编码在本质上是利用文本间的空白隐藏信息。其后，又有许多研究者在此基础上进行扩展，提出了一些新的基于空白的文本信息隐藏算法。主要有：将词间空白表示成正弦函数隐藏信息；基于单词分类和长度大小隐藏信息；基于字符间和词间空白的关系隐藏信息；基于词的缩放量隐藏信息等方法。基于格式的文本信息隐藏算法实现简单，主要是将文本看成二值图像，并在文本图像域中隐藏和提取信息，但该类算法不能抵抗 OCR 攻击和格式攻击。

基于语法和语义的文本信息隐藏算法则是在文本域中隐藏信息，这类方法通过对文本进行语法或语义的分析，采用同义词替换、语法变换、构建 TMR 树等方法在文本中隐藏信息，这类方法比基于格式的文本信息隐藏方法具有更好的鲁棒性和隐蔽性。美国 Purdue University 教学科研信息安全中心（CERIAS）的 Atallah 教授等人提出了基于语义的文本信息隐藏算法。他们首先对文本进行句法变换和语义变换，生成 TMR 树，根据隐藏的信息修改 TMR 树后再变换到文本域。该算法没有直接修改文本的特征，具有较高的鲁棒性。

隐秘文本不仅可通过正常文本隐藏秘密信息得到，还可依据某种机制生成而不需原始文本。初级的文本生成机制是基于概率统计的，即利用随机字典或根据字母组合出现的频率进行编码。虽然产生的隐秘文本符合自然语言的统计特性，但却不一定符合语法或常识。基于概率统计生成的隐秘文本即使能瞒过计算机，却容易被人识破。较高级的生成机制是基于语言学的，根据语言学规律用计算机产生无特定内容的仿自然语言文本以隐藏秘密信息。基于语言学的自然语言信息隐藏技术又称为语言学信息隐藏技术（Linguistic Steganography）。Bergmair 提出"AI 完全"问题作为安全性要素，结合信息隐藏技术和语言学中的字符、词汇、句法的问题，进一步引入语义和修饰生成方法，产生更加可信的载体文本。

Grothoff 等人提出用机器翻译生成的译文文本，作为信息隐藏的载体的文本信息隐藏方法。认为机器翻译产生的噪声和信息隐藏引入的噪声是难以区分的，故利用译文文本中的冗余进行隐藏。

图 11 - 4 给出了文本信息隐藏的发展，从中看出：现在的文本数字水印技术首先是从文本的表层特征（行距、词距、空白、字体等特征）开始，然后向深层特征（语法、语义，修饰与风格等）的方向发展。

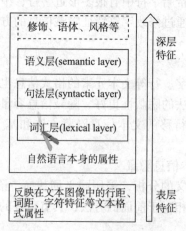

图 11 - 4　文本信息隐藏的发展

图 11 – 5 给出了文本信息隐藏分类情况。从中可看出文本信息隐藏技术分为基于格式的文本信息隐藏和基于自然语言的文本信息隐藏两大类，而基于自然语言的信息隐藏技术又可分为嵌入法和生成法。

图 11 – 5　文本信息隐藏的分类

2. 软件信息隐藏

1996 年，IBM 公司申请了一项软件水印专利，提出通过重新排列多分支控制语句的顺序，作为水印编码的方法加入水印；后来 Moskowitz 和 Cooperman 提出一种防篡改的水印算法，把水印关键代码的一部分隐藏在软件的资源（如：图片等）中，程序从资源中提取出代码执行。如果资源被破坏，程序就会出错；1999 年，Qu 和 Potkonjak 提出把寄存器出入栈的顺序作为水印编码的方法；2001 年，Venkatesan 等提出基于图论的软件水印方法，这类软件水印的共同点是水印存储在可执行程序代码中（有的是加入指令代码中，有的是加入数据结构中），通过静态分析程序中的指令代码排列或数据结构提取水印，这类水印也称之为静态软件水印（Static Software Watermarking）。静态软件水印很容易被攻击，如：二进制代码优化器和简单的代码转换技术即可破坏这种水印。因此，人们寻求的改进方案所改进的结果是发展了基于代码混淆技术的和基于机器指令混淆技术的静态软件水印。

基于代码混淆技术的静态软件水印是通过混淆程序代码使程序的可读性降低，即使目标代码经过反编译或反汇编工具得到源代码，也能增加程序理解的难度，增加获取、发现水印信息的难度，从而增加水印的安全性。

基于机器指令混淆技术的静态软件水印是将中央处理器或协处理器的指令系统按一定规律置乱，在 CPU 获取指令后再按规律恢复到原有指令。这种方法的特点是使水印和软件可以与硬件紧密结合，增加安全性。尽管指令系统已置乱，但实际上置乱的指令系统和原有指令系统存在一一对应的关系，故该方法也易破解。另外，由于每条指令都需要重新解释，运行开销很大。

动态软件水印是将水印信息加入软件执行轨迹或软件运行时的数据结构中，当软件输入特定信息时，可根据软件执行轨迹图或数据结构图检测出水印信息。该方法又分为三类：复活彩蛋水印（Easter Egg Watermarking）、动态执行轨迹水印（Dynamic Execution Trace Watermarking）和动态数据结构水印（Dynamic Data Structure Watermarking）。复活彩蛋水印是通过执行特定的输入或操作后就出现能够标示版权等信息的水印。它的特点是无需专门的检测程序，水印在程序中的位置容易找到，容易去除。目前使用的软件中有很多包含 Easter egg。动态数据结构水印是通过执行特定的输入或操作后，检测隐藏在堆、栈中数据的值及变量的取值等程序状态信息提取水印。动态执行轨迹水印通过执行特定的输入或操作后，根据程序中指令的执行顺序、内存地址走向等统计信息提取水印。

3. 关系数据库信息隐藏

关系数据库信息隐藏技术始于 2002 年。IBM 公司的 R. Agrawal 等人和 Purdue 大学的 R. Sion 等人，对关系数据库的信息隐藏技术作了较全面的研究后提出了许多信息隐藏算法。这些算法从修改数据上分为以下两大类。

1）基于数值型属性值的关系数据库信息隐藏法

R. Agrawal 等人提出，对关系数据库中数值型属性值进行修改隐藏信息的策略。该策略首先假定，可修改的属性值能允许一定的误差，并在其误差范围内，不影响关系数据库数据的具体使用。R. Sion 等人提出的关系数据库信息隐藏技术，也是对数值型属性值进行修改隐藏信息。该算法首先从关系数据库中，确定出数值型属性集合 $S = \{s_i, \cdots, s_n\} \subseteq R$ 和一个秘密的排序密钥 k_s，根据集合中属性值的最大意义比特位的加密键值哈希，对其进行进行秘密排序，如 index $(s_i) = H(k_s, \mathrm{MSB}(\mathrm{Norm}(s_i)), k_s)$。然后构造子集合 S_i，最后修改子集 S_i 中元素的分布规律隐藏 1 比特的信息。两种算法的主要区别在于：R. Agrawal 是直接将信息隐藏到确定的属性值中，而 R. Sion 则是将信息隐藏到某一确定集合中。

2）基于非数值型属性值的关系数据库信息隐藏法

对非数值型属性值的细微修改，将破坏数据库的可用性，因而该类算法难度较大。相对成熟的算法是 Purdue 大学的 R. Sion 等人提出的基于非数值型属性值的关系数据库信息隐藏算法。该算法提出新的信息编码规则和隐藏通道，从而有效地解决数据库在隐藏信息后的可用性遭到破坏的问题。该算法盲检测，不需要原始数据库，且能抵抗子集选择、随机变换等多种攻击，同时满足数据库的更新和删除等操作。

4. XML 信息隐藏

随着网络技术的发展，XML（eXtensible Markup Language）规范是一组由 World Wide Web Consortium（W3C，万维网联盟）定义的规则，用于以普通的文本描述结构化的数据。与 HTML 一样，XML 是一种标记语言，建立在放在尖括号中的标记的基础上，它是 SGML（Standard Generalized Markup Language，标准通用标记语言）的一个子集。XML 提供一种描述数据与平台无关的方法，有许多的应用，现已成为因特网上数据交换的标准。电子商务、电子政务的迅速发展，使越来越多的有价值数据通过 XML 进行交换和存储。由于 XML 本身就是文本文件，对 XML 的复制非常容易，使得许多有价值的 XML 文件面临非法复制与传播的威胁。因此，XML 文档的信息隐藏技术应运而生。

XML 信息隐藏方法通过创建看起来不同，但拥有相同数据结构或者语义值的 XML 文档隐藏信息，而区别在于实体的结构，属性的排列，字符的编码或者不起眼的空白。目前，国内外已有很多 XML 的信息隐藏技术和相关信息隐藏算法，主要集中在基于 XML 逻辑结构和内容的 XML 信息隐藏技术，大体上可分为四类。

1）基于 XML 逻辑结构的信息隐藏方法

该方法是利用 XML 标记的五种变化：空白元素；标记中的空白；改变元素的顺序；改变属性的顺序；元素间嵌套。

2）基于 XML 内容的信息隐藏方法

该方法应用选择和压缩两种方法隐藏信息。选择法是通过修改 XML 文档中数值型数据的方法隐藏信息。压缩法则是通过压缩 XML 文档内容的方法隐藏信息。

　　3）结合逻辑结构和内容的 XML 信息隐藏方法

　　该方法是基于逻辑结构和节点内容结合的信息隐藏方法。首先，XML 文档的节点内容可以是图像、文本、数据、软件等。借助已有的隐藏算法，将部分信息隐藏到节点内容中去。最后，通过 XML 文档的逻辑结构将这些部分信息"胶合"成整体信息。

　　4）基于参数化查询语句的 XML 信息隐藏方法

　　该方法是基于参数化查询语句的 XML 信息隐藏方法。他提出在可接受的误差范围内，通过设计某一查询语言的一系列的参数化查询语句的方式来隐藏信息。

11.1.3　信息检测技术

　　本节介绍图像中隐秘信息检测方法，并联系网页中的隐秘信息检测。

　　1. 基于 LSB 的隐秘信息检测

　　LSB（least significant bit，最低比特位）信息隐藏方法通用性较好，其可应用于所有媒体。这种隐藏方法实现比较容易，而且可以隐藏大量的秘密信息。通常，灰度图像的像素值由 8 比特组成，彩色图像中像素的红、绿、蓝三个分量各由 8 位组成，LSB 信息隐藏方法将载体图像的最低比特位，用嵌入的秘密信息替换。为提高安全性，嵌入前先对秘密信息进行加密。然后用原来的 7 个位平面与含秘密信息的最低位平面组成隐藏后的图像。

　　尽管 LSB 信息隐藏方法实现简单、隐藏容量大、视觉隐蔽性好，但并不安全。χ^2 检测和 RS 方法是针对 LSB 信息隐藏的两种经典检测方法。在 LSB 信息隐藏方案中，如果秘密信息位与隐藏该位的像素灰度值的最后一位相同，就不改变原始载体；反之，则要改变灰度值的最后一位，即将像素灰度值由 $2i$ 改为 $2i+1$ 或将 $2i+1$ 改为 $2i$，而不会将 $2i$ 改为 $2i-1$ 或将 $2i-1$ 改为 $2i-2$。如果秘密信息完全替代了载体图像的最低位，那么灰度值为 $2i$ 和 $2i+1$ 的像素数会比较接近，χ^2 分析可以据此检测出秘密信息的存在。RS 分析则定义两种映射：F_1 为 $2i$ 与 $2i+1$ 之间的互相翻转，即 $0\leftrightarrow1$，$2\leftrightarrow3$，…，$254\leftrightarrow255$；F_{-1} 为 $2i-1$ 与 $2i$ 之间的互相翻转，即 $-1\leftrightarrow0$，$1\leftrightarrow2$，…，$255\leftrightarrow256$。LSB 隐藏方法就相当于对部分像素应用 F_1 操作。如果在原始载体中选取部分像素分别进行 F_1 和 F_{-1} 操作，从统计上来说，会同等程度地增加图像块的混乱度。如果载体隐藏秘密信息，应用 F_{-1} 映射对混乱度的增加要大于应用 F_1 映射对混乱度的增加。这种不对称性暴露秘密信息的存在，而且可以进一步估计出隐藏的秘密信息量。

　　2. 基于 JPEG 兼容性的隐秘信息检测

　　有一些非压缩图像曾经被 JPEG 压缩过，用这些图像作载体进行信息隐藏往往是不安全的，因为 JPEG 压缩中的量化处理，使图像的分块 DCT 系数出现明显的阶梯特性。而在这样的图像中隐藏信息，会对量化特性造成破坏。因此，根据 DCT 系数的量化特性是否受到破坏，判断载体中秘密信息的存在性。但是，如果在隐藏信息时，注意保持 DCT 系数的量化特性，也可以抵制这种检测方法。

　　3. 调色板图像中隐秘信息检测

　　调色板图像在 Internet 上很常见，如：GIF 图像。利用调色板图像的信息隐藏可分为两类，一类方法通过调色板中的颜色排列顺序隐藏秘密信息；另一类方法是将秘密信息隐藏在图像像素中，如：最佳奇偶分配方法（Optimal Parity Assignment，OPA）等。基于 LSB 的隐秘信息检测算法根据奇异颜色，可检测出以 OPA 方法嵌入的秘密信息。

4. JPEG 图像中隐秘信息检测

JPEG 是一种使用非常广泛的图像格式，以 JPEG 图像作为信息隐藏的载体有着重要的应用价值。JPEG 图像是由分块 DCT 变换后的系数按照一定的量化表量化而成，量化后的系数是量化表中对应量化步长的整数倍。先修改量化表中对应中高频分量的量化步长，然后将秘密信息隐藏在图像的中高频系数上。但修改后的中高频量化步长会小于低频量化步长，这种异常会暴露秘密信息的存在，因此安全性不高。大多数隐藏方法并不改变原始图像的量化表，而是根据一定的规则，直接将秘密信息隐藏在量化后的 DCT 系数上。但这些方法会改变载体图像的一些统计特性，Fridrich 提出的隐秘信息检测方法，可觉察 DCT 系数直方图和分块特性的变化，据此检测出隐秘信息的存在。

5. 通用的隐秘信息检测

以上论及的隐秘信息检测方法，都是针对特定信息隐藏技术的，实现通用检测的难度要比特定的检测的难度大得多。基本上是从许多原始图像和含秘密信息的图像中，分别提取一些统计特性，并对神经网络进行训练。当检测者得到一幅待检测图像后，将统计特性输入的神经网络中，输出的结果就是对隐秘信息存在性的判断。如：用各种标准对图像质量的评价和使用变换域系数的高阶统计特性。但是通用检测方法存在一些缺陷，如：计算量大、误检率高等，而且难以得到用于训练的隐秘图像样本。

11.2　物联网及其安全

物联网技术近几年发展很快，尤其是在云计算出现以后，给物联网带来了新的发展契机。本节介绍物联网安全的体系结构和物联网安全的关键技术。主要内容包括：传感器网络安全、RFID 安全、核心网安全、移动通信接入安全、数据处理安全、数据存储安全、安全管理等，并举例说明物联网安全技术的典型应用。

11.2.1　物联网简介

物联网（The Internet of Things）最早在 1999 年提出。顾名思义就是"物物相连的互联网"。物联网的核心是云计算，而基础是互联网。物联网是互联网基础上的延伸和扩展。

物联网是通过射频识别（RFID）、红外感应器、全球定位系统、激光扫描器等信息传感设备，按约定的协议，把任何物品与互联网连接起来，进行信息交换和通信，以实现智能化识别、定位、跟踪、监控和管理的一种网络。它既是传统互联网的自然延伸，因为物联网的信息传输基础仍然是互联网；也是一种新型网络。物联网具有以下特点。

1. 终端的多样化

互联网是电脑互连的网络，当然现在能上网的设备越来越多了，除电脑之外，还有手机、PDA（掌上电脑）及诸如机顶盒之类的东西，但在物联网，这些还不够。人们坐在家里环顾四周，就会发现身边还有很多东西是游离于互联网之外的，如：电冰箱、洗衣机、空调等。人们开发物联网技术，就是希望借助它将我们身边的所有东西都连接起来，小到手表、钥匙及刚才所说的各种家电，大到汽车、房屋、桥梁、道路，甚至那些有生命的东西

（包括：人和动植物）都连接进网络。这种网络的规模和终端的多样性，显然要远远大于现在的互联网。

2. 感知的自动化

物联网在各种物体上植入微型感应芯片，这样，任何物品都可以变得"有感受、有知觉"。如：洗衣机通过物联网感应器，"知晓"衣服对水温和洗涤方式的要求；人们出门时物联网会提示是否忘记带公文包；借助物联网，人们可以了解到自己的小孩一天中去过什么地方、接触过什么人、吃过什么东西等。物联网的这些神奇能力是互联网所不具备的，它主要是依靠 RFID（射频识别）技术实现。人们坐公交时所用的公交卡刷卡系统、高速公路上的不停车收费系统都采用了 RFID 技术。在物联网中，RFID 发挥着类似人类社会中语言的作用，借助这种特殊的语言，人和物体、物体和物体之间可以相互感知对方的存在、特点和变化，从而进行"对话"与"交流"。

物联网把新一代 IT 技术运用在各行各业之中，具体地说，就是把感应器嵌入和装备到电网、铁路、桥梁、隧道、公路、建筑、大坝、供水系统、油气管道等各种物体中，然后将"物联网"与现有的互联网整合起来，实现人类社会与物理系统的整合，在这个整合的网络当中，存在能力超级强大的中心计算机群——云计算，来整合网络内的人员、机器、设备和基础设施，实施实时的管理和控制，达到"智慧"状态，提高资源利用率和生产力水平，改善人与自然间的关系。

11.2.2 物联网安全模型

物联网利用 RFID、传感器、二维码，甚至其他的各种机器，即时采集物体动态，并进行可靠的传送；感知的信息是需要传送出去的，通过网络将感知的各种信息进行时时传送；利用云计算等技术及时对海量信息进行智能处理，真正达到人与人的沟通和物与物的沟通。如上所述，与互联网相比，物联网主要实现人与物、物与物之间的通信，通信的对象扩大到了物品。根据功能的不同，物联网体系结构大致分为三个层次：底层是用来信息采集的感知层，中间层是数据传输的网络层，顶层则是应用/中间件层。

物联网安全的总体需求是：物理安全、信息采集安全、信息传输安全和信息处理安全。安全的目标是确保信息的机密性、完整性、真实性和数据新鲜性，在此，结合物联网 DCM（Device Connect Manage）模式介绍物联网的安全层次模型，如图 11 - 6 所示。各个部分具体作用如下。

1）物理安全层

保证物联网信息采集节点不被欺骗、控制、破坏。

2）信息采集安全层

防止采集的信息被窃听、篡改、伪造和重放攻击，主要涉及传感技术和 RFID 的安全。在物联网层次模型中，物理安全层和信息采集安全层对应于物联网的感知层安全。

（1）信息传输安全层。保证信息传递过程中数据的机密性、完整性、真实性和新鲜性，主要是电信通信网络的安全，对应于物联网的网络层安全。

（2）信息处理安全层。保证信息的私密性和储存安全等，主要是个体隐私保护和中间件安全等，对应于物联网中应用层安全。

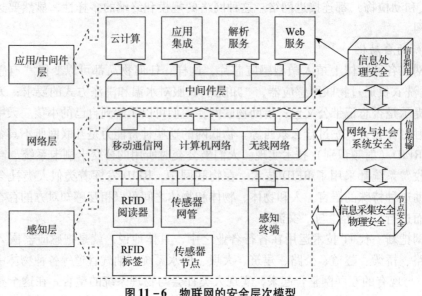

图 11−6　物联网的安全层次模型

11. 2. 3　物联网层次安全

物联网是由感知层、网络层和应用层共同构成的信息系统，物联网除了传统 TCP/IP 网络、无线网络和移动通信网络等传统网络安全问题外，还存在着大量新的问题。物联网有三个特征：一是全面感知，即利用 RFID、传感器、二维码等随时随地获取物体的信息，这个特征对应物联网的感知层；二是智能处理，应用云计算、模糊识别等多种智能计算技术，对海量的数据和信息进行分析和处理，对物体实施智能化的控制，也就是物联网的处理层；三是应用层，即对信息综合处理后的应用层。各层次的安全问题叙述以下。

1. 感知层的安全问题

物联网的感知层主要采用射频识别技术（即 RFID），嵌入 RFID 芯片的物品能方便地被物品主人所感知，也能被其他人感知。但是这种被感知的信息通过无线网络平台进行传输时，信息的安全性极其脆弱。具体表现在以下几方面。

1）个人隐私泄露

RFID 被用于物联网系统时，RFID 标签被嵌入任何物品中。而这些物品的使用者、所有者是察觉不到的，从而可能导致使用者、所有者的隐私信息被动地被定位、监视和追踪，个人隐私的安全得不到保障。

2）疑似攻击

由于智能传感终端、RFID 电子标签相对于传统 IP 网络而言是暴露给攻击者的，再加上传输平台在一定范围内是无线网络，窜扰问题在传感网络和无线网络领域显得非常棘手。所以，传感器网络中由这些原因引起的疑似攻击，威胁传感器节点间的协同工作。

3）计算机病毒、黑客攻击

对恶意程序而言，在无线网络和传感网络环境下，物联网有更容易的入口，一旦入侵成功，之后通过网络传播就变得非常容易。相比有线网络而言，物联网特有的优势也使得其对具有传播性、隐蔽性、破坏性的恶意程序更加难以防范。

4）大量数据请求导致拒绝服务

计算机病毒、黑客攻击等多数会发生在感知层与核心网络的衔接部位。由于物联网中节点数量巨大，并且是以集群的形式存在，因此在数据传输时，大量节点数据的传输请求会导致网络堵塞，产生拒绝服务的情况。

5）信息安全

在现有技术条件下，感知节点功能单一，信息处理能力有限，导致它们还无法具有复杂的安全保护能力。而且感知层网络节点多种多样，其采集的数据、传输的信息也没有统一的标准，也难以提供统一的安全保护策略与体系。另外，物联网的发展还将应用于国家各项公共事务的处理中，因此，其安全问题更加重要。

2. 网络层的安全问题

物联网网络层由移动通信网、互联网和其他专网组成，主要实现信息的转发和传送，它将感知层获取的信息传送到远端，为数据在远端进行智能处理和分析决策提供有力支持。物联网的基础网络可以是互联网，也可以是具体的某个行业网络。物联网的网络层按功能分为接入层和核心层，其网络层安全表现在以下两个方面。

1）网络环境的不确定性

广泛分布的感知节点，其实质就是监测和控制网络上的各种设备，通过对不同对象的监测而提供不同格式的反馈数据来表征网络系统的当前状态。从这个角度而言，物联网感知层的数据非常复杂，数据间存在着频繁的冲突与合作，具有很强的冗余性和互补性。所以，对于物联网的数据而言，除了传统 IP 网络的所有安全问题之外，还由于来自各种类型感知节点的数据是海量的并且是多源异构数据，带来的网络安全问题更加复杂。

2）传输层的安全问题

现有的通行网络是面向连接的工作方式，而物联网的广泛应用必须解决地址空间空缺和网络安全标准等问题，从目前的现状看，物联网对其核心网络的要求，尤其是在可控、可信、可管和可知等方面，远远高于目前的 IP 网所能承受的能力，因此，物联网会为其核心网络采用数据分组技术。此外，现有通信网络的安全架构是按人的通信角度设计的，并不完全适用于机器间的通信，使用现有的互联网安全机制，可能割裂物联网机器间的逻辑关系。

3. 应用层的安全问题

物联网应用层是一个集成应用和解析服务的，并具有强大信息处理和融合功能的服务系统，如：物流监控、职能检索、远程医疗、智能交通、智能家居等。应用层涉及业务控制和管理、中间件、数据挖掘等技术。物联网的应用是多领域、多行业的，因此，处理广域范围的海量数据、制定业务控制策略，是物联网在安全性和可靠性方面的重要问题。

11.2.4　物联网安全的局限性

物联网的应用给人们带来便利的同时，也受到网络信息安全方面的一些限制。局限主要有以下方面。

1. 移动通信的安全问题

随着 3G 手机在我国得到迅速应用和推广，由 3G 手机带来的安全隐患也随之而来。3G 是 3rd – generation 的英文缩写，是第三代移动通信技术的简称，是指支持高速数据传输的蜂

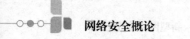

窝移动通信技术，若将 3G 手机与物联网智能结合，会使得人们的生活更加方便，进而改变人们的生活方式。但是，3G 手机是否安全将直接影响物联网的安全，其一，3G 手机与计算机同样存在多种多样的漏洞，漏洞病毒会影响物联网的安全；其二，手机虽然简便易携带但是也极易造成手机的丢失，这样就可能对用户造成一定损害。

2. 信号干扰

若物联网的相关信号被干扰，那么对个人或国家的信息安全会有一定威胁，个人利用物联网高效地管理自身的生活，智能化处理紧急事件。然而，若个人传感设备的信号遭到恶意干扰，就极其容易给个人带来损失。对于国家来说也一样，若国家的重要机构使用物联网，其重要信息也有被篡改和丢失的危险，比如，银行等重要的金融机构涉及大量个人和国家的重要经济信息，通常这些机构中配置了等物联网技术，一方面有利于监控信息，另一方面成为不法分子窃取信息的主要途径。

3. 恶意入侵与物联网相整合的互联网

物联网建立在互联网的基础上，高度依赖于互联网，存在于互联网中的安全隐患在不同程度上会对物联网有影响。目前，互联网遭受病毒、恶意软件、黑客的攻击层出不穷，同样，物联网环境中互联网上传播的病毒、恶意软件、黑客如果绕过了相关安全技术的防范，就可以恶意操作物联网的授权管理控制和损害用户的物品，甚至侵犯用户的隐私权。像银行卡、身份证等涉及个人隐私和财产的敏感物品若被他人控制，后果不堪设想，不但造成个人财产的损失，还威胁到社会的稳定和安全。通过互联网攻击的主要方法如下。

1）阻塞干扰

攻击者在获取目标网络通信频率的中心频率后，通过在这个频点附近发射无线电波进行干扰，使得攻击节点通信半径内的所有传感器网络节点不能正常工作，甚至使网络瘫痪，是一种典型的 DOS 攻击方法。

2）碰撞攻击

攻击者连续发送数据包，在传输过程中与正常节点发送的数据包冲突，因为校验和不匹配，导致正常节点发送的整个数据包被丢弃，这是一种有效的 DOS 攻击方法。

3）耗尽攻击

利用协议漏洞，通过持续通信的方式使节点能量耗尽，如：利用链路层的错包重传机制，使节点不断重复发送上一包数据，最终耗尽节点资源。

4）非公平攻击

攻击者不断地发送高优先级的数据包，从而占据信道，导致其他节点在通信过程中处于劣势。

5）选择转发攻击

物联网是多跳传输，每一个传感器既是终节点又是路由中继点。这要求传感器在收到报文时要无条件转发（该节点为报文的目的时除外）。攻击者利用这一特点，拒绝转发特定的消息并将其丢弃，使这些数据包无法传播，采用这种攻击方式，只丢弃一部分应转发的报文，从而迷惑相邻传感器，达到攻击目的。

6）陷洞攻击

攻击者通过一个危害点吸引某一特定区域的通信流量，形成以危害节点为中心的"陷洞"，处于陷洞附近的攻击者极易对数据进行篡改。

7）女巫攻击

物联网中每一个传感器都有唯一的标识与其他传感器进行区分，由于系统的开放性，攻击者可以扮演或替代合法的节点，伪装成具有多个身份标识的节点，干扰分布式文件系统、路由算法、数据获取、无线资源公平性使用、节点选举流程等，从而达到攻击网络目的。

8）洪泛攻击

攻击者通过发送大量攻击报文，导致整个网络性能下降，影响正常通信。

9）信息篡改

攻击者将窃听到信息进行修改，如：删除、替代全部或部分信息之后，再将信息传送给原本的接收者，以达到攻击目的。

11.2.5　物联网安全关键技术

传统网络中，网络层的安全和感知层的安全是相互独立的。而物联网的特殊安全问题，主要是由于物联网在现有移动网络基础上，集成了感知网络和应用平台带来的。因此，移动网络中的大部分机制，仍然可以适用于物联网并提供一定的安全性，如：认证机制、加密机制等。但还需要根据物联网的特征对安全机制进行调整和补充。作为一种多网络融合的网络，物联网安全涉及各个网络的不同层次，在这些独立的网络中，已实际应用了多种安全技术，但对物联网中的感知网络来说，由于资源的局限性，使安全研究的难度较大，本章主要针对传感网中的安全问题进行讨论。

1. 物联网的加密机制

传统的网络层加密机制是逐跳加密，即信息在发送过程中，虽然在传输过程中是加密的，但是需要不断地在每个经过的节点上解密和加密，即在每个节点上都是明文的。而业务层加密机制则是端到端的，即信息只在发送端和接收端才是明文，而在传输的过程和转发节点上都是密文。由于物联网中网络连接和业务使用紧密结合，就面临到底使用逐跳加密还是端到端加密的选择。

对于逐跳加密来说，只对有必要受保护的链接进行加密，并且由于逐跳加密在网络层进行，所以适用于所有业务，即不同的业务在统一的物联网业务平台上实施安全管理，做到安全机制对业务的透明。保证逐跳加密的低时延、高效率、低成本和可扩展性。但是，因为逐跳加密需要在各传送节点上对数据进行解密，所以各节点都有可能解读被加密消息的明文，因此，逐跳加密对传输路径中的各传送节点的可信任度要求很高。

而对于端到端的加密方式来说，可根据业务类型选择不同的安全策略，为高安全要求的业务提供高安全等级的保护。不过端到端的加密不能对消息的目的地址进行保护，因为每一个消息所经过的节点，都要以此目的地址来确定如何传输消息。这就导致端到端的加密方式，不能掩盖被传输消息的源点与终点，并容易受到对通信业务进行分析而发起的恶意攻击。另外从国家政策角度来说，端到端的加密也无法满足国家合法监听政策的需求。

分析可知，对一些安全要求不是很高的业务，在网络能够提供逐跳加密保护的前提下，业务层端到端的加密需求并不重要。但是，对于高安全需求的业务，端到端的加密仍然是其首选。因而，不同物联网业务对安全级别的要求不同，可将业务层端到端安全作为可选项。

随着物联网的发展，对物联网安全的需求日益迫切，需要明确物联网中的特殊安全需求，考虑如何为物联网提供端到端的安全保护，这些安全保护功能又怎么用现有机制来解决？此外，随着物联网的发展，机器间集群概念的引入，还需要重点考虑如何用群组概念，解决群组认证的问题。

2. 物联网中的认证机制

传统的认证是区分不同层次的，网络层的认证就负责网络层的身份鉴别，业务层的认证就负责业务层的身份鉴别，两者独立存在。但是在物联网中，机器都是拥有专门的用途，因此其业务应用与网络通信紧紧地绑在一起。网络层的认证是不可缺少的，其业务层的认证机制不再是必需的，可根据业务由谁来提供和业务的安全敏感程度来设计。

当物联网的业务由运营商提供时，应使用网络层认证，而不需进行业务层的认证；当物联网的业务由第三方提供，也无法从网络运营商处获得密钥等安全参数时，它就可以发起独立的业务认证，而不用考虑网络层的认证；或当业务是敏感业务如金融类业务时，一般业务提供者会不信任网络层的安全级别，而使用更高级别的安全保护，那么这时就需要做业务层的认证；而当业务是普通业务时，如：气温采集业务等，业务提供者认为网络认证已经足够，就不再需要业务层的认证。

3. 物联网的立法保护

物联网是一项具有变革意义的技术，它将改变人们现有的生产、生活方式。随着物联网应用的日益广泛和深入，亟需制定和完善相关法律法规，对其进行有效规范，以保障其顺利发展。在现有基础上，需要重点关注以下三个方面：一是"智能物体"行为的责任认定；二是物联网个人信息采集、存储、利用的法律规定；三是打击物联网网络犯罪相关的法律规定。

1）"智能物体"行为的责任认定

由于物联网"智能物体"大都是采用自治或受控的方式，因此，在法律上需要解决"智能物体"行为的责任承担问题，即"智能物体"由于软硬件故障、被破坏或非法控制后等情况下的行为责任认定。例如，失控的"智能物体"引起了交通事故，造成财产损失或者致他人伤亡，该行为的责任如何认定。

2）物联网个人信息采集、存储、利用的法律规定

1980年，经济合作与发展组织（OECD）发布了《关于个人隐私保护与个人数据越境流动的指南：理事会建议》，确定了八项具有广泛影响力的个人信息保护原则：收集限制原则；数据完整正确原则；目的明确化原则；利用限制原则；安全保护原则；公开原则；个人参与原则；责任原则。

我国以OECD原则为蓝本，结合国际和立法经验，制定物联网信息采集、存储、利用的法律法规。第一，物联网个人信息收集应直接向该个体采集，并告知采集目的，个人有权决定是否允许采集，法律有特别规定的除外；第二，物联网环境下，采集个人信息时，必须有明确而合理的目的，其后个人信息的提供、利用不能与最初的收集目的相抵触，除非经本人同意或者法律有特别规定；第三，物联网个人信息采集机构应提供足够安全的措施，保障所采集的个人信息存储的安全性，避免被非法利用、修改或者外泄等；第四，物联网环境下，对个人信息的采集、存储、利用和提供的程序，原则上要保持公开；第五，个人有权向物联网个人信息采集机构，确认是否保留有与自己有关的个人隐私资料，有权提出查阅与其相关隐私信息的请求，物联网个人信息采集机构不得拒绝其请求，有法律特别规定的除外；第六，个人对通过物联网采集的有关自己的资料可以提出异议，当异议成立时，可以对资料进行删除、修改、补充和完善等；第七，物联网采集的个人隐私数据保存不能超过必要的时间长度；第八，重要的物联网"数据海"应由政府、公立机构或具有公信力的行业机构所控制，同时应加强监管力度；第九，被允许使用物联网技术采集、存储、利用个人隐私信息的机构，其行为必须是可审计的。

3）打击物联网犯罪相关的法律规定

在已有的打击网络攻击等犯罪行为的相关法律法规基础上，进一步制定和完善处置物联网黑客入侵、物联网病毒编制与传播、通过物联网入侵个人隐私空间等犯罪行为的法律规定，积极铲除物联网网络犯罪背后的黑色产业链。

11.3　移动网络及其安全

移动互联网（Mobile Internet，MI）是以宽带 IP 为核心的，可同时提供语音、图像、多媒体等服务的新一代网络。随着移动网络用户不断增多，移动智能终端（如：智能手机、平板电脑 ipad、电子书、MID 等）应用迅速发展，2012 年中国移动智能终端用户就已达 16 200 万台。然而，移动互联网及其应用的安全威胁也开始显现，移动互联网的安全问题也开始被人们所重视。

11.3.1　移动网络应用现状

移动互联网是一种通过智能移动终端，采用移动无线通信方式获取业务和服务的新网络，包含终端、软件和应用三个层面。终端层包括：智能手机、平板电脑、电子书、MID等；软件包括：操作系统、中间件、数据库和安全软件等。应用层包括：休闲娱乐类、工具媒体类、商务财经类等不同应用与服务。随着技术和产业的发展，3GPP 长期演进（Long Term Evolution，LTE，全称应为 3GPP Long Term Evolution）技术和 NFC（Near Field Communication，是一种近场通信、移动支付的支撑技术，又称近距离高频无线通信技术）也将纳入移动互联网的范畴。其中 LTE 使用"正交频分复用"（OFDM）的射频接收技术，同时支援 FDD（频分双工）和 TDD（时分双工）。

2010 年 12 月 6 日国际电信联盟把 LTE 正式称为 4G。过去的 3G 技术是指同一无线网络提供语音和数据通信，但到了 4G 时代则变成为全数据网络，LTE 最高下载速率 100Mbps 与上传 50Mbps 以上。

据最新数据统计，目前全球移动用户已超过 15 亿，互联网用户也已逾 7 亿。中国移动通信用户总数超过 3.6 亿，互联网用户总数则超过 1 亿。人们对移动性和信息的需求急剧上升。移动互联网正逐渐渗透人们生活、工作的各个领域，短信、移动音乐、手机游戏、视频应用、手机支付、位置服务等移动互联网应用迅猛发展。

1. 移动互联网终端高速增长

据工业和信息化部最新报告显示，2012 年第二季度，智能手机在所有中国手机出货量中占比 56.9%，在这些智能手机中，基于 Android 操作系统的移动设备达 801 种（占比超过 97%）。另据有关统计数据显示，2013 第二季度中国市场智能手机出货量与去年同期相比增加了 199%，约占全球总出货量的 27%。

2. 移动互联网应用程序数量巨大

2012 年 5 月，谷歌宣布 Google Play 的应用下载量已经超过 150 亿次。截止 5 月底，Google Play 的应用总量为 62.7 万。而苹果的 App Store 的应用总量已达到 65.2 万，较 4 月份增长 3.5%，下载量超过 250 亿次。微软的 WP 商城继续保持高速增长态势，应用总量达到 9.8 万款，环比增长高达 10.6%。如图 11-7 所示，IOS 和 Andriod 系统的官方应用总数都超过 60 万款，处于领先地位。

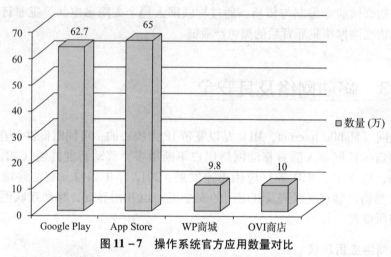

图 11-7　操作系统官方应用数量对比

图 11-7 所示为操作系统官方商店的应用软件数量，还有大量非官方应用也在为用户提供应用软件下载，其应用总数估计已超过官方的应用软件数量。

3. 应用商店数量多，处于无序状态

除操作系统官方应用之外，还有很多非官方应用商店，如：终端制造商应用商店、电信运营商应用商店、第三方应用商店等，同质化严重，处于无序状态。在移动互联网行业中，与传统 PC 有较大区别的就是应用商店。从苹果发布 App Store 开始，到后来谷歌和微软推出的 Google Play 与 Marketplace，移动互联网中的应用程序通过应用商店下载。Android 的开放性使得 Android 平台下的第三方商店数量增多。

对应用商店可按照操作系统划分，如图 11-8 所示。Android 操作系统平台至少有 18 个具有一定规模的应用商店，IOS 操作系统平台有 9 个应用商店，Windows Phone 系统有 5 个，而塞班有 OVI 商店与中移动 MM 商店。这些数据也从侧面反映了各操作系统占有率和增长态势。

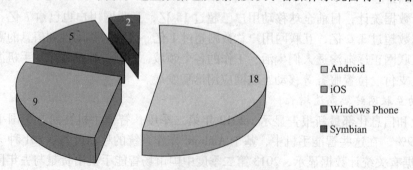

图 11-8　移动互联网应用商店按操作系统分布

在以上手机操作系统中，Android 的应用商店数量最多，这和其庞大的用户量和系统开放性有关。其次数量多的是 IOS 系统的应用商店，这也和智能手机终端操作系统的占比相吻合。

4. 应用软件类型复杂

移动互联网应用程序类型众多，如：系统工具类、娱乐类、学习类、游戏类、资讯类、通信类等。IOS 官方应用商店 Android 第三方商店中，游戏类应用程序仍然是占据着极大的比例，其次是生活类软件。学习类软件、系统工具类软件和娱乐类软件排在后三位，但在两种系统中的占比和排位各不相同。

从图 11 – 9 可以看出，Android 和 iOS 两种操作系统中的应用类别是有一些区别的：系统工具类、学习类和游戏类应用占比是 Android 系统高于 iOS 系统，而实用工具类和娱乐类的软件，则是在苹果商店中占比高于 Android 系统。

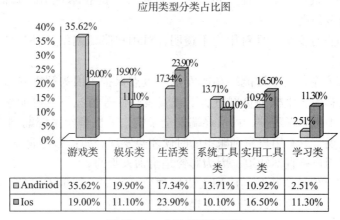

图 11 – 9　应用类型占比图

	游戏类	娱乐类	生活类	系统工具类	实用工具类	学习类
Andiriod	35.62%	19.90%	17.34%	13.71%	10.92%	2.51%
Ios	19.00%	11.10%	23.90%	10.10%	16.50%	11.30%

11.3.2　移动网络安全问题与对策

传统移动网络比较安全，其安全优势明显。然而，随着移动网络与互联网的融合凸显出了许多新的安全问题，传统移动网络的安全性优势已不再存在。一是原先信息的传播是一点到多点，二次传播较为困难，所以容易控制。而互联网时代信息已经是病毒性的传播，即从一点传播，很快进行多点发散；信息高速、大范围传播。二是安全性更加复杂。在互联网时代智能手机随时随地携带且一直在线，容易暴露人们的隐私，成为安全隐患。如：泄露用户和朋友的电话号码、短信信息、存在手机中图片和视频等。更为复杂的是，智能手机的 GPS 定位功能，使得用户可能被跟踪，而智能手机的电子支付、远程支付的密码泄露，近场支付安全隐患等，使智能手机正在成为"手雷"，给社会生活的安全带来巨大的问题。

1. 网络安全问题

移动与互联网相互融合，互联网的其他安全问题仍然存在。如：网络安全扁平化、分布式将成为网络的演进方向，PZP 等分布式技术将被广泛应用在网络构建中，其安全问题需要深入研究。

2. 终端安全问题

终端安全问题将更加普及，终端易被攻击和控制。

3. 业务安全问题

对位置信息、彩信、短信等移动的互联网服务，其安全问题令人不安。另外，移动互联网用户信息的安全问题，要保障用户信息安全有效，涉及的人和面都非常广。

3G 及后续网络 4G 安全性的相关技术在不断发展。如：双向认证技术、加长密匙长度为 128 位的新加密技术、完整性保护技术、防重放技术等。当然，3G 终端智能化、业务多样化、传输高速化的发展，也使得各种安全隐患逐渐增多，如：终端智能化，引入新的攻击能力，业务不断丰富，流程的漏洞也在增加。

移动网络与互联网的融合导致传统移动网络的安全性优势大为减少，只剩下鉴权严格和行为可溯源这两种安全优势。为此，移动互联网应采取以下四个方面的安全对策。

（1）用户对网络透明。要抓住"可鉴权，可溯源"的技术优势，降低各种安全威胁，提高网络的整体安全强度。

（2）关注网络自身安全。且对用户不透明，对用户隐藏网络拓扑，使一般用户无法对网络节点发起攻击。

（3）保护终端安全。对于智能终端的安全要重点保护，因为智能终端的操作系统可能存在安全漏洞，在彩信、手机浏览网页、下载安装软件等情况下，可能感染病毒或遭到入侵。黑客有可能在手机病毒防护、可信终端安全架构，手机操作系统漏洞等方面实施攻击。而有些病毒很难发现，只有用户拿到账单的时候才会发现。如：彩铃业务，用户的手机被别人订购了彩铃，但用户一直不知道，因为彩铃是给别人听的。

（4）业务的安全保护。互联网应用大幅增加后，通信对端更不可信。可能引发病毒感染、木马等一系列攻击。为此，应对服务提供方进行严格认证。

11.3.3 移动网络业务安全

如上所述，移动互联网在移动终端、接入网络、应用服务、安全与隐私保护等方面还面临着挑战，相关安全威胁开始逐渐显现。恶意软件伪装成正常应用软件，在用户下载安装且不知情的情况下，实施着恶意扣费、系统破坏、隐私窃取、访问不良信息等恶意行为，给用户带来经济损失和安全问题。近年，国家网络信息安全技术研究所专门成立了软件安全评估中心（简称 NINIS 软件安全评估中心），开展移动互联网应用安全检测与评估业务工作，对移动互联网应用进行安全监测。本节对移动互联网的应用业务行为及可能受到的威胁做些分析。

1. 应用威胁

按照应用程序的威胁程度，应用程序行为可分为两大类：恶意行为和敏感行为。其中，恶意行为指明确带有恶意目的、并且会对系统和用户利益造成直接侵害的行为；敏感行为是指存在一定风险，但不能直接被确认为恶意的行为。部分含有敏感行为的应用程序，可能会对用户的利益造成间接的影响，又称为"灰色应用程序"。

1）恶意行为

移动智能终端应用程序其典型的恶意行为，按照通用方式、行为类型和威胁级别进行命名和分类如表 11 - 1 所示。

表 11 - 1　移动智能终端应用程序典型恶意行为

恶意行为分类	典型代表	威胁级别	说　明
损害系统	Kungfu	极高	后台释放应用程序，修改系统分区嵌入至 ROM、感染后极难查杀，同时会主动连接控制服务器接收控制命令，是目前为止危险性最高的流行病毒
	Updtkiller	极高	诱导用户激活设备管理器，导致用户无法卸载。破坏安全软件功能，给手机带来安全威胁
资费消耗	Gappusin	高	首次运行后在后台访问网址
	Gamex	极高	www. xxandroid. com，获取用来下载其他程序的 URL 列表保存在本地。样本在每隔一段时间通过 URL 列表下载 apk 文件，每次下载一个，并伪造"系统更新"通知，骗取用户单击安装所下载的程序。样本每隔一段固定的时间，访问 www. 00android. com 更新 url 列表
			诱导用户获取 ROOT 权限，在未经用户允许情况下，私自安装携带的多款恶意安装包，这些安装包又会私自连网、偷偷下载其他恶意应用，并从云端配置推广软件列表，让用户手机变成病毒的"天堂"
隐私泄露	Smsblocker	高	拦截电话、短信息，私下记录用户 MobileMarket 登录账户密码，并发送到指定号码，远程指令控制用户手机下载指定程序
	Ginmaster	高	将中毒手机的手机号、IMEI 串号等信息，传送到病毒作者指定的服务器
综合危害	ADRD	极高	开启多项系统服务；每 6 小时向控制服务器发送被感染手机的 IMEI、IMSI、版本等信息；接收控制服务器传回的指令；从数据服务器取回 30 个 URL；依次访问这些 URL,，得到 30 个搜索引擎结果链接；在后台逐一访问这些链接；下载一个 . apk 安装文件到 SD 卡指定目录。感染该木马的手机，将产生大量网络数据流量，从而被收取流量费用。攻击者通过增加搜索链接的访问量而获益
	BgServ	极高	具有向控制服务器发送手机隐私信息、发送扣费短信、拦截中国移动和中国联通客服短信等能力
	DroidDream	高	通过 Android 已知的 exploid 和 rageagainstthecage 漏洞提取 root 权限并且在后台静默安装了一个内嵌的 com. android. providers. downloadsmanager 的包，搜集手机部分信息发送到特定的服务器，并在后台下载一些其他的恶意安装包，给用户手机带来安全威胁

续表

恶意行为分类	典型代表	威胁级别	说　明
综合危害	Killall	高	自启动上传手机 IMEI、手机号码、SD 卡容量等信息到指定服务器，并伪造系统升级，诱骗用户下载安装指定 .apk
	Geinimi	高	启动后，将通过其含有的恶意插件后台联网，并泄露用户手机隐私信息，同时会在后台下载其他恶意软件，保存到 sdcard/system/app 目录和其他目录。不但消耗用户资费，还通过下载其他恶意程序，给用户造成更多的损失

2）敏感行为

除以上恶意行为外，移动智能终端软件还存在一些不属于恶意行为范畴的行为。但是使用不当也会对用户的利益造成侵犯，此类行为称为"敏感行为"。按照对用户的隐私和经济利益造成侵害的程度，对移动智能终端敏感行为分级归纳如表 11 – 2 所示。

表 11 – 2　移动智能终端应用程序典型敏感行为

可能造成的危害	敏感行为	行为威胁级别	说　明
隐私泄露	得到设备 ID	中	部分应用程序使用设备的 IMEI 号码来作为唯一的识别码，类似网站的 cookies 使用。甄别其是否为恶意行为的关键在于应用程序是否将设备 id 泄漏
	得到位置信息	中	大部分基于 LBS 的应用程序会主动获取应用程序的位置信息，是否为甄别为恶意行为的关键，是分析应用程序获取位置信息之后，是否有泄露用户隐私的嫌疑
	得到 SIM 卡	中	此行为本身并不存在恶意性，但是恶意程序通常都会通过该行为得到 SIM 卡序列号，从而得知可以在该设备上进行哪些操作，之后进一步进行其他的恶意行为。实践说明，很多恶意程序都会事先得到 SIM 卡序列号，得知可以进行的操作，之后再进行真正的恶意行为
隐私泄露/资费消耗	自动发送短、彩信	高	在用户不知情的情况下后台发送短信，属于敏感行为中最为危险的一种，因为这种短信或者彩信往往就是向 sp 订制的信息，或者就是泄漏用户的隐私信息
资费消耗	自动连接网络	中	在用户不知情的情况下连接网络，会耗费用户流量。通常情况下，自动连接网络的行为，也存在访问钓鱼网站的情况
	访问应用商店	中	一部分应用程序会在后台访问应用商店，获取其中的一些版本信息甚至是一个新的应用程序。这种行为一方面损耗了用户的流量，另一方面，也有一部分恶意应用程序在访问应用商店后直接进行后台下载、安装

可能造成的危害	敏感行为	行为威胁级别	说　明
其　他	创建快捷方式	低	有一部分应用程序会在运行后自动在桌面创建快捷方式，以引起用户的注意。此类行为虽然不会造成用户的直接损失，但并非用户本意
	自动连接 wifi	低	程序会自动将 wifi 设置为可用，并且尝试连接可用的 wifi。此行为不会直接造成经济损失，但是会造成用户设备电量损耗等其他负面影响
	得到网络类型	低	对于一个正常的网络应用程序，对网络类型的判断是极为正常的行为。鉴别此行为是否为恶意的关键，在于是否将网络类型信息通过某种手段，发送到网络上或者其他用户的设备上
	自动开启蓝牙	低	此行为不会造成直接的经济损失，但是存在一定的危害。一方面，蓝牙对设备电量的损耗比较大，容易使用户设备待机时间变短；另一方面，有一部分手机木马、蠕虫通过蓝牙进行短距离传播。判断此行为是否为恶意的关键，是判断是否执行了网络命令或有蓝牙传输
	自动搜索蓝牙设备	低	此行为主要损耗用户设备电量。另外，一部分恶意程序在这个行为之后，将一部分数据、信息乃至应用程序发送到已连接的设备上，造成用户信息损失

2. 行为分析

为了解移动互联网应用程序安全状况，并建立相应的检测分析能力，应对应用商店的应用软件及其相关信息进行自动化采集，其中包含 Google App 官方商店及第三方应用商店。先在这些商店内采集第三方应用商店的大批量应用软件，然后针对所有第三方商店的应用程序进行检测分析。

依据应用采集、应用检测、深度分析及综合评估三步，对移动互联网应用程序进行检测与分析，如图 11－11 所示。

1）应用采集

应用采集是指对国内外常见的软件商店内容进行分析、下载。应用采集的覆盖范围包括 Google 的官方市场及国内部分第三方市场。采集的应用程序及其基本信息保存在应用程序样本库中，供自动分析平台进行分析。

2）应用检测

应用检测是对应用程序样本库中的应用程序自动进行行为分析，根据由敏感行为制定的规则进行分析，发现存在敏感行为的可疑应用程序。研发针对应用程序行为特征分析的主动式发现工具，可根据初始的 20 个敏感行为规则，对应用程序样本进行初步分析与筛选。

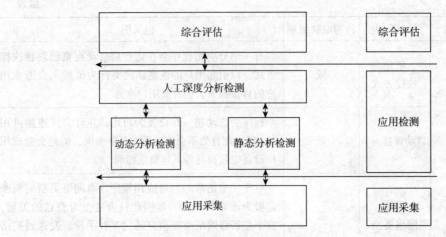

图11-11 分析过程与方法

3）深度分析

深度分析通过人工安装、运行可疑应用程序，并借助相关工具分析应用程序运行时的网络消息收发、资源占用等特征，最终确认可疑应用程序的危害方式，评估危害等级并将其归类。

3. 检测结果

1）恶意行为检测结果

从样本库中挑选出 206 882 个应用进行统计，涵盖主流第三方商店，各商店样本数量具体情况如图 11-12 所示（图中仅展示样本数量前 10 的商店）。

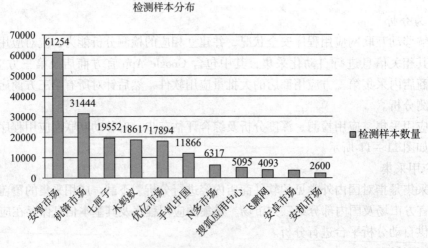

图11-12 检测样本分布

经过恶意行为检测分析发现，各应用商店中均含有恶意应用程序，检测结果如图11-13所示：

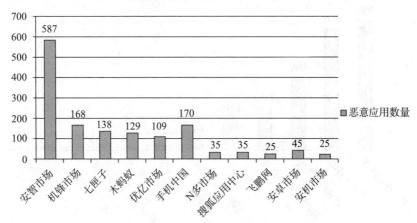

图 11 - 13　检测结果分布

从以上检测结果可以看出，移动互联网应用商店中的恶意应用程序的比例，已经在 0.5% ~1% 之间，经统计，这 1 496 个恶意程序的总下载量已经超过了两千万，如图 11 - 14 所示。这是一个非常大的数字，在这些第三方商店中，恶意应用程序就这样公开放在商店中供用户下载，成为当前移动互联网病毒传播的主要方式之一，所以，在移动互联网第三方应用商店中，恶意程序的问题应引起高度重视。

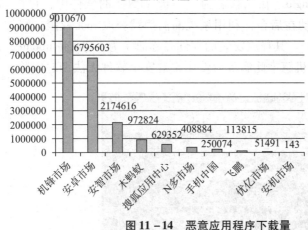

图 11 - 14　恶意应用程序下载量

2）敏感行为检测结果

从采集的应用程序中，随机抽选 19 442 个应用程序，使用行为工具对其进行分析，从检测结果看，超过 50% 的应用程序存在敏感行为（所有的这些敏感行为均在用户不知情的情况下发生，即没有经过用户允许而触发），而这些敏感行为在防病毒软件的检测中，通常是被忽略的，如图 11 - 15 所示。

其中，通过对自动连接网络类进一步的分析，发现大部分软件自动连接到广告网站，并且这种行为没有经过用户允许。软件中插入广告是免费软件的常见行为，没有安全厂商将其划分为恶意软件，但是其会大量消耗用户流量。按照威胁类型分类，这种自动连接网络获取

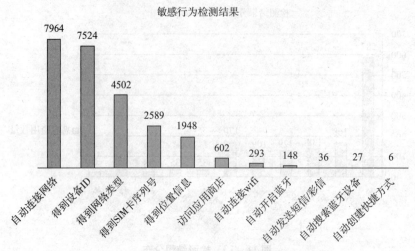

敏感行为检测结果

图 11 – 15　敏感行为检测结果

广告的应用程序属于灰色应用程序，这种程序间接侵害了用户的利益。

11.3.4　应用行为案例分析

如上所述，移动互联网应用业务存在许多安全威胁，作为实例本节介绍四个行为案例。

1. 一键 VPN

所属类别：恶意行为 kungfu。在一款名为"一键 VPN"的软件中，存在 kungfu 病毒。感染 kungfu 病毒的手机会自动在后台，利用系统漏洞静默获取 root 权限，释放安装它所指定的应用程序并接收控制命令。其释放安装的软件名称通常为：Google update，以此迷惑用户。如图 11 – 16 所示。当手机感染此病毒后使用常规安全软件无法彻底清除，甚至将手机恢复至出厂设置也不行。

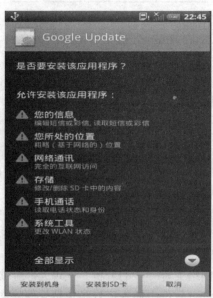

图 11 – 16　"一键 VPN"软件中释放的恶意应用程序安装截图

2. 通话王

所属类别：敏感行为。自动发送短信不仅消耗了用户的通信费用，而且设备标识和地区标识等信息的泄露，可能会导致用户受到垃圾短信和垃圾电话的骚扰。一款名为"通话王"的软件，在用户不知情的情况下，会向 15919479044 这个号码发送设备标识和地区标识，属于用户隐私信息的窃取行为。如表 11 - 3 所示。

表 11 - 3　通话王应用分布及下载量

应用名称	来源市场	下载链接	下载量
通话王	优亿市场	http：//www. eoemarket. com/apps/60161	800 +
	安智市场	http：//www. anzhi. com/soft＿90441. html	2200 +

3. 国考大师

所属类别：敏感行为。一款名为"国考大师"的软件会向 18601796923 发送软件的注册信息，用户的用户名、密码等敏感信息的泄露，会对用户的个人隐私和信息安全造成严重威胁。一些用户为了便于记忆，在各个网站注册时有使用同一个用户名和密码的习惯，不法分子可能利用得到的用户注册信息，尝试破解用户的其他重要账户，甚至是与财产密切有关的网银和第三方支付账户，对用户的信息安全和财产安全造成严重的潜在危害。值得注意的是，位于"机锋市场"和"AppChina 应用汇"中，存在同名但不同区域的数个版本，其中 5 款应用程序不发送信息至固定号码，而另外 9 款应用程序存在此敏感行为。如表 11 - 4 所示。

表 11 - 4　应用分布及下载量

应用名称	来源市场	下载链接	下载量
国考大师	机锋市场	http：//apk. gfan. com/Product/App253731. html（重庆　卷）	2300 +
	机锋市场	http：//apk. gfan. com/Product/App253358. html（广西　卷）	900 +
	机锋市场	http：//apk. gfan. com/Product/App253770. html（深圳　卷）	2300 +
	机锋市场	http：//apk. gfan. com/Product/App253348. html（广东　卷）	1000 +

4. OK 健康

所属类别：敏感行为。名为"OK 健康"的软件会将用户填写的健康数据，通过短信方式发送到 13683618663。用户健康信息作为用户的个人隐私，应受到严格的保护。泄露的健康信息会被不法分子利用或者非法传播，严重危害用户的个人信息安全。一些与健康相关的不良机构还可能会利用这类信息，对用户发送垃圾短信和拨打垃圾语音电话。如表 11 - 5 所示。

表 11 - 5　OK 健康应用分布及下载量

应用名称	来源市场	下载链接	下载量
OK 健康	安智市场	http：//www. anzhi. com/soft __278753. html	2300 +
	安机市场	http：//www. anshouji. com/bencandy. phpfid =66&aid =34786（v1. 0. 4）	10 +
	N 多	http：//www. nduoa. com/apk/detail/252473（v1. 0. 4）	1000 +
	机锋市场	http：//apk. gfan. com/Product/App226146. html###（v1. 1. 3）	3600 +
	木蚂蚁	http：//www. mumayi. com/android － 83075. html（v1. 1. 3）	2300 +

11. 4　云计算与云安全

　　"云计算"是一种以资源聚合及虚拟化、应用服务和专业化、按需供给和灵便使用的计算模式，能提供高效、低耗的计算与数据服务，支撑各类信息化应用。随着大数据时代的到来，面对全球日益增长的海量数据，云计算提供了解决问题的有效办法。云安全是云计算在安全领域的应用，是 Server 端的保护。下面对云计算与云安全做简要介绍。

11. 4. 1　云计算

　　1. 云计算概述

　　云计算（Cloud Computing）是分布式计算（Distributed Computing）、并行计算（Parallel Computing）、网格计算（Grid Computing）、效用计算（Utility Computing）、网络存储（Network Storage Technologies）、虚拟化（Virtualization）、负载均衡（Load Balance）等计算机技术相互融合的产物，它是基于互联网的新型计算方式，也是一种超大规模分布式计算技术。通过该种方式，共享的软硬件资源和信息可按需求提供给计算机和其他设备。典型的云计算提供通用的网络业务应用，通过浏览器等软件或者其他 Web 服务进行访问，而软件和数据都存储在服务器（数据中心）上。

　　云计算是基于互联网的相关服务的增加、使用和交付模式，涉及通过互联网来提供动态易扩展且经常是虚拟化的资源。云是网络、互联网的一种比喻说法，也用来表示互联网和底层基础设施的抽象。狭义云计算是指：IT 基础设施的交付和使用模式，指通过网络以按需、易扩展的方式获得所需资源；广义云计算是指：服务的交付和使用模式，指通过网络以按需、易扩展的方式获得所需的服务。

　　云计算的基本原理是：把计算分布在大量的分布式计算机上，而非本地计算机或远程服务器中，使用户能够将资源切换到需要的应用上，根据需求访问计算机和存储系统。即计算能力也可作为商品流通，就像煤气和水电一样，取用方便。不过它是通过互联网进行传输的。云计算是各大搜索引擎及浏览器数据收集、处理的核心计算方式。用户可通过已有的网络将所需要的庞大的计算处理程序，自动分拆成无数个较小的子程序，再交由多台服务器组成的更庞大的系统，经搜寻、计算、分析之后，将处理的结果回传给用户。

　　现在 Google、IBM、微软、雅虎、亚马逊（Amazon）等 IT 巨头都构建有自己的云计算平台（即数据存储与数据计算中心）。云计算的特点如下。

（1）安全。云计算提供了最可靠、最安全的数据存储中心。

（2）方便。它对用户端的设备要求低，使用方便。

（3）数据共享。能实现不同设备间的数据与应用共享。

（4）有强大的计算功能。云计算是一种分布式计算，其云端的计算机集群和海量存储具有强大的计算能力。

根据美国国家标准和技术研究院的定义，云计算服务具备以下特征。

- 随需应变自助服务。
- 随时随地用任何网络设备访问。
- 多人共享资源池。
- 快速重新部署灵活度。
- 可被监控与量测的服务。
- 基于虚拟化技术快速部署资源或获得服务。
- 减少用户终端的处理负担。
- 降低用户对于 IT 专业知识的依赖。

2. 云计算的服务模式

云计算服务模式如图 11 – 17 所示。

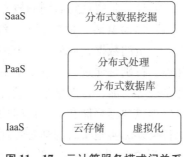

图 11 – 17 云计算服务模式间关系

1）SaaS（软件即服务）

这种服务模式的云计算通过浏览器把程序传给用户，用户能够访问服务软件及数据。服务提供者则维护基础设施及平台，以维持服务正常运作。用户使用应用程序，但并不掌控操作系统、硬件或运作的网络基础架构。SaaS 也称做"随选软件"，它基于使用时数来收费，有时也采用订阅制的服务。SaaS 把外包硬件、软件维护及支持服务给服务提供者，以此降低 IT 费用。

SaaS 软件服务供应商以租赁形式提供客户服务，而非购买，比较常见的模式是提供一组账户密码。例如：Microsoft CRM 与 Salesforce. com。另外，在 SaaS 服务模式中应用程序集中供应，更新可实时的发布，无需用户手动更新。SaaS 的不足是：用户的数据存放在服务提供者的服务器中，使服务提供者可能对这些数据进行未经授权的访问。SaaS 节省了在服务器和软件授权上的开支，在人力资源管理程序和 ERP 中较为常用。

2）PaaS（平台即服务）

这种模式把提供开发环境作为一种服务，使用中间商的设备开发程序，并通过互联网和服务器传输给用户。使用者使用主机操作应用程序,掌控运作应用程序的环境(也拥有主机部分掌控权),但并不掌控操作系统、硬件或运作的网络基础架构。平台是应用程序基础架构。例如:Google App Engine。

3)IaaS(基础架构即服务)

用户使用"基础计算资源",如:处理能力、存储空间、网络组件或中间件。使用者能掌控操作系统、存储空间、已部署的应用程序及网络组件(如:防火墙、负载平衡器等),但并不掌控云基础架构。例如:Amazon AWS、Rackspace。

4)实用计算(Utility Computing)

这种云计算构造虚拟的数据中心,使得其能够把内存、I/O 设备、存储和计算能力集中成一个虚拟的资源池,为整个网络提供服务。

3. 云计算的应用

目前云计算技术在网络服务中已经广泛应用,如:搜寻引擎、网络信箱等,使用者只要输入简单指令即可获得大量信息。云计算可做资料搜寻及为用户提供计算技术、数据分析等服务。云计算使得人们用 PC 和网络就可在数秒之内处理数以千万计甚至亿计的信息,得到和"超级计算机"同样强大的网络服务,获得更多、更复杂的信息计算帮助。如:分析 DNA 的结构、基因图谱排序、解析癌症细胞等。

云计算最大的用户是物联网,物联网通过传感器采集到难以计数的数据量,而云计算能够对这些海量数据进行智能处理。云计算是实现物联网的核心,物联网将大量的网络传感器嵌入到现实世界的各种设备中,如:移动电话、智能电表、汽车和工业机器等,用来感知、创造并交换数据,传感网络带来了大量的数据,而云计算为物联网所产生的海量数据提供了存储空间,并能进行实时在线处理。特别是通过云计算衍生出新的概念——云存储,通过集群应用、网格技术或分布式文件系统等功能,将网络中大量各种不同类型的存储设备,通过应用软件集成协同工作,共同对外提供数据存储和业务访问功能。

云计算可运用于对物联网中各类物品实施实时的动态管理和智能分析,它为物联网提供了可用、便捷、按需的网络访问,反之如果没有云计算,物联网产生的海量信息将无法传输、处理和应用。也就是说,云计算融合物联网推动了数据价值的挖掘。

另外,云计算促进物联网和互联网的智能融合,可应用于构建智慧城市。智慧城市的建设从技术角度来看,要求通过以移动技术为代表的物联网、云计算等新一代信息技术应用,实现全面感知、互联及融合应用。如:医疗、交通、安保等产业均需要后台巨大的数据中心,而云计算中心可提供这种支持,数据的分析与处理等工作都将放到后台进行,使云计算中心成为智慧城市重要的基础设施。

国内应用云计算的一个实例就是中国电信。中国电信较早成立了专门的云计算公司,并将整个云计算产品和服务分为:基础资源、平台应用和解决方案三大类,每个大类中均有细分产品对外提供服务,包括云主机、云网络、云存储、云数据库、应用及加速等,针对政府、企业、互联网和个人客户均推出了符合其需求的服务。如天翼云主机,它基于中国电信云资源池,提供多种规格的计算、存储、网络等资源服务,同时提供安全可靠的文件级及系统级的云备份服务,并通过网络按需快速建立和释放计算资源,以对大量数据进行有效分析和管理,从而更快速、更精准地满足客户要求,实现资源管理效率的提升。

11. 4. 2　云安全

"云安全（Cloud Security）"是把"云计算"概念应用在安全领域。云安全融合并行处理、网格计算、未知病毒行为判断等技术，通过网状的大量客户端对网络中软件行为的异常监测，获取互联网中木马、恶意程序的最新信息，推送到 Server 端进行自动分析和处理，再把病毒和木马的解决方案分发到每一个客户端。云安全技术是 P2P 技术、网格技术、云计算技术等分布式计算技术混合发展的结果。

云安全技术通过大量探针把经过处理的结果上报，其结果与探针的数量、存活及病毒处理的速度有关。传统的上报方式是手工上报，速度慢，而云安全系统在几秒内就能自动完成，速度快。理想状态下，盗号木马从攻击某台电脑开始，到整个云安全网络对其拥有免疫、查杀能力，仅需几秒的时间。

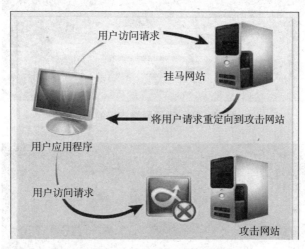

图 11-18　云安全示意图

1. 云安全技术的应用

云安全的概念提出后，其发展速度极快。瑞星、趋势、卡巴斯基、MCAFEE、SYMAN-TEC、江民科技、PANDA、金山、360 安全卫士等都推出了云安全解决方案。瑞星基于云安全策略开发的瑞星 2009 新版，每天拦截数百万次木马攻击。趋势科技在全球建立了 5 大数据中心，几万部在线服务器。云安全支持平均每天 55 亿条单击查询，每天收集分析 2.5 亿个样本，第一次命中率就能达到 99%。面对日益增多的恶意程序，靠传统的特征库识别法既费时，又无法有效处理。应用云安全技术后，识别和查杀病毒不再仅仅依靠本地硬盘中的病毒特征库，而是依靠庞大的网络用户服务，实时进行采集、分析及处理，把整个互联网变成一个巨大的"杀毒软件"，参与的用户越多，用户就越安全，整个互联网也就更安全。

下面以三种采用云安全概念和在其中集成有"云安全"功能的软件为例，介绍云安全技术的应用。

1) Panda Cloud Antivirus（Beat 2）

这是熊猫公司（Panda）推出的一种云安全软件，在该软件中采用了双向升级技术。其技术原理是：每个熊猫杀毒软件会自动提取用户端发现的可疑程序，上传到云服务器端，由

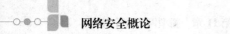

安全厂商在云服务器端对其进行分析处理，然后把处理结果实时推送到用户中。这样，每台安装了熊猫软件的 PC 在享受着"云安全"保护的同时，也成为熊猫"云安全"体系的一部分。该软件的设置窗口（用于设置网络连接）如图 11-19 所示，扫描窗口如图 11-20 所示。

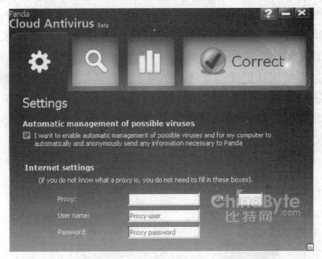

图 11-19　设置网络连接的窗口

图 11-20　扫描窗口

这种"云安全"软件，其客户端较为简单，重点突出后端云安全服务器的作用。其双向升级技术不仅可以保护 PC 的安全，也把用户的 PC 变成了其云安全网络的一部分，通过云安全网络来提高保护质量，还能降低用户对资源的占用。不足的是，它对国内某些小工具软件会误报。

2）卡巴斯基

卡巴斯基在其 2010 版中也引入了"云安全"技术。其中利用"云安全"采集恶意代码技术的功能，叫做"卡巴斯基安全网络"，该功能可以把可疑文件和病毒报告传回卡巴斯基实验室，缩短对安全威胁相应的时间。"卡巴斯基安全网络"这个功能完善了云安全环境下的恶意代码采集工作，有效地缩短了对安全威胁的响应时间。软件中还增加了"安全免疫区"，保护程序运行安全。安全免疫区介于行为监控技术与云安全技术之间。

3）趋势科技

趋势科技在 2009 年推出了"云安全 1.0"，对全球网址和邮件服务器及文件进行信誉评估，也采用可疑文件自动上报技术，完成恶意代码采集工作，实现了文件信誉技术（FRT）、Web 信誉技术（WRT）和邮件信誉技术（ERT）等技术，从网关上阻止 Web 威胁。"云安全 1.0"不仅利用客户端还利用自身开发的代理，对整个互联网进行恶意代码搜集工作，其工作效率和有效性要高于其他在客户端进行恶意代码采集的技术。

云安全 2.0 增加了文件信誉技术和多协议关联分析技术的应用，让文件信誉技术（FRT）与 Web 信誉技术（WRT）、邮件信誉技术（ERT）实现关联互动，完成了从网关到终端的整体防护。这三种信誉服务之间可以相互交流信息。如发现钓鱼邮件时，该邮件中链接网址的信息将被传送到 Web 信誉数据库。如果被判定为恶意网页的话，则会被记录在 Web 信誉数据库中。若在此网页中发现恶意文件，此信息将会传送到文件信誉数据库。

一旦发现恶意内容，立即将相关来源或文件记录在数据库中，将各种网络威胁的信息记录到数据库，在用户实际遭受网络威胁之前，就为系统部署安全防护策略。在软件的安装过程中会提示：是否加入趋势"全球病毒实时监控计划"。这也是"云安全"中恶意软件的终端采集方式之一。

进入趋势防毒墙的控制界面后，可看到云安全扫描的功能。使用时首先在本地扫描安全风险。如果扫描期间无法确定文件的风险，它将连接到云安全服务器，由云安全服务器实时判断文件是否为恶意软件。同时，云服务器又有两种类型：一是内部客户端连接到本地云安全服务器，二是外部客户端连接到 Internet 云安全服务器，这样分解用户请求的网络流量，优化服务效果。

另外，文件信誉功能和多协议关联分析也是通过"云安全扫描"完成。趋势科技网络版中还集成了 Web 信誉功能，使用该功能，不仅能通过 Web 安全数据库，检查用户尝试访问的 Web 站点信誉，还允许网管和个人用户添加信任的网站。

2. 云安全需解决的问题

建立云安全系统，需要解决以下四个问题。

1）需要海量的客户端（云安全探针）

只有拥有海量的客户端，才能对互联网上出现的恶意程序、危险网站等有快速的反应能力。反应快，才能实现无论谁中毒或访问挂马网页，都能在第一时间做出响应。

2）需要专业的反病毒技术和经验

探测到恶意程序后，应在尽量短的时间内进行分析，这就需要"云"具有过硬的反病毒技术，否则容易造成样本的堆积，使云安全快速探测的结果打折。

3）需要大量的资金和技术投入

"云安全"系统在服务器、带宽等硬件方面需要大的投入，同时要求拥有过硬的技术团队和充足的研究经费。

4）需要开放的系统，允许合作伙伴的加入

"云安全"是个开放性的系统，其"探针"可与其他软件兼容，即使用户使用不同的杀毒软件，也可以享用"云安全"系统带来的好处。

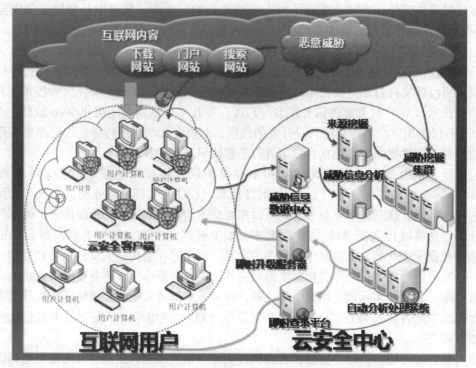

图 11 – 21　海量客户端与云安全中心

3. 云安全和云计算的区别

云计算是分布处理、并行处理及网格计算的一种发展，并发、分布是"云计算"的关键；而云安全借助"云计算"的理念应用在安全领域。将用户和杀毒厂商技术平台通过互联网紧密相连，组成一个庞大的木马/恶意软件监测、查杀网络，每个用户都为"云安全"提供数据，同时分享其他所有用户的安全成果。将"云计算"应用在安全领域，具有创新性和实用性。但离实现真正意义上的"云安全"还有一定距离，主要原因如下。

（1）实现"云计算"的关键在于如何将一个任务进行有效分解，并将各个子任务分配到处于不同地域的服务器上并行处理。云计算不但需要有相应的软件支撑，也要求负责维护的厂商有海量数据并发处理技术，而从目前来看，安全厂商在大规模、并发运行计算等方面缺乏技术。

（2）对病毒/木马等的监测和查杀方式，并没有带来实质性的变化，差异在于如何利用云计算大规模并发处理方面的能力。

 ## 11.5　大数据及其安全

近年信息获取、互联网、物联网、社交网络等技术的突飞猛进，引发了数据规模的爆炸式增长，能源、商业、交通运输业、医疗卫生等领域都积累了 PB 级乃至 EB 级的大数据，如：沃尔玛超市就维护着一个超过 2.5PB 的数据库；大型强子对撞机每年产生超过 25PB 的数据；社交网络 Facebook 存储超过 500 亿张照片。那什么是大数据？大数据仅是特别大吗？大数据有什么安全风险？本章将做简要讨论。

11.5.1　什么是大数据

"大数据（big data）"是指一个体量特别大，数据类别特别大的数据集，并且这样的数据集无法用传统数据库工具对其内容进行抓取、管理和处理。理解大数据这一概念，首先从"大"字入手。"大"是指数据规模，大数据一般指在 10TB（1TB = 1024GB）规模以上的数据量。大数据同过去的海量数据是有区别的，其基本特征表现为 4 个 V（Volume、Variety、Value 和 Velocity），即体量大、多样性、价值密度低、速度快。

1. 大数据的基本特征

1）数据体量巨大

即大数据首先是指数据体量（volume）大，指代大型数据集，从 TB 级别，跃升到 PB 级别。物联网、云计算、移动互联网、车联网、手机、平板电脑、PC 及遍布全球的各种传感器，均是数据来源。

2）数据类型繁多

是指数据类别（variety）大，数据来自多种数据源，数据种类和格式多，已冲破了以前所限定的结构化数据范畴，包括半结构化和非结构化数据。如：网络日志、视频、图片、地理位置信息等。

3）价值（value）密度低

以视频为例，连续不间断的监控过程中，可能有用的数据仅有一两秒。

4）处理速度快

是指数据处理速度（velocity）快，在数据量非常庞大的情况下，也能够做到数据的实时处理。

从数据的类别上看，"大数据"指的是无法使用传统流程或工具处理或分析的信息。它定义了那些超出正常处理范围和大小、迫使用户采用非传统处理方法的数据集。亚马逊网络服务（AWS）、大数据科学家 John Rauser 给出的定义是：大数据就是任何超过了一台计算机处理能力的庞大数据量。所以，大数据重要的不是关于如何定义，而是如何使用。实际上"大数据"的概念远不止大量的数据（TB）和处理大量数据的技术，或者所谓的"4 个 V"之类的简单概念，而是涵盖了人们在大规模数据的基础上所有可做的事情，而这些事情在小规模数据的基础上是无法做到的。也就是说，大数据让人们通过对海量数据进行分析，获得有巨大价值的产品和服务。

2. 大数据的分析方法

大数据不是简单的数据"大"。现在人们关心的是如何对大数据进行分析，只有通过分析才能获取很多智能的、深入的、有价值的信息。如今越来越多的应用涉及大数据，而这些大数据的属性，包括数量、速度、多样性等都呈现出不断增长的复杂性，所以分析方法在大数据领域尤为重要，它是决定数据是否有价值的决定因素。

1）可视化分析

大数据分析的使用者有大数据分析专家，同时还有普通用户，但是二者对于大数据分析最基本的要求就是可视化分析，因为可视化分析能够直观地呈现大数据特点，同时易被用户所接受，简单明确。

2）数据挖掘算法

大数据分析的理论核心是数据挖掘算法，各种数据挖掘算法基于不同的数据类型和格式，呈现出数据本身具备的特点，各种统计方法通过数据内部挖掘出有用的价值。数据挖掘算法能更快速地处理大数据，如果一个算法需要计算几年时间才有结果，那大数据的价值就没有实际意义。

3）预测性分析

大数据分析最重要的应用领域之一就是预测性分析，从大数据中挖掘出特点，通过建立模型，通过模型引入新数据，从而预测未来的数据。

4）语义引擎

语义引擎（Semantic Engine，SE）是指语义网的搜索引擎，是语义技术最直接的应用。它从词语所表达的语义层次，认识和处理用户的检索请求，通过对网络中的资源对象进行语义上的标注，以及对用户的查询表达进行语义处理，使得自然语言具备语义上的逻辑关系，能够在网络环境下进行广泛有效的语义推理，从而更加准确、全面地实现用户的检索。

5）数据质量和数据管理

大数据分析离不开高质量的数据和有效的数据管理，无论是学术研究还是商业应用，都要能保证分析结果的真实和有价值。

3. 大数据技术

大数据技术是指从各种各样类型的巨量数据中，快速获得有价值信息的技术。解决大数据问题的核心是大数据技术。目前所说的"大数据"不仅指数据本身的规模，也包括采集数据的工具、平台和数据分析系统。大数据研发目的是发展大数据技术并将其应用到相关领域，通过解决巨量数据处理问题促进其突破性发展。因此，大数据时代带来的挑战不仅体现在如何处理巨量数据，从中获取有价值的信息，也体现在如何加强大数据技术研发，抢占时代发展的前沿。

1）数据采集

ETL 工具负责将分布的、异构数据源中的数据，如：关系数据、平面数据文件等，抽取到临时中间层后，进行清洗、转换、集成，最后加载到数据仓库或数据集中，成为联机分析处理、数据挖掘的基础。

2）数据存取

通过关系数据库、NOSQL、SQL 等完成数据存取。

3）基础架构

云存储、分布式文件存储等。

4）数据处理

自然语言处理（Natural Language Processing，NLP）是研究人与计算机交互的语言问题的一门学科。处理自然语言的关键是要让计算机"理解"自然语言，所以自然语言处理又叫做自然语言理解（Natural Language Understanding，NLU），也称为计算语言学。它是语言信息处理的一个分支，也是人工智能（AI）的核心课题之一。

5）统计分析

统计分析方法包括假设检验、显著性检验、T 检验、方差分析、卡方分析、偏相关分析、距离分析、多元回归分析、逐步回归、回归预测与残差分析、logistic 回归分析、曲线估计、因子分析、聚类分析、主成分分析、快速聚类法与聚类法、判别分析、多元对应分析（最优尺度分析）、bootstrap 技术等。

6）数据挖掘

数据挖掘技术包括分类（classification）、估计（estimation）、预测（prediction）、关联规则（association rules）、聚类（clustering）、可视化（visualization）、复杂数据类型挖掘（Text、Web、图形图像、视频、音频）等。

7）模型预测

模型预测包括预测模型、机器学习、建模仿真等。

8）结果呈现

云计算、标签云、关系图等。

4. 大数据处理流程

大数据时代处理数据的三大转变是：要全体不要抽样，要效率不要绝对精确，要相关不要因果。具体的大数据处理方法有很多，但处理流程大致分为四步，分别是：采集、导入和预处理、统计和分析，最后是数据挖掘。

目前处理大数据的方法主要是"云计算"。大数据的处理有可能使这些数据增值，它能使机构更多地了解客户，了解他们如何享用企业的服务，以及企业的业务总体运行情况。不过，大数据也给提出了新的挑战，如：需要管理大量不断增加的数据；应对处理格式可变性和数据速率的不确定性；处理非结构化数据等。

5. 大数据发展前景

大数据已开始应用于很多行业，如：金融服务行业、交通运输行业、健康与生命科学行业、通信行业等。大数据蕴含着巨大的价值，对社会、经济、科学研究等各个方面都有重要意义。Google 的研究人员通过对每日超过 30 亿次搜索请求和网页数据的挖掘分析，在 H1N1 流感爆发几周就预测出流感传播；通过对微博等大数据的挖掘分析能够发现社会动态，预警重大和突发性事件。为此，美国等发达国家制订和启动了大数据研究计划。

我国也对建设大数据管理设施提出了指导性要求，《国家中长期科技发展规划纲要（2006—2020）》就指出："信息领域要重点研究开发海量存储和安全存储等关键技术"，而在《国民经济和社会发展第十二个五年规划纲要》中也提出："重点研究海量信息处理及知识挖掘的理论与方法"。

11.5.2　大数据可用性及安全性

目前大数据研究已经蓬勃兴起，但是工作主要集中在大数据的存储、管理、挖掘分析等方面，数据可用性和安全性问题没有得到足够重视。事实表明，大数据在可用性方面存在严重问题（以下简称：数据可用性问题）。

1. 大数据的可用性

国外权威机构的统计表明，美国企业信息系统中 1% ~30% 的数据存在各种错误和误差，美国医疗信息系统中 13.6% ~81% 的关键数据不完整。国际科技咨询机构 Gartner 的调

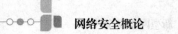

查显示，全球财富1 000强企业中，超过25%的企业信息系统中的数据不准确。数据可用性问题是信息化社会中固有的问题，不仅在西方发达国家存在，在任何一个信息化社会都存在。

大数据集合应满足以下5个性质。

1）一致性

数据集合中每个信息都不包含语义错误或相互矛盾的数据。如：数据（公司 = "先导"，国码 = "86"，区号 = "10"，城市 = "上海"）含有一致性错误，因为10是北京区号而非上海区号。又如，若银行信用卡数据库显示某持卡人在北京和新疆两地同时使用同一信用卡消费，则出现数据不一致，预示发生信用卡欺诈的可能。

2）精确性

数据集合中每个数据都能准确表述现实世界中的实体。例如，某城市人口数量为4 130 465，数据库中记载为400万，宏观来看该信息是合理的，但不精确。一致的信息也可能含有误差，未必精确。在许多应用领域，信息精确性至关重要。

3）完整性

数据集合中包含足够的数据，回答各种查询和支持各种计算。例如，某医疗数据库中的数据一致且精确，但遗失某些患者的既往病史，从而存在不完整性，可能导致不正确的诊断甚至严重医疗事故。

4）时效性

信息集合中每个信息都与时俱进，不陈旧过时。例如，某数据库中的用户地址在2010年是正确的，但在2011年未必正确，即数据过时。据统计，商业和医疗信息库中平均50%的用户信息在两年内可能过时，而过时信息将会导致严重后果。

5）实体同一性

同一实体在各种数据源中的描述统一。例如，为防止信用卡欺诈，银行需监测信用卡的使用者和持有者是否为同一人。又如，企业的市场、销售和服务部门可能维护各自的数据库，如果这些数据库之间没有共享统一的客户标识，企业的兼并和重组会使兼并后的公司的客户数据库中存在大量具有差异的重复客户信息，导致实体表达混乱。

根据以上5个性质，定义数据可用性为：一个数据集合满足上述5个性质的程度是该数据集合的可用性。考虑到大数据的数据量大、数据产生速度快、数据类型复杂、价值大密度低的特点，确保大数据可用性较为困难。需要针对大数据的4个特点，解决大数据可用性的5个挑战性问题。

（1）高质量大数据获取与整合问题。高质量数据的获取是确保信息可用性的重要前提。海量数据的来源多种多样（如：复杂物理信息系统、物联网、Internet上的数据资源），数据模态千差万别（如：关系数据、XML数据、图数据、流数据、标量数据、矢量数据），质量参差不齐，加工整合困难。这些问题在当今突飞猛进的传感网、信息物理融合系统和物联网及其产生的大数据背景下尤其严重。因此，需要解决如下问题：在数据获取阶段把住质量关，探索从物理信息系统等多数据源，获取高质量大数据的理论和方法，研究高效数据过滤方法，建立多模态大数据融合计算的理论和算法，实现高质量数据获取和精准整合，继而发现数据演变规律。

（2）完整的大数据可用性理论。在数据可用性分析中，如何形式化地表示数据可用性？如何从理论上判定数据可用性？如何定量地评估数据可用性？数据错误自动发现和修复的理论依据是什么？数据和数据质量融合管理（简称量质融合管理）的理论基础是什么？数据如何演化？没有一个完整的数据可用性理论体系，这些问题是无法回答的。

需要建立统一的框架，提出完整的数据可用性理论体系，建立大数据可用性的理论模型、大数据可用性的形式化系统和推理机制、大数据可用性评估理论和算法、大数据量质融合管理的理论和算法、大数据演化机理、大数据可用性所涉及计算问题的复杂性理论和算法设计与分析的新方法。

3）数据错误自动检测与修复问题

现有的数据可用性的方法和系统缺乏坚实的理论基础，不能实现自动错误检测和修复。为了实现数据错误的自动检测和修复，需要在数据可用性理论体系基础上解决如下挑战性问题：提出大数据错误自动检测和修复问题的可计算性理论、大数据错误自动检测和修复问题的计算复杂性理论、大数据错误自动检测和修复方法的可信性理论、高效实用的大数据错误自动检测与修复算法。

4）弱可用数据上近似计算问题

当数据中的错误不能彻底修复时，这些数据称为弱可用数据。直接在弱可用数据上进行满足给定精度需求的近似计算，不失为一个有意义的选择。遗憾的是现有的理论与算法无法支持弱可用数据上的近似计算。因此，需要解决如下挑战性问题：提出弱可用大数据近似计算问题的可行性理论、弱可用大数据近似计算问题的计算复杂性理论、弱可用大数据上近似计算结果的质量评估理论、弱可用大数据上的近似计算方法。

5）弱可用数据上的知识发掘与演化问题

大数据的可用性问题必然导致源于数据的知识的可用性问题。当数据完全可用时，从正确的大数据中发掘知识及从数据演化探索知识演化机理的研究已经很困难。当数据弱可用时，弱可用大数据上的知识发掘与演化机理的研究将更加困难。需要解决如下挑战性问题：提出源于弱可用数据的知识可用性评估理论与方法、数据可用性与知识可用性的相关性理论、弱可用大数据上知识发现的计算复杂性理论和算法设计与分析新方法、源于弱可用数据的知识校验与纠偏的理论和方法、源于弱可用数据的知识演变机理。

2. 大数据的安全性

实际上相对传统的数据模式，大数据更容易成为网络攻击的目标，大数据分析技术也更容易被黑客利用。如今网络与数字化生活使得犯罪分子、网络黑客及并无恶意的大数据服务提供商可轻易获得用户的有关信息，而且犯罪分子的犯罪手段变得更多、更高明且更加不易被追踪和防范。同时，用户的隐私会越来越多地融入到各种大数据中，而各种数据源之间的无缝对接及越来越精确的数据挖掘技术，使得大数据拥有者能够掌控越来越多的用户和越来越丰富的信息。在挖掘这些数据价值的同时，隐私泄漏存在巨大风险。

由于系统故障、黑客入侵、内部泄密等原因，数据泄漏随时可能发生，从而造成难以预估的损失。因此，大数据时代，因数据而产生的安全保障问题、隐私问题非常严峻。目前尚没有较好的解决办法。今后，在安全和隐私方面的研究会加大，有偿的隐私保护服务有可能会推行。

大数据的不断增加，对数据存储的物理安全性要求也越来越高，将对数据的多副本与容灾机制提出更高的要求。过去，说到数据安全，通过设置一台防火墙就能基本实现。但现在这已经不够。随着大数据的深入应用，数据安全准则也将发生改变。

从安全的角度考虑，这种改变的影响有正面的也有负面的。一方面，将所有的数据都存储在同一个地方，这使得保护数据更加简单；而另一方面，也方便了黑客，他们的目标变得更有诱惑力。从安全的角度探究大数据有利有弊，会花费很多的时间。因为数据量是呈非线性增长的。绝大多数企业都没有专门的工具或流程来应对这种非线性增长。也就是说，随着数据量的不断增长，传统安全工具已经不再像以前那么有效。大数据是一个有效使用数据的平台，但如上所述，同样存在着严重的安全和合规性问题。包括：大量的敏感数据分布在大量节点上；控件和审查机制较少；软件应用发展迅速；但目前的工具和数据存取方法较为粗糙。

大数据应用带来了新的安全需求，IBM Guardium 将其在数据库安全领域的优势进一步延伸，为用户提供针对大数据的安全保护方案。Guardium 公司成立之初，以军用信息安全产品为主，在数据安全、数据治理、数据库领域已经研发达 20 多年。IBM Guardium 主要解决整个数据库安全与合规/审计问题。Guardium 的主要特征是：合适的数据库安全或合规/审计系统，能通过网络数据的采集、分析、识别，实时监控网络中数据库的所有访问操作；支持自定义内容关键字库，实现数据库操作的内容监测识别，发现各种违规数据库操作行为，及时报警响应、全过程操作还原；实现安全事件的准确全程跟踪定位，全面保障数据库系统安全。IBM Guardium 从 4 个方面满足数据安全及审计要求：一是发现和分类，二是审计和报表，三是评估和加固，四是监控和执行。

Guardium 公司研发的 Guardium 最新版本增加了新的功能，将数据库安全实践经验延伸并应用于大数据安全，可提供大数据环境保护。如果用户采用大数据环境，应用 Guardium 就可保护其数据安全。

 ## 本章小结

本章介绍了信息隐藏技术、信息隐藏的对抗技术——隐秘信息检测技术、物联网安全、移动网络安全、云安全和大数据安全等新型网络安全技术的原理、方法。并对云计算及其应用做了简要介绍。信息隐藏技术是研究如何高效、安全地隐藏信息到载体中，致力于建立不易被觉察或被攻破的信息传输方式。物联网就是"物物相连的互联网"，云计算是物联网的核心。物联网的海量数据没有云计算将无法处理。

云安全技术是 P2P 技术、网格技术、云计算技术等分布式计算技术混合发展的结果。它通过网状的大量客户端对网络中软件行为的异常监测，获取互联网中木马、恶意程序的最新信息，推送到 Server 端进行自动分析和处理，再把病毒和木马的解决方案分发到客户端。通过对当前主要安全技术的简要介绍，使读者了解最新的网络安全技术的发展。

本章习题

1. 简述信息隐藏的基本原理。
2. 简述信息隐藏的对抗技术——隐秘信息检测的基本原理。
3. 请分析物联网安全的体系结构。
4. 移动网络的安全威胁主要有哪些？
5. 云安全的实质是什么？有哪些相关的技术？
6. 云安全与云计算有何区别？又有何关联？
7. 什么是大数据？其特点有哪些？有何用途？
8. 大数据与云计算有什么关系？云计算与物联网有何关系？

第12章 网络安全管理与风险评估

随着网络规模的扩大和互联网增值应用的发展，网络系统的服务范围也在不断扩大，如何安全地管理网络成为重要问题。网络安全管理是一项系统工程，涉及硬件、软件、安全、管理等多项技术，也涉及人员、数据、文档、法律法规等诸多因素。在保证网络系统可用性和安全性方面，网络安全管理和风险评估起着十分重要的作用。

本章将介绍网络安全需求、网络安全管理、安全管理风险评估、相关法律法规、灾难恢复及其相关技术等方面的内容。主要包括以下知识点：

◇ 网络安全管理需求；

◇ 网络安全管理原则；

◇ 网络系统安全管理评估准则；

◇ 安全管理法律法规；

◇ 灾难恢复与风险评估。

通过学习本章内容，读者可以了解网络安全管理的需求、内容和原则，理解网络安全管理模型及相关的法律法规，掌握安全管理评估准则和容灾技术，了解灾难恢复与风险评估。

12.1 网络安全管理

网络安全管理是指为实现网络安全的目标，而采取的一系列管理制度和技术手段，包括：安全检测、监控、响应和调整的全部控制过程。网络安全风险分析与评估就是从风险管理角度，运用科学的方法和手段，系统地分析网络与信息系统面临的威胁及脆弱性，评估安全事件一旦发生可能造成的危害，提出有针对性的防护对策和措施。网络安全管理与风险评估工作贯穿系统整个生命周期，包括：规划、设计、实施、运行、废弃等阶段。

12.1.1 网络安全管理的内容与原则

1. 网络安全管理的内容

网络安全是一个系统的安全，本身就应是一个管理体系，其管理分为管理策略和具体的管理两个方面。管理内容包括：边界安全管理、内网安全管理、信息安全管理等。其中内网安全管理包括：软硬件资产管理、行为管理、网络访问管理、安全漏洞管理、补丁管理、对各类违规行为的审计管理等。

根据我国《计算机信息系统安全等级保护管理要求》（GA/T 391—2002）中的描述，网络信息安全管理是指对一个组织或机构中网络信息系统的生命周期全过程，实施符合安全等级责任要求的科学管理，它包括：

（1）落实安全组织及安全管理人员，明确职责，制定安全规划；

（2）开发安全策略；

（3）实施风险管理；

（4）制定业务持续性计划和灾难恢复计划；

（5）选择与实施安全措施；

（6）保证配置、变更的正确与安全；

（7）安全审计；

（8）保证维护支持；

（9）监控、检查、处理安全事件；

（10）人员安全意识与安全教育。

2. 网络安全管理的原则

任何先进的安全技术，都只是实现安全管理的手段而已。网络信息安全源于有效的管理，要使先进的安全技术发挥效果，就必须建立完整的网络信息安全管理体系，这是一个根本问题。所以，网络信息安全不只是一个技术问题，还是一个管理问题。现在，网络已成为各机构或单位的重要资源，必须引起高度重视，把安全管理视为现有管理的重要组成部分。

网络安全管理的总原则包括：领导负责原则；规范定级原则；依法行政原则；以人为本原则；适度安全原则；全面防范、突出重点原则；系统、动态原则；以及控制社会影响原则。而安全管理的主要策略是：分权制衡、最小特权、选用成熟技术和普遍参与。在网络安全管理中，针对所需要的信息访问权限，在避免非法改变关键文档、平衡访问速度及安全控制方面，应遵守以下原则。

1）最小权限原则

最小权限原则是指在网络安全管理中，仅仅提供用户所需要的信息访问权限，而不提供任何其他额外的权限。在具体问题定义上，不仅要定义某个用户对于特定的信息是否具有访问权限，还要定义这个访问权限的级别，如：是只读、修改、还是完全控制？最小权限原则除反映在访问权限上外，还表现在读写控制上。在实际管理中，不能只图管理方便，而忽视这个原则。要保证网络应用的安全性，应坚持"最小权限"原则，否则将给网络留下安全隐患。

2）完整性原则

完整性原则指在网络安全管理中，要确保未经授权的个人不能改变或者删除信息，尤其要避免未经授权的人改变用户的关键文档，如：企业的财务信息、客户联系方式等。完整性原则在网络安全应用中，主要体现在：一是未经授权的人，不能更改信息记录；二是指若有人对信息进行非法修改时，必须要保存修改的完整历史记录，以便后续取证。

3）速度与控制之间平衡的原则

对信息的访问权限作了种种限制后，必然对信息的访问速度产生影响。如：当采购订单需要变更时，员工不能在原有的单据上直接进行修改，而要求通过采购变更单进行修改。这便要在访问速度与安全控制之间找到一个平衡点。要达到平衡可采取以下措施：一是把文件信息根据安全性进行分级，对一些不重要的信息，把安全控制的级别降低，以提高用户的工作效率，如：一些信息化管理系统的报表，在部门内部，员工可以查看这些报表信息；二是尽量在组的级别上进行管理，而不是在用户的级别上进行权限控制；三是慎用临时权限。

3. 网络安全管理的目标

网络安全管理是一个不断发展和修正的动态过程，贯穿于系统生命周期，涉及网络系统的各个层面，包括：物理层面、网络层面、数据层面和内容层面的安全风险管理。在这些层面上的安全管理是保证网络系统的物理安全、网络安全、数据安全和内容安全，确保整个系统运行可靠、安全和有效。总的安全目标是防止国家秘密和单位敏感信息的失密、泄密和窃密，防止数据的非授权修改、丢失和破坏，防止系统能力的丧失、降低，防止欺骗，保证系统的可信度和信息资源的安全。

12.1.2 网络安全管理的法律法规

即使相当完善的安全机制，也不可能完全杜绝非法攻击和计算机犯罪行为。对于已发生的违法行为，只能依靠法律和法规进行惩处，当然也包括一些民事行为的法律调整，这是保护网络信息系统安全的最终手段。同时，法律和法规可使公民了解在网络信息系统的管理和应用中，哪些是违法行为？起到保护信息系统安全的重要作用。

我国对信息系统的立法工作很重视，关于计算机信息系统安全方面的法律法规较多，涉及信息系统安全保护、国际联网管理、计算机病毒防治、商用密码管理和安全产品检测与销售等方面。主要归纳如下。

（1）1989 年，公安部发布了《计算机病毒控制规定（草案）》。

（2）1991 年，国务院第 83 次常委会议通过《计算机软件保护条例》。

（3）1994 年 2 月 18 日，国务院发布《中华人民共和国计算机信息系统安全保护条例》。其主要内容如下。

① 公安部主管全国的计算机信息系统安全保护工作。

② 计算机信息系统实行等级保护。

③ 健全安全管理制度。

④ 国家对计算机信息系统安全专用产品的销售实行许可证制度。

⑤ 公安机关行使监督职权。

该条例是我国计算机信息系统安全保护的基本法。它的发布实施是我国现代化建设的客观需要，是保障社会主义市场经济正常发展的历史性进步。

（4）1996 年 2 月 1 日，国务院发布《中华人民共和国计算机信息网络国际联网管理暂行规定》。

（5）1997 年 5 月 20 日，国务院信息化工作领导小组制定了《中华人民共和国计算机信息网络国际联网管理暂行规定实施办法》。

（6）1997 年，国务院信息化工作领导小组发布《中国互联网络域名注册暂行管理办法》、《中国互联网络域名注册实施细则》。

（7）1997 年，原邮电部出台《国际互联网出入信道管理办法》。

（8）2000 年，《互联网信息服务管理办法》正式实施。

（9）2000 年 11 月，国务院新闻办公室和信息产业部联合发布《互联网站从事登载新闻业务管理暂行规定》。

（10）2000 年 11 月，信息产业部发布《互联网电子公告服务管理规定》。

（11）1988 年 9 月 5 日，第七届全国人民代表大会常务委员会第三次会议通过的《中华人民共和国保守国家秘密法》，第三章第十七条提出"采用电子信息等技术存取、处理、传递国家秘密的办法，由国家保密部门会同中央有关机关规定"和"属于国家秘密的设备或者产品的研制、生产、运输、使用、维修和销毁由国家保密工作部门会同中央有关机关制定保密办法"，明确规定了"在有线、无线通信中传递国家秘密的，必须采取保密措施"。

（12）1997 年 10 月，我国第一次在修订刑法时，增加了计算机犯罪的罪名。

（13）为规范互联网用户的行为，2000 年 12 月九届全国人大常委会通过了《全国人大常委会关于维护互联网安全的决定》。

此外，我国还缔约和参与了许多与计算机相关的国际法律和法规，如：《建立世界知识产权组织公约》、《保护文学艺术作品的伯尔尼公约》与《世界版权公约》等。加入世界贸易组织后，我国开始执行《与贸易有关的知识产权（包括假冒商品贸易）协议》。

12.2　网络安全运行管理

网络安全运行管理是指在信息和网络系统整个生命周期中，实现人、技术、设备和流程的有机结合。包括：网络安全运行管理系统，网络运行中的安全审计和网络设备运行中的安全管理等。

12.2.1　网络安全运行管理系统

网络安全运行管理系统协助在信息和网络系统整个生命周期中，实现人、技术和流程的合理结合。在网络安全管理体系的 PDCA（Plan、Directe、Check、Ameliorate）循环中，为其计划（P）阶段提供风险评估和安全策略功能，为执行（D）阶段提供安全对象风险管理及流程管理功能，为监察（C）阶段提供系统安全监控、事件审计、残余风险评估功能，为改进（A）阶段提供安全事件管理功能。

网络安全运行管理系统的主体功能架构如图 12-1 所示，主要提供如下功能。

图 12-1　网络安全运行管理系统功能架构

1. 安全策略管理

安全策略管理包括：安全策略制订、发布、存储、修改及对安全策略的符合性检查等。

2. 安全事件管理

安全事件管理包括：安全事件采集、过滤、汇聚、关联分析以及安全事件统计、分析等。

3. 安全预警管理

安全预警管理包括：漏洞预警、病毒预警、时间预警以及预警分发等。

4. 安全对象风险管理

安全对象风险管理包括：安全对象、威胁管理、漏洞管理、安全基线、安全风险管理等。

5. 流程管理

流程管理主要是对各种安全预警、安全事件、安全风险进行反映，工单是流程的一种承载方式，包括：产生工单、工单流转及工单处理与经验积累等。

6. 知识管理

安全工作应以安全知识管理为基础，包括：威胁库、病毒库、漏洞库、安全经验等，网络安全运行管理系统应能支持分布式部署，并能实现分安全域级别进行管理。

12.2.2　网络安全审计

网络安全审计有不同的定义，具体内容如下。

1. 网络安全审计的定义

"审计"术语最先在金融、财务、道路交通等行业有广泛应用。如：金融和财务中的安全审计，是检查资金不被乱用、挪用，或者检查有没有偷税事件的发生；道路安全审计是为保障道路安全而进行的道路、桥梁的安全检查；民航安全审计是为保障飞机飞行安全而对飞机、地面设施、法规执行等进行的安全和应急措施检查等。需注意的是，金融和财务审计也有网络安全审计，不过是指利用网络进行的远程财务审计，同网络安全无关。

网络安全审计是指在特定的网络环境下，为保障网络和数据不受来自外网和内网用户的入侵和破坏，而运用各种手段实时收集和监控网络每一个组成部分的系统状态、安全事件，以便集中报警、分析、处理的一种技术。即网络安全审计是在网络中模拟社会活动的监察机构，对网络系统的活动进行监视、记录并提出安全意见和建议的一种机制。网络安全审计是网络安全体系中的一个重要环节。网络用户对网络系统中的安全设备、网络设备、应用系统及系统运行状况进行全面的监测、分析、评估，是保障网络安全的重要手段。

安全审计包括：操作系统、数据库、Web、邮件系统、网络设备和防火墙等项目的安全审计，以及加强安全教育，增强安全责任意识。

2. 网络安全审计的功能

网络安全审计应有针对性地对网络运行状态和过程进行记录、跟踪和审查，不仅可以对网络风险进行有效评估，还可为制定合理的安全策略和加强安全管理提供决策依据，使网络系统能够及时地调整对策。网络安全审计的主要功能如下。

1）采集多种类型的日志数据

采集多种类型的日志数据是指能够采集各种操作系统、防火墙系统、入侵检测系统、网络交换机、路由设备、各种服务及应用系统的日志信息。

2）日志管理

日志管理是指能够自动收集多种格式的日志信息并将其转换为统一的日志格式，便于对各种复杂日志信息的统一管理与处理。

3）日志查询

日志查询是指能以多种方式查询网络中的日志信息，并以多种可视化形式显示。

4）关联分析

使用多种内置的关联分析规则，对分布在网络中的设备产生的日志及报警信息进行深入关联分析，从而检测出单个系统难以发现的安全事件。

5）生成安全分析报告

根据日志数据库记录的日志信息，分析网络或系统的安全性，并向管理员提交安全性分析报告。

6）网络状态实时监视

网络状态实时监视可以监视运行有代理的特定设备的状态、网络设备、日志内容、网络行为等情况。

7）事件响应机制

当安全审计系统检测到安全事件时，能够及时响应和自动报警。

8）集中管理

安全审计系统可利用统一的管理平台，实现对日志代理、安全审计中心和日志数据库的集中管理。

3. 网络安全审计中的共性问题

在网络安全审计中，存在一些共性的问题。如下所述。

1）日志格式兼容问题

通常情况下，不同类型的设备或系统所产生的日志格式互不兼容，这为网络安全事件的集中分析带来了巨大难度。

2）日志数据的管理问题

日志数据量非常大，不断地增长，当超出限制后，不能简单地丢弃。需要一套完整的备份、恢复、处理机制。

3）日志数据的集中分析问题

一个攻击者可能同时对多个网络目标进行攻击，如果单个分析每个目标主机上的日志信息，不仅工作量大，而且很难发现攻击。如何将多个目标主机上的日志信息关联起来，从中发现攻击行为是安全审计系统所面临的重要问题。

4）分析报告及统计报表的自动生成问题

网络中每天会产生大量的日志信息，巨大的工作量使得管理员手工查看并分析各种日志信息是不现实的。因此，应提供一种直观的分析报告及统计报表的自动生成机制，以保证管理员能够及时和有效地发现网络中出现的各种异常状态。

4. 网络安全审计的实施

网络设备、服务器、用户电脑、数据库、应用系统和网络安全设备等统称为审计对象。要对网络进行安全审计，就应对这些审计对象的安全性进行审计，不同的审计对象有不同的审计重点，下面分别进行介绍。

1）对网络设备的安全审计

即从网络设备中收集日志，对网络流量和运行状态进行实时监控和事后查询。

2）对服务器的安全审计

即审计服务器的安全漏洞，监控对服务器的任何合法和非法操作，以便发现问题后查找原因。

3）对用户终端的安全审计

对用户终端的安全审计包括三个方面：一是审计用户终端的安全漏洞和入侵事件；二是监控上网行为和内容，以及向外拷贝文件行为；三是监控用户的非工作行为。

4）对数据库的安全审计

即对数据库所有的合法和非法访问进行审计，以便事后检查。

5）对应用系统的安全审计

应用系统的范围较广，包括：各种类型的服务软件或业务系统，这些软件都会形成运行日志，对日志进行收集、分析后，明确各种合法和非法访问。

6）对网络安全设备的安全审计

网络安全设备包括：防火墙、网闸、IDS/IPS、灾难备份、VPN、加密设备、网络安全审计系统等。这些设备或系统工作时都会产生运行日志，对产生的日志进行统一的收集、整理和分析，能得出网络的安全状况。

5. 网络安全审计的分类

按照审计的内容和对象的不同，网络安全审计分为：日志审计、主机审计和网络审计三种。

1）日志审计

通过 SNMP、SYSLOG、OPSEC 或者其他的日志接口，从各种网络设备，如：交换机、路由器、服务器、用户电脑、数据库、应用系统和网络安全设备中收集日志，进行统一管理、分析和报警。

2）主机审计

在服务器、用户电脑等主机中，安装客户端进行审计。主要审计主机中的安全漏洞、非法操作、非工作上网行为等。主机审计包括：主机日志审计、主机漏洞扫描、主机防火墙、主机 IDS/IPS 的安全审计，以及主机上网和上机行为监控等功能。

3）网络审计

网络审计是指通过旁路和串接的方式捕获网络数据包，对协议进行分析和还原，能审计服务器、用户电脑、数据库、应用系统的安全漏洞，审计非法或入侵操作，监控上网行为和内容，监控用户非工作行为等。网络审计包括：网络漏洞扫描、防火墙和 IDS/IPS 中的安全审计及互联网行为监控。

要注意网络审计与主机审计的区别。主机审计是在服务器和用户电脑上都安装客户端，因而在安全漏洞审计、服务器和用户电脑的上机行为和防泄密功能方面比网络审计强。而网络审计是在网络上进行监控，无法管理到服务器和用户电脑的本机行为。但在主机审计中，用户对安装客户端的接受程度不高，就像在用户上方安装一个摄像头一样，谁都不喜欢被监控的感觉。而网络审计是安装在网络出口，安装时可以事先通知用户，因此相对于主机审计，网络审计更容易被用户所接受。主机审计主要集中在政府和军队中，其他行业应用较少；而网络审计的应用范围要广泛一些，只要能上网的单位都可以应用。

6. 网络安全审计体系

网络安全审计体系包括以下组件：

1）日志收集代理。用于所有网络设备的日志收集。

2）主机审计客户端。安装在服务器和用户电脑上，进行安全漏洞检测和收集、本机上机行为和防泄密行为监控、入侵检测等。对于主机的日志收集、数据库和应用系统的安全审计也通过该客户端实现。

3）主机审计服务器端。安装在任一台电脑上，收集主机审计客户端上传的所有信息，并且把日志集中到网络安全审计中心。

4）网络审计客户端。安装在用户网络内的物理子网出口或者分支机构的出口，收集该物理子网内的上网行为和内容，并且把这些日志上传到网络审计服务器。网络审计客户端实现对主数据库和应用系统的安全审计。

5）网络审计服务器。对大型网络，安装在网络中心内，接收网络审计客户端的上网行为和内容，并且把日志集中到网络安全审计中心。如果是小型网络，则网络审计客户端和服务器合成一个。

6）网络安全审计中心。安装在网络中心内，接收网络审计服务器、主机审计服务器端和日志收集代理传送过来的日志信息，进行集中管理、分析、报警。

这些组件构成一个完整的审计体系，能满足所有审计对象的安全审计需求。也就是说，只有全面的网络安全审计体系，安全审计才是完整的。

7. 网络安全审计的发展趋势

随着人们对网络安全需求的提高，网络安全审计技术不断得到更新和发展，呈现出新的发展趋势。

1）体系化

如上所述，目前的安全审计软硬件系统还不能涵盖整个网络安全审计体系。今后的发展方向就应该是安全审计的体系化，给用户以统一的、全面的安全审计服务。

2）控制化

审计不只是记录，还要有控制的功能。目前有部分审计系统已经实现了控制功能，如：网络审计的上网行为控制、主机审计的泄密行为控制、数据库审计中对某些 SQL 语句的控制等。

3）智能化

大型网络每天产生的审计数据以百万计，面对如此海量的数据，智能化的安全审计系统能从日志中，给网络管理员挖掘出关键、有用的信息，这需要应用数据挖掘、智能报表等先进理论和技术。

围绕网络安全审计，还产生了一些新的技术，如：桌面安全、员工上网行为监控、内容过滤等。限于篇幅，这里不再叙述。

12.2.3　网络设备安全管理

网络设备（如：交换机、路由器、服务器等）是构建网络的基础，要保证网络正常运行，对网络基础设备的安全管理是十分重要的。网络设备的安全管理包括：确保网络传输的正常；掌握网络中主干设备的配置及配置参数变更情况，备份各个设备的配置文件等；负责网络布线配线架的管理，确保配线的合理有序；掌握内部网络连接情况，发现问题能迅速定位；掌握与外部网络的连接配置，监督网络通信情况，发现问题后与有关机构及时联系；实时监控网络的运转和通信流量情况。下面介绍如何进行网络设备的安全管理。

1. 环境设施的安全管理

环境设施是指网络中心机房的环境设施及设备，也称物理环境。中心机房直接影响网络的建设水平和安全定位，网络中心机房应在场地选择、防火、防尘、防潮、防静电、防雷击、防辐射、预警及消防设施等方面，严格遵照国家有关规定和要求，同时，还要在机房装修、空调净化系统、供电配电系统、电磁波防护、消毒等方面提出具体要求。

1）场地及空间选择

中心机房应建立独立区域，周边百米内不得存有危险建筑、磁场干扰、强振动源、强噪声源和大功率设备等；机房位置采光要好，设备应放置在通风良好的地方，机房空间要足够大。安置在机柜上的服务器设备数量不超过三台，机柜间也要留出足够的空间，便于维修和维护。

2）温度及湿度要求

中心机房内的温度要严格控制在 20℃ ~ 25℃，以免服务器设备及网络元器件老化，出现数据丢失或无法存取的故障。湿度应保持在 45% ~ 65% 之间，清洁度要求控制在尘埃颗粒直径小于 0.5 μm，空气含尘量平均少于 18 000 粒等，中心机房要配备良好的空调系统，通过定期净化、过滤、通风、除尘、防尘措施，以防有关材料或设备触点接触不良造成短路、死机、绝缘体强度下降、受潮变形等。

3）静电的防护

静电主要来源于机房地板、机房设施及人员的衣物。中心机房内的服务器、网络及相关设施系统基本上是由半导体元器件构成，如：CPU、ROM、RAM 及大规模集成电路都采用 MOS 工艺，对静电特别敏感，严重的会引起计算机误动作或运算错误，从而导致计算机运算出错程序紊乱等故障。因此，应使中心机房内的设备可靠接地，消除和防止静电；同时采用抗静电活动地板和防静电材料；工作人员少穿或不穿易产生静电衣物，佩戴防静电的仪器等；定期使用静电消除剂等。

4）防火及防盗

中心机房内应常备防火器材，且保持良好状态，不得随意采用液态灭火器灭火。应按规定安装自动火警预警装置及气体类灭火器装置。中心机房装修应采用防火材料，安全通道要用醒目的指示标记，并保持畅通。机房不但要防止客观因素造成的损失，还要防止人为的盗窃。要启动安装防盗报警装置，夜间应开启照明灯，采用电子全程录像跟踪监控，同时还应装防盗栏、防盗网，严格管理中心机房的钥匙，加强夜间值班，做到万无一失。

5）供电及防雷

中心机房的供电需求，要做到有冗余的规划分配。中心机房供电系统应具备连续、稳定、平衡和分类的特点，以满足日益增长的机房服务器设备、网络系统等设施需求。中心机房应采用 UPS（不间断电源），以提供良好的供电方式和稳定的电压，保证中心机房里的服务器设备、网络等系统，避免因电源的波动、干扰、停电造成机房内敏感元件受损、信息丢失。

6）良好的接地

良好的接地是保障中心机房安全运行的另一个重要措施。地线接法的合理直接影响中心机房供电的稳定可靠运行，而且地线亦能保护人员及设备的安全。接地种类包括：工作接地、安全接地、静电接地、屏蔽及建筑物防雷电保护接地等。其中屏蔽接地应注意直接地与交流地；防雷接地要相隔 10～30 m 距离为宜，以防相互干扰。中心机房内部也要安装避雷设备，防止雷击。

2. 硬件、软件及网络的安全防护

网络中心机房内的系统和设备一旦崩溃，将会造成巨大的损失。因此，应结合软硬件技术手段，保证中心机房的网络、设备、系统安全可靠地运行。

1）硬件防护

加强计算机 CPU、主存、缓存、输入/输出通道、外围设备等硬件的安全防护措施，并进行有效的硬件维修保养等，能延长其使用寿命，保证硬件设备及网络的正常运行。具体可采取以下措施。

（1）安装硬件还原卡，如：支持网络克隆的硬盘保护卡，或者集网卡、硬盘、还原卡、网络克隆卡于一身的多功能卡，定期地对硬盘及网络设备的数据信息进行备份，尽量减少损失。

（2）安装防火墙，保护和控制中心机房的服务器设备和网络系统的正常运行。

（3）有设备冗余，有后备硬件做补充和保障，使服务器设备和网络系统能不间断运行并提供服务。

2）软件防护

在硬件维护到位的前提下，软件的稳定直接影响到机房的正常使用。在软件方面，机房工作人员须在设备服务器上安装软件安全保护，采用存取控制将权限分级（普通用户、特殊用途用户、管理员和超级用户），分配不同等级的安全用户身份。用户进入服务器或网络系统需验证身份，包括：输入用户名和口令等。具体可采取以下措施。

（1）在服务器上安装网络杀毒软件。

（2）谨慎使用共享软件，对外来光盘或移动 U 盘应先进行查杀；不用来历不明的软件；安装防病毒卡、芯片等；安装正版的防病毒软件，及时更新和升级系统软件，经常打上漏洞补丁。

（3）注意端口和节点的安全控制，关闭不常用的设备端口，减少黑客的入侵。

（4）掌握还原软件技术，做好数据存储和备份工作。

12.3　网络安全评估

网络安全评估是保证网络安全的重要环节。本节从构成安全威胁的因素、网络面临的安全威胁和漏洞管理等方面，介绍网络安全评估的方法和网络安全评估中一些常用的开源工具。通过本节学习，使读者了解网络安全评估的一些基本概念和基本原理，有助于读者找到合适的评估工具。

12.3.1 安全威胁

网络安全威胁是指某个实体（如：人、事件或程序等）对某一网络资源的机密性、完整性、可用性及可靠性等可能造成的威胁。威胁的类型很多，有自然的和物理的（如：火灾、地震），无意的（不知情的用户）和故意的（如：攻击者、黑客、商业间谍、恐怖分子等）。

1. 网络安全威胁的主要表现形式

网络中的信息和设备所面临的安全威胁，有多种的具体表现形式，如表 12-1 所示。如：授权控制、拒绝服务、假冒、窃听、重放等，而且威胁的表现形式随着软硬件技术的不断发展，也在不断地变化。

表 12-1 网络安全威胁的主要表现形式

授权侵犯	为某一特定目的被授权使用某个系统的人，将该系统用作其他未授权的目的
旁路控制	攻击者发掘系统的缺陷或安全弱点，从而渗入系统
拒绝服务	合法访问被无条件拒绝和推迟
窃听	在监视通信的过程中获得信息
电磁泄露	从设备发出的辐射中泄露信息
非法使用	资源被某个未授权的人或以未授权的方式使用
信息泄露	信息泄露给未授权实体
完整性破坏	对数据的未授权创建、修改或破坏造成数据一致性损害
假冒	一个实体假装成另外一个实体
物理侵入	入侵者绕过物理控制而获得对系统的访问权
重放	出于非法目的而重新发送截获的合法通信数据的拷贝
否认	参与通信的一方事后否认曾经发生过此次通信
资源耗尽	某一资源被故意超负荷使用，导致其他用户的服务被中断
业务流分析	通过对业务流模式进行观察（有，无，数量，方向，频率），而使信息泄露给未授权实体
特洛伊木马	含有觉察不出或无害程序段的软件，当它被运行时，会损害用户的安全
陷门	在某个系统或文件中预先设置的"机关"，使得当提供特定的输入时，允许违反安全策略
人员疏忽	一个授权的人出于某种动机或由于粗心将信息泄露给未授权的人

2. 构成安全威胁的因素

影响网络系统安全的因素很多，有些因素可能是无意的，也可能是有意的；可能是人为的，也可能非人为的，还可能是黑客对网络资源的非法使用。归结起来，针对网络中信息系统的威胁主要有以下三个因素。

1）环境和灾害因素

网络信息系统易受环境和灾害的影响。湿度、温度、供电、水灾、火灾、地震、静电、灰尘、雷电、强电磁场、电磁脉冲等，均会破坏数据和影响系统的正常运行。灾害轻则造成业务工作混乱，重则造成系统中断。

2）人为因素

在网络安全问题中，人为的因素是不可忽略的。大多数的安全事件都是工作人员的疏忽、恶意代码和黑客的主动攻击造成的。人为因素对网络安全的危害性更大，也更难以防御。

人为因素分为有意和无意。有意是指人为的恶意攻击、违纪、违法和犯罪。计算机病毒就是一种人为编写的恶意代码。计算机一旦感染病毒，轻者影响系统性能，重者破坏系统资源，甚至造成死机和系统瘫痪。特洛伊木马程序利用系统中存在的漏洞，获取用户的账户和密码，以达到不可告人的目的。无意是指网络管理员或使用者因疏忽而造成的失误，没有主观的故意，但同样会对计算机系统造成严重的后果。如：管理员安全配置不当造成的安全漏洞、用户安全意识不强、用户口令选择不慎、用户将自己的账户转借他人、误删除文件等。

3）系统自身因素

计算机网络安全保障体系应控制、预防、减少人员及系统本身原因造成的危害。尽管近年来，计算机网络安全取得了巨大进步，但其安全性仍很脆弱，主要表现在它极易受到攻击和侵害。计算机网络的抗攻击和防护能力有限，系统自身因素主要有以下几方面。

（1）硬件系统的因素。由于产商的原因，计算机硬件系统本身故障而引发系统的不稳定、电压波动等干扰。系统在工作时，向外辐射电磁波，易造成敏感信息泄漏。由于这些问题是固有的，除了在管理上加强外，采取软件办法弥补的效果不大。

（2）软件的因素。软件的安全隐患来源于设计和软件工程中的问题。软件设计中的问题留下安全漏洞，如：软件设计中不必要的功能冗余、代码过长等，导致软件存在安全问题。另外，软件设计未按系统安全等级要求，进行模块化设计，也将导致软件的安全等级达不到要求的安全级别。

（3）网络和通信协议的因素。出现安全问题最多的是 TCP/IP 协议及其通信协议。TCP/IP 协议最初设计是在美国国防部的内部网络系统，在该网络环境是相互信任的，且 TCP/IP 协议并未考虑网络中的安全问题。

总之，系统自身的脆弱性和不足是造成系统安全的内部根源，各种人为因素正是利用了这些因素。为保障网络安全，需从以下几个方面考虑。首先，设计高可靠的硬件和软件；其次，要加强网络安全管理，设置安全防范措施；最后要大力宣传网络安全，增强用户的安全意识，这一点也很最重要。

12.3.2　安全管理的统一需求

随着网络应用不断拓展和技术不断更新，非法访问、恶意攻击等技术也在推陈出新。现有安全防护系统，如：防火墙、VPN、IDS、身份认证、数据加密、安全审计等，在网络中发挥一定的作用，但它们大多功能分散，各自为战，构成相互隔离的"安全孤岛"，彼此之间缺乏统一的管理调度机制，不能互相支撑、协同工作，因此，对安全系统的管理就显得很重要。另外，对大型网络而言，管理与安全相关的事件会很复杂，网络管理员必须将各个设备、系统产生的事件、信息关联起来进行分析，才能发现新的或更深层次的安全问题。因此，网络管理需要建立统一的安全管理平台，整体配置、调控整个网络多层面、分布式的安全系统，实现对各种网络安全资源的集中监控、统一策略管理、智能审计及多种安全功能模块的互动，从而简化网络安全管理工作，提升网络的安全水平，同时降低系统的整体安全管理开销。

在统一的界面中，网络安全管理员监视网络中各种安全设备的运行状态，对产生的大量日志信息和报警信息进行统一汇总、分析和审计；同时在一个界面完成安全产品的升级、攻击事件报警、响应等功能。不过，一方面现今网络中的设备、操作系统、应用系统众多，异构性、差异性大，而且各有自己的控制管理平台，给统一管理这些不同平台带来困难。还有一个问题就是，应用系统是为业务服务的，在业务处理过程中，其对应的权限是不同的，这使得在不同的系统中，保持用户权限和控制策略的一致性很难。

12.3.3 安全管理评估准则

在 1971 年美国第一次提出了独立系统评估概念，1977 年 MITRE 公司发表了著名的 BLP（安全成熟度）模型，至今 BLP 模型中定义的安全标记和支配关系仍在使用，以后其他国家也制定了一些安全评估准则。如表 12 - 2 所示。我国分别在 1996 年和 1999 年就出台了自己的军民用计算机安全评测标准。

表 12 - 2　国内外计算机安全评测标准的概况

标准名称	颁布的国家和组织	颁布年份
美国 TCSEC	美国国防部	1983
美国 TCSEC 修订版	美国国防部	1985
德国标准	前西德	1988
英国标准	英国	1989
加拿大标准 VI	加拿大	1989
欧洲 ITSEC	西欧四国（英、法、荷、德）	1990
联邦标准草案（FC）	美国	1992
加拿大标准 V3	加拿大	1993
CC V1	美、荷、法、德、英、加	1996
中国军标 GJB 2646—96	中国国防科学技术委员会	1996
国际 CC	美、荷、法、德、英、加	1999
中国 GB 17859—1999	中国国家质量技术监督局	1999
中国 GB/T 18336—2001	中国国家质量技术监督局	2001

安全模型是构建在特定的安全策略上的，因此，又称为安全策略模型。根据实现的策略分类，安全模型分为：保密性模型、完整性模型和混合策略模型。BLP 模型属于保密性模型。保密性模型注重防止信息的非授权泄漏，而对于信息的非授权修改则是次要的。

BLP 模型是针对信息的保密性问题，提出的模拟军事安全策略的多级安全模型，其核心思想是在自主访问控制上增加强制访问控制，以实施信息流安全策略。BLP 模型将主体对客体的访问方式分为 r、w、a、e 四种，分别对应只读、读写、只写、执行。用一个自主访问矩阵实施自主访问控制，主体只能按照在访问矩阵允许的权限对客体进行相应的访问，用自主访问特性表示。强制安全控制策略用赋给主体和客体的安全标签，客体上的标签称为安全类，主体上的标签称为安全级。

本节选择介绍两个安全评估准则：一个是"可信计算机系统安全评估准则"，另一个是"计算机信息系统安全评估通用准则"。

1. 可信计算机系统安全评估准则

在 20 世纪 70 年代末期，美国国防部就意识到建立安全评估方案的必要性，并于 1983 年首次公布了可信计算机系统安全评估准则（Trusted Computer System Evaluation Criterion，TCSEC）。该准则是计算机系统安全评估的第一个正式的标准，具有划时代的意义。TCSEC 是美国国防部根据国防信息系统的保密需求制定的。

美国可信计算机系统评测准则，在用户登录、授权管理、访问控制、审计跟踪、隐蔽通道分析、可信通路建立、安全检测、生命周期保障、文档写作等各个方面，均提出了规范性要求，并根据所采用的安全策略、系统所具备的安全功能将系统分为四类 7 个安全级别。即 D 类、C 类、B 类和 A 类，其中 C 类和 B 类又有若干子类或级别。

1）D 类

该等级只包括 D1 这一个级别。D1 系统的安全等级最低，只为文件和用户提供安全保护。该级别的硬件，没有任何保护作用，操作系统容易受到损害：不提供身份验证和访问控制。如：MS-DOS、Macintosh 等操作系统属于这个级别。

2）C 类

C 类为自主保护类，包括 C1 和 C2 两个级别。该类安全等级提供审慎的保护，并为用户的行动和责任提供审计能力。C 类安全等级分为 C1 和 C2 两类。

（1）C1 系统的可信计算基（Trusted Computing Base，TCB）通过将用户和数据分开达到安全的目的。TCB 是一个实现安全策略的机制，包括：硬件、固件和软件，它根据安全策略处理主体（如：系统管理员、安全管理员和用户等）对客体（如：进程、文件、记录和设备等）的访问。在 C1 系统中，所有的用户以同样的灵敏度处理数据，即用户认为 C1 系统中的所有文档都具有相同的机密性。

C1 级属自主安全保护（Discretionary Security Protection）系统，它依据的是一个典型的 UNIX 系统制定的安全评测级别。用户必须通过注册名和口令让系统识别，有一定的自主存取控制机制，使得文件和目录的拥有者或系统管理员，能够阻止某些人访问某些程序和数据，UNIX 的 "owner/group/other" 存取控制机制是典型的实例。该级别中，许多日常系统管理的任务通过超级用户执行。

（2）C2 系统比 C1 系统加强了可调的审慎控制。在连接到网络上时，C2 系统的用户分别对各自的行为负责。C2 系统通过登录过程、安全事件和资源隔离增强这种控制。C2 系统具有 C1 系统中所有的安全特征。C2 是受控制的存取控制系统和审计机制。除了 C1 包含的安全特性外，C2 级还具有进一步限制用户执行某些命令或访问某些文件的能力。它不仅基于许可权限，而且基于身份验证级别。另外，这种安全级别要求对系统加以审计，包括为系统中发生的每一事件编写一个审计记录。审计用来跟踪记录所有与安全有关的事件，包括那些由系统管理员执行的活动。

当前的 UNIX/Linux 系统很多都达到了 TCSEC 规定的 C2 级安全标准。Windows 2000/XP 的安全性，也达到了美国可信计算机系统评测准则（TCSEC）中的 C2 级标准，实现了用户级自主访问控制、具有审计功能等安全特性。

3）B 类安全等级

B 类安全等级分为 B1、B2 和 B3 三类。B 类系统具有强制性保护功能。强制性保护意味着如果用户没有与安全等级相连，系统就不会让用户存取对象。B1 系统满足下列要求：系统对网络控制下的每个对象都进行灵敏度标记；系统使用灵敏度标记作为所有强迫访问控制的基础；系统在把导入的与非标记对象放入系统前标记它们；灵敏度标记必须准确地表示其所联系对象的安全级别；系统必须使用用户口令或证明来决定用户的安全访问控制级别；系统必须通过审计来记录未授权访问的企图。

B2 类必须满足 B1 系统的所有要求。另外，B2 系统的管理员必须使用一个明确的、文档化的安全策略模式作为系统的可信任计算基。B2 系统必须满足下列要求：系统必须立即通知系统中的每一个用户有与之相关的网络连接的改变；只有用户能够在可信任通信路径中进行初始化通信；可信任计算基能够支持独立的操作者和管理员。

B3 系统必须符合 B2 系统的所有安全需求。B3 系统具有很强的监视委托管理访问能力和抗干扰能力。B3 系统应满足以下要求：除了控制对个别对象的访问外，B3 系统必须产生一个可读的安全列表；每个被命名的对象提供对该对象没有访问权的用户列表说明；B3 系统在进行任何操作前，要求用户进行身份验证；B3 系统验证每个用户，同时还会发送一个取消访问的审计跟踪消息；设计者必须正确区分可信任的通信路径和其他路径；可信任的通信为每一个被命名的对象建立安全审计跟踪；可信任计算基支持独立的安全管理。B3 系统按照最小特权的原则，将人为因素对系统安全的威胁减至最小。

4）A 类安全等级

A 类安全等级分为 A1 和超 A1 两类。目前，A 类安全等级只包含 A1 这一个安全类别。A1 系统与 B3 系统相似，对系统的结构和策略不做特别要求。A1 系统的显著特点是，系统的设计者必须按照一个正式的设计规范来分析系统。对系统分析后，设计者必须运用核对技术来确保系统符合设计规范。A1 系统必须满足以下要求：系统管理员必须从开发者那里接收到一个安全策略的正式模型；所有的安装操作都必须由系统管理员进行；系统管理员进行的每一步安装操作都必须有正式文档。

TCSEC 的缺点：一是忽略了政府和商业界具有不同的安全策略，强迫商业领域的所有产品和系统都要遵从它的规定。二是把功能特性同可信度捆绑在一起，也就是说，一个系统要想达到某个可信评估级别，不管它的实际安全目的或安全需求如何，都必须遵从准则规定的那些功能特性。实际上功能特性越多，出现问题的可能性就越大。三是它对隐蔽信道和审计跟踪的要求太高。最后，它只注重了信息的机密性，而忽视了信息的完整性保护。

TCSEC 进行了升级，补充发布了对网络和数据库的解释，称为美国联邦准则（FC），并引入了"保护轮廓"和"安全目标"的概念。保护轮廓指明一种专门环境和一类通用环境下的功能。每个轮廓都包括：功能、开发保证和评价三部分。安全目标详述针对哪些威胁、满足哪些功能需求、采取了哪些机制及可以达到什么保证级别，并给出令人信服的理论依据。

2. 计算机信息系统安全评估通用准则

1）通用的国际安全评估准则

1990 年国际标准化组织（ISO），开始制定一个通用的国际安全评估准则，并且由联合技术委员会第 27 分会的第 3 工作组具体负责。国际通用准则（CC）是 ISO 统一现有多种准则的结果，是目前最全面的评估准则。1999 年 10 月 CC V2.1 版发布，并且成为 ISO 标准。CC 的主要思想和框架都取自于 TCSEC 和 FC，并充分突出了"保护轮廓"和"安全目标"的概念。

CC 认为信息技术安全通过开发、评估和使用中所采用的措施实现。CC 提出了信息技术安全产品和系统的功能需求及保证需求。功能需求定义了必需的安全行为；保证需求是得到用户信任的基础，以保证所宣称的安全措施是有效的。在评估过程中具有信息安全功能的产品和系统被称为评估对象，如：操作系统、计算机网络、分布式系统及应用等。CC 认为安全的实现应构建在如下的层次框架之上（自下而上）。

（1）安全环境。使用评估对象时必须遵照的法律和组织安全政策及存在的安全威胁。

（2）安全目的。对防范威胁、满足所需的组织安全政策和假设声明。

（3）评估对象安全需求。对安全目的的细化，主要是一组对安全功能和保证的技术需求。

（4）评估对象安全规范。对评估对象实际实现或计划实现的定义。

（5）评估对象安全实现。与规范一致的评估对象实际实现。

CC 对安全需求按照相关性进行分类，每一类子集称为一个组件。满足共同安全目的的一组组件构成一个族，具有相同意向的一组族构成一个类，对多个组件的直接组合构成一个包。对组件可以原样直接使用，也可以进行裁剪以满足具体的安全策略。每个组件表示和定义了允许的操作、应用的环境和结果。允许的操作包括迭代、复制、选择和求精。CC 使用了保证组件预定义的一组保证级别：功能测试级别（EAL－1）；结构化测试级别（EAL－2）；系统化测试和检查级别（EAL－3）；系统化设计、测试和审查级别（EAL－4）；半形式化设计和测试级别（EAL－5）；经过半形式化验证的设计和测试级别（EAL－6）；经过形式化验证的设计和测试级别（EAL－7）。这样分级别是为了向后兼容先前的各种准则，也为保持通用保证包的内容一致性。

2）国内的安全评估准则

为了适应信息安全发展的需要，我国也制定了计算机信息系统安全评估准则。这一准则，借鉴了国际上一系列有关的标准，对于发展我国自主产权的安全信息系统，有着重要的意义。

1999 年 10 月，国家技术监督局颁布了标准 GB 17859—1999《计算机信息系统安全保护等级划分准则》，该准则参考了美国《美国可信计算机系统评估》（TCSEC）和《可信计算机网络系统说明》（NCSC－TG－005），将计算机信息系统安全保护能力划分为五个等级。它是我国计算机信息系统安全等级保护系列标准的核心，是实行计算机信息系统安全等级保护制度建设的重要基础。此标准将信息系统分成 5 个级别，分别是：用户自主保护级、系统审计保护级、安全标记保护级、结构化保护级和访问验证保护级。

（1）第一级　用户自主保护级。每个用户对属于他的客体具有控制权。控制权限可基于三个层次：客体的属主、同组用户、其他用户。另外系统中的用户必须用一个注册名和一个口令验证其身份，避免非授权用户登录系统。该级别相当于 TCSEC 的 C1 级。

（2）第二级　系统审计保护级。在第一级基础上，增加了以下内容。①自主存取控制的粒度更细，要达到系统中的任何一个单一用户。②审计机制。③对系统中的所有用户进行唯一的标识，系统能通过用户标识号确认相应的用户。④客体复用。当释放一个客体时，将释放其目前所保存的信息；当它再次被分配时，新主体不能根据原客体的内容获得原主体的任何信息。该级别相当于 TCSEC 的 C2 级。

（3）第三级　安全标记保护级。第三级应具有下述安全功能。①自主访问控制。②在网络环境中，要使用完整性敏感标记确保信息传送过程中不受损失。③系统提供有关安全策略模型的非形式化描述。④系统中主体与客体的访问要同时满足强制访问控制检查和自主访问控制检查。⑤在审计记录的内容中，对客体增加和删除事件要包括客体的安全级别。该级别相当于 TCSEC 的 B1 级。

（4）第四级　结构化保护级。该级别要求具备以下安全功能。①可信计算基（TCB）建立在一个明确定义的形式化安全策略模型之上。②对系统中的所有主体和客体实行自主访问控制和强制访问控制。③进行隐蔽存储信道分析。④为用户注册建立可信通路机制。⑤可信计算基（TCB）必须结构化为关键保护元素和非关键保护元素，TCB 的接口定义必须明确，其设计和实现要能经受更充分的测试和更完整的复审。⑥支持系统管理员和操作员的职能划分，提供了可信功能管理。该级别相当于 TCSEC 的 B2 级。

（5）第五级　访问验证保护级。该保护级的关键功能如下。①可信计算基（TCB）满足访问监控器需求，它仲裁主体对客体的全部访问，其本身足够小，能够分析和测试。在构建 TCB 时，要清除那些对实施安全策略不必要的代码，在设计和实现时，从系统工程角度将其复杂性降低到最小程度。②扩充审计机制，当发生与安全相关的事件时能发出信号。③系统具有很强的抗渗透能力。该级别相当于 TCSEC 的 A 级。

12.3.4　网络安全评估与测试工具举例

网上有一些网络安全评估的测试软件工具，如：IBM AppScan、Nessus 等。下面分别进行介绍。

1. IBM AppScan

IBM AppScan 是一个 Web 应用安全测试工具，曾享誉业界。Rational AppScan 可自动进行 Web 应用的安全漏洞评估工作，能扫描和检测所有常见的 Web 应用安全漏洞，如：SQL注入攻击、跨站点脚本攻击（Cross-site Scripting）、缓冲区溢出及最新的 Flash/Flex 应用及 Web 2.0 应用等方面安全漏洞的扫描。

2. Nessus

Nessus 是一种较为常用的系统漏洞扫描与分析程序，全世界超过 75 000 个组织都在使用它。这个扫描程序可免费下载，但是要从 Tenable Network Security 更新到所有最新的威胁信息，还是要收取费用的。Nessus 提供完整的计算机漏洞扫描服务，并随时更新其漏洞数据库。它不同于传统的漏洞扫描软件，Nessus 可同时在本机或远端上摇控，进行系统的漏洞分析扫描。其运作效能能随着系统的资源而自行调整。如果将主机加入更多的资源（例如加快 CPU 速度或增加内存大小），其效率表现可因为丰富资源而提高。它还可自行定义插件（Plug-in）；完整支持 SSL（Secure Socket Layer）。

Nessus 采用客户 – 服务器体系结构，客户端提供了运行在 X window 下的图形界面，接受用户的命令与服务器通信，传送用户的扫描请求给服务器端，由服务器启动扫描并将扫描结果呈现给用户；扫描代码与漏洞数据相互独立，Nessus 针对每一个漏洞有一个对应的插件，漏洞插件是用 NASL（NESSUS Attack Scripting Language）编写的一小段模拟攻击漏洞的代码，这种利用漏洞插件的扫描技术极大地方便了漏洞数据的维护、更新；Nessus 具有扫描任意端口任意服务的能力；以用户指定的格式（ASCII 文本、html 等）产生详细的输出报告，包括目标的脆弱点、怎样修补漏洞以防止黑客入侵及危险级别。Nessus 适用于 Linux、FreeBSD、Mac OS X 和 Windows 多种平台。

3. OpenVAS

OpenVAS 是一个开放式漏洞评估系统，也是一个包含相关工具的网络扫描器。其核心部件是一个服务器，包括：网络漏洞测试程序、中央服务器和图形化前端，可以检测远程系统和应用程序中的安全问题。OpenVAS 准许用户运行几种不同的网络漏洞测试（Nessus 攻击脚本语言编写），其所有代码都符合 GPL 规范。其架构如图 12 – 2 所示。

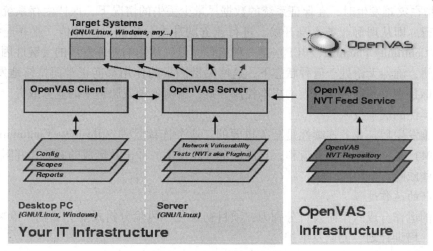

图 12 – 2　OpenVAS 架构

OpenVAS 是一个客户 – 服务器架构，在 Linux 服务器上有四个程序包，分别是：Server 包，实现基本的扫描功能；Plugins 包，一套网络漏洞测试程序；LibNASL 包和 Libraries 包，实现服务器功能所需要的组件。而在客户端上（Windows 或 Linux 均可），用户仅需要客户端。

4. RatProxy

RatProxy 是一种免费的 Web 安全评估工具，它可以检测、分析网站是否有安全性漏洞或网页是否被入侵，目前可支持 Linux，Windows 等环境。RatProxy 可侦测到的漏洞包括：XSS 跨网站指令码、指令码恶意置入、恶意网页内容及 XSS 防护（XSS defenses）等。

以上评估测试工具既可单独使用，也可以结合一起使用。其中 Nessus 较为常用，功能也较强。

12.4　经营业务连续性与灾难恢复

当今网络中的数据与信息量倍增，各个领域尤其是政府部门和大型商业企业，其数据业务必须保持连续性和稳定性，一旦中断，其业务将受到极大影响，如：电信、移动、银行、大型超市等。因此，保证网络安全与关键业务持续运行及减少非计划宕机时间非常重要，当网络业务因发生灾难（如：地震、恐怖袭击、火灾等）受到冲击时，要有相应的灾难恢复（应急）措施。

12.4.1　经营业务连续性

1. 相关概念

业务连续性，顾名思义，就是保证服务和业务的顺畅运行，它不仅指系统的不间断运行，更是保证业务的不间断运行。业务连续性是在容灾之上的业务级容灾系统，其实施过程不仅仅是一个技术问题，更多的是关注业务本身的连续性要求。容灾（Disaster Tolerance, DT），是指在灾难发生时，在保证系统的数据尽量少丢失的情况下，保持生存系统的业务不间断地运行。即从理解业务本身开始，进行业务的冲击分析和风险评估，业务连续性计划（Business Continuity Planning, BCP）是一种流程，以确认影响业务发展的关键性因素及可能面临的威胁，确保无论处于何种状态下，这些关键因素的作用都能正常而持续地发挥作用。BCP 的目标是建立一种合理有效的成本控制方案，平衡各种威胁带来的业务或资产损失，保证业务连续性的成本投入。

在灾难发生后，业务连续性是至关重要的。业务连续管理（Business Continuity Management, BCM）是一种整体管理流程，它能确定可能发生的冲击及造成的威胁，并阻止或有效地抵消这些威胁。

2. BCP 的运作过程

BCP 的运作分成六个阶段，分别为：项目初始化、风险分析及业务影响、策略及实施、BCP 开发、培训计划、测试及维护。

1）项目初始化

项目初始化要获得管理层的支持与投入，BCP 必须为战略性业务计划提供独立的预算。其次，必须建立一个团队。

2）风险分析及业务影响

决定 BCP 需求的关键驱动力是"能在灾难中承受多少金额的损失"。业务影响分析要求回答以下问题：

（1）保护何种资产？（资产识别与评估）

（2）资产的威胁与脆弱点？（脆弱点和威胁评估）

（3）有没有控制措施？控制措施是否预防或减少潜在的威胁？（评估控制）

（4）投入金额/人力的多少？（决定）

（5）投入资金的效率如何？（通信和监控）

当进行业务影响分析时，应考虑以下几方面。

（1）金额的影响。如果不采取相应的措施，则经济损失是多少？

（2）用户的影响。如果发生业务中断，则会损失多少市场占有率。

（3）法律的影响。组织是否遵从法律的要求？

（4）内部依赖关系的影响。中断的业务是否会是其他领域的关键业务？

（5）作为业务影响分析的一部分，应该评估业务允许中断时间的长短。

（6）当信息重新可用时允许损失的信息是多少？

BCP 需求的另一个因素是"灾难事件发生的可能性"，该因素由威胁的级别和系统薄弱点决定，威胁的程度取决于有恶意性的破坏和意外事故。

3）策略及实施

策略必须为各种业务持续方案提供成本、效益及风险分析，包括：

（1）达到目标的能力；

（2）降低冲击的可能性；

（3）安装设备的成本；

（4）维护、测试及调用设备的成本；

（5）效益。

要实施必须设立组织及准备实施计划书，安排好实施后备，实施降低风险的方法。

4）BCP 开发计划

在制订开发计划书前，考虑下列措施是否已经存在：

（1）控制流程；

（2）最终用户的标准操作流程；

（3）操作人员的特殊外设需求；

（4）数据流图表；

（5）重要记录；

（6）磁带备份。

开发 BCP 计划书时，需考虑在计划执行的各个阶段中分派的任务：

（1）评估与声明；

（2）通告；

（3）应急反应；

（4）过渡期处理；

（5）抢救；

（6）重新安置及启动；

（7）重新正常运作。

5）培训计划

员工需要接受特殊的培训，以便有紧急情况时，会应用替代技术流程；当自动操作系统正在恢复时，可替代人工操作流程。

6）测试及维护

进行演示及有规律的测试，增强信心及效率，确保其相关的文档经常更新。

总之，须认真制订业务连续计划，以阻止不可预测的破坏，保证业务连续性和系统的不间断运行。

12.4.2 灾难恢复及相关技术

各行业用户对网络数据和信息的依赖日益加大，使得一些突发性的灾难如：火灾、洪水、地震或者恐怖事件，对整个用户的数据和业务会造成重大影响，计算机系统一旦失效，数据一旦丢失就是一场灾难。如：美国的"9·11"事件后，计算机系统有备份的公司很快就恢复了相关的数据，而没有备份的公司数据全部丢失，公司面临破产，损失惨重。因此，如何保证在灾难发生时或发生后，数据不丢失，保证系统服务尽快可靠地恢复运行，成为人们研究的课题，容灾及灾难恢复技术日益成为人们关注的焦点。

本节介绍容灾及灾难恢复的概念、相关技术与相关法规，并对灾难恢复技术的发展趋势进行展望。

1. 灾难恢复的定义

在给出灾难恢复的概念之前，先给出灾难的定义。从一个计算机系统的角度讲，一切引起系统非正常停机的事件都可以称为灾难。大致分成以下三种类型。

1）自然灾害

自然灾害包括：地震、火灾、洪水、雷电等，这种灾难破坏性大，影响面广。

2）设备故障

设备故障包括：主机的 CPU、硬盘等损坏，电源中断以及网络故障等，这类灾难影响范围比较小，破坏性也较小。

3）人为操作破坏

人为操作破坏包括：误操作、人为蓄意破坏等。

灾难恢复（Disaster Recovery，DR），是指在灾难发生后，将系统恢复到正常运作的能力。灾难恢复和容灾的区别是：灾难恢复强调的是灾难之后，系统的恢复能力。而容灾强调的是在灾难发生时，保证系统业务持续不间断运行的能力。

另一个容易和容灾混淆的概念是容错（Fault Tolerance，FT），容错指在计算机系统的软件、硬件发生故障时，保证计算机系统中仍能工作的能力。容错和容灾最大的区别是：容错通过硬件冗余、错误检查和热交换再加上特殊的软件实现，而容灾必须通过系统冗余、灾难检测和系统迁移等技术实现。当设备故障不能通过容错机制解决而导致系统宕机时，这种故障的解决就属于容灾的范畴。

2. 灾难恢复的评价指标

评价指标主要以数据丢失量和系统恢复时间作为标准，对某个灾难恢复系统进行评价，公认的评价标准是 RPO 和 RTO。

1）RPO（Recovery Point Objective）

RPO 是恢复点目标，以时间为单位，即在灾难发生时，系统和数据必须恢复到的时间点要求。RPO 标志系统能够容忍的最大数据丢失量，系统容忍丢失的数据量越小，RPO 的值越小。

2）RTO（Recovery Time Objective）

RTO 是恢复时间目标，以时间为单位，即在灾难发生后，信息系统或业务功能从停止到必须恢复的时间要求。RTO 标志系统能够容忍的服务停止的最长时间。系统服务的紧迫性要求越高，RTO 的值越小。RPO 针对的是数据丢失，RTO 针对的是服务丢失，两者没有必然的联系，并且两者的确定必须在进行风险分析和业务影响分析之后，根据业务的需求确定。

灾难恢复技术能保证计算机及网络系统，在出现断电、火灾、受到攻击等意外事故时，或者在洪水、地震等严重自然灾害发生时，保持持续、正常的运转。所以重要的计算机及网络系统，需有灾难恢复功能。不过，灾难恢复一般包含在容灾系统之内，下面介绍有关容灾的内容。

3. 容灾的分类

对容灾的分类可从容灾的范围和容灾的内容来分。从容灾的范围讲，容灾分成：本地容灾、近距离容灾和远距离容灾三种。这三种容灾能容忍的灾难不同，采用的容灾技术也不同。

从容灾的层次讲，容灾可分成：数据容灾和应用容灾。其中数据容灾是应用容灾的基础，没有数据的一致性，就没有应用的连续性，应用容灾也是无法保证的。数据容灾是指建立一个备用的数据系统，该备用系统对生产系统的关键数据进行备份。应用容灾则是在数据容灾之上，建立一套与生产系统相当的备份应用系统。在灾难发生后，将应用迅速切换到备用系统，备份系统承担生产系统的业务运行。

4. 容灾的级别划分

由于容灾需要考虑的因素较多，人们根据容灾系统中数据的丢失程度、生产系统和备用系统的距离，以及灾难恢复计划的状态等对容灾的级别进行划分。

1）本地容灾

即将系统数据或应用在本地备份，无异地后援。这一级别的容灾，仅能应付本地的硬件损坏或人为因素造成的灾难。

2）异地数据冷备份

即将系统数据备份到物理介质（磁盘、磁带或光盘）上，然后送到异地进行保存。这种方案成本低、易于实现。但是在灾难发生时，数据的丢失量大，并且系统需要很长的恢复时间，无法保持业务的连续性。

3）异地数据热备份

即在异地建立一个热备份中心，采取同步或者异步方式，通过网络将生产系统的数据备份到备份系统中。备份系统只备份数据，不承担生产系统的业务。当灾难发生时，数据丢失量小，甚至零丢失，但是，系统恢复速度慢，无法保持业务的连续性。

4）异地应用级容灾

即在异地建立一个与生产系统相同的备用系统，备用系统与生产系统共同工作，承担系统的业务。这种类似于 RAID1 的容灾系统，能够提供很小的数据丢失量，系统恢复速度是最快的。但是，需要配置复杂的系统管理软件和专用的硬件，相对成本也是最高的。

传统容灾技术针对生产系统的灾难，通常采用远程备份系统技术。但是，随着对容灾系统要求的提高，现行容灾技术包括可能引起生产服务停止的所有防范和保护技术。数据容灾的技术包括数据备份技术、数据复制技术和数据管理技术等，而应用容灾包括灾难检测技术、系统迁移技术和系统恢复技术等。

5. 常用容灾技术

灾难检测技术和系统迁移技术在容灾系统中有较广泛的应用。

1）灾难检测技术

对容灾系统来讲，灾难发生时，应尽早发现生产系统端的灾难，尽快地恢复生产系统的正常运行或者尽快地将业务迁移到备用系统上，将灾难造成的损失降低到最低。同时，对于系统意外停机等灾难，还需要容灾系统具有灾难检测技术，即能自动地检测灾难的发生。目前容灾系统的检测技术多采用"心跳技术"。

心跳技术的实现是生产系统在空闲时，每隔一段时间向外广播一下自身的状态，检测系统在收到这些"心跳信号"之后，便认为生产系统是正常的，否则，在给定的一段时间内没有收到"心跳信号"，检测系统便认为生产系统出现了非正常的灾难。心跳技术的另外一个实现是：每隔一段时间，检测系统就对生产系统进行一次检测，如果在给定的时间内，被检测的系统没有响应，则认为被检测的系统出现了非正常的灾难。心跳技术中的关键点是心跳检测的时间和时间间隔周期。如果间隔周期短，会对系统带来很大的开销。如果间隔周期长，则无法及时发现故障。

2）系统迁移技术

灾难发生后，为了保持生产系统地业务连续性，需要实现系统的透明性迁移，利用备用系统透明地代替生产系统进行运作。对实时性要求不高的容灾系统，如：Web 服务、邮件服务器等，修改 DNS 或者 IP 后实现透明性迁移，对实时性要求高的容灾系统，则需要将生产系统的应用透明地迁移到备用系统上。

随着计算机网络技术的发展，又有新的技术在容灾系统中应用。如：SAN 或 NAS 存储技术、虚拟化技术和快照技术等，数据管理中的数据归档、迁移技术和内容存储技术等，还有基于冗余和集群技术的高可用性技术。

6. 容灾有关的法规

容灾的法规主要参考 BS 7799 信息安全管理体系标准。BS 7799 分成两个部分，第一部分是信息安全管理实践指南，在 2000 年被采纳为 ISO 17799；第二部分 BS 7799 - 2 是信息安全管理体系规范。目前 BS 7799 已经被世界上许多国家和地区采纳为标准，我国在这方面的工作也在进展中。

我国由中共中央办公厅、国务院办公厅转发的《国家信息化领导小组关于加强信息安全保障工作的意见》意见中强调了信息网络和信息系统的容灾和灾难恢复工作的重要性，要求不断制订和完善信息安全应急处理预案。针对重要信息的灾难恢复工作，我国由国务院信息化办公室颁布了《重要信息系统灾难恢复方案》，为灾难恢复工作提供了一套操作性强的规范性文档。

7. 容灾系统

当系统的完整环境因灾难事件（如：火灾、地震等）遭到破坏时，要迅速恢复应用系统的数据、环境及正常运行，保证系统的可用性，就必须建立一个灾难备份系统（即容灾系统），而且这个系统应该是异地建立的。建立异地容灾系统（即远程数据中心）后，该系统将本地数据实时远程复制，当本地系统出现故障时，远程启动应用系统，确保系统的不中断运行。异地容灾系统具有如下特点。

（1）有较强的灾难抗御能力。

（2）能防止物理设备损坏造成的灾难后果。

（3）提供 99.99% 的安全机制。

（4）能进行实时数据复制，并提供数据库交换能力。

8. 数据恢复技术

数据恢复技术分为应用恢复、网络恢复、数据恢复三种。

1）应用恢复

应用恢复能力体现在三个方面。

（1）通过负载均衡提供永不停顿的系统运行能力。如：IBMS/390 的 GDPS（Geographically Dispersed Parallel Sysplex，地理分散并行系统）技术给用户提供一个无中断的操作环境，以运行那些关键业务的应用程序，通过自动应用恢复能力满足其第七级容灾要求。由于应用的可用性和灾难恢复能力越来越被看重，越来越多的公司开始采用双站点策略。GDPS 的 S/390 多站点应用可用性解决方案，将 S/390 并行 Sysplex 技术与远程拷贝技术集成在一起，能够提高可用性和灾难恢复能力。

GDPS 作为一种多站点可用性解决方案，具有管理远程拷贝配置和存储子系统、自动执行并行 Sysplex 操作任务、从单一控制点执行故障恢复等功能，从而达到了提高应用可用性的目的。通过 GDPS 和 PPRC（Peer-to-Peer Remote Copy，对等远程拷贝）可使灾难发生后进行恢复的时间缩减到以分钟计算。

（2）通过事先写好的脚本实现自动的热接管。如：GDPS 可在热待命状态下运行。

（3）按预案手工实现站点接管。

2）网络恢复

对 4 – 7 层网络交换机来讲，无中断的第 7 级网络恢复需要动态网络路由重选，保证应用能在不中断最终用户的情况下转入备用数据中心。在 SNA（Systems Network Architecture）系统网络架构环境下，通过 APPN（Advanced peer-to-peer Networking）高级对等网络完成。SNA 是 IBM 用于其系统和网络的一套通信协议的体系结构，APPN 是 IBM SNA 体系结构的增强版本，是在 IBM S/390 GDPS 环境下为动态网络恢复而开发的 SNA 网络技术，在通用的 IP 传输上使用 APPN。APPN 包含多种协议，主要负责处理对等节点之间的会话建立、动态透明路由计算及流量优先权等服务。而在 IP 环境下则通过第 4 – 7 层转换完成。

3）数据恢复

数据容灾系统通常采用两种技术实现。一是硬件复制技术，即用硬件进行远程数据复制，数据的复制通过专用线路实现物理存储设备之间的交换。二是软件复制技术，即用软件系统实现远程的实时数据复制，并且实现远程的全程高可用体系（远程监控和切换）。无论是硬件还是软件技术，都能提供不同的第 4 级和第 7 级数据恢复。选择硬件还是软件，取决于与设备相关的多种因素，如：工作量、网络成本要求、工作点和数据恢复点间的距离、异性的平台支持等。

12.4.3　灾难恢复级别

根据国际标准 SHARE 78 的定义，灾难恢复从低到高有 7 种不同的层次，用户可根据企业数据的重要性及需要恢复的速度和程度，选择并实现灾难恢复计划。其内容如下。

- 备份/恢复的范围；
- 灾难恢复计划的状态；
- 应用地点与备份地点之间的距离；
- 应用地点与备份地点之间如何相互连接；
- 数据是怎样在两个地点之间传送的；
- 允许有多少数据被丢失；
- 怎样保证备份地点的数据更新；
- 备份地点可以开始备份工作的能力。

根据国际标准，灾害恢复程度定义为 7 个层次。下面分别加以介绍。

1）层次 0——本地数据的备份与恢复

层次 0 被定义为没有信息存储和建立备份服务平台的需求，也没有发展应急计划的要求，数据仅在本地进行备份恢复，没有数据送往。这种方式是成本最低的灾难恢复，但事实上并没有起到灾难恢复的作用，因为它的数据并没有被送往另一台专用的备份服务器上，而且数据的恢复也仅是利用本地的记录。

2）层次 1——批量存取访问方式

作为层次 1 的灾难恢复计划需要设计一个应急方案，能够备份所需的信息，并将它存储在另外的备份介质上，然后根据灾难恢复的具体需求有选择地建立备份平台，进行系统信息和数据的恢复。批量存取是一种用于多个地点备份的标准方式，数据在完成写操作之后，将会被保存在另外的备份介质上，同时还保存了数据恢复的程序，在灾难发生后利用一台未启用的计算机通过网络完成整个系统灾难恢复工作。这种灾难恢复方案相对来说成本较低，但同时在管理上存在困难。

3）层次 2——批量存取访问方式加热备份地点

层次相对于是层次 1 在加上热备份能力的地点组成的灾难恢复系统。热备份地点拥有足够的硬件和网络设备支持关键应用的安装需求。对于十分关键的应用，在灾难发生的同时，必须在异地有正运行的硬件提供资产。这种灾难恢复的方式依赖于批量存取的方式将日常数据放入热备份服务器，但灾难发生时，数据在被移动热备份地点。

4）层次 3——电子链接

层次 3 是在层次 2 的基础上用电子链路取代了批量存取方式进行数据传送的一种灾难恢复方案。接收方的设备必须与热备份的物理地点分开，在灾难发生后，存储的数据用于灾难恢复。由于热备份地点要保持持续运行，因此增加了成本。

5）层次 4——工作状态的备份地点

层次 4 这种灾难恢复要求两个地点同时处于工作状态并彼此管理者对方的备份数据，允许备份行动在任何一个方向发生。接收方设备必须保证与另一方平台物理地相分离，在这种情况下，工作负载可以在两个地点之间被均匀负担，地点 1 成为地点 2 的备份，反之亦然。在两个地点之间，关键的备份数据在不停地相互传送着。当灾难发生时，需要的关键数据可立即通过网络得到迅速恢复。

6）层次 5——双重在线存储

层次 5 在层次 4 的基础上加入镜像管理被选择数据，也就是说，在更新请求被认为满足之前，层次 5 需要应用地点与备份地点的数据都被更新。数据在两个地点之间相互映像，并由同步进程来同步，因为关键应用使用双重在线存储，所以灾难发生时，仅仅是传送中的数被丢失，恢复的时间被降到了分钟级。

7）层次 6——零数据丢失

层次 6 可以实现零数据丢失率，同时保证数据立即自动地被传输到备份地点。层次 6 被认为是灾难恢复的最高级别，在本地和远程的所有数据被更新的同时，利用了双重在线存储和完全的网络切换能力，保证了数据的完整性和安全性。层次 6 是上述灾难恢复方案中最昂贵的一种信息恢复方法，同时也是速度最快的一种恢复方式。

12.4.4　灾难风险分析

为确定系统在目前 IT 环境之中，存在哪些无法接受的物理威胁或者可能发生的灾难，人们进行详细而量化的灾难风险分析是必要的（即使是低概率事件，如：美国的"9·11"事件）。在"9·11"事件后，凡考虑了这种大范围灾难性事件的用户，其风险分析及系统恢复都证明是有效的。

1. 网络安全风险评估

网络安全风险评估是指对网络中已知或潜在的安全风险、安全隐患，进行探测、识别、控制、消除的全过程，是网络安全管理工作的必备措施之一。通过网络安全评估，全面梳理网络中的资产，了解当前存在的安全风险和安全隐患，并有针对性地进行安全加固，从而保障网络的安全运行。评估对象可以是面向整个网络的综合评估；也可以是针对网络某一部分的评估，如：网络架构、重要业务系统、重要安全设备、重要终端主机等。

通过风险分析可对灾难发生的可能性，目前可能的防护措施的有效性和该灾难所威胁的资产价值做出预测，最终得到带有优先级别的需要防护的灾难列表，并制订可能的处理策略或方法。如：接受该灾难发生的风险而不进行防护，自行制订该灾难的防护方法，购买保险转嫁风险等。

2. 业务流程分析

要做好灾难风险分析，首先应针对各种业务流程进行分析。通过走访业务部门了解各种业务流程的重要程度（如：银行内储蓄和单据、网上支付、电话银行等业务，具有不同的优先级等），同时根据评判原则，确定由于灾难造成核心流程无法正常进行时，对系统的损害情况。如：单据丢失、计算错误、客户满意度等。通过对可量化和不可量化损失的综合考虑，得出各种核心业务流程对灾难的可容忍程度。体现在 IT 系统上有三个指标。

（1）数据恢复点目标。体现为该流程在灾难发生后，恢复运转时数据丢失的可容忍程度。

（2）恢复时间目标。体现为该流程在灾难发生后，需要恢复的紧迫性，即多久能够得到恢复的问题。

（3）网络恢复目标。即营业网点什么时候才能通过备份网络与数据中心重新恢复通信的指标。

对不同的业务流程，三个指标是有较大差别的。各流程本身对这三个目标的优先程度也是不一样的，有的流程对数据恢复时间要求不高，而有些流程则要求短时间恢复。这三个指标直接影响所使用的容灾策略及技术方案。

3. 灾难恢复方案

灾难恢复的目的就是要确保关键业务持续运行及减少非计划宕机时间。那么，其中的恢复时间与数据有效性的恢复、IT 基础设施的恢复、可操作流程的修复、关键业务的修复几个因素有关。

可参照以下问题，选择确定方案。

（1）没有应用系统，可以忍受多长时间？

（2）系统恢复后，允许重新创建多少数据？

（3）数据中心减少了，有什么负面影响？

（4）网络切换需要多长时间？

（5）灾难恢复的投资是否少于灾难带来的财政损失？

灾难恢复方案的成本有以下两个方面：一是用户需要在多长的时间内恢复数据？二是业务处理中断将带来多大损失？

总之，应全面衡量实施费用、维护费用、灾难对财政的影响及对业务的影响，并做出一个具有可操作性的、综合的、合理的数据恢复方案。

本章小结

网络管理分为管理策略和具体管理两个方面，故网络安全实属系统安全。网络安全管理要遵守三个原则。安全审计是在特定的网络环境下，监控网络每一个组成部分的系统状态、安全事件，以集中报警、分析、处理的一种技术，主要有：日志审计、主机审计和网络审计。

网络安全管理应建立统一的管理平台，遵守两个安全评估准则，即"可信计算机系统安全评估准则"和"计算机信息系统安全评估通用准则"。本章应了解网络安全评估准则和管理准则及相关法律法规；掌握容灾、容错和灾难恢复等有相关技术。

本章习题

1. 简述网络安全管理的内容和原则。

2. 什么是网络安全审计？其范围、内容及方法有哪些？

3. 简述可信计算机系统评估准则的级别划分。

4. 灾难恢复与容灾在概念上有何不同？容灾与容错是一回事吗？

5. 什么是业务连续性？它与灾难恢复有何关系？

6. 什么是风险评估？简述常用的灾难恢复技术与方法。

第13章 网络安全系统实例

随着网络在各行各业的广泛应用，各行业网络信息系统已经建立，那么，这些行业网络的安全状况如何？通常被人们所关注。为此，作为前面网络安全知识的应用实例，本章将介绍行业实际网络系统中安全技术的应用与安全策略设计。

本章将学习信息网络系统的结构、相关协议及标准、安全策略设计与安全技术等内容。主要包括以下知识点：

◇ 林业信息网络系统安全策略与设计；
◇ 银行信息网络系统安全策略与设计。

通过本章内容的学习，读者对行业实际的网络系统及其安全设计有一个全面的了解，并且掌握信息网络安全系统的构建、安全策略的分析与设计应用。

13.1 林业信息网络安全系统

林业信息网络是一种集语音、数据、图像于一身的宽带综合业务多媒体网络，能实现相关林业信息的数字化、宽带化、综合化和智能化。国家林业机关与各省（自治区）、市、县、乡林业部门已构建信息通信网络系统，在整个林业系统形成一个广阔而严谨的信息网络。但林业信息网络安全与否是林业信息化建设成功的关键因素。现有的林业计算机网络大多忽视安全问题，既使考虑了安全，也只是把安全机制建立在物理安全机制上。因此，需要建立全面多元化的网络安全机制。

13.1.1 林业信息网络安全概述

林业信息的开放性和资源共享是林业计算机网络安全问题的主要根源，它的安全性主要依赖于加密、网络用户身份鉴别、存取控制策略等技术。网络安全措施一般分为三类：逻辑上的、物理上的和政策上的。面对越来越严重危害林业网络安全的种种威胁，仅用物理上和政策（法律）上的手段进行防范是不够的。

我国的林业信息网络安全工作起步较晚。林业信息数据的特点是：存储周期长，信息采集地域分布零散，应对紧急情况要求大量数据能安全传输，其安全防护能力处于初级阶段。林业信息网络的安全热点如下。

（1）针对 Internet/Intranet 系统安全威胁建立正确的安全策略。
（2）提出安全的整体解决方案。
（3）严格规范建立安全系统的步骤。
（4）建立安全机制。

1. 林业信息网络的安全体系

在对各级林业内外网安全域划分的基础上，采取对不同安全域，按照等级保护的要求进行安全防护。安全体系应包括以下 6 个部分。

1）物理安全

物理安全主要包括机房内安全域划分，门禁、空调、消防、动力、防雷、接地、机房屏蔽、线路屏蔽等，以有效保障林业信息化系统的物理载体安全。

2）网络安全

网络安全主要指保护林业基础网络传输和网络边界安全。在内部和外部网络的边界配置加密机、防火墙，在上下级网络边界部署安全网关，核心交换配置入侵防御系统，实现网络的安全访问控制和数据的加密传输。

3）数据安全

数据安全是指解决林业资源数据丢失、数据访问权限控制问题。要求数据库管理系统增设复杂管理密码、专人专管。国家和省级单位要统筹规划，利用存储备份恢复软件进行重要数据和系统的本地多种方式备份，并能实现异地数据备份和恢复功能，建立电子政务应急响应与灾难备份恢复预案。

4）系统安全

系统安全是指通过建设覆盖林业全网的分级管理、统一监管的病毒防治、终端管理系统、第三方安全接入系统、漏洞扫描和自动补丁分发系统，提高系统对网络攻击、病毒入侵和网络失泄密的防范能力，保障系统的高可用性。

5）应用安全

应用安全包括在国家林业局的内外网建立林业数字证书认证中心，并与国家电子政务认证体系相互认证。各省级林业部门内外网建立数字证书发证、在线证书查询等证书服务分中心，并实现先期建设的省级单位认证体系与国家林业局认证体系的相互认证。基于信任服务体系搭建统一身份认证、授权管理系统，实现用户访问应用系统行为的责任认定和不可抵赖性。外网门户平台采用网页防篡改技术，防止恶意攻击网站。

6）安全制度

安全制度是指各级林业管理部门要按照"谁主管谁负责，谁运行谁负责"的要求，建立健全信息安全的法规及信息发布审批等相关制度，建立信息安全组织体系，确定组织机构及岗位职责，定期对管理及技术人员进行安全知识和安全管理技能的培训。

2. 林业信息网络的拓扑结构

林业信息网络的拓扑结构如图 13-1 所示。从图可见，林业局和林场各自组建局域网，林场与林业局之间通过无线网络或公用互联网相互通信。在林场的局域网中，其各个计算机终端负责原始林业数据的采集与初步处理，然后传送给林业局信息中心，其中重要的数据要经过加密后再传送。在这里既要保证林业局局域网的安全性，又要考虑与远程区县、林场联网的安全性；既要在林业局局域网内部实现信息共享，又要考虑各部门之间的安全控制，做到互不越权访问；既要保证网上及空间数据传输安全，又要做到内部局域网数据存储的安全。

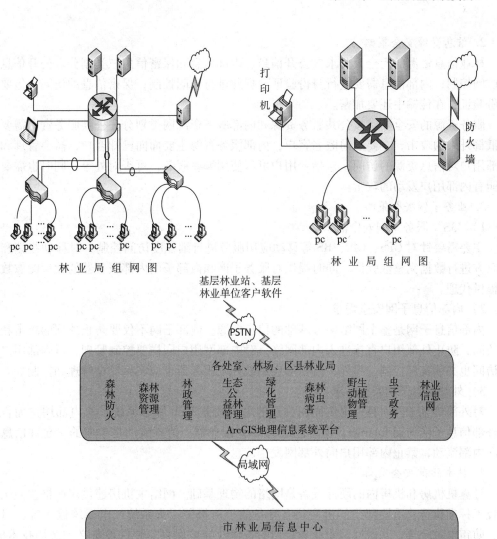

图 13 - 1　林业信息网络拓扑结构

13.1.2　林业信息网络安全策略

保证林业信息网络及数据的安全性，是林业信息网络安全建设的基本要求之一。既要加强网络安全性，又不明显降低网络性能。

1. 系统安全策略

确保信息网络内部各类信息在存储、获取、传递和处理过程中，保持完整、真实、可用和不被非法泄漏。各类信息的获取、存储、处理和传递，必须满足业务的层次管理和授权管理需要。确保各局域网在信息交换和发布过程中的完整、真实、可用和不被泄漏，确保网络能防范来自网络外部的攻击，同时控制内部用户对资源的访问。

2. 信息资源安全策略

林业信息资源的安全，要求按公开信息、内部信息和保密信息三类划分。公开信息不进行访问控制；内部信息需要进行身份验证，据此进行访问控制；保密信息的访问不但要进行身份验证，在传输中还要加密。

服务资源的安全要求按公共服务资源和内部服务资源两类划分。公共服务资源需要防止和抵御外来的攻击，主要面向匿名客户；内部服务资源主要面向已知客户，需要管理和控制内部用户对信息资源的访问，包括：用户可以使用哪些服务，可否对外等，同时也需要防止可能有内部用户发动的攻击。

3. 业务子网安全策略

1）"3S"服务子网安全需求

主要需要针对GPS、GIS、RS等移动应用服务进行细粒度访问控制，对移动终端和服务器双方进行数据完整性验证。同时提供对服务子网和内部子网内部服务器的大型图像数据服务提供代理。

2）内部信息子网安全需求

内部信息子网是整个网络中最基础的信息资源。内部子网不仅要防止外部的攻击和非授权访问，防止外部用户直接进入内部网络，对内部网用户同样要控制管理，对内部用户的对外访问也必须实施控制。另外，对内部应用或开发服务器也应实施安全管理和控制。

3）外部信息子网安全需求

对外部信息子网而言，提供面向公众的电子政务Web服务系统。对内部用户而言，通过外部信息子网访问Internet，但不能访问Web服务器。信息流动是单向的，允许信息由外部向内部流动，禁止内部用户向外部网发送信息。

4. 技术防范安全策略

计算机机房和机房内的硬件设备是网络的物理基础。网络主机房建设应严格按照国家有关技术标准执行，重要部门的机房须有完备的消防报警灭火系统、电视监控系统、门禁系统、防雷电系统等，并做好重要业务数据的备份及异地保存。硬件设备必须选用技术成熟、科技含量高、性能稳定可靠的产品，确保产品的质量和性能符合要求。系统管理人员要加强管理，对系统能及时升级，增加补丁程序，充分利用身份认证、加密、数字签名等技术提高网络数据的安全。特别对重要部门的信息系统，运行的都是重要数据，保证这些信息的安全可靠至关重要。

为有效防范来自网络外部或内部可能的非法攻击，应根据各林业单位网络的实际情况，对系统做出风险评估，制定相应的安全策略，构造相应的安全防范体系，在内网和外网的边界设立边界，并安装防火墙，以防范外部非法入侵。在内部安装黑客入侵检测与报警系统，对非法入侵活动及时报警，使用网络漏洞扫描软件，经常查找系统可能存在的漏洞，并及时对其进行修补。对重要业务系统和数据文件设置定期更新，对重要业务数据采取加密措施，同时安装网络防病毒软件，统一配置防病毒策略和升级病毒代码，对重要数据进行备份。

5. 基于密码技术的网络安全策略

通过对林业网络安全需求的分析，在林业网络内部采用统一的安全保密模式和安全保密技术体制，集中统一管理密码、密钥和网络安全设备，采用国产专用硬件平台实现密码处理，使网络具有较好的安全性、可靠性和实用性。

为实现对林业网络的整体安全防护，可根据不同业务子网的安全要求，分别采用身份认证、信息加密、访问控制、鉴别和验证、授权管理与审计及应用服务器密码保护等具体措施，如图 13 – 2 所示。可采用的主要安全策略有以下几种。

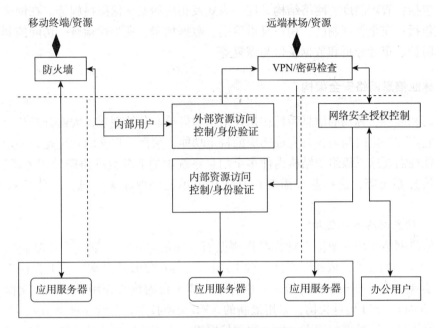

图 13 – 2　林业网络安全结构模型

（1）在各网节点路由器的内网接入端配置 VPN 设备。建立 VPN 虚拟专用网安全隧道，实现基于 IPSEC 标准的信息加密与认证。利用独立的 VPN 设备，保证在低成本的公用通信网络中安全地进行数据交换，降低区县、林场建设自己的广域网的成本，而且同时实现信息资源的充分利用。VPN 设备采用隧道技术，将林业网的数据封装在隧道中进行传输，采用专用密钥处理信息，保证在公用网络上安全交换信息。

（2）在林业内部子网建立企业级 CA。目前大多数基于 Internet 的服务及应用，都支持基于 CA 颁发的数字证书，能解决用户身份识别、数据安全性、完整性和数据发送方对其发送数据的不可抵赖性等安全问题。对于一般性安全要求的林业内部子网来讲，用 CA 系统、数字签名、数字信封等技术，即能解决大多数安全问题。

（3）在 Internet 出口、"3S" 服务子网、内部信息子网间配置防火墙。将林业局网各业务子网隔离，在网络层控制出入的路由功能，对进出的数据包进行较粗粒度的控制，保证数据的完整性和保密性，进行较粗粒度的访问控制，实现不同层次的访问安全控制。

（4）在办公、业务子网等重要部位的接口配置专用网络安全授权、控制设备。实现用户授权、网络访问控制等细粒度安全策略的制定、配置与分发，实现细粒度的访问控制和加密与认证。

（5）在重要远程终端和应用服务器间配置用户密码机，为特殊应用系统提供网络（IP 数据）加密与认证服务。

（6）建立密码管理中心和密码管理逻辑专网，配置和管理支持密码管理的用户密码机、分发专用密码和密钥，实现密钥和网络安全设备的网络管理。

6. 林业网络安全模型

林业网络安全总体可分为网络安全、信息安全及相关的管理措施。林业网络安全由多方面保证，包括：管理制度、网络结构、应用模式及相应的安全保障措施等。在网络安全防护机制中应包括：安全管理制度、用户身份鉴别、数据加密、完整性检查、访问控制、安全检测、病毒防护、审计分析和数据备份与恢复等。

13.1.3 林业信息网络安全架构

林业局和区县、林场的信息系统在拓扑结构和简单业务处理上，大部分是相互独立的应用系统，它们在一定时间内各自完成相应的特定功能。然而，现实的状况是，一个工作或审批流程，往往需要这三级组织结构内部多个信息系统中的业务数据协同处理才能完成。如：森林防火信息系统等，这些业务需要从其他相关单位获取相关信息，才能完成整个处理过程。

1. 林业信息网络系统架构

林业信息网络系统的架构设计，严格遵循国务院信息化办公室《企业基础信息交换共享与应用试点》的要求，依托国产化、自主产权的、以 XML 信息交换技术为核心的 iSwitch 交换机，实现《电子政务标准化指南》中应用支撑平台的核心作用。iSwitch 交换机基于工业标准的 Compact PCI 硬件架构，采用最新的 XML 交换技术，符合 Web Services 技术，具有高性能、高可靠、可扩展的特点，为不同通信网络、应用系统和业务系统之间提供应用层核心交换功能。

从结构看，系统分为三个模块：林业局信息交换中心、各区县、林场业务集成接入系统（内网）和外网子网系统。安全域采用四级架构，如图 13－3 所示。分别为：林业局内网安全域、林业局外网安全域、区县/林场局域网络安全域和数据采集安全域。信息交换中心在网络中心，业务集成接入系统放在区县或林场内、外网子网，构建在网络中心并与内网实施物理隔离，具体划分如下。

1）外网安全域

林业局机关电子政务域及 Internet 用户域；区县、林场 Internet 用户域。

2）内网安全域

林业局机关专用网域；区县、林场业务协同网域。

3）区县、林场安全域

各区县、林场局域网安全体系。

4）采集安全域

3S 安全域、无线/移动安全域。

2. 网络中心安全体系的设计

林业信息公开和跨部门信息资源的共享和应用正在成为林业电子政务的主题。然而，面对日益复杂的应用技术和网络环境，如何在确保林业关键业务信息和生产数据安全的前提下实现信息共享，已经成为突出且尖锐的矛盾。为此，国家保密局颁布了严格的保密规定："涉及国家秘密的计算机信息系统，不得直接或间接地与国际互联网或其他公共信息网络相

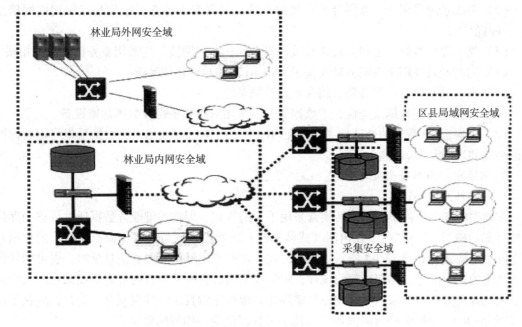

图 13-3　林业信息系统安全域

连接，必须实行物理隔离"。林业计算机网络信息系统需充分考虑林业信息特点，在安全性的基础上，采取内/外网的组网模式，如图 13-4 所示。具体实施方案如下。

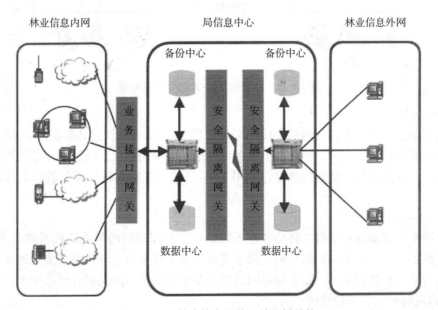

图 13-4　林业信息网络系统逻辑结构

（1）信息中心设在林业局中心机房，主服务器分为内网服务器和外网服务器，主交换机分为内网交换机和外网交换机。

（2）布线系统采用内、外网分开布线的方法。根据要求各办公室信息点预留内网信息点与外网信息点。

（3）为了保证数据源的相互转换及数据安全性，在内网接口应采用业务接口网关相联。

（4）内网配备专用杀毒服务器及基于 USB KEY 的身份认证系统。

（5）内、外网出口均配备防火墙及入侵检测系统。

（6）为保证系统数据安全性，主数据服务器采用双机热备份及数据加密设备。

（7）为保证 3S 数据的处理独立性，在内网中采用 WLAN 技术，将数据采集终端与内网其他终端 PC 实行逻辑隔离。

3. 网络中心内网安全设计

1）内/外网数据转换

在物理隔离的条件下，数据转换常采用手工的方式，即将关键业务数据通过可移动存储介质（如：磁盘、U 盘等），在内网（或涉密网）的数据系统与外网（或业务网）的数据系统之间手工摆渡，如图 13－5 所示。这种方式，不但造成操作不便和信息延时，也可能导致更为严重的安全隐患。据权威部门统计，80% 以上的信息泄密源自内部有意或无意的人为因素。关键业务数据一旦录入可移动的存储媒介，很难保障真正的数据安全。为此，应在系统中采用 iSwitch GapLink 物理隔离器，取代手工数据倒换的物理隔离设备。

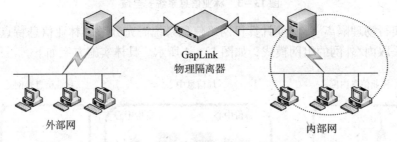

图 13－5　林业信息内/外网物理隔离器

2）中心交换机

连接到中心交换机上的任何两个应用系统之间，不管这两个应用系统在 IP 层是否直接相通，都能够进行信息交换，即数据包能够可靠地从源应用系统，通过中心交换机传送到目的应用系统。在交换机中传送的数据包采用 XML 格式，并且支持数据包的断点续传。如图 13－6 所示。

3）业务接口网关

按照网格计算理念和架构，将分散在不同地点、不同部门的林业应用系统互连在一起，达到林业数据共享和业务协同的目的。除了需要信息交换平台之外，还需要给现有各种应用系统配置网格计算适配单元，业务接口网关就是基于交换平台的网格计算适配单元。

4）内网防火墙及入侵检测

采用集成各种网络安全硬件模块的交换机，保证 Internet 出口及林业业务内网的安全性。如：思科的 Catalyst 6509 交换机。它包括：防火墙、IP 安全虚拟专用网（IPSec VPN）、入侵检测系统和网络分析（NAM）等模块。用户能够在交换机上部署综合安全性，而无需分别管理不同的设备。

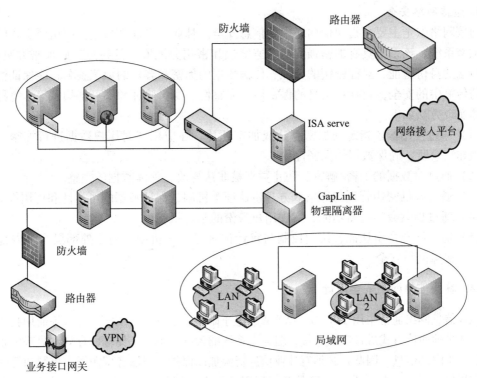

图 13 - 6　林业局网络中心拓扑结构

　　为保证林业内网系统的独立性及安全性，在网络中采用 VPN 连接方式，连接各区县、林场，形成一个独立的内网。林业内网采用单独的 IP 地址与路由设计，保证安全。另外，在内网系统中安装 VMS 安全策略管理服务器，对全网的安全策略进行统一管理及监控。

　　4. 网络中心外网安全设计

　　随着现代移动办公、林业电子政务公开化的要求，人们对于林业信息的公众参与知情，以及办公自动化和知识管理系统有越来越多的需求。因此，林业外网的设计目标是：建设以计算机网络技术为依托，以业务流转为核心，以综合信息服务为基础，以电子邮件、信息查询服务及日常事务管理等为内容的综合办公平台系统，提高林业系统内部的办公效率、决策能力和应急指挥能力，所有这些都需要有良好可靠性、扩展性和标准性的硬件平台。

　　5. 区县/林场网络安全设计

　　内、外网络一般用网络隔离器进行安全隔离。网络安全隔离器设置在 PC 中最低的物理层上，通过电子开关切换安全状态硬盘和公共状态硬盘与网络和系统的连接，实现内、外网的连接均须通过网络安全隔离器控制。两个状态分别有独立操作系统，两个硬盘不应同时激活，同时两个硬盘不直接交换数据。

　　对于无条件实施大楼综合布线系统的林场、工区，在确保林业信息安全有效的情况下，可采用软件防火墙或代理服务器的方式。区县、林场与远端林业局的连接，可采用通过光纤主干直接相连或 VPN 虚拟专用网方式相连。要求端接设备保持高度兼容，以保证数据传输的可靠与安全。

6. 通信网络安全

通信网络安全主要是指通信网络中的信息安全。林业信息加密采用在应用层实现的一种混合加密系统，该系统具有加密强度高、速度快和密钥分配安全的特点。此加密方案包括：对客户端的身份验证、对称密钥的分配、传输数据的加密和客户的数字签名，能保证信息在存储与传输中的安全，包括：信息的保密性、完整性、身份验证和不可抵赖性等。每种安全的具体实现方法如下。

（1）通过使用国家指定的加密算法或加密芯片，在应用层对用户数据进行加密，防止数据被非法窃听，确保数据的保密性。

（2）通过对数据的加密/解密，防止数据被非法篡改，保障数据的完整。

（3）通过提供密钥管理与通信双方身份认证等机制，保证数据的可靠性和可用性。

（4）通过提供数字签名功能，实现用户身份的不可抵赖性。

（5）通过结合身份认证、访问控制与审计记录等安全机制，防止外部黑客及内部人员的攻击，保障网络安全。

13.1.4 林业信息网络安全设计

林业信息网络通常采用 TCP/IP、WWW、电子邮件、数据库、"3S" 技术等通用技术和标准，依托多种通信方式进行广域连接，覆盖本系统的大部分单位。传输、存储和处理的信息大都涉及行业内部信息。因此，必须对林业信息资源加以保护，对服务资源予以控制和管理。

在提供关键服务的林业局、区县及林场服务器上，安装实时的安全监控系统，并在公共出口上安装复合型防火墙，提高服务器的可靠性，使网络更加健壮。通过对网络扫描，使网络管理员了解网络的安全配置和运行的应用服务，及时发现安全漏洞，客观评估网络风险等级；并根据扫描的结果，更正网络安全漏洞和系统的错误配置，在黑客攻击前进行防范，提高网络安全性。许多林业局中心机房都安装有基于网络漏洞扫描的相关软件工具，如：NAI 公司的 CyberCop Scanner 等。

1. 林业数据的备份与恢复

对林业信息网络系统而言，数据的安全性十分重要，其备份系统应是全方位、多层次的。具体备份可采用网络存储备份和硬件容错相结合的备份方式。在林业信息网络系统中，主要的数据都在信息中心数据库中，其他数据库与中心数据库保持一致。因此，系统备份的主要对象是信息中心的数据库。

对于一些大型林场，如果数据量比较大，也可以采取相应的备份措施。备份的数据分常规备份和历史保存，本地备份的目的有两个：一是在系统业务数据损坏或丢失后，及时实现数据恢复；二是在发生灾难性数据毁坏后，及时在本地或异地实现数据及整个系统的灾难恢复。所以，常规备份一般有两个备份：一个放在计算中心以保证数据的正常恢复及数据查询恢复；另一个要异地保存，以保证本地出现灾难后实现最低限度的数据恢复。历史备份也要进行异地存放，以实现对历史数据的可靠恢复与有效查询。林业信息系统的数据存储主要采用冗余磁盘阵列、网络存储系统或重要数据的光盘备份。

2. 林业数据库安全设计

目前，林业计算机大批量、长时间数据存储的安全问题、敏感数据的防窃取和防篡改问题越来越引起人们的重视。数据库系统作为计算机信息系统的核心部件，数据库文件作为信息的聚集体，其安全性是信息的重中之重。林业数据库主要有地图数据库、属性数据库和方法库。其特点如下。

（1）地图数据库包括林相图或森林分布图、行政区划图（根据不同的管理层次可分为乡、县、地区、省、全国等级的行政区划）、地形图（包括完整的地形、地貌信息）、水系图、交通道路分布图（各种级别道路分布，以区分它对各种运载工具的运行条件）、社会经济分布图（有厂矿、学校、各种机构分布情况）等。

（2）属性数据库指与地图有关的属性数据库的建立，其中包括小班数据、气象数据、火灾记录数据、扑火队伍数据、行政区划数据、林业区划数据、道路数据、居民地数据、防火机构数据、社会经济数据等。这些数据可以是数字的或文字的，也可以是照片、声音、视频等多媒体数据。

（3）方法或模型库将空间和属性数据的内在关系，以数学模型（林分生长数学模型、材积模型、火行为模型）表示，从而把握住客观事物的内在规律。

（4）空间数据库，是以描述空间位置和点、线、面、个体特征的拓扑结构的位置数据及描述这些特征的属性数据为对象的数据库。它的研究始于 20 世纪 70 年代的地图制图与遥感图像处理领域，其目的是为了有效地利用卫星遥感资源迅速地制出各种经济专题地图。现在它的目的是利用数据库技术实现空间数据的有效存储、管理和检索，为各种空间数据库用户服务。目前的空间数据库成果大多以地理信息系统的形式出现，主要应用于环境和资源管理、土地利用、城市规划、森林保护、交通、商业网络等领域的管理与决策。

林业信息网经过多年建设，现已形成市林业局、区县林业局、林场三级体系结构的分布式综合网络，在网上运行着森林防火、病虫害监测、林政管理、办公自动化等系统。一方面，通过严格的管理和物理安全规则，保证信息在静态存储中的安全。另一方面，林业信息在传输中，往往是短时间内大批量的数据传输，如：森林防火系统火情的实时传输等。为此，要保证林业信息在传输中的安全，需采用加密技术。如：地图数据库涉及国家的机密，不容外泄；属性数据库涉及庞大的林业基础信息，其完整性至关重要。

13.2　银行信息网络安全系统

银行信息网络系统通常由办公自动化系统、会计核算系统、柜台前移系统、非现场稽核与风险预警系统、信贷系统、基础数据库系统和会计信息系统组成。建立银行信息网络安全体系是为了保证全行信息系统的安全，保守金融信息秘密，保护银行的资产，维护国家利益，保证银行的完整服务，维护客户利益及商业秘密，打击各种金融信息犯罪和恶意行为。

13.2.1　银行信息网络体系结构

银行的 Intranet 由总行和分行的机关网（局域网），通过中间金融专网连接构成银行的内部信息网（广域网），总行及各分行自己的独立业务及办公在机关网上运行，广域网上运行全行的银行业务处理。备网建立也将基于对外物理隔离的专网，同时运行 IP 电话和电视会议系统。内部局域网又划分为不同的网段，通过交换机等网络设备连接。对于银行内部机关网与外界互联有三种接口方式：金融专网接入、拨号接入、Internet 接入。

安全体系由安全组织体系、安全管理体系和安全技术体系组成，如图 13 - 7 所示。银行信息系统整体安全目标等级为 GB 17859—1999 Ⅱ级（或 TCSEC C2）以上，关键系统和核心部位达到 GB 17859—1999 Ⅲ级（或 TCSEC B1）以上，可处理机密级及以下信息。

图 13 - 7 银行信息系统安全体系框架

拨号接入网主要是供移动办公及项目单位使用，项目单位通过拨号入网与该银行的电子银行系统连接，实现财务管理与资金拨付。总行通过金融专网可实现与人民银行等其他金融部门的互通。

13.2.2 银行信息应用系统组成

整个银行信息系统由办公自动化系统、会计核算系统、柜台前移系统、非现场稽核与风险预警系统、信贷系统、基础数据库系统、会计信息系统组成，如图 13 - 8 所示。

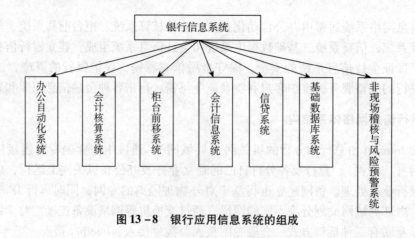

图 13 - 8 银行应用信息系统的组成

1. 办公自动化系统

基于 DOMINO 平台，包括邮件系统、公文流转及管理、档案管理、信息发布等功能。浏览器通过标准协议及通信技术与 OA 和各应用服务器相连，存储并获得信息便于分析或形成办公系统的文档，支持公文的辅助决策。

2. 会计核算系统

采用大集中模式，数据集中在总行，分行只放前置机。系统为 Linux 平台，实现本外币一体化，面向客户，是电子银行的基础业务平台。柜台前移系统：提供项目单位方便的业务处理。系统采用分布式结构。系统为 B/S 模式，主要功能为向客户提供借款、支付、账户查询等服务，并实现总行和分行之间的无纸化资金划拨流程。

3. 非现场稽核与风险预警系统

为基于 Web/Browser 体系结构的大集中模式。该系统通过连续收集和分析全行业务经营的各种数据和相关指标，及时准确地预测银行的经营状况，找出风险点，实现在全行开展对经营风险全过程、全方位、动态的稽核预警监控工作。

4. 信贷系统

为基于 Web/Browser 体系结构的大集中模式。该系统的主要功能为规范并统一全行信贷业务流程，在管理上、业务操作上实现对全行信贷项目全过程的动态管理。

5. 基础数据库系统

为大集中模式。是电子银行 MIS 层的基础和全行经营决策分析的数据中心，支撑会计核算系统、会计信息系统、非现场稽核系统、统计信息系统和清算中心的基础数据管理。

6. 会计系统

为非现场稽核系统提供会计信息数据来源。

13.2.3　银行信息系统安全分析

1. 银行信息系统安全目标

评估现有信息系统的安全风险，必须有一个参照，新系统的建设要达到什么样的安全目标，也必须按照一个标准去规划和实施。目前，颁布的信息系统安全标准主要有以下几种。

（1）《国家金融信息系统安全总体纲要》。参照 TCSEC、ITSEC、CC、150/IEC 15408（CC2.0 版）制定评估准则。

（2）参照《国家金融信息系统安全总体纲要》及国家标准 GB 17859—1999《计算机信息系统安全保护等级划分准则》等几项标准建立银行的安全体系。通过建立完整的安全体系使银行信息系统达到一定的安全强度，保证系统的安全性、保密性、完整性和可用性。

2. 银行信息系统安全风险

所谓风险是指在进行技术创新和实现其电子化的过程中，运用计算机技术、网络通信技术和涉及计算机安全管理的制度，缺乏有效的科学性、规范性和完善性，所潜伏的可能导致系统运行不稳定和不安全，进而给系统和组织造成直接和间接损失的因素总和。主要表现为：计算机系统故障、事故和计算机犯罪等。银行信息系统安全风险具有突发性强、范围广、影响大等特点。银行计算机犯罪与传统犯罪手段相比，一是高智能、高技术、高攫取；二是作案手段多样化；三是不受时间和地域的限制；四是隐蔽性强、潜伏期长、低风险，毁灭犯罪证据容易、取证与侦破难，所产生的影响和后果比其他金融犯罪严重得多。

面对的外部威胁主要包括：来自公共交换网的安全威胁、来自 Internet 的安全威胁、操作系统的安全漏洞、来自集团攻击的安全威胁、计算机病毒的传播与交叉感染等。面对的内部威胁主要有：对内部用户缺乏统一的安全管理、内部人员有目的地窃取机密或伪造数据、内部网或各子网之间的攻击、软件代码的安全。

　　总体来说，银行的信息网络系统主要受到三个方面的安全威胁：外部入侵、内部攻击和行为滥用。其中行为滥用是信息网络系统资源的合法用户造成的，主要表现为有意或无意地滥用特权。

13.2.4　银行信息网络安全设计

　　网络系统从安全技术实施上划分为四个层次：物理环境安全、网络通信安全、网络平台安全和应用系统安全。安全方案的设计重点是在网络通信安全和应用安全的两个层面上。根据系统的需求，网络信息安全系统应能提供以下安全功能。

　　（1）鉴别功能。

　　（2）授权功能。

　　（3）访问控制功能。

　　（4）保密性功能。

　　（5）完整性功能。

　　（6）抗抵赖性功能。

　　（7）安全审计功能。

　　（8）防病毒功能。

　　（9）网络安全检测功能。

　　（10）网络攻击监控和报警功能。

　　（11）安全管理功能。

　　银行信息网络安全系统是一个集网络技术、计算机技术、密码技术、安全技术和防病毒技术于一身的综合性系统。整体安全技术体系由安全防护、安全检测、安全审计、应急恢复技术等构成。网络层安全、应用系统安全、系统平台安全各个层次相互衔接又不重复，能够较好地满足银行的安全需求。整个安全系统采用集中控制，统一管理，分工负责，相互协调的原则，保障信息系统的安全运行。如图 13 - 9 所示。

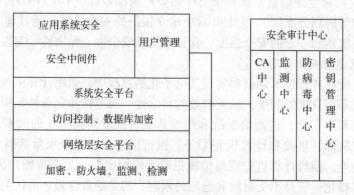

图 13 - 9　安全系统层次关系

1. 物理环境安全

物理安全主要考虑两个方面的风险：电磁辐射泄漏和物理临近攻击。利用电磁辐射泄漏窃取主机和线路上的信息，已经是比较成熟的技术。相应地，对内部网中重要的机房和机房外线路进行电磁屏蔽就显得非常必要。抑制和防止电磁泄漏（即 TEMPEST 技术）是网络安全策略的一个重要方面。国家对机房与电磁屏蔽也制定了相应的标准。主要防护措施有以下两类。

（1）对传导发射的防护，主要采取对电源线和信号线加装性能良好的滤波器，减小传输阻抗和导线间的交叉融合。

（2）对辐射的防护，这类防护措施又可分为以下两种：一是采用各种电磁屏蔽措施，如对设备的金属屏蔽和各种接插件的屏蔽；二是干扰的防护措施，即在网络系统工作的同时，利用干扰装置产生一种与网络系统辐射相关的伪噪声向空间辐射，以掩盖信息系统的工作频率和信息特征。

采用电磁屏蔽与干扰相结合的措施，可对计算机的辐射进行保护。一是重要机房和部门采用电磁屏蔽措施；二是重要计算机终端采用屏幕干扰器，避免屏幕电磁泄漏。

2. 网络通信安全

银行各分行与总行之间通过租用帧中继网互联，各个分行之间不直接进行数据交换，整体网络呈树型结构。同时，总行和各分行的内部网均设置拨号网络服务，允许所属项目单位拨号入网。整个银行网络拓扑结构上，包括广域网和局域网两种体系结构。广域网是以高速或低速的传输信道组成的网，局域网则是总行和各分行内部的业务应用网络。主要采用以下通信安全措施。

（1）总行与分行之间采用信道加密技术加固广域网的传输信道，实现远程通信的数据保密，同时起到对局域网的安全防护作用。加密系统符合商密规定。

（2）与互联网的接口采用防火墙技术，并辅以实时监测技术建立隔离区或公用区，实现严格的访问控制，起到对内网的安全防护作用。

（3）拨入服务采用加密和认证接入技术，实现移动办公用户的安全保密连接。

两个以上的网络进行互联除了相互间信任之外，还有两个安全问题：一是离开局域网进行远程传输的数据安全（截获、泄密、篡改、假冒等）；二是网间互联接口给攻击者提供了入侵途径。为此，根据银行的网络特点，可考虑采用帧中继信道加密技术和 IP 网络协议加密技术。

1）帧中继信道加密技术

由于总行和各分行局域网之间采用帧中继网互连，在各行内部局域网接入网的路由器设备和数字通信设备之间接入帧中继加密机，进行帧中继的信道加密。所有接入网上的帧中继加密机，都可由设置在总行的密钥管理中心统一在线管理。如图 13 - 10 所示。

2）IP 协议加密技术

总行和各分行局域网之间采用帧中继网互连，并在局域网之间开展 IP 综合承载业务，对这些基于 IP 的业务或应用的传输加密，在局域网交换机和广域网路由器之间接入网络加密机，由网络加密机提供 IP 层的数据加密，对所有出入路由器的 IP 数据进行加/解密，可保证用户数据在公共网络上的安全性，具体如图 13 - 11 所示。

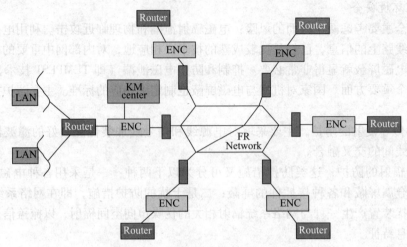

图 13 – 10　帧中继信道加密的互连拓扑

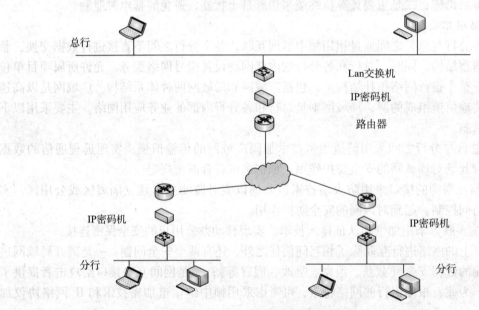

图 13 – 11　IP 网络信道加密的互连拓扑

　　由于网络加密机采用 IP 层数据加密并支持常用动态路由协议，因此，它的引入不影响原来网络的互联结构和链路备份功能。另外，网络加密机能对进出的数据报进行分组过滤，并能抵御针对 IP 协议的攻击包。

　　3）帧中继加密技术和 IP 加密技术的比较

　　帧中继加密技术中，帧中继加密机一般接在路由器设备和数字通信设备之间，相对于 IP 加密应用，帧中继加密机能为路由器提供高度安全的防护，使得任何利用 IP 协议缺陷或路由器自身 BUG 的攻击都不会得逞。此外，帧中继加密机采用链路加密，基本无线路延迟，不减低线路效率。但帧中继加密机物理接口及接口速率相对固定，不适用于未来通信网的升级和更换。

IP加密技术中，IP加密机接在路由器和LAN交换机之间，可适应外部任何形式的通信网的变化，还具有网络IP包过滤功能。缺点是不能对路由器进行保护；IP加密机仅能和以太网接口的设备连接，不能对直接与帧中继连接的设备上的信息进行加密。鉴于银行的网络特点和应用方式，采用帧中继加密机对广域网进行加密比较合适。

4）拨号入网信道加密技术

银行总行和各个分行区域节点上都设计有拨号服务器，允许移动办公用户通过PSTN等信道拨号入网。采用认证技术准确鉴别拨号接入用户的合法身份，并建立安全传输信道保护拨入服务系统的安全。为此，可在拨号服务端的拨号接入设备与Modem池之间安装拨号服务加密机池，在固定拨号终端上安装拨号服务加密机或加密卡，在移动便携机用户上配置拨号服务PCMCIA加密卡，所有这些拨号服务加密设备均采用PPP协议加密，起到拨号服务的信道加密作用，同时又与拨号用户的应用无关，真正做到透明加密服务。

拨号信道加密服务的拓扑结构如图13-12所示。图中加密机池是拨号服务端的加密设备，采用密码群路结构设计，并能支持集中式控制，接在拨号服务端的RAS设备与Modem池之间，提供拨号服务的线路PPP协议加密。

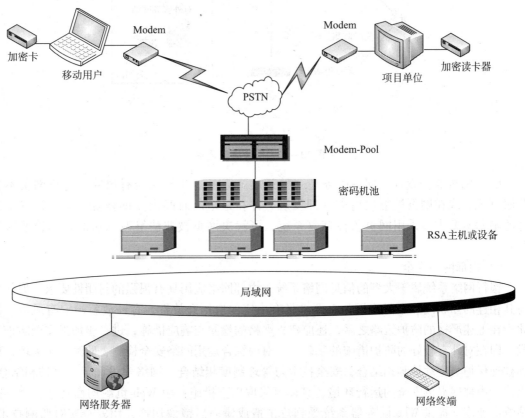

图13-12　拨号服务信道加密系统结构

拨号加密认证系统的主要功能是：提供局域网拨号网络服务端的群路加解密功能；提供拨号网络的PPP协议的加密功能；为基于拨号网络的所有应用提供透明的加解密服务；RS232标准接口，支持终端速率自适应方式；提供Modem的AT命令的透明支持；支持全双工方式加解密通信；支持密钥自动管理。

5）互联网接口安全

根据与互联网连接的实际情况，设计防护功能将采用防火墙技术和网页监控技术。

（1）防火墙设计。作为内网与外网的结合部，防火墙采用双重异构的防护设计，即在银行内网与 Internet 网络的连接处设立第一道防火墙，在该防火墙的公用区设置对外服务网站，在第一道防火墙的安全隔离区设置第二道防火墙，两道防火墙选用不同厂家的产品，设置不同的安全策略，并在两道防火墙之间设立实时监测探测器。由此形成两级不同策略的防火墙防护体系，充分保证内部网的安全，如图 13 –13 所示。

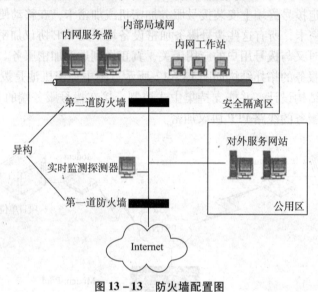

图 13 –13　防火墙配置图

（2）网页监控设计。网站服务是一种开放式服务，开放就会有风险，防止网页不被非法篡改，或在网页被篡改后能立即发现，并在最短的时间内立即恢复，是网站安全设计的最基本要求。采用网页监控恢复系统，可解决网页被非法篡改以后的自动快速恢复问题。

6）内部网络安全

银行网络系统属于大型的信息网络系统，内部网络应用具有很强的封闭性要求，但作为与其相连的互联网和金融专网，又要求具有一定的应用开放性，有开放就一定有风险。因此，在上述严格的防护策略之后，还应建立严格的检测与响应措施，进一步加强安全防护手段。即在对外有较好的防护措施的基础上，对内综合运用网络安全检测、监测、防火墙，做到被动保护与主动检测相结合，安全技术与管理制度相结合，网络建设和运行维护相结合，为银行内部网提供安全的运行环境。具体可采取以下措施：用 Web 负载均衡技术，改善网站响应速度，提供 Web 服务器系统受到攻击造成瘫痪后镜像切换；用安全实时监测技术，实时监视网络"黑客"的入侵，保证和互联网相连的内部网安全和后台数据库安全；以及漏洞扫描检测系统。

（1）Web 负载均衡技术。该技术用于改善网站响应速度，提供 Web 服务器系统受到攻击造成瘫痪后镜像切换。

（2）安全实时监测技术。在总行设立网络安全实时监测中心，在总行和各分行的关键网段上设立探测器，实现全网分布式探测，集中监控。安全实时监测系统由安全控制中心和若干个探测器组成。安全控制中心完成整个分布式安全实时监测系统的管理与配置。探测器监测其所在网段上的数据流，实时地进行攻击识别和响应。

（3）漏洞扫描检测系统。漏洞扫描检测系统主要用于定期的网络安全检查，供银行网络安全管理部门使用。检查的主要对象是关键服务器、安全网关系统、网络设备和重要数据库的安全漏洞。

3. 应用系统安全

银行信息系统由多个业务系统及办公系统组成。由于柜台前移系统的推广应用，已经建立了银行内部使用，以认证和支付密码管理中心，实现了对 RSA 1024 位 X. 509 标准证书的制作、发放和管理，完成 MAC 密钥的产生、发放和管理，以及对加密硬件的管理。

应用安全平台以 CA 中心为核心，以 PKI 技术为主体，重点解决设备和身份管理、身份认证、网络访问控制、数据保护和安全传输等应用层的安全问题。平台采用集中用户管理、访问登录管理、网络安全通信、多功能安全中间件等技术（包括协议、密码算法和软件 API），结合硬件加密设备和其他安全设备，构建一体化的应用安全平台，对不同的应用提供不同方式和强度的安全服务功能。

其中 CA 中心设立在总行，在各分行或业务系统主机上采用加密机或加密卡，实现安全认证、数据加密、数字签名验证等密码运算功能。全行所有用户统一采用加密读卡器和 IC 卡为客户端的证书读取、加密认证工具。在不同的业务系统中，建立独立的用户管理系统与 CA 中心和安全审计中心实现连接。如图 13 - 14 所示。

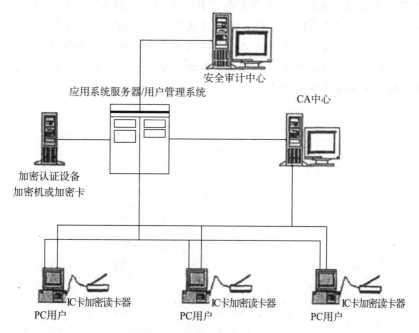

图 13 - 14　应用安全系统配置

应用安全通过 CA 中心、密钥管理中心、用户管理系统、身份认证服务器、安全服务等，解决应用系统身份认证、访问控制、数据加密、建立安全通信通道和数字签名/验证等方面的问题，并且通过操作系统，进一步地解决与操作系统底层相关的安全问题。

本章小结

本章以林业信息系统和银行信息系统 2 个实际网络信息系统为实例，进行结构分析和安全策略设计，让读者对前面各章所述的网络信息安全技术进行综合应用有一个整体的了解和运用。各系统在安全设计方面既存在共性问题，也存在一些不同系统间的差异。任何一种安全技术都有其针对性和局限性，网络信息系统的安全需要多种安全技术的相互补充与融合，综合多种安全技术和多层次的安全策略，才能较好地保证网络系统的安全。安全永远是相对的，只能尽力地去做到安全。

本章习题

1. 分析林业网络信息系统安全威胁来自那些方面？如何设计安全的林业信息网络系统？

2. 当前防范信息系统安全的措施有哪些？应当如何应对信息系统的安全问题？

3. 运用所学知识，设计内部网络信息系统的安全解决方案。

4. 在软件项目开发中，是否需要考虑软件系统的安全性问题？应如何解决？

5. 某软件公司要为一家跨国公司开发基于 B/S 架构的商业系统，该系统拥有多种角色、遍布世界各地的用户。对于系统本身而言，除了满足客户方的功能需求之外，还需要能够提供角色和权限管理、保密通信、身份认证、数字签名、安全邮件等安全功能。作为公司的一位系统分析师，请你结合自己所学的安全理论知识，分析一下你的软件系统，将采用哪些技术来满足这些网络安全方面的需求？

参考文献

［1］KAHATE A . 密码学与网络安全：影印版 . 北京：清华大学出版社，2005 .
［2］BISHOP M . 计算机安全学 . 王立斌，黄征，等，译 . 北京：电子工业出版社，2005 .
［3］周明全，吕林涛 . 网络信息安全技术 . 2 版 . 西安：电子科技大学出版社，2010 .
［4］何小东，曾强聪 . 计算机网络原理与应用 . 北京：中国水利水电出版社，2008 .
［5］马建峰，沈玉龙 . 信息安全 . 西安：电子科技大学出版社，2013 .
［6］邓亚平 . 计算机网络安全 . 北京：人民邮电出版社，2007 .
［7］徐茂智，邹维 . 信息安全概论 . 北京：人民邮电出版社，2007 .
［8］车生兵 . 典型计算机病毒与系统研究 . 北京：冶金工业出版社，2007 .
［9］马建峰，郭渊博 . 计算机系统安全 . 2 版 . 西安：电子科技大学出版社，2007 .
［10］马建峰，吴振强 . 无线局域网安全体系结构，北京：高等教育出版社，2008 .